研究生高水平课程体系建设丛书

# 随机加权自适应导航

高朝晖　种永民　编著



西北工業大學出版社

西　安

【内容简介】 本书主要介绍了惯性、卫星、天文、无线电等独立的导航系统及组合导航的基本理论，研究了组合导航非线性滤波算法，并在此基础上重点研究了随机加权高斯滤波、随机加权容积卡尔曼滤波、带有噪声统计量的有限记忆随机加权自适应滤波、随机加权 $H_\infty$ 滤波、移动开窗随机加权自适应无迹卡尔曼滤波及其在组合导航系统中的应用。

本书可作为高等学校控制专业及相关专业的研究生教材，也可作为高年级本科生的专业课程教材，同时可供从事非线性滤波算法及应用工作的工程技术人员阅读和参考。

**图书在版编目(CIP)数据**

随机加权自适应导航 / 高朝晖，种永民编著. — 西安：西北工业大学出版社，2024.6
(研究生高水平课程体系建设丛书)
ISBN 978-7-5612-9300-3

Ⅰ. ①随… Ⅱ. ①高… ②种… Ⅲ. ①随机过程-加权-导航系统-研究生-教材 Ⅳ. ①TN966

中国国家版本馆 CIP 数据核字(2024)第 111935 号

SUIJI JIAQUAN ZISHIYING DAOHANG
**随 机 加 权 自 适 应 导 航**
高朝晖　种永民　编著

**责任编辑：**孙　倩　王　水　　**策划编辑：**何格夫
**责任校对：**朱辰浩　　**装帧设计：**高永斌　李　飞
**出版发行：**西北工业大学出版社
**通信地址：**西安市友谊西路 127 号　　邮编：710072
**电　　话：**(029)88491757，88493844
**网　　址：**www.nwpup.com
**印 刷 者：**陕西向阳印务有限公司
**开　　本：**787 mm×1 092 mm
**印　　张：**13.25
**字　　数：**331 千字
**版　　次：**2024 年 6 月第 1 版　　2024 年 6 月第 1 次印刷
**书　　号：**ISBN 978-7-5612-9300-3
**定　　价：**60.00 元

# 前　言

导航是一门古老而崭新、多学科交叉的综合性应用技术科学。它不但是航空航天飞行器、舰船、火箭、卫星、车辆、远程武器巡航等运动载体完成任务的关键技术之一，而且是一种快速的大地测量定位手段。导航技术不仅在军事领域有着重要的应用，而且在民用领域也有非常广泛的应用。世界各国已广泛开展导航理论、方法与技术的研究。导航定位的质量不仅取决于导航手段、元器件的精度和可靠性，还取决于导航计算的理论和方法的严密性、合理性和可靠性。随着计算机技术、导航传感器技术、先进滤波算法及先进控制理论的发展，导航技术的应用更加广泛，逐渐朝着多功能、高性能、小型化、智能化、高可靠性、多系统组合的综合导航方向发展。

导航系统不可避免地存在一定误差，要获得高精度的状态估计，需要采用先进的导航滤波算法进行实时在线高精度估计。大多数导航系统属于典型的非线性系统，噪声分布不能简单视为高斯噪声。卡尔曼滤波(KF)是一种常用的导航滤波算法，但 KF 理论采用均值和方差来表征状态概率分布，只有当系统模型为线性且过程噪声和量测噪声均为高斯分布时，KF 可以获得最优状态估计。而当导航系统为非线性、非高斯分布的状态模型时，采用线性模型描述导航系统将会引起线性模型近似误差，若采用 KF 对系统线性误差模型进行滤波计算，将会导致滤波发散。常用的非线性滤波算法主要有基于卡尔曼滤波(KF)的扩展卡尔曼滤波(EKF)、无迹卡尔曼滤波(UKF)，基于粒子滤波的无迹粒子滤波(UPF)等。EKF 计算效率高、应用广泛，但精度不高、稳定性差；UKF 精度较高，但对模型噪声敏感；UPF 精度高，但计算量大。现有非线性导航滤波算法必须根据具体应用场合和条件，在收敛性、稳定性、估计精度及计算量等指标之间综合权衡。

如何针对不同误差特性，找到相匹配的、工程可用的高精度导航滤波算法是值得进一步研究的问题，其难点表现在导航算法的适用性、稳定性、计算精度等性能分析与优化，需针对不确定性的导航系统，提出具有自适应补偿能力的非线性导航滤波算法。

随机加权法是一种非常有用的统计计算方法。该方法最初主要用于估计量误差分布的计算，以及由此导出的参数置信区间的估计等。后来，一些学者将其用于工程技术的许多领域，如多源信息融合、多传感器组合导航、武器制导与控制、目标跟踪、智能交通等领域的误差估计与补偿，解决了许多工程应用中的实际问题，收到了良好的效果。

本书研究并提出一种随机加权自适应滤波(Random Weighted Adaptive Filtering, RWAF)算法，该算法通过自适应估计系统噪声特性，克服了传统高斯滤波用于非线性系统状态估计的缺点。通过建立随机加权估计的理论，在线估计系统过程噪声和测量噪声的均值和协方差；然后动态调整系统噪声统计的随机权值，抑制系统噪声对系统状态估计的干扰，提高导航滤波计算的精度。

本书共八章：

第一章为导航技术，介绍了导航的基本概念及几种常用的导航技术，包括惯性导航技术、卫星导航技术、天文导航技术、重力场匹配导航技术、无线电导航技术和组合导航技术。

第二章为组合导航滤波算法，介绍了几种组合导航滤波算法，包括卡尔曼滤波算法、扩展卡尔曼滤波算法、无迹卡尔曼滤波算法、抗差模型预测 UKF 算法和粒子滤波(PF)算法。

第三章为随机加权理论，介绍了随机加权法的基本原理、随机加权法的两个重要结论及随机加权法的收敛性，为后面各章深入研究随机加权自适应滤波算法及其在组合导航中的应用做好了铺垫。

第四章为随机加权自适应高斯滤波，介绍了非线性高斯系统模型，分析了现有高斯滤波性能，在研究噪声统计的极大后验概率估计的基础上，提出了噪声统计的随机加权估计及随机加权因子的确定，设计了随机加权自适应高斯滤波算法。最后，对提出的随机加权自适应高斯滤波算法进行了试验验证和性能分析。

第五章为随机加权自适应容积卡尔曼滤波，提出了一种随机加权容积卡尔曼滤波(RWCKF)算法。首先，介绍了随机加权估计的基本理论；其次，对容积卡尔曼滤波(CKF)算法进行了分析；再次，建立了非线性系统状态预报、量测预报，以及它们的协方差、自协方差和互协方差的随机加权 CKF 估计模型；最后，将提出的随机加权 CKF 分别应用于目标跟踪系统、SINS/SRS 自主组合导航系统进行仿真验证和算法性能评估。

第六章为含有常值噪声的随机加权 ACKF(自适应容积卡尔曼滤波)及其噪声特性分析，针对第五章所提出的随机加权容积卡尔曼滤波(RWCKF)算法没有顾及非线系统误差估计及补偿的问题，提出了一种含有常值噪声的非线性系统自适应随机加权容积卡尔曼滤波(ARWCKF)算法，建立了非线性系统常值噪声的随机加权估计模型，证明了系统过程噪声均值 $q_k$ 和量测噪声均值 $r_k$ 的随机加权估计是无偏估计，而系统过程噪声的方差强度 $Q_k$ 和量测噪声的方差强度 $R_k$ 的随机加权估计是有偏估计，最后进行了仿真验证与噪声特性分析。

第七章为非线性随机加权自适应 $FH_\infty F$，分析了现有自适应拟合 $H_\infty$ 滤波方法的性能，指出了自适应 $AFH_\infty F$ 算法的缺陷。在此基础上，提出了一种新的随机加权拟合 $H_\infty$ 滤波算法，在所提出的随机加权拟合 $H_\infty$ 滤波算法中，通过自适应调整系统噪声统计的权重，在线估计系统过程噪声和测量噪声的均值和协方差，抑制系统过程噪声和量测噪声对状态估计的影响，从而提高了动力学系统滤波计算的精度。

第八章为移动开窗随机加权自适应 UKF 算法及其应用，提出了一种基于移动开窗与随机加权估计的自适应 UKF，以克服标准 UKF 在系统噪声统计未知或噪声统计不准确的情况下，滤波精度下降甚至发散的缺陷。所提出的基于移动开窗与随机加权估计的自适应 UKF，将移动开窗的概念由线性的 KF 扩展到非线性的 UKF 中，用来估计非线性系统的噪声统计，充分利用了滤波过程中的有用信息，动态地调整系统噪声统计的权值，能有效抑制系统噪声统计的不确定性对滤波精度的影响。

本书是笔者近年来教学、科研成果的结晶，也是笔者对国内外近十几年来组合导航滤波算法研究成果的总结。其中包括笔者近年来在教学、科研过程中对导航滤波知识的不断学习、研究、认识和探索的部分成果，相当一部分内容是在博士论文、博士后研究工作报告和科研论文的基础上加以系统整理与精心编著而成的。书中针对当前世界导航滤波计算技术的发展趋势及我国飞行器导航计算技术的实际情况，对组合导航系统滤波计算进行了理论研究及工程应用探讨，比较全面、系统地介绍了导航计算的基础知识和主要技术。

本书理论特色鲜明，内容先进，技术性强，语言通俗，图文并茂，技术与应用并重，理论与实践结合，具有较高的学术水平和工程应用参考价值。本书特别适用于从事导航定位及控制科学研究与学习的广大教师、研究生、高年级本科生阅读和参考，希望能够对他们提供有益的帮助。

本书第一、二、四、五、六、七章由高朝晖执笔，第三、八章由种永民执笔。西北工业大学高社生教授对全书进行了认真审校。

本书得到了陕西省自然科学基金项目航天器高精度深空多源智能融合自主导航技术研究（2022JM－313）的资助，在此向他们表示衷心的感谢。

限于笔者水平，书中不妥之处在所难免，敬请广大读者批评指正。

**编著者**

2024年3月

# 目　录

# 第一章 导航技术

导航(navigation)是一门古老而崭新的、多学科交叉的学科,人类的文明史与其紧密相连。人类早期的导航经历着岁月的流失,为我们留下了人类导航发展史上的许多宝贵资料。这些古老的导航方法随着电子、计算机、自动化、信息处理、空间技术、工业制造等科学技术的发展而发展。现代各种先进的导航系统正是以这些技术为基础,掀起了人类导航史上一场新的技术革命[1-3]。

## 1.1 导航的基本概念

导航是一门研究导航原理、导航技术及装置的学科。导航系统是确定航行体的位置和方向,并引导其按预定航线航行的整套设备(包括航行体上的、地面上的以及空间的设备)。导航系统现已广泛地应用于各种飞行器、汽车、坦克、船舰、自主式机器人以及石油钻井等方面[3-4]。

导航,顾名思义就是引导航行的意思,也就是正确地引导航行体沿着预定的航线,以要求的精度在指定的时间内到达目的地[2]。要使飞机、舰船等成功地完成所预定的航行任务,除了起始点和目标的位置之外,还需要随时知道航行体的即时位置、航行速度、姿态、航向等参数,这些参数通常称作导航参数。其中最主要的就是必须知道航行体所处的即时位置。因为只有确定了即时位置才能考虑怎样到达下一个目的地的问题。如果连自己已经到了什么地方,下一步该到什么地方也不知道的话,就无从谈起完成预定的航行任务。由此可见,导航问题对飞行来说是极为重要的。导航工作一般由领航员完成。但是,随着科学技术的发展,现在越来越多地使用导航仪器,使其代替领航员的工作而自动地执行导航任务。自然,能实现导航功能的仪器、仪表系统就称作导航系统。当导航系统作为独立装置并由航行体带着一起做任意运动时,其任务就是为驾驶人员提供即时位置信息和航向信息,对航行体的作用就只限于影响操作人员按需要驾驶飞机或舰船,使之到达预定的目的地。

以航空为例,测量飞机的位置、速度、姿态等导航参数,通过驾驶人员或飞行自动控制系统引导其按预定航线航行的整套设备(包括地面设备)称为飞机的导航系统。导航系统只提供各种导航参数,而不直接参与对航行体航行的控制。因此它是一个开环系统,在一定意义上,也可以说导航系统是一个信息处理系统,即把导航仪表所测量的航行信息处理成需要的各种导航参数。

常用的导航方法主要有惯性导航(简称惯导)、卫星导航、地面无线电导航、天文导航和光学导航等,这些方法各有其特点、适用范围和局限性。

## 1.2 惯性导航技术

惯性导航系统(Inertial Navigation System,INS)是一门综合机电学、光学、数学、力学、控制学和计算机学等多门学科的高端技术,是现代科学技术发展到一定阶段的必然产物[2,4]。INS是以牛顿力学三定律为基础,将惯性空间的运动载体引导到目的地的过程。INS是利用惯性敏感器件(陀螺仪和加速度计)、基准方向及最初的位置信息来确定运动载体的方向、位置和速度的航位推算系统,简称惯导系统。

由于惯性是任何质量体的基本属性,因此,建立在惯性原理基础上的INS是一种自主式的导航系统,能够连续提供载体的位置、速度和姿态信息,既不依赖于外界设备,也不向外界辐射信息,还不受电磁等外部干扰因素的影响,具有结构简单、自主性强、隐蔽性好、可全天候工作等优点。这种独特优点是其他导航系统,如无线电导航、卫星导航、天文导航等无法比拟的。

目前INS已经广泛应用于潜艇、水面舰艇、军用飞机、战略导弹、战术导弹、战车和人造卫星等领域。由此可见,INS在飞机及其他导航设备中具有非常重要的地位,尤其是对有军事用途的导航设备更具有重要的意义[5-6]。

INS从结构上可分为平台式INS和捷联式惯导系统(Strapdown Inertial Navigation System,SINS),下面分别介绍这两种惯性导航系统。

### 1.2.1 平台式INS

平台式INS是用机电控制方法建立起物理平台,将惯性测量装置(陀螺仪和加速度计组件)安装在惯性稳定平台的台体上。平台的主要功能是模拟导航坐标系,把加速度计的测量轴稳定在导航坐标系的轴向上,从而使加速度计能够直接测量飞行器在导航坐标系各轴上的加速度分量,并且可以利用几何的方法从平台框架轴上直接拾取载体的姿态等信息。平台式INS的原理如图1.1所示。

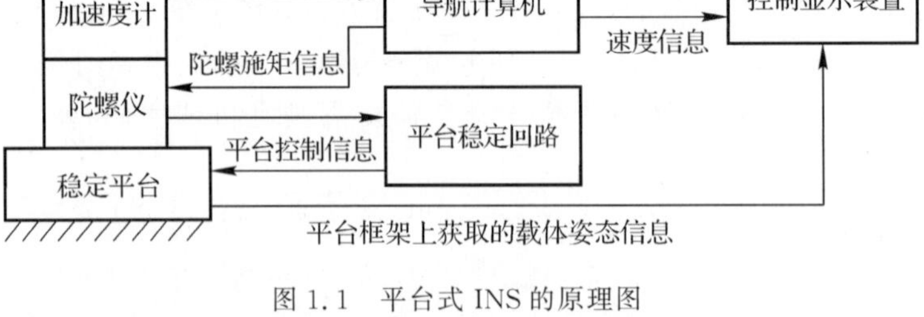


图1.1 平台式INS的原理图

加速度计和陀螺仪都安装在惯性导航系统的稳定平台上,加速度计输出的载体加速度信息送入导航计算机进行导航解算。导航计算机除了计算载体的即时位置、速度等导航信息外，还要计算对陀螺仪的施矩信息。陀螺仪在施矩信息的作用下，通过平台稳定回路来控制平台，跟踪导航坐标系在惯性空间的角运动。而载体的姿态、航向、角速度等信息则从平台框架上直接测量得到。

平台式 INS 的稳定平台能够隔离载体的角运动，给惯性测量元件提供较好的工作环境，为导航系统直接建立起导航坐标系。根据稳定平台所模拟导航坐标系的不同，平台式惯性导航系统又可分为当地水平平台惯性导航系统和空间稳定平台惯性导航系统两类。空间稳定平台惯性导航系统的平台，台体相对惯性空间稳定，用来模拟惯性坐标系，这种系统多用于运载火箭主动段的控制和一些航天器的控制。而当地水平平台惯性导航系统的平台的台体则模拟某一当地水平坐标系，即保证平台体上两个水平加速度计的敏感轴所构成的基准平面始终跟踪载体所在点的水平面，这种系统多用于沿地表附近运动的飞行器，如飞机和巡航导弹等。

根据稳定平台跟踪地球自转角速度和跟踪水平坐标系类型的不同，当地水平平台惯性导航系统又可分为三种：指北方位惯导系统、游移方位惯导系统、自由方位惯导系统。若物理平台跟踪地理坐标系(必然要跟踪地球自转角速度)，则系统称为指北方位惯导系统；若平台跟踪地球自转角速度并跟踪当地水平面，则系统称为游移方位惯导系统；若平台只跟踪地球自转角速度的水平分量，并跟踪当地水平面，则系统称为自由方位惯导系统。

在平台式 INS 中，由于惯性稳定平台能隔离载体角运动及角振动的干扰，从而使得安装在其上的惯性测量仪表的工作环境得到很大改善，进而有利于降低系统对惯性仪表性能指标的要求，特别是平台式 INS 中陀螺仪的动态范围可以很小。而稳定平台能直接建立起导航坐标系，使得导航解算的计算量相对较小，容易补偿和修正惯性测量仪表的输出。

平台式 INS 动态范围小，导航坐标系旋转缓慢，计算简单。其缺点是结构复杂，体积大，成本高，故障率大，可靠性差。因此，随着各种高精度陀螺制造技术的不断成熟，捷联式惯性导航系统正在各个领域逐步取代平台式惯性导航系统，特别是诸如导弹等中低精度应用领域几乎都采用捷联式惯性导航系统[5-6]。

对 INS 的精度分类目前还没有统一的标准，不同领域有不同的分类方法。总的来说，大致可分为战略级、惯性级、战术级、速率级、汽车导航级、自动化级、用户级等[5]。战略级和惯性级代表高精度，陀螺漂移低于 0.01°/h，如 Honeywell CIMU。战术级是中精度，陀螺漂移在 0.1°/h 到 10°/h 之间，如 Honeywell HG1700。而速率级以下是低精度，陀螺漂移高于 10°/h，如 Systron Donner MotionPak Ⅱ-3g。

INS 的应用有两个制约因素：一是价格，一个高精度的陀螺仪价格一般超过 90 000 美元，而一个中精度的陀螺仪价格是 10 000 美元；二是外国限制出售中、高精度的陀螺仪。

我国惯性导航系统的研制是从 20 世纪 70 年代开始，经过几十年的研究和技术攻关，走过了从液浮到挠性、从平台式到捷联式、从纯惯性导航到组合导航的历程。目前我国的惯性导航和惯性仪表研制队伍已具有一定规模，并具备一定的自主设计、生产和研制能力。我国研制惯性元件的单位主要有清华大学、北京理工大学、中国航天发射技术研究所等。

### 1.2.2 捷联式惯导系统

捷联式惯性导航系统没有实体平台,陀螺仪和加速度计直接安装在载体上。惯性元件的敏感轴安装在所谓的载体坐标系(数学平台)三轴方向上,在导航计算机中实时地计算载体姿态矩阵,即用存储在计算机中的"数学平台"来代替惯性稳定平台的台体。通过姿态矩阵把加速度计所测量的载体,沿载体坐标系轴向的加速度信息变换到导航坐标系下,然后进行导航计算。与此同时,从姿态矩阵的各元素中提取载体姿态和航向等信息。由此可见,在捷联式惯性导航系统中,由导航计算机来完成平台式惯性导航系统中物理稳定平台的功用,因此,通常说捷联式惯性导航系统采用了"数学平台"。图 1.2 为捷联式惯性导航系统的原理示意图。

加速度计和陀螺仪都直接安装在载体上。利用陀螺仪测量的角速度 $\omega_{ib}^{b}$ 减去计算得到的导航坐标系相对惯性空间的角速度 $\hat{\omega}_{in}^{b}$,得到载体坐标系相对导航坐标系的角速度 $\omega_{nb}^{b}$,从而利用该信息进行姿态矩阵的计算。获得姿态矩阵以后,就可以将载体坐标系内的加速度信息 $a_{ib}^{b}$ 变换到导航坐标系内,然后进行导航解算。与此同时,利用姿态矩阵求取载体的姿态和航向信息。由此可见,姿态矩阵的计算、加速度信息的坐标变换、姿态航向的求取这三项功能代替了导航平台的功能。因此,导航计算机的这三项功能合称为"数学平台"。

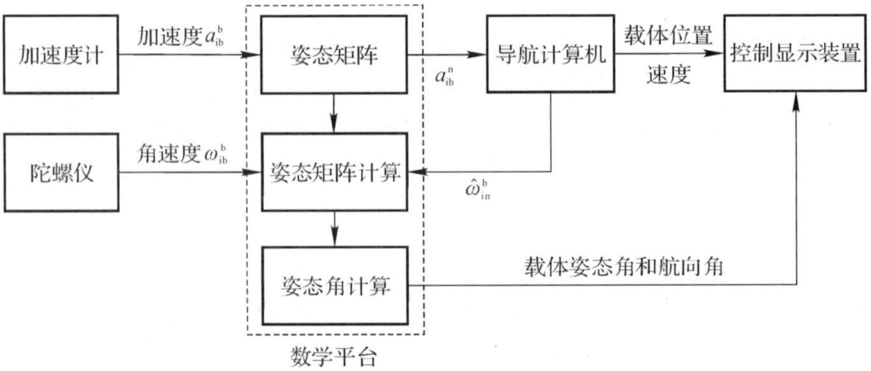


图 1.2 捷联式惯导系统的原理结构图

根据所用陀螺仪的不同,捷联式惯性导航系统可分为速率捷联式惯性导航系统和位置捷联式惯性导航系统。前者用速率陀螺仪感测并输出载体瞬时平均角速度信号,后者用自由陀螺仪感测并输出载体的角位移信号。

相比于平台式惯性导航系统而言,捷联式惯性导航系统由于省去了复杂的机电平台,大大减少了惯性导航系统中的机械零件,从而其结构简单、体积小、质量轻、成本低。尤其是便于采用更多的惯性测量元件实现冗余技术,可以大大提高系统的可靠性和容错能力。而且,由于惯性测量元件直接安装在载体上,所以特别便于维护和更换。此外,由于捷联式惯性导航系统中的陀螺仪和加速度计可以直接提供载体的加速度和角速度信息,所以便于飞行控制系统对载体进行控制。

但是,由于惯性测量元件直接安装在载体上,其工作环境相对较差,在一定程度上会降低惯性测量仪表的精度,因此,捷联式惯性导航系统对惯性元件的要求较高。要求惯性元件能够在载体的振动、冲击、温度等环境下精确工作,相应的参数和性能要具有很高的稳定性。此外,由于需要通过导航计算机来实现“数学平台”,这就导致导航解算的计算量非常大。而且,由于载体姿态角变化速率可能较快,故相应的姿态解算必须采用高速计算机,从而对导航计算机的性能提出了更高的要求。

随着以光学陀螺为代表的各种高精度固态惯性器件的不断出现,以及高速、大容量计算机的研制与使用,捷联式惯性导航系统的优越性日趋显露,其逐渐取代平台式惯性导航系统是当前惯性导航系统发展的必然趋势。

### 1.2.3　旋转式惯导系统

INS 的主要弱点是存在由陀螺剩余常值漂移引起的随时间积累的位置误差,利用旋转调制效应可以有效抑制这类漂移[7-8]。20 世纪 60 年代美国和苏联都曾采用陀螺壳体旋转法来抑制常值漂移误差,提高惯性器件的精度。

20 世纪 70 年代,美国德尔科(Delco)公司研制出轮盘木马-Ⅳ单轴旋转式平台惯导系统(Rotary Inertial Navigation System,RINS)[9-10],可抑制水平陀螺漂移造成的误差,但该项技术未获广泛应用,可能的原因是:单轴旋转不能调制方位陀螺的漂移;对航向效应漂移缺乏足够认识和应对手段;对旋转条件下的初始对准以及惯性器件敏感轴与旋转轴间的不正交角标定尚未认真研究。

近年来又有报道说正在研制舰艇用三轴光纤陀螺旋转式 INS[11-12]。近年来我国一些单位已分别研制出各具特色的舰船用单轴和双轴旋转型激光陀螺捷联惯导系统,在使用同等水平陀螺的条件下,使系统精度比普通捷联惯导系统的精度提高一个量级左右,表明旋转式 INS 在提高系统精度方面有巨大潜力,然而该类系统在高动态飞行器领域的应用仍鲜见报道。

### 1.2.4　混合式惯导系统

混合式惯导系统(Hybrid Inertial Navigation System, HINS )是冯培德院士提出的一种新的惯性导航系统[13]。该系统吸收了平台式 INS、捷联式 INS 和旋转式 INS 各自的优点,将平台式 INS 具有隔离运载体角运动的实体平台、捷联式 INS 姿态解算方法与旋转式 INS 调制抑制系统误差效应这三个优点有机地集于一体,立足于高速度、高动态和高精度运载器对 INS 提出的新需求,不但能大幅度地提高运载器导航定位的精度,而且能实现快速精确的自对准,还可能实现装机自标定,明显降低成本。实际上,双轴旋转式 INS 已经突破了捷联式 INS 的概念,混合式 INS 则是进一步利用导航研究的新理论、新技术和新器件,克服了 INS 稳定平台的固有缺点,使混合式 INS 的优点更加凸显。由平台式 INS 到捷联式 INS,再由捷联式 INS 到平台式 INS,混合式 INS 体现了事物发展“否定之否定”与螺旋式上升的自然规律[13-15]。

混合式 INS 的主要特征是基于平台式 INS 和捷联式 INS 的有机结合,可提供稳定、旋转与锁定等多种工作模式。混合式 INS 的平台工作状态包括稳定、稳定加旋转和锁定至壳体等不同工作模态,在载体的不同工作阶段可灵活选择每个轴的工作模式。开机后,混合式

INS首先处于三轴锁定模式，在混合式INS初始对准时，往往绕方位轴旋转(处于垂线方向)，旋转后则可根据系统工作情况选择稳定、锁定或者稳定加旋转等工作状态，并可根据不同类型的运载器在不同运行段的实际情况选择最佳旋转策略，飞行器在平飞段一般选择一轴旋转而另两轴稳定的工作状态。系统处于装机自标定状态下设计人员可视标定项目及精度要求确定不同的转位方案。混合式INS以电锁代替了机锁，简化了系统的设计。

总之，INS能够连续提供载体的位置、速度和姿态信息，既不依赖于外界设备，也不向外界辐射信息，还不受电磁等外部干扰因素的影响，具有结构简单、自主性强、隐蔽性好、可全天候工作等优点。惯性导航系统在航空、航天和航海等各领域已得到了广泛应用。尤其对军用领域来说，目前还没有任何一种其他的导航系统能够代替它。随着导航技术的发展，惯性导航系统已不再是单纯的导航设备，而成了飞行器上的中心信息源，同时也执行飞机控制、武器投放、发动机控制、座舱显示，以及传感器的稳定等功能。因此，它被广泛地安装于运载体上。但INS的导航误差随时间不断积累，长时间应用其定位误差会越来越大，因而需要引入其他导航系统与INS构成组合导航系统，来弥补INS的缺点，以满足飞行器高精度导航的要求[16-18]。

## 1.3 卫星导航技术

随着科学技术的快速发展，全球卫星导航系统(Global Navigation Satellite System，GNSS)在人类社会、经济和军事生活中发挥着越来越重要的作用。卫星导航系统能够提供全天时、全天候、高精度的定位、导航和授时服务，是重要的空间信息基础设施。世界主要大国都非常重视卫星导航系统的研究和发展，呈现出了全球定位系统(GPS)一路领先、格洛纳斯(GLONASS)曲折前进、北斗分步迈进、伽利略踯躅前行的态势。导航卫星的在轨数量快速增加，服务性能稳步提升，应用领域日益广泛，全球卫星导航系统已成为人类社会不可缺少的空间信息基础设施[19-21]。

卫星导航(Satellite Navigation，SN)是采用导航卫星对地面、海洋、空中和空间用户进行导航定位的技术。它是继惯性导航之后导航技术的又一重大发展。可以说，卫星导航是天文导航与无线电导航的结合物，不过是把无线电导航台放在人造地球卫星上罢了。当然，这种导航方法只有在航天技术充分发展的今天才有实现的可能[2,21]。目前世界上的卫星导航定位系统主要有以下几种。

### 1.3.1 美国的GPS

美国的全球定位系统(Global Position System，GPS)是由美国国防部开发研制的卫星导航系统，1973年12月完成了24颗卫星组网工作，1975年4月27日达到了完全运营能力。稳定运营后，GPS为美国军事部门以及全球民用用户提供定位、授时和导航功能，其目的是从根本上解决人类在地球上的导航和定位问题，以满足各种不同用户的需要[22]。GPS由卫星星座部分、地面监控部分及用户设备部分三部分组成。

GPS卫星星座部分包括6个卫星轨道面，每个轨道面上均匀地分布着4颗卫星，卫星高度为20 200 km，轨道倾角约为55°。如此设计的卫星轨道可以保证在全球任何地区、任何时间都可以观测到至少 4 颗卫星。每颗 GPS 卫星均发射两个频率的信号：$L_1=1\ 575.42$ MHz，$L_2=1\ 227.60$ MHz。GPS 采用码分多址的方式，根据调制码来区分每颗卫星。

GPS 地面监控部分包括 1 个主控站、3 个注入站和 5 个监测站，主要负责对卫星进行观测、卫星的调度与调控及其导航电文的注入和发布。

GPS 用户设备部分由接收机硬件、机内软件及 GPS 数据的后处理软件包三部分组成。接收机一般分为天线单元和接收单元两部分，主要用于观测可视卫星的信号，以便获得三维位置坐标。目前，各种类型的接收机，如导航型接收机、测地型接收机等，可以满足不同用户的需求。

### 1.3.2 全球导航卫星系统

全球导航卫星系统是冷战期间苏联为了对抗美国而发展起来的，于 20 世纪 70 年代开始研制，整个系统于 90 年代中期正常运行。GLONASS 的系统组成类似于 GPS，也是由卫星星座部分、地面控制部分和用户设备部分三部分组成。

GLONASS 卫星星座与 GPS 有很大的不同，其星座虽然也是由 24 颗卫星组成，却分布在 3 个近圆轨道面上，卫星高度为 19 100 km，低于 GPS 卫星的高度，轨道倾角为 64.8°。

GLONASS 星座采用频分多址的方式来区分不同的卫星，每颗 GLONASS 卫星播发的两种频率并不相同，其频率分别为 $L_1=1\ 602+k\times 0.532\ 5$ MHz 和 $L_2=1\ 246+k\times 0.437\ 5$ MHz，其中 $k=1\sim 24$。不同于 GPS 信号的加密，GLONASS 采用了军民合用、不加密的开放性政策。

GLONASS 地面控制部分包括一个系统控制中心和一个指令跟踪站。其主要任务是观测可视卫星的信号，向卫星注入星历及时间、频率的修正信息，生成统一的系统时间尺度，并对导航卫星进行监测和调控。

GLONASS 用户设备部分能够为全球大部分地区提供服务，并且随着更先进的卫星参与组网，其系统性能将得到很大提升，并能与 GPS 和 Galileo 系统更好地兼容。

### 1.3.3 欧盟的 Galileo 系统

欧洲静地轨道导航重叠服务系统（EGNOS）属于星基增强系统，通过 3 颗静地轨道（GEO）卫星来播发增强信号，改善 GPS 和 GLONASS 在欧洲区域的定位精度，将于 2005 年建成。可以说，EGNOS 是 Galileo 系统的第一步。

Galileo 系统主要由全球设施部分、区域设施部分、局域设施部分和用户终端四部分组成。Galileo 系统的卫星星座由 30 颗卫星组成，分布于 3 个轨道上，每个轨道上分布 9 颗工作星和 1 颗备份星，轨道高度为 23 616 km，轨道倾角为 56°。

与目前已经运行的 GPS 和 GLONASS 相比，Galileo 系统的显著特点是民用为主。按照设计参数，Galileo 系统通过 $L_1$、$E_5$、$E_6$ 载波发射三种信号：免费使用的信号、加密且需交费使用的信号、加密且需满足更高需求的信号。其精度依次提高，最高精度比 GPS 高 10 倍，即使是免费使用的信号精度也达到 6 m。

Galileo 系统的另一个优势在于，它能够与美国的 GPS、俄罗斯的 GLONASS 实现多系统内的相互兼容。Galileo 系统的接收机可以采集各个系统的数据或通过各个系统数据的组合来实现定位导航的要求。

在应用方面，Galileo 系统与 GPS 和 GLONASS 的应用基本相同，同时还包括了更多的功能，如搜救功能、公共管理功能等。

### 1.3.4 北斗卫星导航系统

北斗卫星导航系统(Beidou Navigation Satellite System，BDS，又称为 COMPASS，中文音译名称为 BeiDou )是中国自行研制的全球卫星导航系统，也是继 GPS、GLONASS 之后的第三个成熟的卫星导航系统(见图 1.3)。北斗卫星导航系统(BDS)和美国 GPS、苏联 GLONASS、欧盟 Galileo 系统，是联合国卫星导航委员会已认定的供应商[23]。

图 1.3 北斗卫星导航系统示意图

BDS 是中国着眼于国家安全和经济社会发展需要，自主建设、独立运行的卫星导航系统，是为全球用户提供全天候、全天时、高精度的定位、导航和授时服务的国家重要空间基础设施。北斗卫星导航系统是全球性公共资源，多系统兼容与互操作已成为发展趋势。中国始终秉持和践行“中国的北斗，世界的北斗”的发展理念，服务“一带一路”建设发展，积极推进北斗系统国际合作，与其他卫星导航系统携手，与各个国家、地区和国际组织一起，共同推动全球卫星导航事业发展，让北斗系统更好地服务全球、造福人类。

北斗卫星导航系统由空间段、地面段和用户段三部分组成，可在全球范围内全天候、全天时为各类用户提供高精度、高可靠定位、导航、授时服务，并且具备短报文通信能力，已经初步具备区域导航、定位和授时能力，定位精度为分米、厘米级别，测速精度为 0.2 m/s，授时精度为 10 ns[24]。

全球范围内已经有 137 个国家与北斗卫星导航系统签下了合作协议。随着全球组网的成功，北斗卫星导航系统未来的国际应用空间将会不断扩展[4]。

2023 年 5 月 17 日 10 时 49 分，中国在西昌卫星发射中心用长征三号乙运载火箭，成功发射第 56 颗北斗导航卫星[25]。

1. 发展目标

北斗卫星导航系统的发展目标是：满足国家安全与经济社会发展需求，为全球用户提供连续、稳定、可靠的服务；发展北斗产业，服务经济社会发展和民生改善；深化国际合作，共享卫星导航发展成果，提高全球卫星导航系统的综合应用效益。

2. 基本组成

北斗卫星导航系统由空间段、地面段和用户段三部分组成。

空间段由若干地球静止轨道卫星、倾斜地球同步轨道卫星和中圆地球轨道卫星组成。

地面段包括主控站、时间同步/注入站和监测站等若干地面站，以及星间链路运行管理设施。

用户段包括北斗及兼容其他卫星导航系统的芯片、模块、天线等基础产品，以及终端设备、应用系统与应用服务等[26]。

3. 增强系统

北斗卫星导航系统增强系统包括地基增强系统与星基增强系统。

地基增强系统是北斗卫星导航系统的重要组成部分，按照“统一规划、统一标准、共建共享”的原则，整合国内地基增强资源，建立以北斗卫星导航系统为主、兼容其他卫星导航系统的高精度卫星导航服务体系。利用北斗/GNSS高精度接收机，通过地面基准站网，利用卫星、移动通信、数字广播等播发手段，在服务区域内提供1～2 m、分米级和厘米级实时高精度导航定位服务。系统建设分两个阶段实施：一期为2014年至2016年底，主要完成框架网基准站、区域加强密度网基准站、国家数据综合处理系统，以及国土资源、交通运输、中国科学院、地震、气象、测绘地理信息等6个行业数据处理中心等建设任务，建成基本系统，在全国范围提供基本服务；二期为2017年至2018年底，主要完成区域加强密度网基准站补充建设，进一步提升系统服务性能和运行连续性、稳定性、可靠性，具备全面服务能力。

星基增强系统是北斗卫星导航系统的重要组成部分，通过地球静止轨道卫星搭载卫星导航增强信号转发器，可以向用户播发星历误差、卫星钟差、电离层延迟等多种修正信息，实现对原有卫星导航系统定位精度的改进。按照国际民航标准开展星基增强系统设计、试验与建设，已完成系统实施方案论证，固化了系统下一代双频多星座(DFMC)SBAS标准中的技术状态，进一步巩固了BDSBAS作为星基增强服务供应商的地位。

4. 发展特色

北斗卫星导航系统的建设实践，实现了在区域快速形成服务能力、逐步扩展为全球服务的发展路径，丰富了世界卫星导航事业的发展模式。

北斗卫星导航系统具有以下特点：一是北斗卫星导航系统空间段采用三种轨道卫星组成的混合星座，与其他卫星导航系统相比，高轨卫星更多，抗遮挡能力更强，尤其是低纬度地区，性能特点更为明显；二是北斗卫星导航系统提供多个频点的导航信号，能够通过多频信号组合使用等方式提高服务精度；三是北斗卫星导航系统创新融合了导航与通信能力，具有实时导航、快速定位、精确授时、位置报告和短报文通信服务五大功能。

5. 后续服务

未来，北斗卫星导航系统将持续提升服务性能，扩展服务功能，增强连续稳定运行能力。

(1)更高的精度。北斗卫星导航系统将进一步提升定位精度，为用户提供更准确的位置和导航信息。

(2)增强的服务覆盖。北斗卫星导航系统将加强全球服务的覆盖能力，确保在全球范围内都可以获得稳定、可靠的导航定位服务。

(3)多模式导航。除了定位导航的功能,北斗卫星导航系统还将扩展多模式导航能力。

(4)提供时间服务。北斗卫星导航系统还将提供高精度的时间服务,满足金融、通信、电力等领域对时间精度的要求。

(5)共享经济应用。北斗卫星导航系统将与共享经济发展相融合,支持共享出行、物流配送等业务的实时定位和路径规划,提升共享经济的效率和用户体验。

(6) 紧急救援和安全防护。北斗卫星导航系统将继续增强在突发事件和紧急救援中的应用能力,提供精确的位置信息和导航指引,协助救援行动和保障公共安全。

## 1.4 天文导航技术

天文导航是以已知星历的自然天体作为导航信标,利用光学导航敏感器对导航信标进行成像,通过图像处理算法对导航信标进行识别定位,根据导航信标的星历信息或特征信息,结合光学导航敏感器的参数,提供高精度的惯性视线指向,从而进行载体姿态和位置的确定[18]。它不需要地面无线电设备参与,具有自主性强、安全性和隐蔽性好等特点[28-29]。战时当卫星导航和无线电导航受到破坏时,天文导航对于保证己方的打击力量和优势具有深远意义。其缺点是数据更新率低,导航性能受制于目标天体的数量、距离和空间环境等因素,且不能直接测速。此外,由于受敏感器精度及系统集成技术的制约,目前我国天文导航技术仍不成熟,未能作为一种独立的导航手段单独使用[29-30]。因此,目前天文导航需要解决的问题[6]:①提高定位精度;②全球自动测星导航;③全天候导航。

天文导航常与惯性导航、多普勒导航构成一种组合导航系统。这种组合导航系统具有很高的精度,适用于大型高空远程飞机和战略导弹的导航。当把星体跟踪器固定在惯性平台上并组成天文/惯性导航系统时,可为惯性导航系统的状态提供最优估计和进行补偿,从而,使得一个中等精度和低成本的惯性导航系统能够输出高精度的导航参数。

### 1.4.1 星光导航

星光导航是借助光学手段,通过测量自然天体相对观测者的位置实现导航定位的手段。星光导航包括天文定位、天文定轨和天文定时三个方向[31]。星敏感器是星光导航中最常用的姿态测量器件,其精度是影响星光定位技术发展的主要因素。星光导航以恒星作为姿态测量的观测目标,能够输出相对于惯性坐标系的姿态四元数,为飞行器的姿态控制或星光导航系统提供高精度的姿态信息[30]

星光导航使用恒星和行星等稳定的物体作为参考点,利用它们在天空中的位置信息来计算自身的纬度和经度。观测者通过测量参考天体与地平线之间的角度,可以确定自己所处的纬度。在全天候的情况下,可以利用天空中的多个星体进行观测,以提高精度和可靠性。

星光导航常与惯性导航组合构成惯性/星光组合导航系统。星光导航具有高精度的测量能力,可同时获得高精度的位置信息和航向信息,可用于惯性导航系统的误差校正。恒星目标的不可干扰性,使得星敏感器在有安全性需求的领域有着极其重要的地位。利用星光导航信息校正惯性导航位置和航向的方法,在飞机、船舶等平台上获得了广泛的应用[33]。

我国星光导航技术虽起步较晚，但发展较快。开展持久、可靠的星光自主导航技术研究，可提升航空、航天、武器装备等平台的自主导航能力，为构建我国的空间自主导航体系提供技术支撑[33]。

目前，研制自主星光导航系统，设计高性能处理算法是保证星光定位技术应用必须解决的问题。

### 1.4.2　脉冲星导航

星光导航具有自主性强、可靠性高、不受人为因素干扰、导航误差不随时间累积等优点，是深空航天器自主定轨与控制的重要技术手段，但该技术存在定位定轨精度低的缺点。

脉冲星导航作为一种新兴的天文自主导航技术，具有自主性高、抗干扰能力强、导航精度高和适用范围广的优点。该技术是利用X射线脉冲星辐射的稳定且规律的脉冲信号，实现航天器空间自主导航的技术。其基本原理是：航天器实时接收来自空间不同方向的X射线脉冲星信号，通过时间转换和周期叠加得到脉冲星的累积脉冲轮廓，将该轮廓同标准轮廓比对，获取脉冲到达时间(Time Of Arrival，TOA)，并计算脉冲到达航天器相对于到达太阳系质心(Solar System Barycenter，SSB)的相位差，进而确定航天器在该脉冲星辐射方向上相对于SSB的距离[34]。

高精度脉冲星导航的应用面临脉冲星时空基准建立、微弱脉冲信号探测及处理、脉冲星自主导航算法研究等理论与技术挑战[6,34]。

### 1.4.3　光谱红移测速导航

光谱红移测速导航(SRS)作为一种前瞻性的新概念导航方法，不但导航精度高、自主性强，而且隐蔽性和实时性好，可为提高航天器导航的自主性、拓展导航手段、实现深空探测航天器自主运行提供一种新方法。因此，该方法受到了导航领域学者的强烈关注。

光谱红移测速导航不向外发射任何电波，任何人用任何方法都打不掉用于航天器深空导航的太阳系天体(太阳、木星、地球等)，充分利用这些天然资源实现航天器自主导航是人类的责任和荣耀。

假设航天器在空间飞行过程中可探测到包括太阳、木星、地球等若干天体的光信号，则根据多普勒效应原理，航天器接收到的光谱频率不等于该天体发出的光谱频率，且频率的变化量与航天器相对于天体的运动状态相关。因此，通过测量光谱频率的红移量可间接获得航天器的相对运动速度。根据空间向量关系，若观测到的不共线天体数大于3，则根据天体运行星历及惯性姿态信息，可确定航天器在惯性空间中的速度矢量，进而通过积分可获得航天器的位置参数[35-37]。

光谱红移测速导航有着独特的优势[37]：①无需地面站支持，具有高度的自主性；②原理简单，计算量小，无需复杂的轨道动力学计算；③实时性好，几乎没有时间延迟。但单一的光谱红移测速导航方法，在航天器进行姿态机动过程中，短时间内无法获取足够的观测信息，或由于观测信息中断而无法获得测量信息，从而使导航精度变差，甚至结果发散[37-38]。此外，由于天体遮挡等原因，在某些时段会出现测量信号暂时中断的情况，无法进行导航参数解算。因此,需要将光谱红移导航与其他导航方法相结合,构成组合导航系统来弥补单一光谱红移测速导航方法的不足。

近年来,随着导航模型、滤波估计算法、导航观测仪器和量测信息处理的不断发展,天文导航技术已逐渐成为航天器自主导航的有效手段。光谱红移等天文测速导航新理论、新方法的发展为天文导航带来了新的跨越,为解决导航连续自主、实时高精度的问题提供了有效途径。相信通过专家学者的不懈努力,我国天文导航的理论和技术将会出现新的更快的发展[38]。

## 1.5 重力场匹配导航技术

高精度的重力梯度信息在地球科学研究、飞行器导航和国防建设等方面有着重要的应用价值[39-40]。特别是在国防建设中,重力梯度信息是非常重要的基础资料。现代化武器装备,无论是洲际导弹还是中短程导弹,重力梯度参数都对保证目标命中精度具有决定性的作用[41-42]。

重力场匹配导航是一种典型的无源导航方式,重力数据的采集和获取不需要发射和接收信号,不受周边环境的影响和信号的干扰,具有全天候、高自主、强隐蔽、高精度和抗干扰等优点。该技术在航空、航海、陆地导航等军用和民用领域有着广泛的应用。

重力场匹配导航技术可以作为一种辅助导航手段,对水下潜器惯性导航系统的误差进行修正,且满足导航隐蔽性的要求,对水下潜器的安全、隐蔽行进具有重要意义[43-44]。

重力场匹配导航技术的原理:载体在运动过程中,重力传感器实时测量重力特征数据,同时,根据 INS 的位置信息,从重力图中读取重力数据。将这两种数据送给匹配解算计算机,利用匹配解算软件进行解算,求得最佳匹配位置。利用该信息对 INS 进行校正,可抑制 INS 误差,提高导航精度的作用。重力图形匹配导航原理如图 1.4 所示。

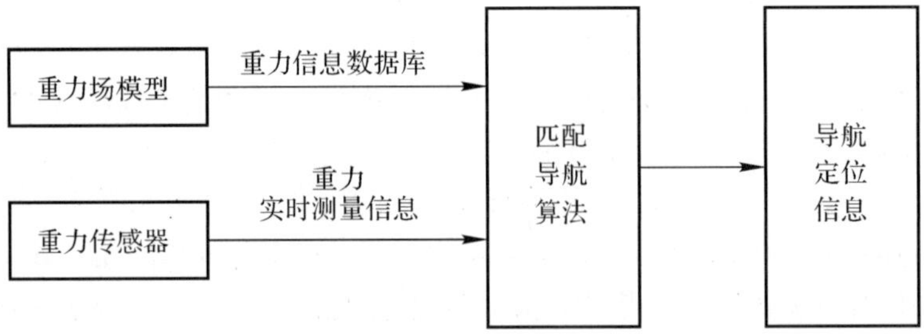


图 1.4 重力场匹配导航原理

重力场匹配导航需要解决的关键科学问题是重力场测量,高精度、高分辨率的重力场模型和高精度匹配导航算法。

重力场匹配导航技术精度高、不受时间限制、无辐射,可最终解决潜艇的隐蔽性问题,符合未来水下运载体高精度、长时间、自主性和无源性的导航需求,是未来辅助导航的发展方向。西方国家进行了大量的研究和试验并取得了一定的进展。今后,我国仍需在这方面继续进行深入研究。

## 1.6　无线电导航技术

无线电导航技术是利用无线电技术对飞机、船舶或其他运动载体进行导航和定位的技术。它是通过测量地基、星基无线电导航台发射电磁波的时间、相位、幅度、频率等参量，确定运动载体与导航台之间的相对位置关系(包括方位、距离和距离差等几何参量)，从而实现对运动载体进行定位和导航[6]。

无线电导航系统是一种广泛使用的非自主式导航系统。该系统的主要优点是不受使用时间、气候条件的限制，设备较为简单，可靠度较高等，但其输出的信息主要是载体的位置，相对于精确导航系统来讲其定位精度不高，且受地面台覆盖区域的限制，系统工作与无线电波传播条件有关，容易受到人工干扰的影响[45-46]。

针对现有远程地基无线电导航系统在导航定位守时精度、运行可靠性和便捷性等方面的不足，要解决的关键科学问题如下：①新型远程地基无线电导航系统体制设计；②低频/甚低频无线电信号传播理论研究；③低频/甚低频稳定高效信号播发技术；④高性能低频/甚低频信号接受处理技术[6]。

无线电导航技术的发展趋势主要有两个方面[46]：

(1)充分利用现有的无线电导航系统。利用现代科技成果对其改造，进一步提高无线电导航定位系统的可靠性和精度。运用新技术、新工艺研制更新的无线电导航设备，使导航设备微型化、自动化程度更高。

(2)采用组合导航方式。载体上配备多种无线电导航和其他导航设备，通过计算机信息处理获得最佳的导航参数，从而提高整个导航的精度、可靠性，降低对子导航系统质量的要求。因此，组合导航是无线电导航发展的一个明显方向。

## 1.7　组合导航技术

现代飞行器的发展要求导航系统具有更高的精度和更强的可靠性，但任何单一的导航系统都难以满足现代飞行器对导航系统高精度、强自主性和可靠性的要求。而将两种或两种以上单一的导航系统有机结合起来，构成组合导航系统，能相互取长补短，发挥各自的优点，可提高导航精度。因此，组合导航已成为导航技术发展的必然趋势。

所谓组合导航是指把具有不同特点的两种或者两种以上导航系统组合在一起，取长补短，以提高导航系统的精度。参与组合的各个导航系统称为子系统。由于每种单一的导航系统都有其独特性和局限性，把几种单一的系统组合在一起，能够充分利用多种信息源，使它们互相补充，构成一种多余度、导航精度更高、可靠性更好的多功能系统。

因此，组合导航系统一般具有以下三种功能：①协同超越功能。可覆盖各导航子系统性能，且与单一导航模式兼容，充分利用各导航子系统的信息，形成单个子系统所不具备的功能，其性能超过每一个参与组合的子系统的性能。②互补功能。综合利用各个子系统的信息，利用信息融合获得更加精确的导航信息，使各个子系统取长补短，从而扩大了使用范围并提高了导航精度。③余度功能。导航系统组合后具有余度功能，各子系统感测同一信息源，这就增加了导航系统的可靠性。

根据不同的目的与要求，有各种不同的组合导航系统。但多以惯性导航系统作为主系统，其他导航系统作为辅助导航子系统。其目的就是充分发挥惯性导航系统的优点，并借助其他导航系统的优点来克服惯性导航系统的缺点，从而获得高精度、高可靠性的导航参数。

### 1.7.1 按照导航子系统输出的信息分类[4]

根据各导航系统输出的信息，组合导航系统主要有以下三种组合形式。

(1)位置组合，就是将两个导航系统各自输出的载体位置信息进行组合，以获得载体的最优导航参数，如惯性导航系统与全球定位系统、惯性导航系统与北斗卫星导航系统、惯性导航系统与合成孔径雷达所构成的组合导航系统。

(2)速度组合，就是将两个或两个以上导航子系统各自输出的载体速度信息进行组合，以获得载体的最优导航参数，如 INS/GPS 组合导航系统、INS/Doppler 组合导航系统、INS/GPS/天文导航(CNS)组合导航系统等。

(3)姿态组合，就是将两个导航系统各自输出的载体姿态信息进行组合，以获得载体的最优导航参数，如惯性导航系统与星敏感器、惯性导航系统与磁航向仪所构成的组合导航系统。

### 1.7.2 按照导航子系统信息交换的程度分类

按照组合导航系统发展的先后顺序，以及各组合导航子系统间信息交换的程度，可以将组合导航系统依次分为松组合、紧组合和深组合(又称为超紧组合)[48-50]。

松组合、紧组合和深组合主要是针对惯性导航系统(INS)/全球导航卫星系统(GNSS)组合系统而言，因此，下面以 INS/GNSS 组合导航系统为例，对松组合、紧组合和深组合导航系统进行介绍。

1. 松组合

松组合的基本思想是利用 GNSS 和 INS 两个导航子系统各自输出的位置和速度误差建立 GNSS/INS 组合导航系统数学模型，并通过导航滤波器进行数据处理，估计其误差量，用来对 INS 导航子系统输出的位置和速度进行误差修正，以提高 GNSS/INS 组合导航系统的精度。

松组合的优点：

(1)可靠性高。当 GNSS/INS 组合导航系统中有一个导航子系统(GNSS 或 INS)发生故障时，整个组合导航系统仍可以继续工作，输出导航数据，保证飞行器导航定位的正常性。

(2)导航系统数学模型中的观测方程相对简单，便于实时进行导航滤波计算。

松组合的缺点：

(1)要求 GNSS 独立输出导航数据与 INS 组合，因此，需要至少 4 颗或者 4 颗以上卫星。

(2)GNSS 单独进行导航解算，可能与滤波器中的观测量相关。

松组合方式提高了组合导航系统的整体性能，但是松组合数据处理采用导航数据输出值，观测量数值存在相关性，而常用导航滤波解算采用卡尔曼滤波方法，该方法导航数学模型与数据输入不相关。因此，松组合方式存在数学建模误差。

2. 紧组合

采用伪距、伪距率等原始采样值进行数据融合，估计出 INS 系统的误差参数和整个组合导航系统的误差，对 INS 的误差参数进行修正，并进一步修正组合导航系统的输出值，这就是紧组合系统。由于紧组合系统中伪距和伪距率数据原始采样值之间互不相关，因此，紧组合系统性能较松性组合有所提高，同时提高了卫星的利用率。

紧组合的优点：

(1)当 GNSS 卫星少于 4 颗时，GNSS 观测量仍然可以参与计算。

(2)观测量之间不相关。

(3)运算精度较高，速度较快。

(4)较易进行 GNSS 观测粗差检测。

(5)如果 GNSS 采用相位观测量，INS 的导航结果可以辅助 GNSS 进行周跳探测和模糊度的搜索[19]。

紧组合的缺点：

(1)数据处理比较复杂，计算量大。

(2)滤波结果的稳定性不高。

3. 深组合

松组合和紧组合都是利用高精度的 GNSS 信息来辅助 INS，提高 INS 系统的导航精度，而 INS 对 GNSS 没有任何辅助和帮助。因此虽然整个组合系统的导航精度有所提高，但 GNSS 接收机的性能没有任何改善。假若在高动态等恶劣条件下，可能出现 GPS 接收机不能有效跟踪卫星信号的情况。整个组合导航系统将回到纯惯性导航系统的状况。因此，松组合和紧组合这两种方式不能从根本上提高整个组合导航系统的性能和可靠性。

深组合就是利用 INS 输出的导航数据，对 GPS 的接收机进行辅助。深组合方式是在原来 GPS 接收机辅助提高 INS 性能的基础上，进一步利用 INS 的数据辅助 GPS 接收机，一方面，对 INS 和 GPS 输出的导航参数进行组合导航滤波计算，对 INS 的各种误差参数进行修正，提高 INS 导航精度；另一方面，利用 INS 测得的飞行器的位置参数和速度参数辅助 GPS 载波跟踪环路，从外部消除 GPS 接收机收到的卫星信号中，飞行器和卫星之间的相对运动所造成的动态，使得 GNSS 接收机可稳定的工作在高动态环境下，并进一步对 GNSS 接收机载波跟踪环路带宽进行压缩，阻止噪声，提高 GNSS 的抗干扰性能。

深组合方式具有许多优越的性能，GNSS/INS 深组合系统已成为新一代飞行器精确导航和新型战略武器精确制导的核心技术之一，并将成为世界各国研究机构和大专院校研究的新热点。

当前，人们最关心并得到实际应用的主要有图像辅助的 INS 组合导航系统、INS/GPS 组合导航系统、INS/合成孔径雷达(CNS)组合导航系统、INS/SAR 组合导航系统、INS/GNSS/CNS 组合导航系统、SINS/CNS/SAR 组合导航系统、最近发展起来的 SINS/北斗/伪卫星组合导航系统，以及本书将要研究的 SINS/SRS 自主组合导航系统和高精度 SINS/SRS/CNS 多源融合自主组合导航系统。

### 1.7.3 组合导航系统的发展方向

目前组合导航系统在军事和民用领域有着非常广泛的应用。尤其是对军事应用而言，组合导航系统不但是现代军事作战的重要信息源，而且是提高武器系统作战效能的重要技术。

1. 现代军事对导航的要求

现代导航技术是从第二次世界大战开始发展并形成基本格局的。在现代战争中，导航占据着十分重要的地位，是现代战争的重要信息源。随着电子技术的发展，“导航战”已经成为一种新的战争特点，并在最近几次局部战争中得到充分展现。随着卫星导航的出现，民用和军事航行对导航的要求得到了较好的满足。然而，卫星导航系统的突出缺点是易受干扰，而且目前为少数国家所拥有。另外，在山区和水下还存在着卫星信号被遮挡的问题。因此，复杂恶劣的战场环境和各种各样的军事任务，对导航提出了更高的要求。

(1)导航系统应具有强的电子对抗能力。随着导航的作用在军事领域中急剧扩展，现代战争中开始出现了针对导航的电子对抗问题，其中包括对导航信号的侦听、阻塞干扰、欺骗干扰和系统的反利用等。因此，为军事作战服务的新型导航系统都应该尽量具有强的电子对抗能力。

(2)高于敌方的导航精度。高精度的导航信息才能使作战单位按照指挥员的意图，在准确的时间出现在精确的地点，这是新型作战思想所要求的。因此，高于敌方精度的导航信息将对形成军事优势具有重要作用。

(3)导航系统应具有实时性与易维护性。军事导航无论对于载体航行或战场作战，均要求所提供的导航信息是实时、连续的，而且能够满足所需要的数据更新率，否则就使高精度失去意义。为了满足越来越高、越来越多的各种要求，许多军用导航系统趋于复杂是客观事实，然而为了使用方便，不能对系统的操作与维护人员提出很高的要求，因此，应利用计算机技术及故障自动诊断隔离技术等，使导航系统能为一般工作人员所使用与维护。

(4)具有自主式、高动态、大区域导航。为了提高系统生存能力，导航系统最好是独立自主式的，而且希望导航系统的用户设备是无源工作，以便于对敌方进行突然袭击。同时，很多军用运载体具有很大的动态范围，比如高速运动或作突然机动能力，要求此时导航精度不能下降。此外，为了适应大范围作战需要，还要求导航系统的覆盖范围越大越好，直到覆盖全世界。

由上述分析可见，理想的军事导航系统应该具有强抗干扰性、高精度、实时性、自主式、高动态、大区域等特点，而从现有的导航技术状况来看，没有一种导航系统能够单独实现上述特点。因此，研究和设计能满足现代战争需要的新一代组合导航系统势在必行。

2. 组合导航系统的实现

组合导航系统利用计算机和数据处理技术，把具有不同特点的单个导航设备组合在一起，以达到整体优化的目的。组合导航系统能够广泛接受来自卫星导航系统、惯性导航系统、无线电导航系统等的定位信息，提供快速、精确的位置、速度等导航信息；同时，根据对系统可靠性和鲁棒性的要求(这一点对高精度导航系统尤其重要)，它还必须具有强容错能力，即能够对子系统进行故障诊断并对故障子系统进行隔离，能够对全系统信息余度控制优化、提供系统最优的多余度导航信息，以及能够提供辅助决策。

将多种导航系统组合起来形成组合导航系统是导航技术发展的一种必然趋势，也是迎接“导航战”挑战、最大限度地提高导航作战能力、削弱敌方的导航能力、掌握未来战场的主动权的必然选择。

现代控制理论的成就，特别是最优估计理论的数据处理方法，为组合导航系统的实现提供了理论基础。对动态数据处理的方法包括最小二乘滤波、维纳滤波、$\alpha-\beta-\gamma$ 滤波、卡尔曼滤波等方法，其中最有代表性的属卡尔曼滤波方法，它是一种线性无偏最小方差估计方法，是解决动态跟踪问题的一种最常用方法。但卡尔曼滤波方法也有许多局限性，譬如卡尔曼滤波方法需要基于较为准确的线性系统模型，以及需要了解观测量的统计特性等。而在很多情况下，这些条件是很难满足的。因此，许多学者除了研究扩展卡尔曼滤波、无迹卡尔曼滤波、粒子滤波(PF)外，还在研究基于其他估计准则的滤波方法，如 $H_\infty$ 滤波算法、极大极小滤波、抗差自适应滤波和无迹粒子滤波算法等，或者将多种数据融合方法结合起来使用，从而解决一些特殊情况下的滤波问题。

3. 组合导航系统的发展方向和趋势

目前，组合导航系统在理论研究和工程应用上，尚存在许多有待研究和解决的问题，并呈现出以下的发展趋势和方向：

(1)小型化、一体化方向的发展。在大型运载体，尤其是在导弹武器的应用中，其多余空间和载重都极为有限。因此，对组合导航系统接收设备和处理设备的体积和质量要求都非常严格。为了减小体积、质量及提高系统可靠性，组合导航系统必须要向小型化、一体化方向发展，其中主要包括辅助导航系统接收机与处理器的一体化研制、嵌入式组合导航系统研制以及微型惯性系统的研制等。

(2)智能化、可视化方向的发展。随着新型导航方式的出现以及参与组合的子系统不断增加，为了有效组织和利用组合导航系统的多源信息，不断提高系统的精度、可靠性与维护性，要求组合导航系统具有智能化和可视化的性能，以增强系统适应环境的能力、操作人员参与协作和交互操作的能力。尤其是在车载和机载系统中，未来的组合导航系统必将向着智能化和可视化方向发展。

(3)新理论、新方法与新结构方向的发展。组合导航系统的核心内容是从多个导航系统的量测值中获取对真实导航参数的最优估计。这要求对组合导航系统模型结构与算法进行研究，包括集中滤波模型、分散滤波模型、联邦滤波模型和多模型卡尔曼滤波，以及故障诊断隔离与系统重构(FDIR)技术的研究等。同时，随着新型导航方式的出现以及参与组合的子系统不断增加，要求研究组合导航系统的新结构，以最有效地利用各种系统的信息资源。

## 1.8 小　结

本章研究了常用的导航技术。

(1)介绍了导航的基本概念；

(2)介绍了惯性导航技术,包括平台式惯导系统、捷联式惯导系统、旋转式惯导系统和混合式惯导系统,简述了惯性导航的基本原理及其优缺点。

(3)介绍了卫星导航技术,概述了目前世界上现有的四种卫星导航技术,包括美国的GPS、苏联的全球导航卫星系统、欧盟的Galileo系统和我国的北斗卫星导航系统,指出了卫星导航技术的发展目标、基本组成、增强系统、发展特色和后续服务。

(4)介绍了天文导航技术,包括星光导航、脉冲星导航和光谱红移测速导航。

(5) 研究了重力场匹配导航技术及其原理。

(6)简述了无线电导航技术的原理及其优缺点,指出了无线电导航技术的发展趋势;介绍了组合导航技术的三种形式,即位置组合、速度组合和姿态组合;介绍了三种不同的组合方式及其优缺点,即松组合、紧组合和深组合;指出了组合导航的发展方向。

本章所做的工作,主要是为后面各章研究随机加权自适应导航滤波算法的应用奠定基础。

## 参考文献


[1] 杨元喜. 自适应动态导航定位[M]. 北京:测绘出版社,2006.

[2] 高社生,何鹏举,杨波,等. 组合导航原理及应用[M]. 西安:西北工业大学出版社,2012.

[3] GAO Z H, MU D J, ZHONG Y M, et al. A strap-down inertial navigation/spectrum red-shift/star sensor(SINS/SRS/SS) autonomous integrated system for spacecraft navigation [J]. Sensors,2018,18(7):1 - 16.

[4] 高朝晖. SINS/SRS/CNS 自主导航系统设计与 CKF 算法拓展研究[D]. 西安:西北工业大学,2019.

[5] 吴富梅. GNSS/INS 组合导航误差补偿与自适应滤波理论的拓展[D]. 郑州:解放军信息工程大学,2010.

[6] “中国科学及前沿领域发展战略研究(2021—2035)”项目组. 中国定位、导航与定时2035 发展战略[M]. 北京:科学出版社,2023.

[7] 高朝晖. 随机加权自适应滤波及其在组合导航中的应用研究[D]. 西安:长安大学,2021.

[8] 高朝晖,慕德俊,魏文辉,等. 光谱红移/SINS 自主组合导航方法研究[J]. 弹箭与制导学报,2017,37(6):9 - 13.

[9] 陈敬萱,程旭红,李晋. 基于惯性系的旋转式惯导系统快速对准算法[J]. 传感器与微系统,2017, 36(7):142 - 145.

[10] 纪志农,刘冲,蔡善军,等. 一种改进的双轴旋转惯导系统十六位置旋转调制方案[J]. 中国惯性技术学报,2013,21(1):46 - 50.

[11] LIU Z J,WANG L,LI K I. An improved rotation scheme for dula-axis rotational inertial navigation system[J]. IEEE Sensors Journal,2017,17(13):4189 - 4196.

[12] JEKELIC C. Gravity on precise, short-term, 3-D free-inertial navigation[J]. Jour-

nal of the Institute of Navigation, 1997, 44(3): 347 - 357.
[13] 冯培德. 论混合式惯性导航系统[J]. 中国惯性技术学报,2016,26(3):281 - 290.
[14] 于飞,孙骞,张亚,等. 双轴旋转式惯导系统自标校技术[J]. 哈尔滨工业大学学报,2015,47(1):118 - 123.
[15] JEKELI C. Gravity on precise, short-term, 3-D free-inertial navigation[J]. Journal of the Institute of Navigation, 1997, 44(3): 347 - 357.
[16] GREJNER B A, YI Y, TOTH C. Enhanced gravity compensation for improved inertial navigation accuracy[C]//ION GPS/GNSS. Portland,2003: 2897 - 2909.
[17] CAI S K, ZHANG K D, WU M P. Improving airborne strapdown vector gravimetry using stabilized horizontal components[J]. Journal of Applied Geophysics, 2013,98:79 - 89.
[18] WANG J, YANG G L, LI X Y, et al. Researchon time interval of gravity compensation for airborne INS [C]//Proceedings of the 34th Chinese Control Conference. China, 2015: 5442 - 5446.
[19] 柴艳菊. 挖掘信息提高 GPS/INS 导航精度的理论与方法研究[D]. 武汉:中国科学院测量与地球物理研究所,2008.
[20] 孙家栋. 北斗卫星导航系统发展之路[J]. 卫星应用, 2010(4): 4 - 7.
[21] 刘基余. GNSS 全球导航卫星系统的新发展[J]. 遥测遥控, 2007(7): 8 - 11.
[22] 阎海峰. BDS/MEMS IMU 深组合导航技术与高性能算法研究[D]. 西安: 西北工业大学,2018.
[23] 李国利,胡喆,张汩汩. 中国北斗服务全球:写在我国完成北斗全球卫星导航系统星座部署之际[J]. 经济与管理科学,2020(22):7 - 11.
[24] 施群山,梁静,徐青,等. 天地一体北斗导航态势表达系统的设计与实现[J]. 海洋测绘,2020,40(3):40 - 45.
[25] 陈雷,裴凌,高为广,等. 北斗三号系统卫星自主完好性监测技术[J]. 导航定位与授时,2024,11(1):1 - 9.
[26] 王晶金,李成智. 中国北斗卫星导航系统的建设里程[J]. 科学,2024,76(1):35 - 39.
[27] 王晶金,李成智. 北斗卫星导航系统发展与创新[J]. 自然科学史研究,2023,42(3):365 - 376.
[28] 房建成,宁晓琳,田玉龙. 航天器自主天文导航原理与方法[M]. 北京:国防工业出版社,2016.
[29] 刘建业,曾庆化,赵伟,等. 导航系统理论与应用[M]. 西安:西北工业大学出版社,2010.
[30] 张国良,曾静. 组合导航原理与技术[M]. 西安: 西安交通大学出版社, 2008.
[31] 房建成,宁晓琳. 天文导航原理及应用[M]. 北京:北京航空航天大学出版社,2006.
[32] 卢欣,李春艳,李晓,等. 星光导航技术现状与发展[J]. 空间控制技术与应用,2017,43(4):1 - 8.
[33] 张家豪. X 射线脉冲自主导航信号去噪技术研究 [D]. 西安:西北工业大学,2021.

[34] 郑伟，王奕迪，汤建国，等. X射线脉冲星导航理论与应用[M]. 北京:科学出版社，2015.
[35] 费保俊，黄文宏，孙维瑾，等. 脉冲星导航的相对论定位法(Ⅱ)：4维时空的观测方程[J]. 导航定位学报，2015,3(2):34-372.
[36] 张伟. 天文光谱测速导航技术与应用思考[J]. 导航与控制，2020，19(4/5):64-73.
[37] 张伟,陈晓,尤伟,等. 光谱红移自主导航新方法[J]. 上海航天，2013，30(2):32-33.
[38] 张伟,张恒. 天文导航在航天工程应用中的若干问题及进展[J]. 深空探测学报，2016，3(3):204-213.
[39] DIFRANCESCO D,KOHRN B,BONER C,et al. Gravity gradiometry for emerging applications[J]. ASEG Extended Abstracts,2012(1):1-4.
[40] WU L,WANG H,CHAI H,et al. Performance evaluation and analysis for gravity matching aided navigation[J]. Sensors,2017,17(4):769-783.
[41] ZHU Z, GUO Y ,YANG Z. Study on initial gravity map matching technique based on triangle constraint model [J]. The Journal of Navigation, 2016, 69(2):353-372.
[42] 宁津生,王正涛. 地球重力场研究现状与进展[J]. 测绘地理信息,2013,38(1):1-7.
[43] 韩雨蓉. 水下导航重力匹配算法研究[D]. 北京:北京理工大学,2017
[44] WANG H,WU L,CHAI H,et al. Technology of gravity aided inertial navigation system and its trial in South China Sea[J]. IET Radar Sonar & Navigation. 2016,10(5):862-869.
[45] 徐瑞，朱筱虹，赵金贤. 地基无线电导航标准现状及标准体系[J]. 海洋测绘,2012,32(2):79-82.
[46] 李海涛,周欢,郝万宏,等. 深空导航无线电干涉测量技术的发展历程和展望[J]. 飞行器测控学报,2013,32(6):470-478.
[47] 赵琳,王小旭,丁继成,等. 组合导航系统非线性滤波算法综述[J]. 中国惯性技术学报,2009, 17(1):46-52.
[48] WEI W H, GAO Z H, GAO S S,et al. A SINS/SRS/GNS autonomous integrated navigation system based on spectral redshift velocity measurements[J]. Sensors,2018,18(4):1-19.
[49] RONALD E B. Phase-locked loops: design, simulation, and applications[M]. 6th ed. The McGraw-Hill Companies, 2004.
[50] 董斌,冯海艳,刘正兴. GPS/INS深组合技术探讨[J]. 教练机,2012, 42(1):42-47.

# 第二章　组合导航滤波算法

组合导航系统实现的关键是数据融合技术，特别是各种滤波算法的出现，为组合导航系统提供了理论基础和数学工具。应用滤波算法设计组合导航系统的基本原理是：首先，建立组合导航系统的状态方程和测量方程；其次，采用相应的滤波算法对系统状态进行最优估计，以去除噪声的干扰，得到尽量准确的状态估计值；最后，利用这些状态估计值去修正系统的导航误差，进而获得准确的导航参数信息，以达到提高导航精度的目的[1-3]。

通常情况下，要描述一个实际系统，必须对其进行建模，即需要建立动力学系统的状态方程和测量方程。对于组合导航系统而言，要进行滤波计算必须建立其数学模型。

## 2.1　引　言

组合导航系统常用 Kalman 滤波进行设计。但 Kalman 滤波理论采用均值和协方差来表征状态概率分布，只有当系统模型为线性，且过程噪声和量测噪声均为高斯分布时，Kalman 滤波可以获得最优状态估计。而当导航系统为非线性、非高斯分布的状态模型时，采用线性模型描述组合导航系统将会引起线性模型近似误差；若采用 Kalman 滤波对系统线性误差模型进行滤波计算，将会导致滤波发散[4-7]。为了克服 Kalman 滤波的缺点，一些学者提出采用扩展 Kalman 滤波设计组合导航系统。

尽管 EKF 在组合导航系统非线性滤波中得到了广泛应用，但它在理论上仍然具有局限性。EKF 仅适用于模型误差和预测误差很小的情况，否则滤波初期估计协方差下降太快会导致滤波不稳定甚至发散。

为了能够以较高的精度和较快的计算速度处理非线性系统的滤波问题，Juliter 等人提出了基于 Unscented 变换（Unscented Transformation，UT）的 Kalman 滤波[8]。与 EKF 不同，UKF 不是对非线性模型做近似，而是对状态的概率密度函数（Probability Density Function，PDF）做近似。UKF 的核心是 Unscented 变换，而 UT 的基本思想是：近似非线性函数的概率分布比近似非线性函数要容易。因此，UT 不需要对非线性系统进行线性化近似，而是通过特定的采样策略，选取一定数量的 Sigma 采样点，这些采样点具有同系统状态分布相同的均值和协方差，这些 Sigma 采样点经过非线性变换后，可以至少以二阶精度（泰勒展开式）逼近系统状态后验均值和协方差。将 UT 应用于卡尔曼滤波算法，就形成了 UKF。UKF 适用于非线性高斯系统的滤波状态估计问题，特别是对于强非线性系统，UKF 滤波精度及稳定性较 EKF 明显提高。

由于 UKF 是对非线性系统的概率密度函数进行近似，而不是对系统非线性模型进行近似，因此不需求导计算雅可比矩阵，计算量仅与 EKF 相当，且由于 UKF 采用确定性采样，仅需要很少的 Sigma 采样点来完成 UT 变换。

在滤波算法实现上，EKF 和 UKF 都可以看作是以 Kalman 滤波为基础的非线性滤波，或者说，二者都是对非线性系统的线性 Kalman 滤波方法的变形和改进形式。因此受到线性卡尔曼滤波算法的条件制约，即系统状态应满足高斯分布。对于非高斯分布的系统状态模型，若仍简单地采用均值和的方差表征状态概率分布，将导致滤波性能变差。故 EKF 和 UKF 一般不适用于状态是非高斯分布的系统模型。同 EKF 类似，UKF 要求精确已知系统噪声的先验统计特性（均值和的方差阵），而在实际应用中，系统噪声统计特性是部分已知、近似已知或者完全未知的。应用不精确或不完全知道的噪声统计设计 UKF 滤波器，会严重影响滤波器性能，甚至可能导致滤波发散[9]

20 世纪 50 年代末，Hammersley 等人提出了粒子滤波（Particle Filter，PF）算法，该算法是一种基于贝叶斯采样估计的顺序重要采样（Sequential Importance Sampling，SIS）滤波方法[10]，并在 20 世纪 60 年代得到了进一步发展。但该算法始终未能解决粒子数匮乏现象和计算量大等问题的制约，因此，未引起人们的重视。直到 1993 年，Gordon 等人[11]提出了一种新的基于 SIS 的 Bootstrap 非线性滤波方法，从而奠定了 PF 算法的基础。PF 算法的基本思想是：通过寻找一组在状态空间中传播的随机样本对概率密度函数 $p(x_k/z_k)$ 进行近似，以样本均值代替积分运算，从而获得状态最小的方差估计的过程，这些样本即称为“粒子”。PF 适用于非线性非高斯系统的状态估计，尤其对强非线性系统的滤波问题有独特的优势，摆脱了解决非线性滤波问题时随机量必须满足高斯分布的制约条件。

采用 SIS 算法来实现粒子滤波，不但 PF 的计算量依然很大，实时性差，而且容易出现粒子匮乏问题。但由于 PF 在处理非线性非高斯时变系统的参数估计和状态滤波问题等方面具有独特的优势，不要求系统状态必须满足高斯分布，因此，随着计算机技术的快速发展，粒子滤波必将获得广泛应用。

## 2.2 卡尔曼滤波算法

卡尔曼滤波解是基于最小二乘准则，采用状态方程描述系统动态模型，用观测方程描述系统观测模型，由参数的验前估计值与新的观测信息对状态参数进行更新。因此，卡尔曼滤波只需存储前一历元的状态参数估计值，无需存储所有历史观测信息。由于卡尔曼滤波采用递推形式，因此 KF 非常适合用计算机编程来实现。KF 可以处理平稳随机过程、多维及非平稳随机过程[1,3]。

在上述假设前提下，卡尔曼滤波能够给出系统状态参数的可靠解。但在实际工程应用中，当这些假设前提不能满足时，由 KF 给出的动态信息将被扭曲。因为微小的动态变化信息都可能被异常观测分布和参数的异常偏差所掩盖。然而在动态导航定位过程中，动态的系统状态噪声和观测噪声往往具有不确定性，这将导致卡尔曼滤波性能下降，甚至可能发散。因此，传统的卡尔曼滤波方法在动态导航定位的应用中具有很多的限制[2-3]。

卡尔量滤波考虑了信号与量测的基本统计特性（一阶和二阶统计特性），由于采用了状态空间概念，用状态方程描述被估计量的动态变化规律，信号作为状态，而且动力学方程已知，所以，被估计量既可以是平稳的一维随机信号，也可以是非平稳的多维（向量）信号随机过程。由于卡尔量滤波具有许多优点，因此，它作为一种重要的最优估计理论被广泛应用于组合导航、目标跟踪、通信等领域。

### 2.2.1 滤波与估计的基本概念

所谓估计是指根据量测所得到的与状态 $\boldsymbol{X}(t)$ 有关的信息 $\boldsymbol{Z}(t)=h\left[\boldsymbol{X}(t)\right]+\boldsymbol{V}(t)$ 解算出 $\boldsymbol{X}(t)$ 的估计值 $\hat{\boldsymbol{X}}(t)$，其中随机向量 $\boldsymbol{V}(t)$ 是量测误差，$\boldsymbol{Z}(t)$ 是 $\boldsymbol{X}(t)$ 的量测。因为 $\hat{\boldsymbol{X}}(t)$ 是根据 $\boldsymbol{Z}(t)$ 确定的，所以 $\hat{\boldsymbol{X}}(t)$ 是 $\boldsymbol{Z}(t)$ 的函数。如果 $\hat{\boldsymbol{X}}(t)$ 是 $\boldsymbol{Z}(t)$ 的线性函数，就称 $\hat{\boldsymbol{X}}(t)$ 成为 $\boldsymbol{X}(t)$ 的线性估计。

根据不同的估计准则和估计计算方法，有多种不同种类的估计方法。最优估计是指某一指标函数达到最值（最大值或最小值）时的估计。

若以量测估计 $\hat{\boldsymbol{Z}}$ 的偏差的二次方和达到最小为估计指标，即

$$(\boldsymbol{Z}-\hat{\boldsymbol{Z}})^{\mathrm{T}}(\boldsymbol{Z}-\hat{\boldsymbol{Z}})=\min \tag{2.1}$$

则所得估计 $\hat{\boldsymbol{X}}$ 为 $\boldsymbol{X}$ 的最小二乘估计。

若以状态估计 $\boldsymbol{X}$ 的均方误差集平均达到最小为估计指标，即

$$E\left[(\boldsymbol{X}-\hat{\boldsymbol{X}})^{\mathrm{T}}(\boldsymbol{X}-\hat{\boldsymbol{X}})\right]=\min \tag{2.2}$$

则所得估计 $\hat{\boldsymbol{X}}$ 为 $\boldsymbol{X}$ 的最小方差估计。若 $\hat{\boldsymbol{X}}$ 还是 $\boldsymbol{X}$ 的线性估计，则 $\hat{\boldsymbol{X}}$ 为 $\boldsymbol{X}$ 的线性最小方差估计。

滤波是与平滑和预报平行的概念，其中每一种运算都代表一种估计。

滤波是指从所有观测信号（包括观测时刻 $t$ 的观测数据）中提取信号的方法[4-5]。

平滑是指从直到观测时刻 $t$ 的观测信息中，提取实验过程中 $t'(t'<t)$ 时的信号，即在求取 $t'$ 时刻的信号用到了 $t'$ 以后的观测信号。

预报则是指导出观测之后的有用信号。

滤波过程如图 2.1 所示[3]。

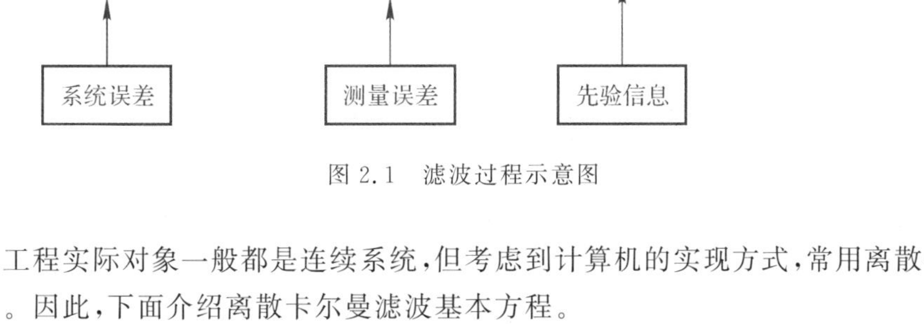

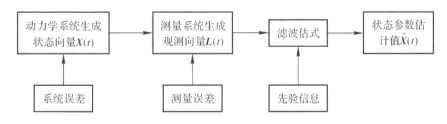

图 2.1 滤波过程示意图

虽然工程实际对象一般都是连续系统，但考虑到计算机的实现方式，常用离散化模型来描述系统。因此，下面介绍离散卡尔曼滤波基本方程。

### 2.2.2 线性离散卡尔曼滤波方程

本节所描述的离散系统就是指用离散化的差分方程来描述连续系统。设离散化后的系统状态方程和量测方程分别为

$$\boldsymbol{X}_k = \boldsymbol{\Phi}_{k,k-1}\boldsymbol{X}_{k-1} + \boldsymbol{\Gamma}_{k-1}\boldsymbol{W}_{k-1} \tag{2.3}$$

$$\boldsymbol{Z}_k = \boldsymbol{H}_k\boldsymbol{X}_k + \boldsymbol{V}_k \tag{2.4}$$

式(2.3)和式(2.4)中:$\boldsymbol{X}_k$ 为 $k$ 时刻的 $n$ 维状态矢量,也就是被估计矢量;$\boldsymbol{Z}_k$ 为 $k$ 时刻的 $m$ 维测量矢量;$\boldsymbol{\Phi}_{k,k-1}$ 为($k-1$)时刻到 $k$ 时刻的一步转移矩阵($n\times n$ 阶);$\boldsymbol{W}_{k-1}$ 为($k-1$)时刻的系统噪声($r$ 维);$\boldsymbol{\Gamma}_{k-1}$ 为系统噪声矩阵($n\times r$ 阶),它表征由($k-1$)时刻到 $k$ 时刻的各个噪声分别影响各个状态的程度;$\boldsymbol{H}_k$ 为 $k$ 时刻的量测矩阵($m\times n$ 阶);$V_k$ 为 $k$ 时刻 $m$ 维测量噪声。卡尔曼滤波要求$\{W_k\}$和$\{V_k\}$是互不相关的零均值白噪声序列,即

$$\left.\begin{aligned} &E\{\boldsymbol{W}_k\}=0 \qquad E\{\boldsymbol{W}_k\boldsymbol{W}_j^{\mathrm{T}}\}=\boldsymbol{Q}_k\delta_{kj} \\ &E\{\boldsymbol{V}_k\}=0 \qquad E\{\boldsymbol{V}_k\boldsymbol{V}_j^{\mathrm{T}}\}=\boldsymbol{R}_k\delta_{kj} \\ &E\{\boldsymbol{W}_k\boldsymbol{V}_j^{\mathrm{T}}\}=0 \end{aligned}\right\} \tag{2.5}$$

式中:$\boldsymbol{Q}_k$ 为系统噪声方差阵;$\boldsymbol{R}_k$ 称为测量噪声方差阵。在卡尔曼滤波中要求它们分别是已知值的非负定阵和正定阵,即 $\boldsymbol{Q}_k\geqslant 0$;$\boldsymbol{R}_k>0$。$\boldsymbol{Q}_k\geqslant 0$ 指的是系统有时可能不包含噪声;$\boldsymbol{R}_k>0$ 指的是每个测量分量都含有噪声。$\delta_{kj}$ 是 Kronecker $\delta$ 函数,即

$$\delta_{kj}=\begin{cases}0, & k\neq j \\ 1, & k=j\end{cases} \tag{2.6}$$

初始状态的一、二阶统计特性为

$$E\{\boldsymbol{X}_0\}=m_{x_0};\quad \mathrm{Var}\{\boldsymbol{X}_0\}=C_{x_0} \tag{2.7}$$

式中:$\boldsymbol{V}_{ar}\{\cdot\}$为对$\{\cdot\}$求方差的符号。卡尔曼滤波要求 $m_{x_0}$ 和 $C_{x_0}$ 为已知量,且要求 $\boldsymbol{X}_0$ 与$\{\boldsymbol{W}_k\}$,$\{\boldsymbol{V}_k\}$都不相关,即

$$E\{\boldsymbol{X}_0\boldsymbol{W}_k^{\mathrm{T}}\}=0,E\{\boldsymbol{X}_0\boldsymbol{V}_k^{\mathrm{T}}\}=0 \tag{2.8}$$

离散系统的卡尔曼滤波方程的推导方法很多,有的方法虽然简单,容易理解,但在数学计算方面不太严格,如最优加权平均法。有的方法数学意义非常严格,但方法描述比较抽象难以理解,如状态空间法。如前所述,卡尔曼滤波是一种基于误差方差最小准则的递推线性最小方差估计算法,该算法已在许多领域得到广泛应用,已经比较成熟。下面直接给出离散卡尔曼滤波的基本方程。

状态一步预测方程

$$\hat{\boldsymbol{X}}_{k|k-1}=\boldsymbol{\Phi}_{k,k-1}\hat{\boldsymbol{X}}_{k-1} \tag{2.9}$$

状态估值计算方程

$$\hat{\boldsymbol{X}}_k=\hat{\boldsymbol{X}}_{k|k-1}+\boldsymbol{K}_k(\boldsymbol{Z}_k-\boldsymbol{H}_k\hat{\boldsymbol{X}}_{k|k-1}) \tag{2.10}$$

滤波增益方程

$$\boldsymbol{K}_k=\boldsymbol{P}_{k|k-1}\boldsymbol{H}_k^{\mathrm{T}}(\boldsymbol{H}_k\boldsymbol{P}_{k|k-1}\boldsymbol{H}_k^{\mathrm{T}}+\boldsymbol{R}_k)^{-1} \tag{2.11}$$

一步预测均方误差方程

$$\boldsymbol{P}_{k|k-1}=\boldsymbol{\Phi}_{k,k-1}\boldsymbol{P}_{k-1}\Phi_{k,k-1}^{\mathrm{T}}+\boldsymbol{\Gamma}_{k-1}\boldsymbol{Q}_{k-1}\boldsymbol{\Gamma}_{k-1}^{\mathrm{T}} \tag{2.12}$$

估计均方误差方程

$$\boldsymbol{P}_k=(\boldsymbol{I}-\boldsymbol{K}_k\boldsymbol{H}_k)\boldsymbol{P}_{k|k-1}(\boldsymbol{I}-\boldsymbol{K}_k\boldsymbol{H}_k)^{\mathrm{T}}+\boldsymbol{K}_k\boldsymbol{R}_k\boldsymbol{K}_k^{\mathrm{T}} \tag{2.13}$$

或

$$\boldsymbol{P}_k=(\boldsymbol{I}-\boldsymbol{K}_k\boldsymbol{H}_k)\boldsymbol{P}_{k|k-1} \tag{2.14}$$

上面公式中，式(2.9)和式(2.12)又称为时间更新方程或者时间修正方程，其余三个方程又称为量测更新方程或者量测修正方程。习惯上对滤波估计值符号通常给出简化形式：$\hat{\boldsymbol{X}}_k \xleftrightarrow{\text{def}} \hat{\boldsymbol{X}}_{k|k}$，$\boldsymbol{P}_k \xleftrightarrow{\text{def}} \boldsymbol{P}_{k|k}$。

对于使用计算机、采用数字化方式实现的卡尔曼滤波算法，卡尔曼滤波器可以理解为解算以上滤波方程得到估计值的计算工具。

下面分别介绍式(2.9)～ 式(2.14)中各个符号及滤波方程的物理意义。

(1)状态一步预测方程。$\hat{\boldsymbol{X}}_{k-1}$ 是状态 $\boldsymbol{X}_{k-1}$ 的卡尔曼滤波估计值；$\hat{\boldsymbol{X}}_{k|k-1}$ 是利用 $\hat{\boldsymbol{X}}_{k-1}$ 计算得到的对 $\boldsymbol{X}_k$ 的一步预测，也可以说是利用$(k-1)$时刻和以前时刻的测量值得到的对 $\boldsymbol{X}_k$ 的一步预测。

(2)状态估值计算方程。式(2.10)是计算估值 $\hat{\boldsymbol{X}}_k$ 的方程。它是在一步预测 $\hat{\boldsymbol{X}}_{k|k-1}$ 的基础上，根据量测值 $\boldsymbol{Z}_k$ 计算出来的。式中的括弧内容按量测方程式(2.4)，可改写为

$$\boldsymbol{Z}_k-\boldsymbol{H}_k\hat{\boldsymbol{X}}_{k|k-1}=\boldsymbol{H}_k\boldsymbol{X}_k+\boldsymbol{V}_k-\boldsymbol{H}_k\hat{\boldsymbol{X}}_{k|k-1}=\boldsymbol{H}_k\tilde{\boldsymbol{X}}_{k|k-1}+\boldsymbol{V}_k \tag{2.15}$$

式中：$\tilde{\boldsymbol{X}}_{k|k-1}\triangleq\boldsymbol{X}_k-\hat{\boldsymbol{X}}_{k|k-1}$ 称为状态一步预测误差。类似地，若把 $\boldsymbol{H}_k\hat{\boldsymbol{X}}_{k|k-1}$ 看作是测量值 $\boldsymbol{Z}_k$ 的一步预测，则$(\boldsymbol{Z}_k-\boldsymbol{H}_k\hat{\boldsymbol{X}}_{k|k-1})$就是测量一步预测误差。由式(2.15)中可以看出，它由两部分组成：一是一步预测 $\hat{\boldsymbol{X}}_{k|k-1}$ 的误差 $\tilde{\boldsymbol{X}}_{k|k-1}$(以 $\boldsymbol{H}_k\tilde{\boldsymbol{X}}_{k|k-1}$ 的形式出现)；二是测量误差 $\boldsymbol{V}_k$。

将式(2.15)代入式(2.10)中，有

$$\hat{\boldsymbol{X}}_k=\hat{\boldsymbol{X}}_{k|k-1}+\boldsymbol{K}_k(\boldsymbol{H}_k\tilde{\boldsymbol{X}}_{k|k-1}+\boldsymbol{V}_k) \tag{2.16}$$

由式(2.16)可以看出，要在 $\hat{\boldsymbol{X}}_{k|k-1}$ 的基础上得到 $\hat{\boldsymbol{X}}_k$，$\tilde{\boldsymbol{X}}_{k|k-1}$ 是所必需的信息，且这个信息是通过 $k$ 时刻的测量值 $\boldsymbol{Z}_k$ 得到的。因此称$(\boldsymbol{Z}_k-\boldsymbol{H}_k\hat{\boldsymbol{X}}_{k|k-1})$为新息。

(3)滤波增益方程。在卡尔曼滤波中，$\boldsymbol{K}_k$ 的选取标准就是卡尔曼滤波的估计准则，也就是使估值 $\hat{\boldsymbol{X}}_k$ 的均方误差最小。式(2.11)中 $\boldsymbol{P}_{k|k-1}$ 是一步预测均方误差阵，即

$$\boldsymbol{P}_{k|k-1}\triangleq E\{\tilde{\boldsymbol{X}}_{k|k-1}\tilde{\boldsymbol{X}}_{k|k-1}^{\mathrm{T}}\} \tag{2.17}$$

由于 $\hat{\boldsymbol{X}}_{k|k-1}$ 也具有无偏性，即 $\tilde{\boldsymbol{X}}_{k|k-1}$ 的均值 $\boldsymbol{E}(\tilde{\boldsymbol{X}}_{k|k-1})=0$，所以，$\boldsymbol{P}_{k|k-1}$ 也称为一步预测误差方差阵。

上述分析说明 $\boldsymbol{K}_k$ 的大小是根据一步预测均方误差 $\boldsymbol{P}_{k|k-1}$ 和测量噪声方差 $\boldsymbol{R}_k$ 的大小确定的。若 $\boldsymbol{R}_k$ 大，则测量预测误差(又叫新息)中测不准的比例大，$\boldsymbol{Z}_k$ 的可用程度就差，$\boldsymbol{K}_k$ 相应取得小；若 $\boldsymbol{P}_{k|k-1}$ 大，说明新息中一步预测误差 $\tilde{\boldsymbol{X}}_{k|k-1}$ 的比例大，$\boldsymbol{K}_k$ 就应取得大，也就是对测量值的依赖和利用程度大，测量值 $\boldsymbol{Z}_k$ 对状态一步预测 $\hat{\boldsymbol{X}}_{k|k-1}$ 的修正作用大。

(4)一步预测均方误差方程。由式(2.11)，知要求得 $\boldsymbol{K}_k$，必须先求出 $\boldsymbol{P}_{k|k-1}$，而在求取

$\boldsymbol{P}_{k|k-1}$ 的式(2.12)中有估值 $\hat{\boldsymbol{X}}_{k|k-1}$ 的均方误差阵 $\boldsymbol{P}_{k-1}$，即

$$\boldsymbol{P}_{k-1} \triangleq E\{\tilde{\boldsymbol{X}}_{k-1}\tilde{\boldsymbol{X}}_{k-1}^{\mathrm{T}}\} \tag{2.18}$$

式中：$\tilde{\boldsymbol{X}}_{k|k-1} \triangleq \boldsymbol{X}_k - \hat{\boldsymbol{X}}_{k|k-1}$，为 $\hat{\boldsymbol{X}}_{k-1}$ 的估计误差。由式(2.12)可以看出，一步预测均方误差阵 $\boldsymbol{P}_{k|k-1}$ 是从估计均方误差阵 $\boldsymbol{P}_{k-1}$ 转移过来的，且加上系统噪声方差的影响。

(5)估计均方误差方程。式(2.13)和式(2.14)都是计算 $\boldsymbol{P}_k$ 的方程。两者相比，式(2.14)的计算量小，但在计算机有舍入误差的条件下，不能始终保证计算出的 $\boldsymbol{P}_k$ 是对称的；而式(2.13)的性质相反。滤波时可根据系统的具体情况和要求来选用其中的一个方程。如果把式中的 $\boldsymbol{K}_k$ 理想成滤波估计的具体体现，则两个方程都说明 $\boldsymbol{P}_k$ 是在 $\boldsymbol{P}_{k|k-1}$ 的基础上经过滤波估计而演变过来的。这一点可以从式(2.14)中直观地看出：由于滤波估计的作用，$\hat{\boldsymbol{X}}_k$ 的均方误差阵 $\boldsymbol{P}_k$ 比 $\hat{\boldsymbol{X}}_{k|k-1}$ 的均方误差阵 $\boldsymbol{P}_{k|k-1}$ 小。

### 2.2.3 滤波过程及初始值的确定

下面首先介绍滤波过程，然后给出初始值的确定标准。

1. 滤波过程

卡尔曼滤波是一种递推计算方法，任一时刻的估值都是在前一时刻估值的基础上得到的。卡尔曼滤波由如下两个递推循环组成。

(1)从 $\hat{\boldsymbol{X}}_{k-1}$ 计算 $\hat{\boldsymbol{X}}_k$ 的循环，根据 $\boldsymbol{Z}_k$ 和 $\boldsymbol{K}_k$ 来计算，在循环过程中得到的 $\hat{\boldsymbol{X}}_k$ 是滤波器的主要输出量。

(2)从 $\boldsymbol{P}_{k-1}$ 计算 $\boldsymbol{P}_k$ 的循环，是一个独立的循环，在滤波初值 $\boldsymbol{P}_0$ 确定之后就能够独立进行计算，而与系统测量值 $\boldsymbol{Z}_k$ 无关。这个循环的主要作用是为计算 $\hat{\boldsymbol{X}}_k$ 提供 $\boldsymbol{K}_k$，同时，计算出来的 $\boldsymbol{P}_k$ 除了为下一步的 $\boldsymbol{K}_{k+1}$ 所用之外，还是衡量滤波器估计性能好坏的主要指标。

2. 初始值的确定

在滤波初始时刻(即从 0 时刻到 1 时刻的计算过程)，必须有初始值 $\hat{\boldsymbol{X}}_0$ 和 $\boldsymbol{P}_0$ 才能进行，这就需要正确给定 $\hat{\boldsymbol{X}}_0$ 和 $\boldsymbol{P}_0$ 的值。为保证滤波估值的无偏性，应该选择 $\hat{\boldsymbol{X}}_0$ 和 $\boldsymbol{P}_0$ 的初始值为

$$\hat{\boldsymbol{X}}_0 = E\{\boldsymbol{X}_0\} = \boldsymbol{m}_{x_0} \tag{2.19}$$

相应地，有

$$\begin{aligned}\boldsymbol{P}_0 &= E\{(\boldsymbol{X}_0 - \hat{\boldsymbol{X}}_0)(\boldsymbol{X}_0 - \hat{\boldsymbol{X}}_0)^{\mathrm{T}}\} = E\{(\boldsymbol{X}_0 - m_{x_0})(\boldsymbol{X}_0 - m_{x_0})^{\mathrm{T}}\} \\ &= \mathrm{Var}\{\boldsymbol{X}_0\} = \boldsymbol{C}_{X_0}\end{aligned} \tag{2.20}$$

这样，才能保证估计无偏且估计均方误差阵 $\boldsymbol{P}_k$ 始终最小。

### 2.2.4 卡尔曼滤波的估计方法

根据组合导航系统卡尔曼滤波器状态选取和结构设计的不同，估计方法可以分为直接滤波法和间接滤波法两种，下面分别给予介绍。

1. 直接滤波法

直接滤波法是指滤波时直接以各种导航参数为状态量，系统方程和量测方程可能是线性的，也可能是非线性的，卡尔曼滤波器接收各导航子系统的导航参数，经过滤波计算得到导航参数的最优估计，如图 2.2 所示。

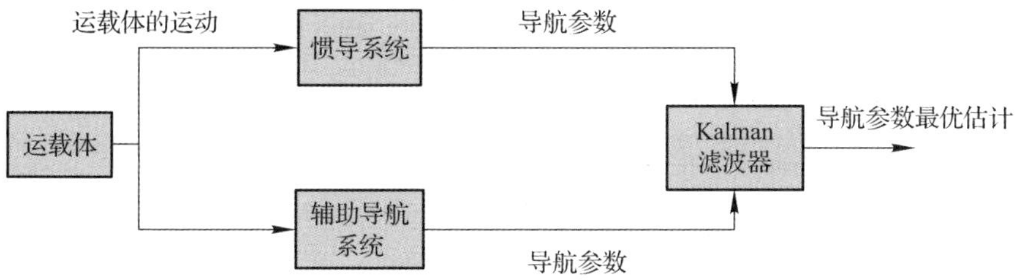


图 2.2 直接滤波法示意图

直接滤波法直接以各种导航参数 $\boldsymbol{Y}$（例如经纬度 $\lambda, L$，地理速度 $\boldsymbol{V}_E, \boldsymbol{V}_N, \boldsymbol{V}_Z$ 等）为主要状态，滤波器估值的主要部分就是导航输出的参数估计值 $\hat{\boldsymbol{Y}}$。

直接滤波法具有以下特点：

(1)直接滤波法的系统模型方程直接描述导航参数的动态过程，能较准确地反映真实状态的动态变化。

(2)直接滤波法的系统模型方程是惯性导航力学编排方程和某些误差变量方程的综合。滤波器既能达到力学编排方程解算导航参数的目的，又能起到滤波估计的作用。滤波器输出的就是导航参数的估计以及某些误差量的估计。因此，采用直接滤波法可使惯性导航系统避免力学编排方程的许多重复计算。

(3)由于系统方程一般都是非线性的，需要采用非线性卡尔曼滤波方程，因此实际应用中一般不采用该方法。

(4)直接滤波法滤波的系统状态量数值相差较大，例如导航参数本身如位置和速度可能相当大，但另外一些状态量如姿态误差角可能非常小，这给数值计算带来了一定的困难，并会影响估计误差的精度。

2. 间接滤波法

间接滤波法是指滤波时以组合导航系统中某一导航系统（通常是惯导系统）输出的导航参数 $\boldsymbol{X}$ 的误差量 $\Delta\boldsymbol{X}$ 作为滤波器的状态，滤波器估计值的主要部分就是导航参数误差估计值 $\Delta\hat{\boldsymbol{X}}$，然后用 $\Delta\hat{\boldsymbol{X}}$ 去校正 $\boldsymbol{X}$。

间接滤波法中的各个状态量都是误差量，系统方程是指状态误差量的运动方程。它是按一阶近似推导出来的，有一定的近似性。间接滤波法中的误差方程将系统方程化为线性方程，使各状态量的数量级相近，在计算中易于实现并易于保证估计的准确性。

间接滤波法中，从卡尔曼滤波器得到的估计又有如下两种利用方法。

(1)输出校正法。将估计值作为组合导航系统导航参数的输出，或作为惯性导航系统导航参数的校正量，这种方法称为开环法或输出校正法，如图 2.3 所示。

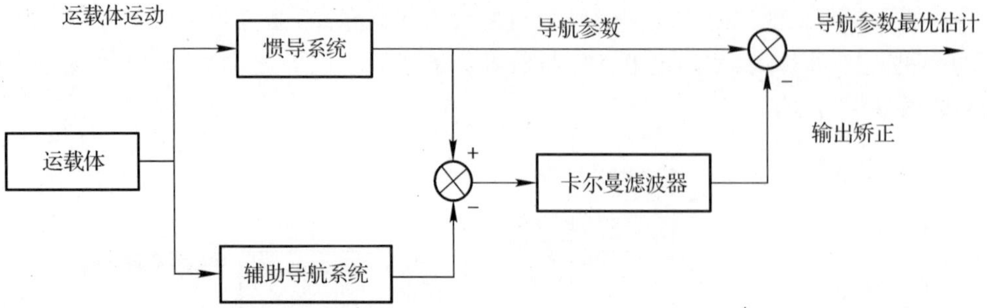


图 2.3　间接滤波法输出校正示意图

(2)反馈校正法。将估计值反馈到惯性导航系统和辅助导航系统中,估计出的导航参数就作为惯性导航力学编排方程中的相应参数,估计出的误差作为校正量,将惯性导航系统或其他导航设备中的相应误差量校正掉,这种方法称为闭环法或反馈校正法,如图 2.4 所示。

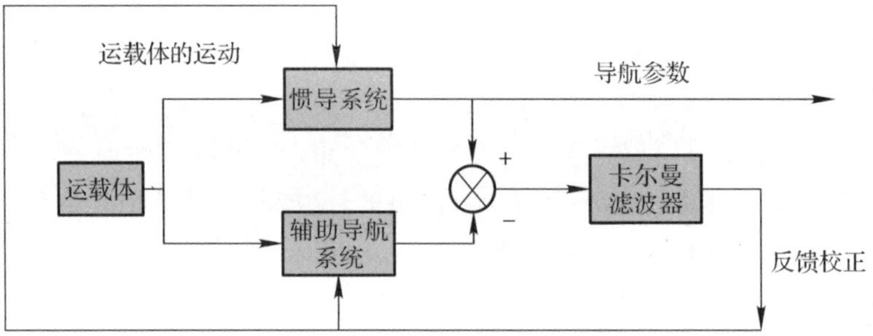


图 2.4　间接法滤波反馈校正示意图

从数学模型来考虑,输出校正和反馈校正有相同的效果,但是这两种方式有如下区别:输出校正的优点是工程实现上比较方便,滤波器的故障不会影响导航系统的工作。缺点是惯性导航系统的误差是随时间而增长的,而卡尔曼滤波器模型是建立在误差为小量的基础上的,因此在长时间工作时,由于惯性导航误差不再是小量,因而使滤波方程出现模型误差,从而使滤波精度下降。而反馈校正正好可以克服这一缺点。在反馈校正后,惯性导航系统的输出就是组合系统的输出,误差始终保持为小量,因而可以认为滤波方程没有模型误差。反馈校正的缺点是工程实现上没有输出校正简单,且滤波器故障直接污染惯性导航系统的输出,可靠性降低。如果惯性导航系统精度较高,且连续工作时间不长,则采用输出校正。反之,如果惯性导航系统精度差且连续工作时间长,则需采用反馈校正。在实际应用中,有时两种校正方式混合使用。

### 2.2.5　卡尔曼滤波的稳定性分析

卡尔曼滤波要求 $\hat{\boldsymbol{X}}_0=m_{x_0}$,$\boldsymbol{P}_0=\boldsymbol{C}_{x_0}$,卡尔曼滤波才具有无偏性和估计均方误差最小的

特性。在实际工程应用中，被估计状态的一、二阶统计特性 $m_{x_0}$ 和 $\boldsymbol{C}_{x_0}$ 往往不能准确得到。在这种情况下，滤波必须满足稳定性要求。否则，不同的初始条件将会导致滤波得出不同的估计值。

稳定性是指满足下面条件[12]：

(1)随着滤波时间的增长，估计值 $\hat{\boldsymbol{X}}_k$ 逐渐不受初始值的影响；

(2)随着滤波时间的增长，估计均方误差阵 $\boldsymbol{P}_k$ 逐渐不受初始估计均方误差 $\boldsymbol{P}_0$ 的影响；

(3)如果滤波器具有稳定性，即使初始条件不同，随着滤波时间的增长，估计值和估计均方误差阵也会逐渐趋于相同。估计值 $\hat{\boldsymbol{X}}_k$ 逐渐不受初始值 $\hat{\boldsymbol{X}}_0$ 的影响是滤波器稳定的唯一标志。可以证明，只要滤波器具有稳定性，估计均方误差阵 $\boldsymbol{P}_k$ 同样是逐渐不受初始值 $\boldsymbol{P}_0$ 的影响。因此，人们通常用滤波器是否稳定来说明滤波稳定性。

卡尔曼等人首先提出利用随机可控性和随机可观测性作为判别滤波稳定性的条件。以连续系统为例，如果系统是一致随机可控可观测，且系统噪声方差强度阵 $\boldsymbol{Q}(t)$ 和量测噪声方差强度阵 $\boldsymbol{R}(t)$ 均为正定阵，那么，卡尔曼滤波器一致渐近稳定。

一致完全随机可控是指

$$\boldsymbol{W}(t,t-\sigma)\overset{\text{def}}{=}\int_{t-\sigma}^{t}\boldsymbol{\varphi}(t,\tau)\boldsymbol{G}(\tau)\boldsymbol{Q}(t)\boldsymbol{G}^{\mathrm{T}}(\tau)\boldsymbol{\varphi}^{\mathrm{T}}(t,\tau)\mathrm{d}\tau>0 \tag{2.21}$$

式中：$\boldsymbol{W}(t,t-\sigma)$为连续系统随机可控阵；$\sigma$ 为与 $t$ 无关的正数；$\varphi(t,\tau)$为系统从 $\tau$ 到 $t$ 时刻的转移矩阵。

一致完全随机可观测是指

$$\boldsymbol{M}(t,t-\sigma)\overset{\text{def}}{=}\int_{t-\sigma}^{t}\boldsymbol{\varphi}^{\mathrm{T}}(t,\tau)\boldsymbol{H}^{\mathrm{T}}(\tau)\boldsymbol{R}^{\mathrm{T}}(t)\boldsymbol{H}(\tau)\boldsymbol{\varphi}(t,\tau)\mathrm{d}\tau>0 \tag{2.22}$$

式中：$\boldsymbol{M}(t,t-\sigma)$为连续系统随机可观测阵，$\sigma$ 为与 $t$ 无关的正数。

需要指出的是，随机可控与随机可观测是判别稳定性的充分条件，而不是充要条件。因此，实际工程应用中还希望有比上述更宽的条件。

1971 年，Anderson B. D. O. 提出用推广形式的随机可控阵代替随机可控阵判别滤波稳定性。连续系统推广形式的随机可控阵 $\overline{\boldsymbol{W}}(t,t_0)$是指

$$\overline{\boldsymbol{W}}(t,t_0)=\boldsymbol{\varphi}(t,t_0)\boldsymbol{P}_0\boldsymbol{\varphi}^{\mathrm{T}}(t,t_0)+\int_{t_0}^{t}\boldsymbol{\varphi}(t,\tau)\boldsymbol{G}(\tau)\boldsymbol{Q}(t)\boldsymbol{G}^{\mathrm{T}}(\tau)\boldsymbol{\varphi}^{\mathrm{T}}(t,\tau)\mathrm{d}\tau \tag{2.23}$$

如果系统是一致完全随机可观测，$\overline{\boldsymbol{W}}(t,t_0)$对某时刻非奇异，系统有关参数阵($\boldsymbol{\varphi}(t,t_0)$，$\boldsymbol{G}(t)$，$\boldsymbol{H}(t)$，$\boldsymbol{Q}(t)$，$R^{-\mathrm{T}}(t)$)有界，那么，卡尔曼滤波器渐近稳定。从这个意义上讲，随机可观测是滤波器是否稳定的主要条件。

## 2.3　联邦卡尔曼滤波算法

利用联邦卡尔曼滤波算法，对组合导航系统进行最优组合有两种途径：一种是集中式卡尔曼滤波，另一种是分散化卡尔曼滤波。集中式卡尔曼滤波是利用一个卡尔曼滤波器集中处理所有导航子系统的信息。集中式卡尔曼滤波虽然在理论上可以给出误差状态的最优估计，但现实系统中它存在一些缺点：①集中式卡尔曼滤波器的状态维数高，因此计算负担重，滤波实时性差；②集中式卡尔曼滤波器的容错性能差，不利于故障诊断，这是因为任一导航

子系统的故障在集中式卡尔曼滤波器中会污染其他状态，使组合导航系统输出的导航信息可靠性差。

分散化卡尔曼滤波能很好地解决上述问题。在众多的分散化卡尔曼滤波方法中，Carlson 提出的联邦滤波器(Federated Filter)[6]，由于其设计灵活、计算量小以及容错性能好而受到广泛重视。联邦卡尔曼滤波器被美国空军的容错导航系统“公共卡尔曼滤波器”计划选为基本算法。随着导航技术的发展，人们对导航系统的容错能力和可靠性的要求越来越高，这使得对联邦滤波在导航领域的重视程度也越来越高。

### 2.3.1 联邦滤波器的结构

在组合导航卡尔曼滤波器中，惯性导航系统状态量的误差如位置、速度、姿态等误差量，可以看作是公共参考系统中的量。除此之外，还有如 GPS、多普勒雷导航达、天文导航子系统的状态量及观测信息，可以构成各子滤波器。联邦式滤波器是一种两级滤波结构，如图 2.5 所示。图中公共参考系统(一般是惯性导航系统)，它的输出 $\boldsymbol{X}_k$ 一方面直接送给主滤波器，另一方面可以输出给各子滤波器作为它们的公共状态量。各子系统的输出只给对应的子滤波器。各子滤波器的局部估计值 $\hat{\boldsymbol{X}}_i$(公共状态)及其协方差阵 $\boldsymbol{P}_i$ 送给主滤波器和主滤波器的估计值一起进行融合以得到全局最优估计。

此外，从图 1.9 还可以看出，由子滤波器和主滤波器合成的全局估计值 $\hat{\boldsymbol{X}}_g$ 及其相应地协方差 $\boldsymbol{P}_g$ 被放大成 $\beta_i^{-1}\boldsymbol{P}_g(\beta_i\leqslant 1)$后，再反馈到子滤波器(图 2.5 中用虚线表示，也可以不反馈)，可以重置子滤波器的估计值及协方差信息。同时，主滤波器误差的协方差阵也可以重置为全局协方差阵的 $\beta_m^{-1}$ 倍，即为 $\beta_m^{-1}\boldsymbol{P}_g(\beta_m\leqslant 1)$。这种反馈结构是联邦滤波器区别于一般分散化滤波器的特点，$\beta_i(i=1,2,\cdots,N,m)$称为信息分配系数。

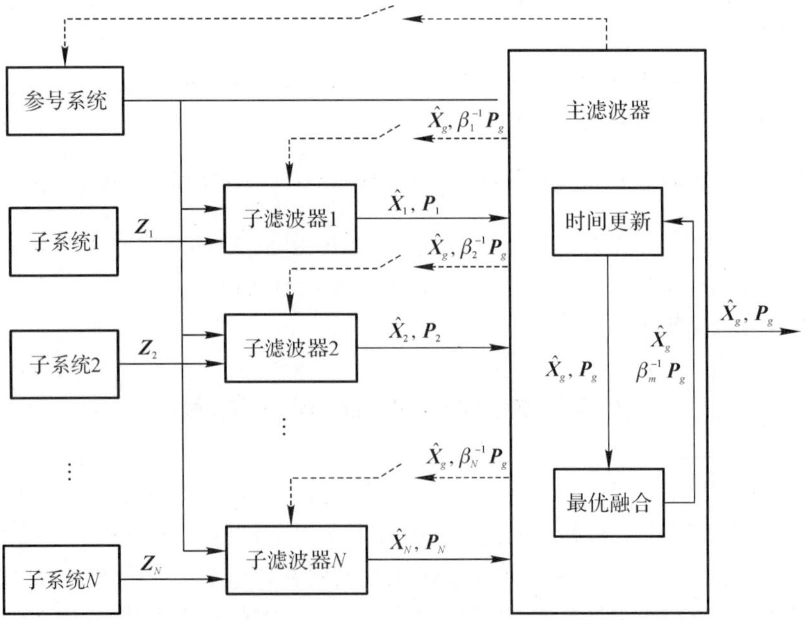


图 2.5 联邦滤波器的一般结构图

信息分配系数 $\beta_i$ 对联邦滤波器的设计非常重要，不同的信息分配原则可衍生出不同的联邦滤波器结构。典型的联邦滤波器结构有融合-复位式(Fuse-Reset)、零化式(Zeros-Reset)、无复位式(No-Reset)、重调式(Rescale)4 种。不同的滤波结构对系统的滤波效果、容错能力、计算量和通信量有不同的影响。

### 2.3.2　联邦滤波算法的基本原理

通过对联邦滤波器结构的分析，可以看出联邦滤波是一种特殊的分散滤波方法。在该方法中，采用信息分配原则、方差上界、信息重置等技术，使得各子滤波器估计互不相关，简化了滤波算法结构。本节从一种各子状态互不相关的分散滤波算法开始，得出联邦滤波算法的一般形式。然后，讨论当各子状态相关及主滤波器状态与公共状态维数不同时，联邦滤波器的处理方法。

1. 各子滤波器估计互不相关时的融合算法

联邦滤波在继承了分散滤波算法结构的基础上做了一些改进，其主要包含一个信息分配过程。下面对联邦滤波问题进行描述。

假设系统的状态量为 $\boldsymbol{X}$，系统状态方程和量测方程为

$$\left.\begin{aligned}\boldsymbol{X}(k)&=\boldsymbol{\Phi}(k,k-1)\boldsymbol{X}(k-1)+\boldsymbol{\Gamma}(k-1)\boldsymbol{W}(k-1)\\ \boldsymbol{Z}(k)&=\boldsymbol{H}(k)\boldsymbol{X}(k)+\boldsymbol{V}(k)\end{aligned}\right\}\tag{2.24}$$

假设有 $N$ 个观测单元，每个观测单元都可以构成一个滤波子系统，设其状态方程和量测方程为

$$\left.\begin{aligned}\boldsymbol{X}_i(k)&=\boldsymbol{\Phi}_i(k,k-1)\boldsymbol{X}_i(k-1)+\boldsymbol{\Gamma}_i(k-1)\boldsymbol{W}_i(k-1)\\ \boldsymbol{Z}_i(k)&=\boldsymbol{H}_i(k)\boldsymbol{X}_i(k)+\boldsymbol{V}_i(k)\end{aligned}\right\}\tag{2.25}$$

值得注意的是，上述系统中 $\boldsymbol{X}$，$\boldsymbol{X}_i$(为了描述方便略去时间变量 $k$)可以是同一个状态量，也可以是不同的状态量，对此，联邦滤波有不同的处理方法。对后者，联邦滤波只对各系统的公共状态量进行全局滤波。为了简化对其原理的阐述，先假设 $\boldsymbol{X}$，$\boldsymbol{X}_i$ 是指同一个状态量。比如在组合导航系统的联邦滤波中，各局部滤波器都使用同一个状态方程，即惯性导航的误差方程。如果各局部滤波器的估计不相关，可以证明：对于上述各局部滤波器系统，若有 $N$ 个局部状态估计 $\hat{\boldsymbol{X}}_1,\hat{\boldsymbol{X}}_2,\cdots,\hat{\boldsymbol{X}}_N$ 和相应的估计误差协方差阵 $\boldsymbol{P}_{11},\boldsymbol{P}_{22},\cdots,\boldsymbol{P}_{NN}$，且各自的局部估计互不相关，即 $\boldsymbol{P}_{ij}=0(i\neq j)$，则全局最优估计可表示为

$$\hat{\boldsymbol{X}}_g=\boldsymbol{P}_g\sum_{i=1}^{N}\boldsymbol{P}_{ii-1}\hat{\boldsymbol{X}}_i\tag{2.26}$$

式中：

$$\boldsymbol{P}_g=(\sum_{i=1}^{N}\boldsymbol{P}_{ii}^{-1})^{-1}\tag{2.27}$$

式中：$\hat{\boldsymbol{X}}_g$ 是状态量的全局最优估计结果；$\boldsymbol{P}_g$ 是估计状态量的协方差阵。各子滤波器的滤波信息可以根据各自的状态方程和量测方程独立求出。上述算法是根据各子滤波器状态不相关推导的，但实际工程中的系统往往是相关的。在子系统状态估计相关的情况下，上述滤波式(2.26)和式(2.27)无法直接成立。

下面介绍联邦滤波是如何利用信息分配等方法对分散滤波过程进行改进，使得上述滤

波式(2.26)和式(2.27)仍然成立，从而大大简化了分散滤波的计算流程。

2. 各子滤波器估计互相关时的融合算法

在导航系统和其他工程系统中，各子滤波器估计状态往往都互相关，为了解决这种问题，在联邦滤波中采用信息分配的方法，使得各局部滤波器估计状态按不相关的方式处理，从而可以简化算法流程。

假设联邦滤波按照下式，将全局滤波信息分配给各局部滤波器(包括子滤波器和主滤波器)：

$$\left.\begin{aligned}&\hat{\boldsymbol{X}}_i=\hat{\boldsymbol{X}}_g,\boldsymbol{P}_{ii}=\beta_i^{-1}\boldsymbol{P}_g\\&\boldsymbol{P}_m^{-1}+\sum_{i=1}^{N}\boldsymbol{P}_{ii}^{-1}=\boldsymbol{P}_g^{-1}\\&\sum_{i=1}^{N}\beta_i+\beta_m=1\end{aligned}\right\}\tag{2.28}$$

同样，局部滤波器的过程噪声阵方差信息也满足下式：

$$\left.\begin{aligned}&\boldsymbol{Q}^{-1}=\sum_{i=1}^{N}\boldsymbol{Q}_i^{-1}+\boldsymbol{Q}_m^{-1}\\&\boldsymbol{Q}_i=\beta_i^{-1}\boldsymbol{Q}\end{aligned}\right\}\tag{2.29}$$

的分配原则。

可以证明，采用上述信息分配原则后，式(2.26)和式(2.27)总是成立的。这样，全局滤波器的滤波结果很容易得到。同样，也可以证明，当采用信息分配原则后，局部滤波虽然次优，但合成后的全局滤波器却具有最优性。如果全局滤波的计算周期长于局部滤波周期，即经过几次局部滤波后才进行一次数据融合，那么，全局估计也会变成次优。

3. 联邦滤波器对公共状态量的处理

联邦滤波可以采用各子滤波器和主滤波器有相同的状态量和相同的状态方程，全局滤波器只需将相同状态量进行数据融合，从而简化算法流程。在组合导航系统中，这样处理会使得状态量的维数过高。这时，也可以对局部滤波器的系统方程进行简化，使得子滤波器和主滤波器的状态向量都包含公共状态 $\boldsymbol{X}_c$ 和各自系统的特定状态 $\boldsymbol{X}_{bi}$ $(i=1,2,\cdots,N,m)$，而无需包含过多的其他状态量。联邦滤波器只有对公共状态进行信息融合，以获得全局估计。各子系统的误差状态由各自的子滤波器进行估计，但公共状态和子系统的误差状态相互交联。局部滤波器的协方差阵可以写为

$$\boldsymbol{P}_i=\begin{bmatrix}\boldsymbol{P}_{ci}&\boldsymbol{P}_{ci,bi}\\\boldsymbol{P}_{bi,ci}&\boldsymbol{P}_{bi}\end{bmatrix}\tag{2.30}$$

式中：$\boldsymbol{P}_{ci,bi}$ 和 $\boldsymbol{P}_{bi,ci}$ 就是公共状态和子系统误差的交联项。联邦滤波只是对公共状态量进行全局滤波，并把滤波结果反馈到各局部滤波器。例如，把 $\boldsymbol{X}_g$，$\boldsymbol{P}_g$ 的全部或部分反馈给 $\boldsymbol{X}_{ci}$，$\boldsymbol{P}_{ci}$。全局滤波器综合了更多的观测信息，使得公共状态估计精度提高，这样局部滤波器的协方差阵 $\boldsymbol{P}_{ci}$ 将会下降。通过状态的耦合影响，$\boldsymbol{P}_{bi}$ 也会下降，即子滤波器的误差估计也会有一定程度的改善。

4.联邦滤波算法流程

由上面描述可以得到联邦滤波算法的流程。为了使滤波更加具体，这里结合卡尔曼滤波技术，给出联邦卡尔曼滤波的设计步骤和流程。

(1)初始化。利用方差上界技术，对联邦滤波的局部滤波器进行初始化，将局部滤波器的初始估计协方差阵设置为组合系统初始值的 $\gamma_i(i=1,2,\cdots,N,m)$倍。$\gamma_i$ 满足信息守恒原则，即 $\beta_i+\cdots\beta_N+\beta_m=1$，其中 $\gamma_i=\beta_i^{-1}$。

(2)各子部滤波器根据各自的状态方程，独立获取时间更新信息。这时，主滤波器也要根据自己的状态方程对信息进行更新。

(3)各子部滤波器根据自己的最新量测信息，对子部滤波器进行量测更新，从而获取最新量测更新信息。这时主滤波器由于直接的量测信息，所以不用进行量测更新。

(4)在得到各子部滤波器的局部估计和主滤波器的估计后，按照式(2.26)和式(2.27)进行最优融合，得到主滤波器的滤波估计值和方差信息。

(5) 在得到全局状态估计信息 $\hat{\boldsymbol{X}}_g$，$\boldsymbol{P}_g$ 和$\boldsymbol{Q}$ 后，根据式(2.28)和式(2.29)，按照一定的信息分配原则对局部滤波器进行分配和重置。

(6)从第(2)步开始，重复上述步骤。

从以上分析可以看出，联邦滤波是一种特殊的分散滤波方法。它采用信息分配、重置等方法，使得各子部滤波器估计互不相关，简化了分散滤波的计算流程。同时，由于各子部滤波器是并行运算，而且互不干扰，当某一子滤波器出现故障时，可以很容易地实现故障诊断和故障隔离，从而，提高导航系统的容错性和可靠性，这也使得联邦滤波算法成为一种常用的组合导航滤波方法[6-7]。

下面介绍组合导航滤波设计中典型的常用非线性滤波算法：扩展 Kalman 滤波(EKF)、无迹 Kalman 滤波(UKF)、抗差模型预测 UKF 和粒子滤波(PF)。

## 2.4 扩展卡尔曼滤波算法

### 2.4.1 EKF 基本原理

扩展 Kalman 滤波(EKF)的主要思想是对非线性函数进行线性化近似，对高阶项采用忽略或逼近，以解决非线性问题。通过对非线性函数的泰勒展开式进行一阶线性截断，从而将非线性问题转化为线性问题。设非线性系统离散形式的状态空间模型可由下面非线性状态方程和量测方程表示：

$$\boldsymbol{X}_k=f(\boldsymbol{X}_{k-1})+\boldsymbol{\Gamma}_{k-1}\boldsymbol{W}_{k-1} \tag{2.31}$$

$$\boldsymbol{Z}_k=h(\boldsymbol{X}_k)+\boldsymbol{V}_k \tag{2.32}$$

式中：$f(\cdot)$，$h(\cdot)$是某非线性函数；$\boldsymbol{W}_{k-1}$，$\boldsymbol{V}_k$ 是高斯白噪声。在 EKF 滤波过程中，将非线性函数 $f(\cdot)$围绕上次滤波估计值 $\hat{\boldsymbol{X}}_{k-1|k-1}$ 展开成 Taylor 级数的形式，并忽略二次以上的高阶项，可得到该非线性函数的近似表达式：

$$f(\boldsymbol{X}_{k-1})=f(\hat{\boldsymbol{X}}_{k-1|k-1})+\frac{\partial f(\hat{\boldsymbol{X}}_{k-1|k-1})}{\partial \boldsymbol{X}}(\boldsymbol{X}_{k-1}-\hat{\boldsymbol{X}}_{k-1|k-1}) \tag{2.33}$$

类似地，非线性函数 $h(\cdot)$ 在 $\hat{\boldsymbol{X}}_{k|k-1}$ 处的线性化近似值：

$$h(\boldsymbol{X}_k)=h(\hat{\boldsymbol{X}}_{k|k-1})+\frac{\partial h(\hat{\boldsymbol{X}}_{k|k-1})}{\partial \boldsymbol{X}}(\boldsymbol{X}_k-\hat{\boldsymbol{X}}_{k|k-1}) \tag{2.34}$$

应该注意的是，式(2.34)是在 $\hat{\boldsymbol{X}}_{k|k-1}$ 处而不是 $\hat{\boldsymbol{X}}_{k-1|k-1}$ 处进行线性化，否则无法完成 EKF 递推运算。

经过线性化处理后，可以得到下面一阶线性化的状态方程和观测方程：

$$\boldsymbol{X}_k=f(\hat{\boldsymbol{X}}_{k-1|k-1})+\frac{\partial f(\hat{\boldsymbol{X}}_{k-1|k-1})}{\partial \boldsymbol{X}}(\boldsymbol{X}_{k-1}-\hat{\boldsymbol{X}}_{k-1|k-1})+\boldsymbol{\Gamma}_{k-1}\boldsymbol{W}_{k-1} \tag{2.35}$$

$$\boldsymbol{Z}_k=h(\hat{\boldsymbol{X}}_{k|k-1})+\frac{\partial h(\hat{\boldsymbol{X}}_{k|k-1})}{\partial \boldsymbol{X}}(\boldsymbol{X}_k-\hat{\boldsymbol{X}}_{k|k-1})+\boldsymbol{V}_k \tag{2.36}$$

为了简化滤波算法的表达式，定义

$$\frac{\partial f(\hat{\boldsymbol{X}}_{k-1|k-1})}{\partial \boldsymbol{X}}=\boldsymbol{\Phi}(k,k-1) \tag{2.37}$$

$$f(\hat{\boldsymbol{X}}_{k-1|k-1})-\frac{\partial f(\hat{\boldsymbol{X}}_{k-1|k-1})}{\partial \boldsymbol{X}}\hat{\boldsymbol{X}}_{k-1|k-1}=\boldsymbol{M}(k-1) \tag{2.38}$$

$$\frac{\partial h(\hat{\boldsymbol{X}}_{k|k-1})}{\partial \boldsymbol{X}}=\boldsymbol{H}(k) \tag{2.39}$$

$$h(\hat{\boldsymbol{X}}_{k|k-1})-\frac{\partial h(\hat{\boldsymbol{X}}_{k|k-1})}{\partial \boldsymbol{X}}\hat{\boldsymbol{X}}_{k|k-1}=\boldsymbol{N}(k) \tag{2.40}$$

把式(2.37)～式(2. 40)代入式(2.35)和式(2.36)，可以得到简化后的系统状态方程和观测方程为

$$\boldsymbol{X}_k=\boldsymbol{\Phi}(k\mid k-1)\boldsymbol{X}_{k-1}+\boldsymbol{M}(k-1)+\boldsymbol{\Gamma}_{k-1}\boldsymbol{W}_{k-1} \tag{2.41}$$

$$\boldsymbol{Z}_k=\boldsymbol{H}(k)\boldsymbol{X}(k)+\boldsymbol{N}(k)+\boldsymbol{V}_k \tag{2.42}$$

根据卡尔曼滤波原理，可以得到离散扩展卡尔曼滤波方程的表达式如下：

状态一步预测方程

$$\hat{\boldsymbol{X}}_{k|k-1}=f(\hat{\boldsymbol{X}}_{k-1|k-1}) \tag{2.43}$$

状态估值方程

$$\hat{\boldsymbol{X}}_{k|k}=\hat{\boldsymbol{X}}_{k|k-1}+\boldsymbol{K}_k[\boldsymbol{Z}_k-h(\hat{\boldsymbol{X}}_{k|k-1})] \tag{2.44}$$

滤波增益方程

$$\boldsymbol{K}_k=\boldsymbol{P}_{k|k-1}\boldsymbol{H}_k^{\mathrm{T}}(\boldsymbol{H}_k\boldsymbol{P}_{k|k-1}\boldsymbol{H}_k^{\mathrm{T}}+\boldsymbol{R}_k)^{-1} \tag{2.45}$$

一步预测均方误差方程

$$\boldsymbol{P}_{k|k-1}=\boldsymbol{\Phi}_{k,k-1}\boldsymbol{P}_{k-1}\boldsymbol{\Phi}_{k,k-1}^{\mathrm{T}}+\boldsymbol{\Gamma}_{k-1}\boldsymbol{Q}_{k-1}\boldsymbol{\Gamma}_{k-1}^{\mathrm{T}} \tag{2.46}$$

估计均方误差方程

$$\boldsymbol{P}_{k|k}=(\boldsymbol{I}-\boldsymbol{K}_k\boldsymbol{H}_k)\boldsymbol{P}_{k/k-1}(\boldsymbol{I}-\boldsymbol{K}_k\boldsymbol{H}_k)^{\mathrm{T}}+\boldsymbol{K}_k\boldsymbol{R}_k\boldsymbol{K}_k{}^{\mathrm{T}} \tag{2.47}$$

或

$$\boldsymbol{P}_{k|k}=(\boldsymbol{I}-\boldsymbol{K}_kH_k)\boldsymbol{P}_{k|k-1} \tag{2.48}$$

从式(2.37)～式(2.40)可以看出，在求解 $\boldsymbol{\Phi}(k,k-1)$，$\boldsymbol{M}(k-1)$，$\boldsymbol{H}(k)$，$\boldsymbol{N}(k)$的过程中，要用到雅可比矩阵，这增加了 EKF 的计算量和滤波难度[12]。从 EKF 滤波方程中可以看出，$\boldsymbol{M}(k-1)$，$\boldsymbol{N}(k)$并未在滤波公式中出现，只是在计算 $\boldsymbol{X}_k$，$\boldsymbol{Z}_k$ 中用到。

### 2.4.2　扩展卡尔曼滤波的特点

(1)忽略泰勒展开式的高阶项将引起较大的系统误差，导致滤波误差增大甚至发散。

(2)EKF 滤波过程中雅可比矩阵的求取复杂、计算量大，在实际应用中很难实施。

(3)EKF 将状态方程中的模型误差作为过程噪声来处理，且假设为高斯白噪声，这与实际系统中的噪声情况不相符。

尽管 EKF 存在以上缺点，但由于其简单易行，计算量小，因而在实际工程中得到广泛使用。

## 2.5　无迹卡尔曼滤波算法

为了能够以较高的精度和较快的计算速度处理非线性系统的滤波问题，Julier 提出了基于 Unscented 变换的卡尔曼滤波。UT 的核心思想是：近似非线性函数的概率分布比近似非线性函数要容易。因此，UT 变换不需要对非线性系统进行线性化近似，而是通过特定的采样策略选取一定数量的 Sigma 采样点，这些采样点具有与系统状态分布相同的均值和协方差，这些 Sigma 采样点经过非线性变换后，至少可以以二阶精度(泰勒展开式)逼近系统状态后验均值和协方差。将 UT 变换应用于卡尔曼滤波算法，就形成了 UKF。UKF 适用于非线性高斯系统的滤波状态估计问题，尤其对于强非线性系统，其滤波精度及稳定性较 EKF 明显提高。

### 2.5.1　UT 变换

UT 变换是利用某些固定数量的参数去近似一个高斯分布，这样做比近似一个非线性函数的线性变换更容易。其原理是：首先，在原状态分布中按一定的规则选取一些点，使这些点的均值和协方差等于原状态分布的均值和协方差；其次，将这些点代入非线性函数中，相应得到非线性函数点集；最后，通过该点集求取变换后的均值和协方差。由于利用这种方法得到的函数值不需要经过线性化，也没有忽略其高阶项，因此，利用该方法得到的均值和协方差的估计比 EKF 算法要精确。

假设 $n$ 维状态向量 $\boldsymbol{x}$ 的均值为 $\bar{\boldsymbol{x}}$，方差为 $\boldsymbol{P}_x$，$\boldsymbol{x}$ 通过任意一个非线性函数(变换)$f$：$R^n \to R^{n_y}$ 变换得到 $n_y$ 维变量 $\boldsymbol{y}$：$\boldsymbol{y}=f(\boldsymbol{x})$，$\boldsymbol{x}$ 的统计特性通过非线性函数 $f(\cdot)$进行传播，得到 $\boldsymbol{y}$ 的均值 $\bar{\boldsymbol{y}}$ 和方差 $\boldsymbol{P}_y$。

UT 变换的思想是：首先根据 $\boldsymbol{x}$ 的均值 $\bar{\boldsymbol{x}}$ 和方差 $\boldsymbol{P}_x$，选择$(2n+1)$个加权采样点 $S_i=\{w_i,\boldsymbol{\chi}_i\}(i=1,2,\cdots,2n+1)$来近似随机变量 $\boldsymbol{x}$ 的分布，称 $\boldsymbol{\chi}_i$ 为 Sigma 点(粒子)；然后基于设定的粒子 $\boldsymbol{\chi}_i$ 计算其经过 $f(\cdot)$的传播 $\boldsymbol{y}_i$；最后基于 $\boldsymbol{y}_i$ 计算 $\bar{\boldsymbol{y}}$ 和 $\boldsymbol{P}_y$。

UT 变换的具体过程如下：

$$\boldsymbol{\chi}_0=\bar{\boldsymbol{x}},\ w_0=\frac{\lambda}{n+\lambda},\quad i=0 \tag{2.49}$$

$$\boldsymbol{\chi}_i=\bar{\boldsymbol{x}}+(\sqrt{(n+\lambda)\boldsymbol{P}_x})_i,\quad i=1,2,\cdots,n \tag{2.50}$$

$$\boldsymbol{\chi}_i=\bar{\boldsymbol{x}}-(\sqrt{(n+\lambda)\boldsymbol{P}_x})_i,\quad i=n+1,n+2,\cdots,2n \tag{2.51}$$

$$W_i^{(m)}=W_i^{(c)}=\frac{1}{2(n+k)},W_0^{(c)}=\frac{\lambda}{n+\lambda}+(1-\alpha^2+\beta),\lambda=\alpha^2(n+k)-n \tag{2.52}$$

$$W_i^{(m)}=W_i^{(c)}=\frac{1}{2(n+k)},\quad i=1,2,\cdots,2n \tag{2.53}$$

式(2.52)中,$\alpha>0$ 称作一个比例因子,其作用是调节粒子的分布距离,降低高阶矩的影响,也可以减小预测误差,一般取小的正值,如 0.01;$\beta\geqslant 0$ 的作用是改变 $W_0^{(c)}$,调节 $\beta$ 的数值可以提高方差的精度,控制估计状态的峰值误差。$\alpha$ 和 $\beta$ 的值随 $x$ 分布的不同而不同,如果 $x$ 服从正态分布,则一般取 $n+k=3$。$(\sqrt{(n+\lambda)\boldsymbol{P}_x})_i$ 是矩阵 $(n+\lambda)\boldsymbol{P}_x$ 的均方根的第 $i$ 行(列),可以利用 QR 分解或 Cholesky 分解得到矩阵 $(n+\lambda)\boldsymbol{P}_x$ 的均方根。$W_0^{(m)}$ 是求一阶统计特性时的权系数,$W_0^{(c)}$ 是求二阶统计特性时的权系数。

UT 变换的步骤如下:

(1)选定参数 $k$,$\alpha$ 和 $\beta$ 的数值。

(2)按照式(2.49)~式(2.53)计算得到 $(2n+1)$ 个调整后的粒子及其权值。

(3) 对每个粒子点进行非线性变换,形成变换后的点集 $\boldsymbol{y}_i=\boldsymbol{f}(\chi_i)$,$i=1,2,\cdots,2n$。

(4)变换后的点集均值 $\bar{\boldsymbol{y}}$ 和方差 $\boldsymbol{P}_y$ 由下式计算:

$$\bar{\boldsymbol{y}}=\sum_{i=0}^{2n}W_0^{(m)}y_i,\boldsymbol{P}_y=\sum_{i=0}^{2n}W_0^{(c)}(y_i-\bar{\boldsymbol{y}})(y_i-\bar{\boldsymbol{y}})^{\mathrm{T}} \tag{2.54}$$

由于 UT 变换得到的函数既没有经过线性化,也没有忽略其高阶项,还因为避免了雅可比矩阵(线性化)的计算,所以,由此得到的均值和协方差的估计比 EKF 要精确。该算法对于 $\boldsymbol{x}$ 均值和协方差的计算精确到真实后验分布的二阶矩,而且误差可以通过 $k$ 来调节,而 EKF 只是非线性函数的一阶近似,因此,该算法有比 EKF 更高的精度。如果已知 $\boldsymbol{x}$ 的概率密度分布的形状,可以通过将 $\beta$ 设为某个非零值来减小 4 阶以上项带来的误差。

### 2.5.2 UKF 算法原理

UKF 算法是采用 UT 变换获取一定数量的采样点来逼近非线性密度函数,得到状态量的滤波值。在 UT 变换过程中,最重要的是确定 Sigma 采样点策略,也就是确定使用 Sigma 采样点的个数、位置以及相应的权值。Sigma 采样点的选择应确保其抓住输入变量 $x$ 的最重要的特征。

假设 $p_x(\boldsymbol{x})$ 是 $\boldsymbol{x}$ 的密度函数,Sigma 采样点的选择遵循如下条件函数:

$$g[\{\boldsymbol{\chi}_i\},p_x(\boldsymbol{x})]=0 \tag{2.55}$$

以确保其抓住 $\boldsymbol{x}$ 的必要特征。式中,$\boldsymbol{\chi}_i$ 为采样点序列, $i=1,2,\cdots,2n+1$,$g[\{\boldsymbol{\chi}_i\},p_x(\boldsymbol{x})]$ 为条件函数

$$g[\{\boldsymbol{\chi}_i\},p_x(\boldsymbol{x})]=\begin{bmatrix}\sum_{i=0}^{2n}\omega_i-1\\ \sum_{i=0}^{2n}\omega_i\boldsymbol{\chi}_i-\bar{\boldsymbol{x}}\\ \sum_{i=0}^{2n}\omega_i(\boldsymbol{\chi}_i-\bar{\boldsymbol{x}})(\boldsymbol{\chi}_i-\bar{\boldsymbol{x}})^{\mathrm{T}}-\boldsymbol{P}_{xx}\end{bmatrix} \tag{2.56}$$

式中：$\omega_i$ 为权值。

UKF 滤波器的设计步骤如下：[13]

(1)初始化。将过程噪声和量测增广为状态向量，增广后的状态向量为 $\boldsymbol{x}^a$，相应的采样点向量为 $\boldsymbol{\chi}^a$，$\boldsymbol{P}_0$ 为原状态向量的协方差初始估计值，$\boldsymbol{P}_v$ 是过程噪声方差，$\boldsymbol{P}_n$ 是量测噪声方差。

$$\boldsymbol{x}^a=[\boldsymbol{x}^{\mathrm{T}}\quad \boldsymbol{v}^{\mathrm{T}}\quad \boldsymbol{\eta}^{\mathrm{T}}]^{\mathrm{T}} \tag{2.57}$$

$$\boldsymbol{\chi}^a=[(\boldsymbol{\chi}^x)^{\mathrm{T}}\quad(\boldsymbol{\chi}^v)^{\mathrm{T}}\quad(\boldsymbol{\chi}^\eta)^{\mathrm{T}}]^{\mathrm{T}} \tag{2.58}$$

$$\hat{\boldsymbol{x}}_0^a=E[\boldsymbol{x}^a] \tag{2.59}$$

$$\boldsymbol{P}_0=E[(\boldsymbol{x}_0-\hat{\boldsymbol{x}}_0)(\boldsymbol{x}_0-\hat{\boldsymbol{x}}_0)^{\mathrm{T}}] \tag{2.60}$$

$$\boldsymbol{P}_0^a=E[(\boldsymbol{x}_0^a-\hat{\boldsymbol{x}}_0^a)(\boldsymbol{x}_0^a-\hat{\boldsymbol{x}}_0^a)^{\mathrm{T}}]=\begin{bmatrix}\boldsymbol{P}_0&0&0\\0&\boldsymbol{P}_v&0\\0&0&\boldsymbol{P}_\eta\end{bmatrix} \tag{2.61}$$

(2)计算采样点。构造一个 $n$ 行($n$ 为增广状态向量的维数)、$(2n+1)$列的矩阵，各列形式如下：

$$\boldsymbol{\chi}_{0,k-1}^a=\hat{\boldsymbol{x}}_{k-1}^a \tag{2.62}$$

$$\boldsymbol{\chi}_{i,k-1}^a=\hat{\boldsymbol{x}}_{k-1}^a+(\sqrt{(n+\lambda)\boldsymbol{P}_{k-1}^a})_i\quad i=1,2,\cdots,n \tag{2.63}$$

$$\boldsymbol{\chi}_{i,k-1}^a=\hat{\boldsymbol{x}}_{k-1}^a-(\sqrt{(n+\lambda)\boldsymbol{P}_{k-1}^a})_i\quad i=n+1,\cdots,2n \tag{2.64}$$

这里，$\lambda=\alpha^2(n+k)-n$。$\alpha$ 决定采样点距均值的远近程度，通常被赋一个较小的正值；$k\geqslant 0$ 保证方差阵的半正定性。

(3)时间更新方程

$$\boldsymbol{\chi}_{i,k|k-1}^x=f(\boldsymbol{\chi}_{i,k|k-1}^x,\boldsymbol{\chi}_{i,k-1}^v)(i=0,1,\cdots,2n) \tag{2.65}$$

式中：$f$ 为系统状态方程中的非线性函数。

$$\hat{\boldsymbol{x}}_{k|k-1}=\sum_{i=0}^{2n}W_i^{(m)}\boldsymbol{\chi}_{i,k|k-1}^x \tag{2.66}$$

$$\boldsymbol{P}_{k|k-1}=\sum_{i=0}^{2n}W_i^{(c)}[\boldsymbol{\chi}_{i,k|k-1}^x-\hat{\boldsymbol{x}}_{k|k-1}][\boldsymbol{\chi}_{i,k|k-1}^x-\hat{\boldsymbol{x}}_{k|k-1}]^{\mathrm{T}} \tag{2.67}$$

$$z_{k|k-1}=h(\boldsymbol{\chi}_{k|k-1}^x,\boldsymbol{\chi}_{k-1}^\eta) \tag{2.68}$$

式中：$h$ 为系统量测方程中的非线性函数。

$$\hat{\boldsymbol{z}}_{k|k-1}=\sum_{i=0}^{2n}W_i^{(m)}\boldsymbol{z}_{i,k|k-1} \tag{2.69}$$

式中：

$$W_0^{(m)}=\frac{\lambda}{n+\lambda},\quad W_0^{(c)}=\frac{\lambda}{n+\lambda}+(1-\alpha^2+\beta) \tag{2.70}$$

$$W_i^{(m)}=W_i^{(c)}=\frac{1}{2(n+\lambda)},\quad i=1,2,\cdots,2n \tag{2.71}$$

式中：$\beta$ 用于包含状态量分布的高阶成分信息，$\beta\geqslant 0$。

(4)量测更新方程

$$\boldsymbol{P}_{\hat{z}_k\hat{z}_k}=\sum_{i=0}^{2n}W_i^{(c)}[\boldsymbol{z}_{i,k|k-1}-\hat{\boldsymbol{z}}_{k|k-1}][\boldsymbol{z}_{i,k|k-1}-\hat{\boldsymbol{z}}_{k|k-1}]^{\mathrm{T}} \tag{2.72}$$

$$\boldsymbol{P}_{x_kz_k}=\sum_{i=0}^{2n}W_i^{(c)}[\boldsymbol{\chi}_{i,k|k-1}^{x}-\hat{\boldsymbol{x}}_{k|k-1}][\boldsymbol{z}_{i,k|k-1}-\hat{\boldsymbol{z}}_{k|k-1}]^{\mathrm{T}} \tag{2.73}$$

$$\boldsymbol{K}_k=\boldsymbol{P}_{x_kz_k}\boldsymbol{P}_{\hat{z}_k\hat{z}_k}^{-1} \tag{2.74}$$

$$\hat{\boldsymbol{x}}_k=\hat{\boldsymbol{x}}_{k|k-1}+\boldsymbol{K}_k(\boldsymbol{z}_k-\hat{\boldsymbol{z}}_{k|k-1}) \tag{2.75}$$

$$\boldsymbol{P}_k=\boldsymbol{P}_{k|k-1}-\boldsymbol{K}\boldsymbol{P}_{\hat{z}_k\hat{z}_k}K^{\mathrm{T}} \tag{2.76}$$

UKF 和 EKF 都可以看作是以卡尔曼滤波为基础的非线性滤波器，通过上面对 UT 变换的分析，可以看出 UKF 的滤波特点。EKF 在非线性化过程中，对高阶项的忽略与微小量的近似会引入误差。从数学模型上理解，EKF 并没有求其数学期望，状态变量的传递只是以一阶线性化近似的系统进行。UKF 方法的状态变量通过未被近似的系统进行传递，而且以三阶精度保证传递后状态量的分布，模型更精确。UKF 在保证一定精度的情况下，计算量要比粒子滤波(PF)小很多，也不用求雅可比矩阵，这使得 UKF 成为一种重要的非线性滤波技术。但是，随着状态维数的增加，UKF 的计算量迅速增大，而且该算法对模型误差较敏感，不适用于噪声为非高斯分布的系统模型，这限制了 UKF 的适用范围。

## 2.6 抗差模型预测 UKF 算法

为了克服 UKF 的缺陷，本节在研究抗差估计、模型预测滤波和 UKF 的基础上，研究一种抗差模型预测 Unscented 卡尔曼滤波(Robust Model Predictive Unscented Kalman Filter, RMPUKF)算法。在该算法中，利用扩维方法将驱动噪声加入系统状态中，增加了系统的状态信息，采用模型预测滤波(Model Predictive Filter, MPF)抑制模型误差，利用抗差估计增强系统的鲁棒性，弥补了 UKF 算法对模型误差敏感的缺陷。

### 2.6.1 抗差估计的定义

抗差估计(Robust Estimation, RE)又称稳健估计[14]。与最小二乘估计不同，抗差估计以抗差统计学为数学基础，着眼于估计值的抗差性和可靠性，不过分追求估计值的有效性和无偏性等性质。通常情况下，在系统随机控制和信息处理的过程中，得到的观测信号不仅包含有用信号，还包含随机观测噪声和干扰信号。因此，需要通过对一系列带有观测噪声和干扰信号的实际观测数据进行抗差估计，从中得到所需要的有用参数估计值。

在数理统计学的研究中，抗差估计的定义有两种描述方法：其一，如果一种估计方法当其所依赖的理论模型与实际模型有微小差异时，该方法的性能只受到微小的影响，即估计方法具有一定的“稳定性”。否则，由理论模型假设下估值的优良性不仅没有实际意义，而且还可能导致滤波严重发散。其二，当观测样本中含有少量粗差时，对估计量数值大小的影响较小，即估计方法具有一定的“抗干扰性”。否则，极少数的观测粗差都可能导致估计值与实际值的较大偏离。从一定意义上说，上述两种抗差估计的含义是相通的。因为当数据受到微小影响或粗差干扰时，该数据的分布都可能严重偏离真实模型的分布。

Huber 通过对 Minimax 型抗差解的定量分析，提出了抗差估计的三个目标[15-16]。

(1)在所设计模型的假设条件下，参数估计值应具有合理的有效性，即估值最优或接近最优；

(2)当设计模型与真实模型存在微小差异时，参数估计值所受到的影响比较小；

(3)当设计模型与真实模型存在严重偏离时，参数估计值不会受到破坏性影响，与之相类似，Hampel 等人提出了抗差估计的四个目标[14,17]：①估计值应最优的拟合于观测样本；②估值方法应能对异常值进行识别；③对于不平衡设计空间，估值方法应能对强影响观测进行识别；④估值方法应能对与假设相关结构有偏离的数据具有一定的处理能力。

从抗差估计的定义和目标可以看出，当设计模型或量测值不准确时，抗差估计以损失估值的有效性和无偏性为代价，确保估值的可靠性。因此抗差估计适用于系统模型不准确时的状态估计问题。

### 2.6.2　抗差估计的基本理论

1. M 估计

考虑离散系统

$$\boldsymbol{x}_k = \boldsymbol{\Phi}_{k,k-1}\boldsymbol{x}_{k-1} + \boldsymbol{w}_{k-1} \tag{2.77}$$

$$\boldsymbol{z}_k = \boldsymbol{H}_k\boldsymbol{x}_k - \boldsymbol{v}_k \tag{2.78}$$

式中：$\boldsymbol{x}_k$ 为$k$ 时刻系统的$n$ 维状态向量；$\boldsymbol{z}_k$ 为$m$ 维量测向量；$\boldsymbol{\Phi}_{k,k-1}$ 为 $t_{k-1}$ 时刻至 $t_k$ 时刻的一步转移矩阵；$\boldsymbol{H}_k$ 为量测矩阵；$\boldsymbol{w}_k$ 为 $n$ 维过程噪声向量；$\boldsymbol{v}_k$ 为 $m$ 维量测噪声；$\boldsymbol{w}_k$ 和 $\boldsymbol{v}_k$ 相互独立。

为了研究式(2.77)和式(2.78)所描述系统的抗差估计性质，下面介绍一维 M 估计。

设观测样本为 $\boldsymbol{z}_1,\boldsymbol{z}_2,\cdots,\boldsymbol{z}_n$，观测值 $\boldsymbol{z}_i(i=1,2,\cdots,n)$的分布密度函数为 $g(\boldsymbol{x}-\boldsymbol{z}_i)$。

极大似然估计要求状态参数满足

$$\Omega = \sum_{i=1}^{n}\ln g(\boldsymbol{x}-\boldsymbol{z}_i) = \max \tag{2.79}$$

用 $\rho(\cdot)$代替$-\ln g(\cdot)$，则由式(2.79)可得

$$\Omega = \sum_{i=1}^{n}\rho(\boldsymbol{x}-\boldsymbol{z}_i) = \min \tag{2.80}$$

式中：$\rho(\cdot)$为对称、连续、严凸函数，或者 $\rho(\cdot)$是正半轴上的非降函数。

$M$ 估计为上述极小化问题的解。对式(2.80)求导，并令其为零，得

$$\sum_{i=1}^{n}\varphi(\boldsymbol{x}-\boldsymbol{z}_i) = 0 \tag{2.81}$$

2. 抗差估计原理

考虑式(2.77)和式(2.78)所描述的系统，设量测误差方程为

$$\boldsymbol{V}=\boldsymbol{H}_k\hat{\boldsymbol{x}}-\boldsymbol{z} \tag{2.82}$$

式中：$\boldsymbol{V}$ 为 $m$ 维残差向量；$\boldsymbol{H}_k$ 为 $m\times n$ 维的量测矩阵。

取极值函数如下：

$$\sum_{i=1}^{n}\boldsymbol{p}_i\cdot\rho(\boldsymbol{V})=\sum_{i=1}^{n}\boldsymbol{p}_i\cdot\rho(\boldsymbol{h}_i\hat{\boldsymbol{x}}-\boldsymbol{z}_i)=\min \tag{2.83}$$

式中：$\boldsymbol{h}_i$ 为 $\boldsymbol{H}_k$ 矩阵的第 $i$ 行向量；$\boldsymbol{p}_i$ 为量测信息先验权矩阵 $\boldsymbol{P}$ 的第 $i$ 行向量。

对 $\boldsymbol{x}$ 求导，并令其为零，则有

$$\sum_{i=1}^{n}\boldsymbol{p}_i\cdot\left[\frac{\partial}{\partial V_i}\rho(\boldsymbol{V})\right]\cdot\frac{\partial\boldsymbol{V}_i}{\partial\boldsymbol{x}_j}=0 \tag{2.84}$$

式中：$\boldsymbol{V}_i$ 为 $\boldsymbol{V}$ 的第 $i$ 行残差，令 $\frac{\partial}{\partial\boldsymbol{V}_i}\rho(\boldsymbol{V})=\varphi_i(\boldsymbol{V})$，并代入式(2.84)，求导可得

$$\sum_{i=1}^{n}\boldsymbol{p}_i\cdot\varphi_i(\boldsymbol{V})\cdot\boldsymbol{h}_i=0 \tag{2.85}$$

将式(2.85)转化成矩阵形式[18-19]，有

$$\boldsymbol{H}^{\mathrm{T}}\bar{\boldsymbol{P}}\boldsymbol{V}=0 \tag{2.86}$$

式中：$\bar{\boldsymbol{P}}$ 为等价权阵。

顾及式(2.82)，得到状态参数 $\boldsymbol{x}$ 的抗差估值为

$$\hat{\boldsymbol{x}}=(\boldsymbol{H}_k^{\mathrm{T}}\bar{\boldsymbol{P}}\boldsymbol{H}_k)^{-1}\boldsymbol{H}_k\bar{\boldsymbol{P}}\boldsymbol{z} \tag{2.87}$$

这里，等价权阵 $\bar{\boldsymbol{P}}$ 主对角线元素 $\bar{p}_{ii}$ 为

$$\bar{p}_{ii}=\boldsymbol{p}_i\frac{\varphi_i(\boldsymbol{V})}{\boldsymbol{V}_i}=\boldsymbol{p}_i\omega_i \tag{2.88}$$

式中：$\boldsymbol{\omega}_i$ 为权因子。通过定义函数 $\rho(\cdot)$ 和 $\varphi(\cdot)$，可以求得等价权矩阵。

### 2.6.3 抗差模型预测滤波中的模型误差

Crassidis J. L.[20]等人提出一种非线性模型预测滤波(Model Predictive Filter，MPF)算法。其基本思想是通过比较量测输出和预测输出，估计系统的模型误差，然后利用估计出的模型误差修正滤波估值，实现对系统真实状态的准确估计。

设非线性连续系统的数学模型为

$$\dot{\hat{\boldsymbol{x}}}(t)=f[\hat{\boldsymbol{x}}(t)]+G[\hat{\boldsymbol{x}}(t)]\boldsymbol{w}*(t) \tag{2.89}$$

$$\hat{\boldsymbol{x}}(t)=h[\hat{\boldsymbol{x}}(t)] \tag{2.90}$$

$$\hat{\boldsymbol{x}}^*(t_k)=h[\hat{\boldsymbol{x}}(t_k)]+\boldsymbol{v}_k \tag{2.91}$$

式中：$\boldsymbol{x}(t)$为 $n$ 维状态量；$\hat{\boldsymbol{x}}(t)$是 $\boldsymbol{x}(t)$的估计量；$\hat{\boldsymbol{z}}(t)$为 $m$ 维量测量，$\hat{\boldsymbol{z}}^*(t_k)$是 $\hat{\boldsymbol{z}}(t)$的离散化形式；$f(\cdot)$和 $h(\cdot)$均为连续可微的非线性函数；$\boldsymbol{G}(\hat{\boldsymbol{x}}(t))$是模型误差分布矩阵；$\boldsymbol{w}^*(t)$是模型误差向量；$\boldsymbol{v}_k$ 是系统的量测噪声向量。式(2.91)是式(2.90)的离散化形式。

构造模型预测滤波 MPF 算法的罚函数[20]：

$$J(\boldsymbol{w}*(t))=\frac{1}{2}\{\tilde{\boldsymbol{z}}(t+\Delta t)-\hat{\boldsymbol{y}}(t+\Delta t)\}^{\mathrm{T}}\cdot$$

$$\boldsymbol{R}^{-1}\{\tilde{\boldsymbol{z}}(t+\Delta t)-\hat{\boldsymbol{y}}(t+\Delta t)\}+\frac{1}{2}\boldsymbol{w}*^{\mathrm{T}}(t)\boldsymbol{W}\boldsymbol{w}*(t) \tag{2.92}$$

式中：$\boldsymbol{W}$ 为系统权矩阵，一般靠经验获得。

根据罚函数可以得到系统模型误差 $\boldsymbol{w}*(t)$的表达式如下：

$$\begin{aligned}\boldsymbol{w}*(t)=&-\{[\boldsymbol{\Lambda}(\Delta t)\boldsymbol{S}(\hat{\boldsymbol{x}})]^{\mathrm{T}}\boldsymbol{R}^{-1}[\boldsymbol{\Lambda}(\Delta t)\boldsymbol{S}(\hat{\boldsymbol{x}})]+\boldsymbol{W}\}^{-1}\cdot\\&[\boldsymbol{\Lambda}(\Delta t)\boldsymbol{S}(\hat{\boldsymbol{x}})]^{\mathrm{T}}\boldsymbol{R}^{-1}[l(\hat{\boldsymbol{x}},\Delta t)-\tilde{\boldsymbol{z}}(t+\Delta t)+\hat{\boldsymbol{y}}(t)]\end{aligned} \tag{2.93}$$

式中：$l_i(\hat{\boldsymbol{x}}(t),\Delta t)$的表达式为

$$l_i[\hat{\boldsymbol{x}}(t),\Delta t]=\sum_{k=1}^{o_i}\frac{\Delta t^k}{k!}L_f^k(h_i) \tag{2.94}$$

式中：$L_f^k(h_i)$称为李导数[21]。

式(2.93)中，$\boldsymbol{\Lambda}(\Delta t)\in\boldsymbol{R}^{m\times m}$ 是一个对角阵，主对角元素如下：

$$\lambda_{ii}=\frac{\Delta t^{o_i}}{o_i!},\quad i=1,2,\cdots,m \tag{2.95}$$

式中：$o_i(i=1,2,\cdots,m)$为泰勒展开过程中第一次出现 $\boldsymbol{w}*(t)$项的微分阶数。

式(2.93)中，$\boldsymbol{S}(\hat{\boldsymbol{x}})\in\boldsymbol{R}^{m\times r}$ 的矩阵，其行向量为

$$\boldsymbol{s}_i=[L_{g_1}(L_f^{o_i-1}(h_i)),\cdots,L_{g_r}(L_f^{o_i-1}(h_i))],\quad i=1,2,\cdots,m \tag{2.96}$$

令 $\boldsymbol{A}=\boldsymbol{\Lambda}(\Delta t)\boldsymbol{S}(\hat{\boldsymbol{x}})$，式(2.93)可简化为

$$w*(t)=-(\boldsymbol{A}^{\mathrm{T}}\boldsymbol{R}^{-1}\boldsymbol{A}+\boldsymbol{W})-\boldsymbol{A}^{\mathrm{T}}\boldsymbol{R}^{-1}\cdot[l(\hat{\boldsymbol{x}},\Delta t)-\tilde{z}(t+\Delta t)+\hat{y}(t)] \tag{2.97}$$

由上式可以估计出系统的模型误差。

### 2.6.4　抗差模型预测 UKF 算法设计

UKF 在处理高斯型非线性系统时，具有较高的解算精度，且无需求解雅可比矩阵，其计算量小于粒子滤波的计算量。但是，随着状态维数的增加，UKF 的计算量迅速增大，而且该算法对模型误差较敏感，不适用于噪声为非高斯分布的系统模型，这限制了 UKF 的适用范围。为了克服 UKF 算法的缺点，下面设计一种抗差模型预测 UKF 算法。

设非线性系统数学模型为

$$\dot{\boldsymbol{x}}_k=f(\boldsymbol{x}_{k-1},\boldsymbol{w}*_{k-1}) \tag{2.98}$$

$$\boldsymbol{z}_{k-1}=h(\boldsymbol{x}_{k-1},\boldsymbol{v}_{k-1}) \tag{2.99}$$

式中：$\boldsymbol{x}_k$ 为 $n$ 维状态量；$\boldsymbol{z}_k$ 为 $m$ 维量测向量；$f(\cdot)$和 $h(\cdot)$均为连续可微的非线性函数；$\boldsymbol{w}*_k$ 模型误差向量；$\boldsymbol{v}_k$ 是量测噪声向量。系统噪声满足

$$\left.\begin{aligned}&E[\boldsymbol{v}_k]=0,\\&\mathrm{cov}[\boldsymbol{v}_k,\boldsymbol{v}_j^{\mathrm{T}}]=\boldsymbol{R}_k\delta_{kj}\\&\mathrm{cov}[\boldsymbol{w}*_k,\boldsymbol{v}_j^{\mathrm{T}}]=0\end{aligned}\right\} \tag{2.100}$$

式中：$\boldsymbol{R}_k$ 为量测噪声 $\boldsymbol{v}_k$ 的协方差阵。

1. UKF 扩维方法

利用扩维方法将噪声项添加到状态量中，这样既增加了系统的输入信息，又考虑了噪声对系统的影响。因此，对原状态量 $\boldsymbol{x}_k$ 进行扩维，将模型误差 $\boldsymbol{w}_k^*$ 和量测噪声 $\boldsymbol{v}_k$ 加入到状态量中。扩维后的状态量为

$$\boldsymbol{X}_k^a=\begin{bmatrix}\boldsymbol{x}^k\\ \boldsymbol{w}_k^*\\ \boldsymbol{v}^k\end{bmatrix} \tag{2.101}$$

扩维后得到的协方差矩阵为

$$\boldsymbol{P}_k^a=\begin{bmatrix}\boldsymbol{P}_k & & \\ & \boldsymbol{Q}_k^{w*} & \\ & & \boldsymbol{R}_k\end{bmatrix} \tag{2.102}$$

式中：$\boldsymbol{P}_k$ 为状态 $\boldsymbol{x}^k$ 的估计误差协方差阵；$\boldsymbol{Q}_k^{w*}$ 为模型误差 $\boldsymbol{w}_k^*$ 的协方差阵；$\boldsymbol{R}_k$ 为量测噪声 $\boldsymbol{v}_k$ 的协方差阵。

2. 抗差因子的选择

设计的 RMPUKF 算法采用 IGGⅡ型权函数生成抗差因子，通过抗差因子减小异常量测对状态估计值的影响，提高算法的稳定性。IGGⅡ型权函数为[21-22]

$$\bar{\boldsymbol{P}}_i=\begin{cases}\boldsymbol{p}_i & |\boldsymbol{V}_i|\leqslant k_0\\ \boldsymbol{p}_i\dfrac{k_0}{|V_i|} & k_0<|\boldsymbol{V}_i|\leqslant k_1\\ 0 & |\boldsymbol{V}_i|>k_1\end{cases} \tag{2.103}$$

式中：$p_{ii}$ 为先验权矩阵 $\bar{\boldsymbol{P}}_i$ 的主对角元素；$\boldsymbol{V}_i$ 为残差分量；$k_0$ 和 $k_1$ 为常量。

$$p_{ij}=\sqrt{p_{ii}}\sqrt{p_{jj}} \tag{2.104}$$

$$\bar{\boldsymbol{P}}_x=p_{ij}\boldsymbol{P}_x \tag{2.105}$$

式中：$\bar{\boldsymbol{P}}_x$ 是利用等价权 $\bar{\boldsymbol{P}}_i$ 对 $\boldsymbol{P}_x$ 修正后得到的等价权矩阵。

3. 抗差模型预测 UKF 算法步骤

(1)初始化。通过模型预测滤波(MPF)算法估计系统的模型误差，并利用式(2.101)和式(2.102)对系统状态进行扩维。当 $k=0$ 时，得到 $\boldsymbol{X}_0^a=[\boldsymbol{x}_0^{\mathrm{T}}\boldsymbol{w}{*}_0^{\mathrm{T}}v_0^{\mathrm{T}}]^{\mathrm{T}}$ 和 $\boldsymbol{P}_k^a=\mathrm{diag}[\boldsymbol{P}_0\boldsymbol{Q}_0^{w*}\boldsymbol{R}_0]$。

(2)计算 Sigma 点集及对应的权值。采用比例对称采样策略[19,23]，对于均值为 $\bar{\boldsymbol{x}}$、方差为 $\boldsymbol{P}^a$ 的 $n_a$ 维状态量 $\boldsymbol{X}^a$，产生 $L=(2n_a+1)$个 Sigma 点 $\boldsymbol{\chi}_k^a$。

$$\left.\begin{aligned}&\boldsymbol{\chi}_0^a=\bar{x}_{k-1}\\ &\boldsymbol{\chi}_i^a=\bar{x}_{k-1}+\gamma\sqrt{\bar{\boldsymbol{P}}_{x,k-1}^a}\\ &\boldsymbol{\chi}_{i+n_a}^a=\bar{x}_{k-1}-\gamma\sqrt{\bar{\boldsymbol{P}}_{x,k-1}^a},\quad i=1,2,\cdots,n_a\end{aligned}\right\} \tag{2.106}$$

其权值为

$$\left.\begin{aligned} W_0^{(m)} &= \frac{\lambda}{(n_a+\lambda)} \\ W_0^{(c)} &= \frac{\lambda}{(n_a+\lambda)} + (1-\alpha^2+\beta) \\ W_i^{(m)} &= W_i^{(c)} = \frac{1}{2(n_a+\lambda)}, \quad i=1,2,\cdots,2n_a \end{aligned}\right\} \tag{2.107}$$

式中：$\lambda=\alpha^2(n+\kappa)-n$，$\gamma=\sqrt{n+\kappa}$，$\kappa$ 为比例系数，用于调节 Sigma 点和 $\bar{\boldsymbol{x}}$ 之间的距离，$\kappa$ 值的大小仅影响二阶项之后的高阶矩带来的偏差，通常取 $\kappa=0$ 或 $\kappa=3-n$[19]；$\gamma=\sqrt{n+\kappa}$，$(\gamma\sqrt{P_{xx}})_i=(\sqrt{(n+\kappa)P_{xx}})_i$ 为 $(n+\kappa)P_{xx}$ 的二次方根矩阵的第 $i$ 行或列，$W_i$ 为第 $i$ 个 Sigma 点权值，满足 $\sum_{i=0}^{2n}W_i=1$；$\alpha$ 为正值的比例缩放因子，可通过调整 $\alpha$ 的取值来调节 Sigma 点与 $\bar{\boldsymbol{x}}$ 的距离。同时，调整 $\alpha$ 可使高阶项的影响达到最小，通常将 $\alpha$ 设为一个较小的正数(例如 $1>\alpha\geqslant 1\mathrm{e}^{-4}$)；$\beta$ 被用来描述 $x$ 的先验分布信息，是一个非负的权系数，它可以合并协方差中高阶项的动态差，这样就可以把高阶项的影响包含在内，即调节 $\beta$ 可以提高协方差的近似精度。对于高斯分布选择 $\beta=2$。

当 $\lambda<0$ 时，协方差矩阵可能失去半正定性。为此，需要对求得的 Sigma 点集进行比例修正[19,24]，以保证协方差矩阵的半正定性。

(3)时间更新

$$\boldsymbol{\chi}_{k,k-1}^a = f(\boldsymbol{\chi}_{k-1}^x, \boldsymbol{w}*_{k-1}) + \boldsymbol{\chi}_{k-1}^{w*} \tag{2.108}$$

$$\hat{\boldsymbol{x}}_{k,k-1}^a = \sum_{i=0}^{L-1} W_i^{(m)} \cdot \boldsymbol{\chi}_{i,k,k-1}^a \tag{2.109}$$

$$\boldsymbol{P}_{k,k-1}^a = \sum_{i=0}^{L-1} W_i^{(c)} \cdot (\boldsymbol{\chi}_{i,k,k-1}^a - \hat{\boldsymbol{x}}_{k,k-1}^a)\cdot(\boldsymbol{\chi}_{i,k,k-1}^a - \hat{\boldsymbol{x}}_{k,k-1}^a)^{\mathrm{T}} + \boldsymbol{Q}_k \tag{2.110}$$

(4)量测更新

$$\boldsymbol{Z}_k^a = h(\boldsymbol{\chi}_{k,k-1}^{(z)}, \boldsymbol{v}_k) + \boldsymbol{\chi}_{k,k-1}^{(v)} \tag{2.111}$$

$$\hat{\boldsymbol{Z}}_k = \sum_{i=0}^{L-1} W_i^{(m)} \cdot \boldsymbol{Z}_{i,k}^a \tag{2.112}$$

$$\boldsymbol{P}_{x_k z_k} = \sum_{i=0}^{L-1} W_i^{(c)} \cdot (\boldsymbol{\chi}_{i,k,k-1}^a - \hat{\boldsymbol{x}}_{k,k-1}^a)\cdot(\boldsymbol{Z}_{i,k}^a - \hat{\boldsymbol{Z}}_k)^{\mathrm{T}} \tag{2.113}$$

$$\boldsymbol{P}_{z_k} = \sum_{i=0}^{L-1} W_i^{(c)} \cdot (\boldsymbol{Z}_{i,k}^a - \hat{\boldsymbol{Z}}_k)\cdot(\boldsymbol{Z}_{i,k}^a - \hat{\boldsymbol{Z}}_k)^{\mathrm{T}} + \boldsymbol{R}_k \tag{2.114}$$

$$\boldsymbol{K}_k = \boldsymbol{P}_{x_k z_k}\boldsymbol{P}_{z_k}^{-1} \tag{2.115}$$

(5)状态与方差估计

$$\hat{\boldsymbol{x}}_k^a = \hat{\boldsymbol{x}}_{k,k-1}^a + \boldsymbol{K}_k(\boldsymbol{Z}_k^a - \hat{\boldsymbol{Z}}_k) \tag{2.116}$$

$$\boldsymbol{P}_k^a = \boldsymbol{P}_{k,k-1}^a - \boldsymbol{K}_k\boldsymbol{P}_{z_k}\boldsymbol{K}_k^{\mathrm{T}} \tag{2.117}$$

式(2.101)～式(2.117)构成了抗差模型预测 Unscented 卡尔曼滤波的基本方程。

### 2.6.5　抗差模型预测 UKF 算法的稳定性分析

为了分析抗差模型预测 UKF 算法的稳定性，首先建立如下矩阵不等式，并给出证明。

**引理 2.1**[19] 假设矩阵 $\boldsymbol{A}$、$\boldsymbol{B}$ 和 $\boldsymbol{C}$ 均为 $n$ 维实数矩阵，且 $\boldsymbol{A}>0$，$\boldsymbol{C}>0$，则下面关系式成立

$$\boldsymbol{A}^{-1} > \boldsymbol{B}(\boldsymbol{B}^{\mathrm{T}}\boldsymbol{A}\boldsymbol{B}+\boldsymbol{C})^{-1}\boldsymbol{B}^{\mathrm{T}} \tag{2.118}$$

**引理的证明**：因为

$$\begin{aligned}
&\boldsymbol{A} < \boldsymbol{A}+(\boldsymbol{B}^{-1})^{\mathrm{T}}\boldsymbol{C}(\boldsymbol{B}^{-1})\\
&\boldsymbol{A} < (\boldsymbol{B}^{\mathrm{T}})^{-1}(\boldsymbol{B}^{\mathrm{T}})\boldsymbol{A}\boldsymbol{B}(\boldsymbol{B}^{-1})+(\boldsymbol{B}^{-1})^{\mathrm{T}}\boldsymbol{C}(\boldsymbol{B}^{-1})\\
&\boldsymbol{A} < (\boldsymbol{B}^{\mathrm{T}})^{-1}[(\boldsymbol{B}^{\mathrm{T}})\boldsymbol{A}\boldsymbol{B}+\boldsymbol{C}](\boldsymbol{B}^{-1})
\end{aligned} \tag{2.119}$$

所以

$$\boldsymbol{A}^{-1} > \boldsymbol{B}(\boldsymbol{B}^{\mathrm{T}}\boldsymbol{A}\boldsymbol{B}+\boldsymbol{C})^{-1}\boldsymbol{B}^{\mathrm{T}} \tag{2.120}$$

特别地，当 $\boldsymbol{B}=\boldsymbol{I}$ 时，则有 $\boldsymbol{A}^{-1}>(\boldsymbol{A}+\boldsymbol{C})^{-1}$。

**引理 2.2**[25] 设 $\boldsymbol{x}_k$ 是一个随机变量，且服从随机过程 $V(\boldsymbol{x}_k)$，当存在 $v_{\min}>0$，$v_{\max}>0$，$\mu>0$ 和 $0<\lambda<1$ 时，对于任意 $k$ 满足

$$v_{\min}\|\boldsymbol{x}_k\|^2 \leqslant V(x_k) \leqslant v_{\max}\|\boldsymbol{x}_k\|^2 \tag{2.121}$$

$$E[V(\boldsymbol{x}_k)\mid \boldsymbol{x}_{k-1}]-V(\boldsymbol{x}_{k-1}) \leqslant \mu-\lambda V(\boldsymbol{x}_{k-1}) \tag{2.121}$$

则有

$$E[\|x_k\|^2] \leqslant \frac{v_{\max}}{v_{\min}}E[\|x_0\|^2](1-\lambda)^k+\frac{\mu}{v_{\min}}\sum_{i=1}^{k-1}(1-\lambda)^i \tag{2.122}$$

即 $\boldsymbol{x}_k$ 均方有界。

**定理 2.2** 对于式(2.89)和式(2.90)所描述的非线性系统，当存在 $\mu$ 和 $\lambda$ 时，由抗差模型预测 UKF 算法得到的状态估计误差满足式(7.45)时，则抗差模型预测 UKF 算法具有稳定性。

**定理的证明**[19]：记扩维后的状态估计误差为

$$\tilde{\boldsymbol{x}}_k^a=\boldsymbol{x}_k^a-\hat{\boldsymbol{x}}_k^a \tag{2.123}$$

将式(2.116)代入式(2.123)，得

$$\tilde{\boldsymbol{x}}_k^a=\boldsymbol{x}_k^a-\hat{\boldsymbol{x}}_{k,k-1}^a-\boldsymbol{K}_k(\boldsymbol{Z}_k^a-\hat{\boldsymbol{Z}}_k) \tag{2.124}$$

记

$$\tilde{\boldsymbol{Z}}_k^a=\boldsymbol{Z}_k^a-\hat{\boldsymbol{Z}}_k,\quad \tilde{\boldsymbol{x}}_{k,k-1}^a=\boldsymbol{x}_k^a-\hat{\boldsymbol{x}}_{k,k-1}^a \tag{2.125}$$

将式(2.125)代入式(2.124)，有

$$\tilde{\boldsymbol{X}}_k^a=\tilde{\boldsymbol{X}}_{k,k-1}^a-\boldsymbol{K}_k\tilde{\boldsymbol{Z}}_k^a \tag{2.126}$$

那么

$$\begin{aligned}
\boldsymbol{V}(\tilde{\boldsymbol{x}}_k^a)&=(\tilde{\boldsymbol{x}}_k^a)^{\mathrm{T}}\boldsymbol{P}_k^{-1}\tilde{\boldsymbol{x}}_k^a\\
&=(\tilde{\boldsymbol{x}}_{k,k-1}^a-\boldsymbol{K}_k\tilde{\boldsymbol{Z}}_k^a)^{\mathrm{T}}\boldsymbol{P}_k^{-1}(\tilde{\boldsymbol{x}}_{k,k-1}^a-\boldsymbol{K}_k\tilde{\boldsymbol{Z}}_k^a)\\
&=(\tilde{\boldsymbol{x}}_{k,k-1}^a)^{\mathrm{T}}\boldsymbol{P}_k^{-1}\tilde{\boldsymbol{x}}_{k,k-1}^a-(\tilde{\boldsymbol{x}}_{k,k-1}^a)^{\mathrm{T}}\boldsymbol{P}_k^{-1}\boldsymbol{K}_k\tilde{\boldsymbol{Z}}_k^a-\\
&\quad(\boldsymbol{K}_k\tilde{\boldsymbol{Z}}_k^a)^{\mathrm{T}}\boldsymbol{P}_k^{-1}\tilde{\boldsymbol{x}}_{k,k-1}^a+(\boldsymbol{K}_k\tilde{\boldsymbol{Z}}_k^a)^{\mathrm{T}}P_k^{-1}\boldsymbol{K}_k\boldsymbol{Z}\tilde{\boldsymbol{Z}}_k^a
\end{aligned} \tag{2.127}$$

当 $\boldsymbol{P}_{k-1}^{-1}$ 是正定矩阵时，由文献[19,25]，有

$$\begin{aligned}
&E[\boldsymbol{V}(\tilde{\boldsymbol{x}}_k^a)\mid\tilde{\boldsymbol{x}}_{k-1}^a]-\boldsymbol{V}(\tilde{\boldsymbol{x}}_{k-1}^a)\leqslant\\
&E[(\tilde{\boldsymbol{x}}_{k,k-1}^a)^{\mathrm{T}}\boldsymbol{P}_k^{-1}\tilde{\boldsymbol{x}}_{k,k-1}^a-(\tilde{\boldsymbol{x}}_{k,k-1}^a)^{\mathrm{T}}\boldsymbol{P}_k^{-1}\boldsymbol{K}_k\tilde{\boldsymbol{Z}}_k^a-
\end{aligned}$$

$$(\boldsymbol{K}_k\tilde{\boldsymbol{Z}}_k^a)^{\mathrm{T}}P_k^{-1}\tilde{\boldsymbol{x}}_{k,k-1}^a+(\boldsymbol{K}_k\tilde{\boldsymbol{Z}}_k^a)^{\mathrm{T}}\boldsymbol{P}_k^{-1}\boldsymbol{K}_k\tilde{\boldsymbol{Z}}_k^a \mid x_{k-1}] \tag{2.128}$$

由式(2.126)可以得到

$$\boldsymbol{K}_k\tilde{\boldsymbol{Z}}_k^a=\tilde{\boldsymbol{x}}_{k,k-1}^a-\tilde{\boldsymbol{x}}_k^a \tag{2.129}$$

将式(2.129)代入式(2.128)，得到

$$\begin{aligned}&E[\boldsymbol{V}(\tilde{\boldsymbol{x}}_k^a) \mid \tilde{\boldsymbol{x}}_{k-1}^a]-\boldsymbol{V}(\tilde{\boldsymbol{x}}_{k-1}^a)\leqslant\\E[(\tilde{\boldsymbol{x}}_{k,k-1}^a)^{\mathrm{T}}\boldsymbol{P}_k^{-1}\tilde{\boldsymbol{x}}_{k,k-1}^a&+(\boldsymbol{K}_k\tilde{\boldsymbol{Z}}_k^a)^{\mathrm{T}}\boldsymbol{P}_k^{-1}\boldsymbol{K}_k\tilde{\boldsymbol{Z}}_k^a-(\boldsymbol{K}_k\tilde{\boldsymbol{Z}}_k^a)^{\mathrm{T}}\boldsymbol{P}_k^{-1}\tilde{\boldsymbol{x}}_{k,k-1}^a-(\tilde{\boldsymbol{x}}_{k,k-1}^a)^{\mathrm{T}}\boldsymbol{P}_k^{-1}\tilde{\boldsymbol{x}}_k^a \mid x_{k-1}]-\\&E[(\tilde{\boldsymbol{x}}_{k,k-1}^a)^{\mathrm{T}}\boldsymbol{P}_k^{-1}\tilde{\boldsymbol{x}}_{k,k-1}^a \mid x_{k-1}][\boldsymbol{V}(\tilde{\boldsymbol{x}}_{k-1}^a)]^{-1}\boldsymbol{V}(\tilde{\boldsymbol{x}}_{k-1}^a)\end{aligned} \tag{2.130}$$

令

$$\begin{aligned}\mu'=E[(\tilde{\boldsymbol{x}}_{k,k-1}^a)^{\mathrm{T}}\boldsymbol{P}_k^{-1}\tilde{\boldsymbol{x}}_{k,k-1}^a&+(\boldsymbol{K}_k\tilde{\boldsymbol{Z}}_k^a)^{\mathrm{T}}\boldsymbol{P}_k^{-1}\boldsymbol{K}_k\tilde{\boldsymbol{Z}}_k^a-(\boldsymbol{K}_k\tilde{\boldsymbol{Z}}_k^a)^{\mathrm{T}}\boldsymbol{P}_k^{-1}\tilde{\boldsymbol{x}}_{k,k-1}^a-\\&(\tilde{\boldsymbol{x}}_{k,k-1}^a)^{\mathrm{T}}\boldsymbol{P}_k^{-1}\tilde{\boldsymbol{x}}_k^a \mid \boldsymbol{x}_{k-1}]\end{aligned} \tag{2.131}$$

$$\lambda=E[(\tilde{\boldsymbol{x}}_{k,k-1}^a)^{\mathrm{T}}\boldsymbol{P}_k^{-1}\tilde{\boldsymbol{x}}_{k,k-1}^a \mid \boldsymbol{x}_{k-1}][\boldsymbol{V}(\tilde{\boldsymbol{x}}_{k-1}^a)]^{-1} \tag{2.132}$$

从式(2.132)可以看出，当 $\boldsymbol{P}_k^{-1}$ 为正定矩阵时，有 $\lambda>0$。当存在常数 $c>-\mu'$ 时，有

$$\mu=\mu'+c>0 \tag{2.133}$$

$$(\boldsymbol{P}_k^a)^{-1}=(\boldsymbol{P}_{k,k-1}^a)^{-1}-\boldsymbol{H}^{\mathrm{T}}\boldsymbol{R}_k^{-1}\boldsymbol{H} \tag{2.134}$$

$$(\boldsymbol{P}_{k,k-1}^a)^{-1}=\boldsymbol{F}^{\mathrm{T}}(\boldsymbol{F}\boldsymbol{P}_{k-1}^aF^{\mathrm{T}}+\boldsymbol{Q}_k)^{-1}\boldsymbol{F} \tag{2.135}$$

式(2.135)中：$\boldsymbol{F}$ 和 $\boldsymbol{H}$ 分别为式(2.89)和式(2.90)中非线性函数 $f(\cdot)$和 $h(\cdot)$的雅可比矩阵。

由引理 2.1 可以得到

$$(\boldsymbol{P}_{k-1}^a)^{-1}>\boldsymbol{F}^{\mathrm{T}}(\boldsymbol{F}\boldsymbol{P}_{k-1}^a\boldsymbol{F}^{\mathrm{T}}+\boldsymbol{Q}_k)\boldsymbol{F} \tag{2.136}$$

$$(\boldsymbol{P}_{k-1}^a)^{-1}>(\boldsymbol{P}_{k,k-1}^a)^{-1} \tag{2.137}$$

$$(\boldsymbol{P}_{k-1}^a)^{-1}>(\boldsymbol{P}_k^a)^{-1} \tag{2.138}$$

给不等式(2.136)两边同乘以$(\tilde{\boldsymbol{x}}_{k-1}^a)^{\mathrm{T}}$ 和 $\tilde{\boldsymbol{x}}_{k-1}^a$，得到

$$\begin{aligned}&(\tilde{\boldsymbol{x}}_{k-1}^a)^{\mathrm{T}}(\boldsymbol{P}_{k-1}^a)^{-1}\tilde{\boldsymbol{x}}_{k-1}^a>(\tilde{\boldsymbol{x}}_{k-1}^a\boldsymbol{F})^{\mathrm{T}}(\boldsymbol{F}\boldsymbol{P}_{k-1}^a\boldsymbol{F}^{\mathrm{T}}+\boldsymbol{Q}_k)^{-1}(\tilde{\boldsymbol{x}}_{k-1}^a\boldsymbol{F})\\&=(\tilde{\boldsymbol{x}}_{k,k-1}^a)^{\mathrm{T}}(\boldsymbol{F}\boldsymbol{P}_{k-1}^a\boldsymbol{F}^{\mathrm{T}}+\boldsymbol{Q}_k)^{-1}(\tilde{\boldsymbol{x}}_{k,k-1}^a)\end{aligned} \tag{2.139}$$

由式(2.137)和式(2.138)，得

$$\begin{aligned}(\tilde{\boldsymbol{x}}_{k-1}^a)^{\mathrm{T}}(\boldsymbol{P}_{k-1}^a)^{-1}\tilde{\boldsymbol{x}}_{k-1}^a&>(\tilde{\boldsymbol{x}}_{k,k-1}^a)^{\mathrm{T}}(\boldsymbol{P}_{k,k-1}^a)^{-1}(\tilde{\boldsymbol{x}}_{k,k-1}^a)\\&>(\tilde{\boldsymbol{x}}_{k,k-1}^a)^{\mathrm{T}}(\boldsymbol{P}_k^a)^{-1}(\tilde{\boldsymbol{x}}_{k,k-1}^a)\end{aligned} \tag{2.140}$$

将式(2.140)代入式(2.132)，得

$$\lambda<E\left[\frac{(\tilde{\boldsymbol{x}}_{k,k-1}^a)^{\mathrm{T}}(\boldsymbol{P}_k^a)^{-1}\tilde{\boldsymbol{x}}_{k,k-1}^a}{(\tilde{\boldsymbol{x}}_{k-1}^a)^{\mathrm{T}}(\boldsymbol{P}_{k-1}^a)^{-1}\tilde{\boldsymbol{x}}_{k-1}^a} \mid x_{k-1}\right]<1 \tag{2.141}$$

综合上述分析，有

$$E[\boldsymbol{V}(\tilde{\boldsymbol{x}}_k^a) \mid \tilde{\boldsymbol{x}}_{k-1}^a]-\boldsymbol{V}(\tilde{\boldsymbol{x}}_{k-1}^a)\leqslant\mu-\lambda\boldsymbol{V}(\tilde{\boldsymbol{x}}_{k-1}^a) \tag{2.142}$$

式中：$\lambda$ 和 $\mu$ 分别由式(2.132)和式(2.132)给出。

由式(2.142)可以看出，由抗差模型预测 UKF 计算得到的状态估计误差 $\tilde{\boldsymbol{x}}_k^a$ 在均方意义下有界，即提出的抗差模型预测 UKF 算法具有稳定性。

尽管 UKF 的估计精度比 EKF 高，但 UKF 不能应用于非高斯分布系统，而粒子滤波可以解决这一问题。

## 2.7 粒子滤波算法

对于线性系统而言，最优滤波的闭合解是著名的卡尔曼滤波。而对于非线性系统，通常要得到最优滤波解非常困难，甚至不能得到，因为它需要处理无穷维积分计算。为此，国内外学者通过研究，提出了大量次优近似解决非线性滤波的方法。近似解决非线性系统滤波的方法大致归为三类：第一类是解析近似，又称函数近似的方法，其典型算法是扩展卡尔曼滤波；第二类是基于确定性采样的方法，典型算法是 Unsented 卡尔曼滤波；第三类是基于仿真的滤波方法，典型算法是粒子滤波。

粒子滤波采用样本形式描述先验信息和后验信息，而不是用函数形式对其进行描述，摆脱了解决非线性滤波问题时，随机变量必须满足高斯分布的制约条件。该方法是基于贝叶斯原理的非参数化序贯蒙特卡罗模拟递推滤波算法，完全突破了传统的卡尔曼滤波理论框架，可以克服传统的 EKF 算法和 UKF 算法非线性误差积累的缺点，精度逼近最优，数值稳健性较好[26]。

下面研究粒子滤波算法的基本原理。首先，介绍贝叶斯滤波原理；其次，研究粒子滤波的重要性采样和重采样问题；再次，研究 MCMC 方法 KLD 采样算法；最后，指出粒子滤波存在的问题。本章所做的研究工作，为下一章对粒子滤波方法进行改进奠定基础。

### 2.7.1 贝叶斯滤波

贝叶斯滤波的实质是利用所有的已知信息，构建系统状态变量的后验概率密度函数，即用系统模型预测状态变量的先验概率密度，然后根据最近的观测值进行更新修正，不断递推实现对状态的估计。贝叶斯滤波主要包括预测和更新两个步骤，预测是利用系统模型预测从一个量测时刻到下一量测时刻的后验概率密度函数，而更新则是利用最新的量测值对这个后验概率密度函数进行修正。因此，应用贝叶斯滤波不仅可以获得状态变量的后验概率密度函数，还可以递归得到更新的状态变量的估计值，无需对历史量测数据进行存储和再处理，从而可以节省大量的存储空间[26-27]。用贝叶斯方法进行滤波计算，需要建立系统状态方程和观测方程，其中系统状态方程描述状态随时间演变的过程，观测方程描述与状态有关的噪声变量。

假设非线性系统的状态方程和量测方程为

$$\begin{aligned} \boldsymbol{x}_k &= f(\boldsymbol{x}_{k-1}, \boldsymbol{w}_{k-1}) \\ \boldsymbol{z}_k &= h(\boldsymbol{x}_k, \boldsymbol{v}_k) \end{aligned} \tag{2.143}$$

式中：$\boldsymbol{x}_k \in \boldsymbol{R}^n$ 为 $k$ 时刻系统的状态向量；$\boldsymbol{z}_k \in \boldsymbol{R}^n$ 为量测输出；$\boldsymbol{w}_k \in \boldsymbol{R}^n$ 为系统噪声；$\boldsymbol{v}_k \in \boldsymbol{R}^n$ 为量测噪声；$f(\cdot)$和 $h(\cdot)$表示非线性函数，其中 $f(\cdot)$表示状态转移函数，$h(\cdot)$表示观测函数。假定 $f(\cdot)$和 $h(\cdot)$对其变元连续可微，同时假定初始状态为任意分布，具有均值和协方差矩阵分别为 $E(\boldsymbol{x}_0)=\bar{\boldsymbol{x}}_0$，$\mathrm{cov}(\boldsymbol{x}_0)=\boldsymbol{P}_0$；过程噪声是一个零均值的独立过程，分布任意，具有协方差矩阵为 $\mathrm{cov}(\boldsymbol{w}_k)=\boldsymbol{Q}_k, k\in N$；量测噪声也是一个零均值的独立过程，分布任意，具有协方差矩阵为 $\mathrm{cov}(\boldsymbol{v}_k)=\boldsymbol{R}_k, k\in N$，其中的过程噪声、量测噪声与初始状态之间相互独立。采样时间为 $k=0,1,\cdots,N$，设 $\boldsymbol{x}_{0:k}=\{\boldsymbol{x}_0,\boldsymbol{x}_1,\cdots,\boldsymbol{x}_k\}$，$\boldsymbol{z}_{1:k}=\{\boldsymbol{z}_1,\boldsymbol{z}_2,\cdots\boldsymbol{z}_k\}$，$k-1$

时刻以前状态的后验概率密度函数为 $p(\boldsymbol{x}_{0:k-1}|\boldsymbol{z}_{0:k-1})$。

贝叶斯滤波的预测和更新过程如下：

预测：

$$\begin{aligned} p(\boldsymbol{x}_{0:k} \mid \boldsymbol{z}_{0:k-1}) &= \int p(\boldsymbol{x}_{0:k}, \boldsymbol{x}_{0:k-1} \mid \boldsymbol{z}_{0:k-1}) \mathrm{d}\boldsymbol{x}_{0:k-1} \\ &= \int p(\boldsymbol{x}_{0:k} \mid \boldsymbol{x}_{0:k-1}) p(\boldsymbol{x}_{0:k-1} \mid \boldsymbol{z}_{0:k-1}) \mathrm{d}\boldsymbol{x}_{0:k-1} \end{aligned} \tag{2.144}$$

更新：

$$\begin{aligned} p(\boldsymbol{x}_{0:k} \mid \boldsymbol{z}_{0:k}) = p(\boldsymbol{x}_{0:k} \mid \boldsymbol{z}_k, \boldsymbol{z}_{0:k-1}) &= \frac{p(\boldsymbol{z}_k \mid \boldsymbol{x}_{0:k}, z_{0:k-1}) p(\boldsymbol{x}_{0:k} \mid z_{0:k-1})}{p(\boldsymbol{z}_k \mid \boldsymbol{z}_{0:k-1})} \\ &= \frac{p(\boldsymbol{z}_k \mid \boldsymbol{x}_{0:k}) p(\boldsymbol{x}_{0:k} \mid z_{0:k-1})}{p(\boldsymbol{z}_k \mid z_{0:k-1})} \end{aligned} \tag{2.145}$$

由式(2.145)可以看出，其分母只依赖于 $\boldsymbol{z}$，而与 $\boldsymbol{x}$ 无关。

因此贝叶斯定理可等价描述为后验概率密度函数∝似然函数×先验概率密度函数，其中“∝”表示成比例，即

$$p(\boldsymbol{x} \mid z) \propto p(z \mid \boldsymbol{x}) p(\boldsymbol{x}) \tag{2.146}$$

假设给定 $\boldsymbol{x}_{0:k-1}$，$\boldsymbol{x}_{0:k}$ 与 $\boldsymbol{z}_{0:k-1}$ 相互独立，若给定 $\boldsymbol{x}_{0:k}$，则当 $\boldsymbol{z}_k$ 与 $k$ 时刻以前的量测相互独立时，上述推导才能成立。对于 $k$ 时刻状态的后验概率密度函数，递推过程可以进一步表示如下：

预测：

$$p(\boldsymbol{x}_k \mid \boldsymbol{z}_{0:k-1}) = \int p(\boldsymbol{x}_k \mid \boldsymbol{x}_{k-1}) p(\boldsymbol{x}_{k-1} \mid \boldsymbol{z}_{0:k-1}) \mathrm{d}\boldsymbol{x}_{k-1} \tag{2.147}$$

更新：

$$p(\boldsymbol{x}_k \mid \boldsymbol{z}_{0:k}) = \frac{p(\boldsymbol{z}_k \mid \boldsymbol{x}_k) p(\boldsymbol{x}_k \mid \boldsymbol{z}_{0:k-1})}{\int p(\boldsymbol{z}_k \mid \boldsymbol{x}_k) p(\boldsymbol{x}_k \mid \boldsymbol{z}_{0:k-1}) \mathrm{d}\boldsymbol{x}_k} \tag{2.148}$$

从预测和更新的步骤来看，很明显，贝叶斯滤波是人们掌握了先验知识后进行递推的统计滤波方法。其中，$p(\boldsymbol{z}_k|\boldsymbol{x}_k)$表示给定参数 $\boldsymbol{x}$ 的数据后的似然函数，各数据是相互独立的，并且似然函数相对于变量 $\boldsymbol{x}$ 而言是唯一的，它和动态系统的观测方程有关，建立起了上一时刻 $x_{k-1}$ 经过状态转移后和当前观测值的关系。$p(\boldsymbol{x}_k|\boldsymbol{z}_{0:k-1})$和 $p(\boldsymbol{z}_k|\boldsymbol{z}_{0:k-1})$分别表示先验概率密度函数和证据函数，$p(\boldsymbol{x}_k|\boldsymbol{z}_{0:k})$表示后验概率密度函数，也被称为后验概率密度，是量测到与未知参数有关的实验数据之后所确定的分布，它结合了先验信息和量测信息。贝叶斯滤波通过更新参数值的先验分布来得到其后验分布，其估计的误差也较小。

贝叶斯滤波方法为动态估计问题提供了一个严格的框架。在贝叶斯滤波过程中，状态估计需要利用所有获得的信息构造状态的后验概率密度函数，包含了所有可能的统计信息，是估计问题的最优解。对于线性高斯系统，式(2.147)和式(2.148)中所表示的概率密度函数完全可以由均值和协方差来表示，并可以根据卡尔曼滤波计算最小方差等，其结果是最优的。但是对于非线性、非高斯系统，很难得到完整的解析式来描述概率密度函数，需要采用近似算法来获得状态的贝叶斯估计。

### 2.7.2 粒子滤波

从贝叶斯滤波原理可以看出，卡尔曼滤波是贝叶斯方法在线性条件下的实现形式，而粒子滤波则是贝叶斯方法在非线性条件下的实现形式。粒子滤波利用样本均值代替积分计算，当粒子的数量趋于无穷时，样本可以完全逼近后验概率密度函数。同时，根据样本可以计算出随机变量的状态均值、方差等统计量，从而获得状态的最优估计。将粒子滤波与基于递推卡尔曼滤波结构的 EKF 算法和 UKF 算法进行比较，可以看出，粒子滤波更具有灵活性和广泛的适用性[28-30]。

粒子滤波采用灵活的序贯蒙特卡罗方法来解决非线性系统的最优滤波问题，其状态的后验分布由一系列根据状态和量测方程动态变化的粒子近似得到。考虑式(2.143)所描述的非线性系统模型，当条件均值表示

$$\hat{\boldsymbol{x}}_k = E[\boldsymbol{x}_k \mid \boldsymbol{z}_{1:k}] = \int \boldsymbol{x}_k p(\boldsymbol{x}_k \mid \boldsymbol{z}_{1:k}) \mathrm{d}\boldsymbol{x}_k \tag{2.149}$$

获得量测信息后，利用贝叶斯滤波公式更新先验值，得到后验概率密度函数[28~30]如下：

$$\begin{aligned} p(\boldsymbol{x}_k \mid \boldsymbol{z}_{1:k}) &= \frac{p(\boldsymbol{z}_{1:k} \mid \boldsymbol{x}_k) p(\boldsymbol{x}_k)}{p(\boldsymbol{z}_{1:k})} \\ &= \frac{p(\boldsymbol{z}_k, \boldsymbol{z}_{1:k-1} \mid \boldsymbol{x}_k) p(\boldsymbol{x}_k)}{p(\boldsymbol{z}_k, z_{1:k-1})} \\ &= \frac{p(\boldsymbol{z}_k \mid \boldsymbol{z}_{1:k-1}, \boldsymbol{x}_k) p(\boldsymbol{z}_{1:k-1} \mid \boldsymbol{x}_k) p(\boldsymbol{x}_k)}{p(\boldsymbol{z}_k, \boldsymbol{z}_{1:k-1}) p(\boldsymbol{z}_{1:k-1})} \\ &= \frac{p(\boldsymbol{z}_k \mid \boldsymbol{z}_{1:k-1}, \boldsymbol{x}_k) p(\boldsymbol{x}_k \mid \boldsymbol{z}_{1:k-1}) p(\boldsymbol{z}_{1:k-1}) p(\boldsymbol{x}_k)}{p(\boldsymbol{z}_k \mid \boldsymbol{z}_{1:k-1}) p(\boldsymbol{z}_{1:k-1}) p(\boldsymbol{x}_k)} \\ &= \frac{p(\boldsymbol{z}_k \mid \boldsymbol{x}_k) p(\boldsymbol{x}_k \mid \boldsymbol{z}_{1:k-1})}{p(\boldsymbol{z}_k \mid \boldsymbol{z}_{1:k-1})} \end{aligned} \tag{2.150}$$

则预测先验可表示为

$$p(\boldsymbol{x}_k \mid \boldsymbol{z}_{1:k-1}) = \int p(\boldsymbol{x}_k \mid \boldsymbol{x}_{k-1}) p(\boldsymbol{x}_k \mid \boldsymbol{z}_{1:k-1}) \mathrm{d}\boldsymbol{x}_{k-1} \tag{2.151}$$

最新量测信息在吸收观测似然信息后，更新后的后验信息可表示为

$$p(\boldsymbol{x}_k \mid \boldsymbol{z}_{1:k}) = C p(\boldsymbol{z}_k \mid \boldsymbol{x}_k) p(\boldsymbol{x}_k \mid \boldsymbol{z}_{1:k-1}) \tag{2.152}$$

其中标准化因子表示为

$$C = \left[\int p(\boldsymbol{z}_k \mid \boldsymbol{x}_k) p(\boldsymbol{x}_k \mid \boldsymbol{z}_{1:k-1}) \mathrm{d}\boldsymbol{x}_k\right]^{-1} \tag{2.153}$$

量测似然密度函数为

$$p(\boldsymbol{z}_k \mid \boldsymbol{x}_k) = \int \delta[\boldsymbol{z}_k - h(\boldsymbol{x}_k, \boldsymbol{v}_k)]\, p(\boldsymbol{v}_k) \mathrm{d}\boldsymbol{v}_k \tag{2.154}$$

式中：$\delta(\cdot)$为狄拉克函数。

在滤波过程中卡尔曼滤波是对目标运动形式、噪声形式以及系统线性程度做了一定的假设后，以数学方程的形式给出目标状态的估计值。而粒子滤波则是以序贯蒙特卡罗方法来解决最优滤波问题，对目标状态分布进行采样，计算样本的权值，最后用样本的加权和来表示目标状态的估计值，其算法具有很大的灵活性。

1. 重要性采样

在粒子滤波算法中，后验概率密度函数是无法直接得到的。因此，无法从后验概率密度函数中进行蒙特卡罗采样，也无法对状态进行数学期望的估计。但可以从一个已知的、容易采样的概率分布 $q$ 中进行采样，则 $q$ 被称为重要性函数、重要性概率密度函数，或重要性密度函数。通过对重要性密度函数采样进行加权来逼近后验概率密度函数 $p$[31-32]。

若

$$E(g(\boldsymbol{x}_{0:k}))=\int g(\boldsymbol{x}_{0:k})p(\boldsymbol{x}_{0:k}\mid \boldsymbol{z}_{1:k})\mathrm{d}\boldsymbol{x}_{0:k} \tag{2.155}$$

则

$$E[g(\boldsymbol{x}_{0:k})]=\int g(\boldsymbol{x}_{0:k})\frac{p(\boldsymbol{x}_{0:k}\mid \boldsymbol{z}_{1:k})}{q(\boldsymbol{x}_{0:k}\mid \boldsymbol{z}_{1:k})}q(\boldsymbol{x}_{0:k}\mid \boldsymbol{z}_{1:k})\mathrm{d}\boldsymbol{x}_{0:k} \tag{2.156}$$

将式(2.156)中的 $p(\boldsymbol{x}_{0:k}|\boldsymbol{z}_{1:k})$用贝叶斯公式展开，有

$$\begin{aligned}E[g(\boldsymbol{x}_{0:k})]&=\int g(\boldsymbol{x}_{0:k})\frac{p(\boldsymbol{z}_{1:k}\mid \boldsymbol{x}_{0:k})p(\boldsymbol{x}_{0:k})}{q(\boldsymbol{x}_{0:k}\mid \boldsymbol{z}_{1:k})p(\boldsymbol{z}_{1:k})}q(\boldsymbol{x}_{0:k}\mid \boldsymbol{z}_{1:k})\mathrm{d}\boldsymbol{x}_{0:k}\\&=\int g(\boldsymbol{x}_{0:k})\frac{w(\boldsymbol{x}_{0:k})}{p(\boldsymbol{z}_{1:k})}q(\boldsymbol{x}_{0:k}\mid \boldsymbol{z}_{1:k})\mathrm{d}\boldsymbol{x}_{0:k}\end{aligned} \tag{2.157}$$

式中：$w(x_{0:k})$称为未归一化的权值，其表示式为

$$w(\boldsymbol{x}_{0:k})=\frac{p(\boldsymbol{z}_{1:k}\mid \boldsymbol{x}_{0:k})p(\boldsymbol{x}_{0:k})}{q(\boldsymbol{x}_{0:k}\mid \boldsymbol{z}_{1:k})} \tag{2.158}$$

式中：$p(\boldsymbol{z}_{1:k})$可以表示为

$$\begin{aligned}p(\boldsymbol{z}_{1:k})&=\int p(\boldsymbol{z}_{1:k},\boldsymbol{x}_{0:k})\mathrm{d}\boldsymbol{x}_{0:k}\\&=\int p(\boldsymbol{z}_{1:k}\mid \boldsymbol{x}_{0:k})p(\boldsymbol{x}_{0:k})\mathrm{d}\boldsymbol{x}_{0:k}\end{aligned} \tag{2.159}$$

式(2.159)两边同乘以重要性密度函数 $q(\boldsymbol{x}_{0:k}|\boldsymbol{z}_{1:k})$，可得

$$\begin{aligned}p(\boldsymbol{z}_{1:k})&=\int\frac{p(\boldsymbol{z}_{1:k}\mid \boldsymbol{x}_{0:k})p(x_{x0:k})q(\boldsymbol{x}_{0:k}\mid \boldsymbol{z}_{1:k})}{q(\boldsymbol{x}_{0:k}\mid \boldsymbol{z}_{1:k})}\mathrm{d}x_{0:k}\\&=\int w_k(\boldsymbol{x}_{0:k})q(\boldsymbol{x}_{0:k}\mid \boldsymbol{z}_{1:k})\mathrm{d}\boldsymbol{x}_{0:k}\end{aligned} \tag{2.160}$$

将式(2.160)代入(2.159)，可得

$$E[g(\boldsymbol{x}_{0:k})]=\frac{\int g(\boldsymbol{x}_{0:k})w(\boldsymbol{x}_{0:k})q(\boldsymbol{x}_{0:k}\mid \boldsymbol{z}_{1:k})\mathrm{d}\boldsymbol{x}_{0:k}}{\int w(\boldsymbol{x}_{0:k})q(\boldsymbol{x}_{0:k}\mid \boldsymbol{z}_{1:k})\mathrm{d}x_{0:k}} \tag{2.161}$$

对式(2.161)进行蒙特卡罗采样，有

$$\begin{aligned}E[g(\boldsymbol{x}_{0:k})]&=\frac{\frac{1}{N}\sum_{i=1}^{N}g(\boldsymbol{x}_{0:k}^{i})w(\boldsymbol{x}_{0:k}^{i})}{\frac{1}{N}\sum_{i=1}^{N}w(\boldsymbol{x}_{0:k}^{i})}\\&=\sum_{i=1}^{N}g(\boldsymbol{x}_{0:k}^{i})\widetilde{w}(\boldsymbol{x}_{0:k}^{i})\end{aligned} \tag{2.162}$$

式中：$\widetilde{w}$ 称为归一化权值，可以看出重要性密度函数和后验密度函数的概率密度在获取样本的数据支撑域是相同的，则对于后验概率密度的表示是可以通过样本及其权值来表达的。

序贯重要性采样(SIS)是基本蒙特卡罗方法之一，若将重要性密度函数进行分解，则有下式成立[33-34]：

$$q(\boldsymbol{x}_{0:k} \mid \boldsymbol{z}_{1:k}) = q(\boldsymbol{x}_k \mid \boldsymbol{x}_{0:k-1}\boldsymbol{z}_{1:k})q(\boldsymbol{x}_{0:k-1} \mid \boldsymbol{z}_{1:k-1}) \tag{2.163}$$

将式(2.158)代入粒子权值计算公式，得到

$$\begin{aligned} w_k &= \frac{p(\boldsymbol{z}_{1:k} \mid \boldsymbol{x}_{0:k})p(\boldsymbol{x}_{0:k})}{q(\boldsymbol{x}_k \mid \boldsymbol{x}_{0:k-1}\boldsymbol{z}_{1:k})q(\boldsymbol{x}_{0:k-1} \mid \boldsymbol{z}_{1:k-1})} \\ &= w_{k-1}\frac{p(\boldsymbol{z}_k \mid \boldsymbol{x}_k)p(\boldsymbol{x}_k \mid \boldsymbol{x}_{k-1})}{q(\boldsymbol{x}_k \mid \boldsymbol{x}_{0:k-1}\boldsymbol{z}_k)} \end{aligned} \tag{2.164}$$

当重要性密度函数只依赖于前一时刻状态时，可表示为

$$q(\boldsymbol{x}_k \mid \boldsymbol{x}_{0:k-1}, \boldsymbol{z}_{1:k}) = q(\boldsymbol{x}_k \mid \boldsymbol{x}_{k-1}, \boldsymbol{z}_k) \tag{2.165}$$

从式(2.160)可以看出，最优的重要性密度函数可选择为

$$q(\boldsymbol{x}_k \mid \boldsymbol{x}_{k-1}, \boldsymbol{y}_k) = p(\boldsymbol{x}_k \mid \boldsymbol{x}_{k-1}, \boldsymbol{y}_k) \tag{2.166}$$

基于式(2.143)所描述的非线性系统模型，SIS 粒子滤波算法的主要步骤如下：

(1)初始化。在 $k=0$ 时刻，根据初始先验密度采样出 $N$ 个粒子，$\boldsymbol{x}_0^i \sim p(\boldsymbol{x}_0)$，$i=1,2,\cdots,N$，假设采样出的每个粒子用$(\boldsymbol{x}_k^i, 1/N)$表示。

(2)SIS 采样。

$$k=1,2,\cdots,N, \quad \boldsymbol{x}_k^i \sim q(\boldsymbol{x}_k \mid \boldsymbol{x}_{k-1}, y_k)。$$

(3)计算 $\boldsymbol{x}_k^i$ 的权值。

$$w_k^i = w_{k-1}^i \frac{p(\boldsymbol{z}_k \mid \boldsymbol{x}_k^i)p(\boldsymbol{x}_k^i \mid \boldsymbol{x}_{k-1}^i)}{q(\boldsymbol{x}_k^i \mid \boldsymbol{x}_{k-1}^i, \boldsymbol{z}_k)} \tag{2.167}$$

计算归一化权值

$$\widetilde{w}_k^i = w_k^i \Big/ \sum_{i=1}^{n} w_k^i \tag{2.168}$$

(4)滤波计算。

$$P(\boldsymbol{x}_k \mid \boldsymbol{z}_{1:k}) \approx \sum_{i=1}^{N} \widetilde{w}_k^i \delta(\boldsymbol{x}_k - \boldsymbol{x}_k^i) \tag{2.169}$$

式中：$\sum_{i=1}^{n}\widetilde{w}_k^i = 1$，$\delta(\cdot)$ 为狄拉克函数。令 $k=k+1$，返回步骤(1)。

序贯重要性采样可以在得到每一次的观测信息后，通过递归产生重要性权值和样本集，它是粒子滤波的基础。但随着粒子滤波迭代次数的增加，绝大多数粒子的权值都退化为 0，仅少数粒子保持较大权值，这一现象称之为粒子退化，严重的粒子退化会导致滤波发散。

2. 重采样

粒子滤波中另一关键步骤是重要性重采样，简称重采样。采用重采样方法可以有效减少粒子的退化。重采样是通过对重要性密度函数 $p(\boldsymbol{x}_k \mid \boldsymbol{y}_{1:k})$进行采样，在得到 $N$ 个样本的基础上，再对其进行 $M$ 次采样，产生新的粒子集$(\boldsymbol{x}_k^{i^*})N_{s\,i=1}$，使得 $p(\boldsymbol{x}_k^{i^*} = \boldsymbol{x}_k^j) = w_k^j$，保留权值较大的样本，剔除权值较小的样本，即复制权值较大的样本来代替权值较小的样本，得

到一组新的样本集合。由于利用重采样得到的样本是独立同分布的，权值被重新设置为 $w_k^j=\frac{1}{M}$。重采样的过程避免了由于误差传播导致将大量的运算时间花费在贡献较小的样本集上，提高了样本的有效性，能适应系统的动态变化。重采样可以随时进行，但过频的重采样将增加计算负担，同时降低了蒙特卡罗滤波的多样性及出现样本枯竭现象，会损失一定的信息。另一方面，过少的使用重采样也将导致效率降低[35-36]。对此，Gewek 等学者提出一种相对效率(RNE)的概念来度量重要性采样带来的退化程度，其导数可以近似表示为

$$\hat{N}_{\text{eff}}=1\Big/\sum_{i=1}^{N}(\tilde{w}_0^i)^2 \tag{2.170}$$

利用估计式(2.170)判断粒子退化程度是否严重，当 $\hat{N}_{\text{eff}}$ 小于预先设定好的有效样本阈值 $\hat{N}_{\text{th}}$ 时，意味着退化现象越严重。

在滤波过程中，增加粒子数目可以解决退化问题，但又使得计算量增加，影响算法的快速性和实时性。粒子滤波是在重要性采样算法之后进行重要性样本的重采样，判断是否需要重采样的依据是粒子的退化程度。当 $\hat{N}_{\text{eff}}\leqslant\hat{N}_{\text{th}}$ 时，则需要进行重采样，这样就无需在每个时刻都要进行重采样，可以在一定程度上减少算法的复杂度。重采样示意图如图 2.6 所示。

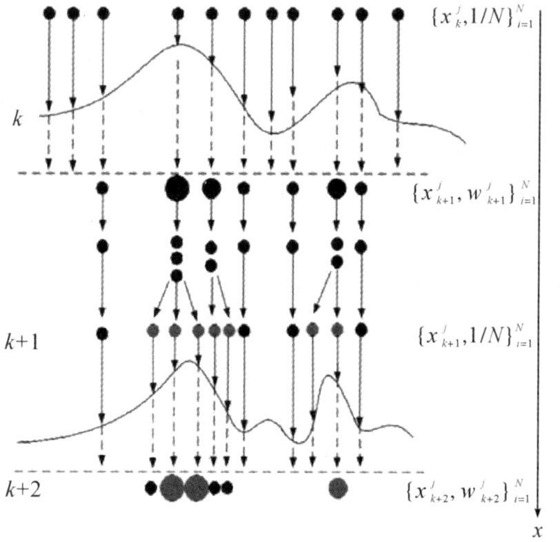


图 2.6　重采样示意图

由图 2.6 可以看出，重采样的主要思想是减少权值较小的粒子数目，只将注意力集中在具有大权值的粒子上，由此可以推出粒子滤波序贯重要性重采样(Sequential Importance Rsampling, SIR)，其主要步骤如下：

(1)初始化。在 $k=0$ 时刻，根据初始先验密度采样出 $N$ 个粒子，$\boldsymbol{x}_0^i\sim p(x_0)$，$i=1,2,\cdots,N$，假设采样出的每个粒子用$(\boldsymbol{x}_k^i,1/N)$表示。

(2)采样。

$$k=1,2,\cdots,N,\boldsymbol{x}_k^i\sim q(\boldsymbol{x}_k\mid\boldsymbol{x}_{k-1},\boldsymbol{y}_k)。$$

(3)计算 $\boldsymbol{x}_k^i$ 的权值。

$$\boldsymbol{w}_k^i=\boldsymbol{w}_{k-1}^i\frac{p(\boldsymbol{z}_k\mid\boldsymbol{x}_k^i)p(\boldsymbol{x}_k^i\mid\boldsymbol{x}_{k-1}^i)}{q(\boldsymbol{x}_k^i\mid\boldsymbol{x}_{k-1}^i,\boldsymbol{z}_k)}\tag{2.171}$$

计算归一化权值

$$\widetilde{w}_k^i=w_k^i/\sum_{i=1}^{n}w_k^i\tag{2.172}$$

(4)进行重采样重新得到 $M$ 个新的粒子,重新赋予各个粒子相同权值 $w_0^i\sim1/M$。

(5)滤波计算。

$$p(\boldsymbol{x}_k\mid\boldsymbol{z}_{1:k})\approx\sum_{i=1}^{N}\widetilde{w}_k^i\delta(\boldsymbol{x}_k-\boldsymbol{x}_k^i)\tag{2.173}$$

令 $k=k+1$,返回步骤(2)。

重采样过程虽然在一定程度上抑制了粒子权值的退化,但也引入了其他问题。重采样后,粒子不再独立,简单的收敛性结果不再成立,具有较高权值的粒子被采样多次,粒子丧失了多样性,极端情况下,经过若干次迭代后,所有粒子都坍塌到一个点上,失去粒子多样性,这就是所谓的粒子匮乏问题,对粒子匮乏必须采用相关措施,否则会引起滤波发散。

3. MCMC 方法

马尔可夫蒙特卡罗(Markov Chain Monte Carlo, MCMC)方法通过马尔可夫链产生来自目标分布的样本,具有很好的收敛性,它适合于静态系统估计,而不能直接用于动态系统的在线状态估计[37]。在粒子滤波中运用 MCMC 方法,可以使粒子能够移动到不同地方,从而可以减缓粒子退化现象。该方法利用马尔可夫链无记忆性的随机模拟方法,在重采样后对每个粒子引入 MCMC 移动方法,马尔可夫链能将粒子推向更接近状态密度分布的地方,使样本分布更合理[38-39]。

MCMC 有许多方法,常用的有 Gibbs 采样和 Metropolis - Hasting(MH)方法。Gibbs 采样可以在 $k$ 时刻更新重采样后的第 $i$ 个粒子,得到的新粒子具有更好的多样性[40-41]。本文主要介绍 MH 方法,MH 方法的主要思想是在积分贡献大的区域多采样,在贡献小的区域少采样,在粒子滤波中引入 MH 算法的主要步骤如下:

(1)按照均匀分布从区间[0,1]中采样得到门限值 $u$,即 $u\sim U_{[0,1]}$。

(2)按照概率 $p(x_k|x_{k-1}^i)$ 采样得到 $x_k^{*i}$,即 $x_k^{*i}\sim p(x_k|x_{k-1}^i)$。

(3)如果 $u<\min\left\{1,\dfrac{p(y_k|x_k^{*i})}{p(y_k|\hat{\boldsymbol{x}}_k^i)}\right\}$,那么就接受 $x_k^{*i}$,即 $x_k^i=x_k^{*i}$;否则丢弃 $x_k^{*i}$,保留重采样的粒子 $\hat{\boldsymbol{x}}_k^i$,即 $x_k^i=\hat{\boldsymbol{x}}_k^i$。

MCMC 方法的计算量较大,而且对其收敛性的判断,仍然是一个需要研究的问题。

4. 粒子滤波存在的问题

粒子滤波的突出优势在于对复杂问题的求解,比如对高维的非线性、非高斯动态系统的状态递推估计或概率推理问题。标准粒子滤波的序贯重要性采样过程中,只利用了状态方程而没考虑新的观测信息,这样可能导致粒子的权值方差较大,一旦系统过程噪声过大,粒子滤波会出现严重的退化现象,即当前时刻粒子权值由上一时刻的权值递推得到,但是当权值有误差时，经过一定的递推次数后，这种误差会进一步的积累、放大，导致的直接后果是只有少数样本的权值比较大，而大多数的样本权值太小，以至于可以忽略不计。同时，滤波结果会导致滤波器将大量的计算，浪费在这些对状态估计贡献极低的粒子上，使滤波器的性能大大降低。

传统粒子滤波重采样过程，将大权值粒子多集中在后验概率高的区域，可以有效抑制粒子退化，但又带来采样枯竭问题，即权值较大的粒子被多次选取，采样结果中包含了许多重复点，从而失去粒子的多样性[42]。因此，粒子退化和粒子匮乏的矛盾是粒子滤波算法中需要解决的核心问题。

由于粒子权重的方差增大会引起粒子退化，选择合适的重要性密度函数则可以减小权重方差，从重要性密度函数中可以减轻粒子的退化。当用重要性密度函数替代后验概率密度函数作为采样函数时，理想情况是重要性密度函数非常接近后验概率密度函数，也就是希望重要性密度函数的方差基本为零，即

$$\mathrm{var}_{q(\cdot|y_{1:k})}[p(\boldsymbol{x}_{0:k}^{i} \mid \boldsymbol{z}_{1:k})/q(\boldsymbol{x}_{0:k}^{i} \mid \boldsymbol{z}_{1:k})] = \mathrm{var}_{q(\cdot|\boldsymbol{y}_{1:k})}(w_k^i) = 0 \tag{2.108}$$

由于标准粒子滤波算法选择先验概率密度作为重要性密度函数，若在对量测精度要求低的场合，这种选取方法能够获得较好的结果。但是，由于没有考虑当前的量测值，从重要性密度函数中取样得到的样本与真实后验概率密度采样得到的样本有很大偏差，尤其当似然函数位于系统状态转移概率密度的尾部或似然函数呈尖峰状态时，这种偏差就更加明显。状态转移分布和似然分布如图 2.7 所示。

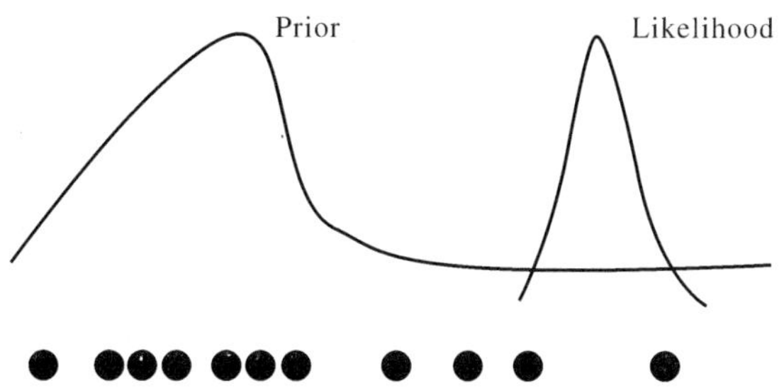


图 2.7　状态转移分布和似然分布图

重要性权值的方差随着时间而随机递增，使得粒子的权重集中到少数粒子上，甚至在经过几步的递归之后，可能只有一个粒子有非零权值，其他粒子的权值很小，可以忽略不计，从而使得大量的计算工作都被浪费在用来更新那些对 $p(x^k|y_{1:k})$的估计几乎不起作用的粒子上，结果导致粒子集无法准确表达实际的后验概率密度。

针对粒子滤波算法目前存在的问题，选择一个好的重要性密度函数是非常重要的。首先，重要性密度函数的定义域应覆盖所有的后验分布，即重要性密度函数应具备较宽的分布；其次，重要性密度函数应具有长拖尾特性，以处理一些离群值；再次，应考虑先验密度和似然函数，以及最新观测数据的作用；最后，在外形上应接近于真实后验分布，能使权值获得最小方差。然而满足上述任何一个要求都不是件容易的事[35]。

可以看出，在粒子滤波算法中，如何获得高效的重要性密度函数，采样出高质量的粒子，减小退化，提高粒子滤波估计精度，是粒子滤波算法研究的重点，也是本书后面各章研究的重点。

## 2.8 几种主要的非线性滤波算法

目前,解决非线性系统滤波问题的方法很多,主要有扩展卡尔曼滤波、无迹卡尔曼滤波、模型预测滤波和粒子滤波等。下面分别对其算法性能进行分析和比较。

1. 扩展卡尔曼滤波(EKF)算法

EKF是一种比较常用的非线性滤波算法。其主要思想是对非线性函数进行线性化近似,然后对线性化后的系统数学模型应用卡尔曼滤波。其基本思想是将非线性系统模型进行泰勒展开,通过截断二阶以上高次项(忽略高阶项)来实现系统模型的线性化。由于线性化过程带来额外误差,因此,EKF是一种次优滤波,具有如下特点:

(1)当系统非线性度严重时,忽略泰勒展开式的高阶项将引起较大的系统误差,导致滤波误差增大,甚至发散。

(2)EKF过程中需要计算非线性函数的雅可比矩阵,而雅可比矩阵的求取复杂、计算量大,在实际应用中很难实施,有时甚至很难得到非线性函数的雅可比矩阵。

(3)EKF将状态方程中的模型误差作为过程噪声来处理,且假设为高斯白噪声,这与实际系统中的噪声情况不相符。EKF是以KF为基础推导得到的,对系统初始状态的统计特性要求严格。

尽管EKF存在以上缺点,但由于其简单易行,与粒子滤波等非线性滤波相比,计算量小,这使得EKF成为一种在实际工程中被广泛使用的非线性滤波。

2. 无味卡尔曼滤波(UKF)算法

为了能够以较高的精度和较快的计算速度处理非线性系统的滤波问题,人们提出了基于Unscented变换的卡尔曼滤波。UT的核心思想是:近似非线性函数的概率分布比近似非线性函数要容易。因此,UT变换不需要对非线性系统进行线性化近似,而是通过特定的采样策略选取一定数量的Sigma采样点,这些采样点具有与系统状态分布相同的均值和协方差,这些Sigma采样点经过非线性变换后,至少可以以二阶精度(泰勒展开式)逼近系统状态后验均值和协方差。将UT变换应用于卡尔曼滤波算法,就形成了UKF。UKF适用于非线性高斯系统的滤波状态估计问题,尤其对于强非线性系统其滤波精度及稳定性较EKF明显提高。

由于UKF是对非线性系统的概率密度函数进行近似,而不是对系统非线性函数进行近似,因此不需求导计算雅可比矩阵,计算量仅与EKF相当;且由于UKF采用确定性采样,仅需要很少的Sigma采样点来完成UT变换,而非PF的随机采样,需要大量的粒子点来近似非线性函数的概率分布,因此UKF计算量明显小于PF,且避免了粒子匮乏衰退的问题。虽然UKF的估计精度比EKF高,但UKF不能应用于非高斯的系统分布。因而,其应用范围受到了一定的局限。

3. 模型预测滤波(MPF)算法

基于线性最小方差准则的KF及EKF,在滤波状态估计过程中,将状态方程中存在的模型误差作为过程噪声来处理,而且将模型误差假设为协方差已知的零均值高斯白噪声。

在很多情况下这种做法会降低滤波状态估计的精确度，影响滤波器的最优性。在实际中，动力学系统模型一般为非线性，很难建立准确的系统数学模型，噪声也非绝对的高斯白噪声。

为了解决上述问题，人们提出了一种新的最优估计准则，即最小模型误差（Minimum Model Error，MME）准则。基于 MME 准则和预测控制理论，人们提出了一种实时的非线性滤波技术，即模型预测滤波器（Models Predictive Filter，MPF）。MPF 的基本思想是：基于 MME 准则对系统状态进行估计，模型误差在估计过程中被确定并用于修正系统的动态模型。这种滤波器能够有效地解决存在显著动态模型误差情况下的非线性系统状态估计问题。

EKF 将模型误差作为过程白噪声来处理，因此当真实的模型误差不是白噪声时，EKF 就无能为力了。而 MPF 对系统模型误差没有任何限制，因此可以采用 MPF 方法来实时估计系统实际的模型误差。同时，EKF 主要是利用观测量值得到新息序列来滤波的，其滤波误差受到测量误差的影响很大。相比之下，MPF 的滤波效果要好，这是因为 MPF 主要通过估计模型误差来实时调整系统模型，受测量误差影响较小。

4. PF 理论

由上述分析可以看出，虽然 UKF 可以较好地解决非线性系统的滤波问题，但对于强非线性、非高斯系统，UKF 仍有一定的局限性。而粒子滤波在处理强非线性、非高斯系统滤波计算方面则具有优势。

粒子滤波是一种基于蒙特卡洛方法和贝叶斯估计的统计滤波方法。其基本思想是：首先依据系统状态向量的经验条件分布在状态空间产生一组随机样本的集合，称这些样本为粒子。然后，根据量测不断调整粒子的权重和位置，通过调整后的粒子信息修正最初的经验条件分布。其实质是用粒子及其权重组成的离散随机测度近似相关的概率分布，并根据算法的递推更新离散随机测度。当样本容量很大时，这种蒙特卡洛描述就近似于状态变量的真实后验概率密度函数。这种技术适用于任何能用状态空间模型表示的非高斯背景的非线性随机系统，精度可以逼近最优估计，摆脱了解决非线性滤波问题时随机向量必须满足高斯分布的制约条件，是一种有效的非线性滤波技术。

然而，粒子滤波算法普遍存在着粒子退化问题，即经过多次迭代以后，只有少数粒子的权值较大，大部分粒子的权值可以忽略不计。与此同时，粒子滤波还存在着计算量大、实时性较差等问题。

非线性、非高斯随机系统大量存在于工程实际中，解决非线性、非高斯滤波问题的最优方案，就是设法得到系统条件后验概率的完整描述。然而，这种精确的描述需要无尽的参数及大量的运算。因而，实际应用中操作非常困难。为此学者提出了大量次优的近似方法，以此来近似描述非线性非高斯系统的后验分布。

对于非线性系统滤波问题的次优近似，有两大途径：①近似求解非线性函数，即将非线性环节线性化，对高阶项采用忽略或逼近的方法。EKF 及对 EKF 的众多改进方法都属于此类。②用采样方法近似非线性分布。由于近似非线性函数的概率密度分布比近似非线性函数更容易。因此，使用采样方法近似非线性分布来解决非线性滤波问题的途径得到了广泛关注。UKF 和 PF 就属于此类。

在滤波算法实现上，EKF 和 UKF 都是针对非线性系统的线性卡尔曼滤波方法的变形和改进形式。因此，受到线性卡尔曼滤波算法的条件制约，即系统状态应满足高斯分布。对于非高斯分布的系统状态模型，若仍简单地采用均值和方差表征状态概率分布，将导致滤波性能变差甚至发散。故 EKF 和 UKF 一般不适用于状态服从非高斯分布的系统模型。

PF 不需要对状态变量的概率密度做过多的约束，其不受模型非线性及高斯假设的限制，适用于任何非线性、非高斯的随机系统，从这个意义上讲，相比于 EKF 和 UKF，PF 是非线性非高斯系统状态估计的“最优”滤波器。

目前，非线性滤波算法本身在理论上并不十分成熟，当将其应用于非线性系统中时，无法从理论上对这些滤波算法进行性能分析，从而使得这些算法在实际应用中的稳定性无法得到保证，因此，有待相关领域学者进行进一步深入的研究。

## 2.9 小　结

本章研究了几种常用的组合导航滤波算法。

(1) Kalman 滤波算法。介绍了滤波与估计的基本概念、离散卡尔曼滤波的基本方程、滤波过程及初始值的确定、Kalman 滤波的估计方法(直接 Kalman 滤波方法和间接 Kalman 滤波方法)、Kalman 滤波的稳定性分析。

(2)联邦 Kalman 滤波算法。介绍了联邦滤波器的结构、联邦滤波算法的基本原理，包括各子滤波器估计互不相关时的融合算法、各子滤波器估计互相关时的融合算法、联邦滤波器对公共状态量的处理和联邦滤波算法流程。

(3)在 Kalman 滤波的基础上，研究了扩展 Kalman 滤波(EKF)算法，包括 EKF 基本原理、一阶线性化的状态方程和观测方程及扩展卡尔曼滤波的特点。

(4)无迹 Kalman 滤波算法。在介绍 UT 变换和 UKF 算法原理的基础上，给出了 UKF 滤波器的设计。

(5)抗差模型预测 UKF 算法。在介绍抗差估计的定义和基本理论的基础上，研究了抗差模型预测滤波中的模型误差、抗差模型预测 UKF 算法设计算法、步骤和抗差模型预测 UKF 算法的稳定性分析。

(6)粒子滤波。在研究贝叶斯滤波的基础上，研究了粒子滤波中的重要性采样、重采样、马尔可夫蒙特卡罗(MCMC)方法及粒子滤波的优缺点。

## 参考文献

[1] 杨元喜，何海波，徐天河. 论动态自适应滤波[J]. 测绘学报，2001，30(4)：293 - 298.

[2] 柴霖，袁建平，罗建军，等. 非线性估计理论的最新进展[J]. 宇航学报，2005，26(3)：380 - 384.

[3] 秦永元. 卡尔曼滤波与组合导航原理[M]. 西安：西北工业大学出版社，2012.

[4] 邓自力. 最优滤波理论及其应用[M]. 哈尔滨：哈尔滨工业大学出版社，2000.

[5] 邓自力. 卡尔曼滤波与维纳滤波[M]. 哈尔滨：哈尔滨工业大学出版社，2001.

[6] CARLSON N A. Federated Filter for computer - efficient near - optimal GPS integration[C]//IEEE Conference Proceeding on Position Location and Navigation Symposium. Atlanta：[s. n. ],1996:306 - 314.

[7] HAJIYEY C，TUTUCU M A. Development of GPS aided INS Federated Kalman filter[C]//IEEE Conference Proceeding on Recent Advances in Space Technologies Istanbul:[s. n. ],2003:568 - 574.

[8] JULIER S J，UHLMANN J K. Unscented filtering and nonlinear estimation[J]. Proceedings of the IEEE,2004，92(3):401 - 422.

[9] QI S，HAN J Da. An adaptive UKF algorithm for the state and parameter estimation of a mobile robot[J]. Acta Automatica Sinica，2008，34(1)：72 - 79

[10] HAMMERSLEY J M，MORTON K W. Poor man's Monte Carlo[J]. J of the Royal Statistical Society B,1954,16(1):23 - 38.

[11] GORDON N，SALMOND D. Novel approach to non - linear and non - Gaussian Bayesian state estimation[J]. Proc of Institute Electric Engineering,1993,140(2):107 - 113.

[12] 刘国海,施维,李康吉. 插值改进 EKF 算法在组合导航中的应用[J]. 仪器仪表学报，2007,28(10):1897 - 1901.

[13] 段放. 微小卫星定资与自主导航系统研究[D]. 南京:南京航空航天大学,2005.

[14] 杨元喜，抗差估计的概念及其任务[J]. 测绘通报，1994,(4)：36 - 39.

[15] HUBER P J. Robust estimation of a location parameter [J]. Annals of Mathematics Statists，1964，35:73 - 101.

[16] HUBER P J. Robust Statists[M]. New York：John Wiley,1981.

[17] HAMPEL F R，RONCHETTI E M，ROUSSEEUW P J，et al. Robust Statistics [M]. New York：John Wiley，1986.

[18] 周江文. 经典误差理论与抗差估计[J]. 测绘学报，1989，18(2):115 - 120.

[19] 赵岩. 非线性滤波及其在运载器导航中的应用研究[D]. 西安:西北工业大学,2013.

[20] CRASSIDIS J L，MARKLEY F L. Predictive filtering for nonlinear systems [J]. Journal of Guidance Control and Dynamics，1997，20(3)：566 - 572.

[21] HUNT L R，LUKSIC M S. Exact Linearizations of Input - Output Systems[J]. International Journal of Control，1986，43(1)：247 - 255.

[22] 杨元喜. 等价权原理:参数平差模型的抗差最小二乘解[J]. 测绘通报,1994,(6)：33 - 35.

[23] 潘泉，杨峰，叶亮，等. 一类非线性滤波器:UKF 综述[J]. 控制与决策，2005，20(5):481 - 487.

[24] JULIER S J，UHLMANN J K. Reduced sigma point filters for the propagation of means and covariances through nonlinear transformations[C]//American Control Conference，2002. Proceedings of the 2002. IEEE，2002，2：887 - 892.

[25] XIONG K，ZHANG H Y，CHAN C W. Performance evaluation of UKF - based

nonlinear filtering[J]. Automatica, 2006, 42(2):261 - 270.

[26] DOUCET A, GORDON N. Sequential Monte Carlo Method in Practice [M]. New York: Springer, 2001.

[27] HU Y C, LIN R C. A Bayesian Approach to Problems in Stochastic Estimation and Control[J]. IEEE Transactions on Automatic Control, 1964: 333 - 339.

[28] MERWE R D, DOUCET A. The Unscented Particle Filter [J]. Advances in Neural Information Processing Systems, 2000: 351 - 357.

[29] SUNAHARA Y. An Approximate Method of State Estimation for Nonlinear Dynamical Systems[C]//Joint Automatic Control Conf. , Univ. of Colorado, 1969.

[30] R S, BUCY K D. RENNE Digital Synthesis of Nonlinear Filter[J]. Automatica, 1971,7(3):287 - 289.

[31] CRISAN D. Particle Filters - A Theoretical Perspective. In Sequential Monte Carlo Methods in practice [J]. Springer - Verlag. 2001:17 - 42.

[32] CRISAN D, MORAL P. DE1, LYONS T. Discrete Filtering Using Braching and Interacting Particle Systems[J]. Markov Processes and Related Fields. 1999, 5 (3):293 - 318.

[33] ARNAUD D, SIMON G, CHRISTOPHE A. On sequential Monte Carlo sampling methods for Bayesian filtering[J]. Statistics and Computing, 2000, 10: 197 - 208.

[34] FEARNHEAD P. Sequential Monte Carlo methods in filtter theory [D]. PhD thesis of University of Oxford, 1998.

[35] ZHE C. Bayesian Filtering: From Kalman Filters to Particle Filters, and Beyond [M]. Hanulton: Communications Research Laboratory, McMaster University, 2003.

[36] ARNAUD D, SIMON G, CHRISTOPHE A. On sequential Monte Carlo sampling methods for Bayesian filtering [J]. Statistics and Computing, 2000, 10: 197 - 208.

[37] CHRISTOPHE A. An Introduction to MCMC for Machi Learning[J]. Machine Learning, 2003, 50: 5 - 43.

[38] KHAN Z T,BALCH F D. MCMC - based particle filtering for tracking a variable number of interacting targets [J]. IEEE Transactions on Pattern Analysis and Machine Intelligence, 2005, 27(11): 1805 - 1819.

[39] PILLONETTO G, BELL B M. Optimal smoothing of non-linear dynamic systems via Monte Carlo Markov chains[J]. Automatica, 2008, 44(7): 1676 - 1685.

[40] PIERRE D M, ARNAUD D, AJAT J. Sequential Monte Carlo samplers [J]. J R Statist Soc B,2006, 68(Part 3): 411 - 436.

[41] SILVA R, GIORDANI P, KOHN R, et al. Particle filtering within adaptive Metropolis Hastings sampling[R]. Arxiv preprintarXiv: 0911.0230, 2009.

[42] 朱志宇. 粒子滤波算法及其应用[M]. 北京: 科学出版社, 2010.

# 第三章　随机加权理论

随机加权法是一种非常有用的统计计算方法。该方法最初主要用于估计量误差分布的计算，以及由此导出的参数置信区间的估计等。后来，一些学者将其用于工程技术的许多领域，如多源信息融合、多传感器组合导航、武器制导与控制、目标跟踪、智能交通等领域的误差估计与补偿，解决了许多工程应用中的实际问题，收到了良好的效果。

随机加权法源于 Eforn 提出的 Bootstrap 方法[1]，但它与 Bootstrap 方法是平性的。为了下文深入研究随机加权自适应滤波及其应用的需要，本章在研究样本均值 Bootstrap 估计的基础上，对随机加权估计的基本理论作比较深入的研究。

## 3.1　随机加权法的基本原理

### 3.1.1　随机加权法的概念

假设 $x_1, x_2, \cdots, x_n$ 是来自总体 $\boldsymbol{X}$ 的独立样本，对 $x_1, x_2, \cdots, x_n$ 进行有放回的随机抽样得到 $m$ 个样本，记为 $x_1^*, x_2^*, \cdots, x_m^*$，则样本均值 $\bar{\boldsymbol{X}}^* = \frac{1}{m}(x_1^*, + x_2^* + \cdots, + x_m^*)$ 称为样本均值 $\bar{\boldsymbol{X}} = \frac{1}{m}(x_1 + x_2 + \cdots + x_n)$ 的 Bootstrap 估计[1]，这里的 $m$ 和 $n$ 可以不同。由于 Bootstrap 抽样 $x_i^*(i=1,2,\cdots,m)$ 是以等概率 $\frac{1}{n}$ 抽取原样本的每一个观测现实，故有 $\bar{\boldsymbol{X}}^* = \frac{1}{m}(m_1 x_1 + m_2 x_2 + \cdots + m_n x_n)$，这里 $m_i(i=1,2,\cdots,n)$ 是抽取到 $x_i(i=1,2,\cdots,n)$ 的次数。记 $p_i = \frac{m_i}{m}(i=1,2,\cdots,n)$，则 $\bar{\boldsymbol{X}}^* = \sum_{i=1}^{m} p_i x_i$，这里 $0 \leqslant p_i \leqslant 1$，且 $p_i$ 必为某两个整数之比。

国际著名统计学家罗斌(Rubin)将 $p_1, p_2, \cdots, p_n$ 视为某一随机变量，从而得到所谓的贝叶斯 Bootstrap 方法。可惜这个想法没有得到足够的重视。后来，北京大学郑忠国教授以随机加权法的名称再次提出这一问题[2-3]，并引起了国内外统计领域学者的广泛重视。

假设 $x_1, x_2, \cdots, x_n$ 是一独立同分布序列(Independent Identically Distributed Sequences, Iids)，且有共同的分布函数 $F(x)$，$F(x)$ 的经验分布函数为

$$F_n(x) = \frac{1}{n}\sum_{i=1}^{N} I_{(X_i \leqslant x)} \tag{3.1}$$

式中：$I_{(X_i \leqslant x)}$是示性函数。

定义 $F_n(x)$的随机加权估计为

$$H_n(x) = \sum_{i=1}^{N} \lambda_i I_{(X_i \leqslant x)} \tag{3.2}$$

式中：$\lambda_1, \lambda_2, \cdots, \lambda_n$ 是随机加权因子，它服从 Dirichlet 分布，一般为 $D(1,1,\cdots,1)$，即 $\lambda_1, \lambda_2, \cdots, \lambda_n$ 满足 $\sum_{i=1}^{N} \sigma_i = 1$，且 $\lambda_1, \lambda_2, \cdots, \lambda_n$ 在集合

$$D_{n-1} = \{\lambda_1, \lambda_2, \cdots, \lambda_{n-1} : \lambda_i \geqslant 0, i = 1, 2, \cdots, n-1, \sum_{i=1}^{n-1} \lambda_i \leqslant 1\} \tag{3.3}$$

上具有均匀分布密度函数：

$$f(\lambda_1, \lambda_2, \cdots, \lambda_{n-1}) = \Gamma(n) \tag{3.4}$$

式中：$\Gamma(\cdot)$是伽马函数(Gamma Function)。

一些学者还提出了随机加权法的另一种形式，即样本均值的随机加权估计为 $\sum_{i=1}^{n}(x_i - \bar{\boldsymbol{x}})\xi_i$，这里 $\xi_i (i = 1, 2, \cdots, n)$ 独立同分布，其分布函数为 $\Gamma(4)$，即分布密度为 $f(x) = \dfrac{1}{\Gamma(4)} x^3 \mathrm{e}^{-x} I_{(x>0)}$[4]。

注 1：本文均采用前一种形式，且 Dirichlet 分布为 $D(1,1,\cdots,1)$。

### 3.1.2 随机加权法的优点

下面用均值估计误差分布的计算，说明随机加权估计的优点。

假设 $x_1, x_2, \cdots, x_n$ 是独立同分布序列(Iids)，考虑均值 $\mu_1 = \int x \mathrm{d}F$ 的估计误差

$$T_n = \overline{X} - \mu_1 \tag{3.5}$$

记$(x_1, x_2, \cdots, x_n)$的经验分布函数为 $F_n(x)$，$x_1^*, x_2^*, \cdots, x_n^*$ 是从 $F_n(x)$重新抽样(再抽样)得到的一组样本，$T_n$ 的 Bootstrap 统计量是

$$R_n = \overline{X}^* - \overline{X} \tag{3.6}$$

利用 $R_n$ 的分布去模拟 $T_n$ 的分布是 Bootstrap 方法的主要思想。此外，利用 Bootstrap 方法可对参数进行区间估计或者假设检验。

随机加权法有如下优点：

(1)容易计算。具有 Dirichlet 分布的随机变量可以由下面方法产生。假设 $U_1, U_2, \cdots, U_{n-1}$ 为均匀分布 $U(0,1)$上的独立同分布序列，记 $U_{(i)} (i=1,\cdots,n-1)$为 $U_1, U_2, \cdots, U_{n-1}$ 的次序统计量，又记 $U_{(0)} = 0, U_{(n)} = 1$，则 $\lambda_i = U_{(i)} - U_{(i-1)} (i = 1, 2, \cdots, n)$的联合分布为 Dirichlet 分布 $D(1,1,\cdots,1)$。至于随机加权法的其余计算步骤非常普通而简单。

(2)分析表明，在小样本情况下随机加权法比 Bootstrap 效果好。

令 $T_n = \overline{X} - \mu$，$R_n = \overline{X}^* - \overline{X}$，这里 $\overline{X}^*$ 是 $\overline{X}$ 的 Bootstrap 估计。$\mu = E(x)$，随机加权统计量 $D_n = \sum_{i=1}^{n} \lambda_i \boldsymbol{X}_i - \overline{X}$，则在一定的条件下有

$$E(\mathrm{Var}^* D_n - \mathrm{Var} T_n)^2 \leqslant E(\mathrm{Var}^* R_n - \mathrm{Var} T_n)^2 \tag{3.7}$$

式中：$\text{Var}^*$ 表示给定 $X_1=x_1,\cdots,X_n=x_n$ 条件下的条件方差。

(3)随机加权法和 Bootstrap 方法一样，在大样本情况下是可用的。

具体地讲，在一定的条件下，$\sqrt{n}D_n$ 与$\sqrt{n}T_n$ 有相同的渐近分布(见下文结论 2)。

(4)随机加权统计量 $D_n$ 和 Bootstrap 统计量 $R_n$ 不一样，由随机加权法确定的统计量 $D_n$ 具有密度函数。因此，当确认 $T_n$ 具有密度时，应当尽可能使用随机加权法。

注 2：大样本就是样本数目大的样本，而小样本就是样本数目小的样本。一般认为样本数目大于 30 可以认为是大样本。

## 3.2　随机加权法的两个重要结论

### 3.2.1　随机加权统计量 $D_n$ 的小样本性质

现在比较 $R_n$ 与 $D_n$ 的模拟效果。由于 $R_n$，$D_n$ 和 $T_n$ 的条件期望满足关系

$$E^*R_n=E^*D_n=E^*T_n=0 \tag{3.8}$$

式中：$E^*$ 表示给定 $x_1,x_2,\cdots,x_n$ 条件下的条件期望。$R_n$、$D_n$ 和 $T_n$ 的方差比较，即

$$\text{Var}^*R_n=\frac{1}{n}\left[\frac{1}{n}\sum x_i^2-(\frac{1}{n}\sum x_i)^2\right] \tag{3.9}$$

$$\text{Var}^*D_n=\frac{1}{n+1}\left[\frac{1}{n}\sum x_i^2-(\frac{1}{n}\sum x_i)^2\right] \tag{3.10}$$

$$\text{Var}^*T_n=\frac{1}{n}\mu_2(F) \tag{3.11}$$

模拟效果好坏的标志是衡量模拟变量的方差接近被模拟变量的方差的程度。因此，需要比较 $E(\text{Var}^*D_n-\text{Var}^*T_n)^2$ 与 $E(\text{Var}^*R_n-\text{Var}^*T_n)^2$。对此，我们有下面结果[3]：

结论 1：如果 $F$ 具有有限四阶矩，并且其峰度 $\gamma_2\geqslant-0.5\left(\gamma_2\triangleq\frac{\mu_4}{\mu_2^2}-3\right)$，这里 $\mu_2$ 和 $\mu_4$ 分别为 $F$ 的二阶矩和四阶矩，则对于 $n\geqslant1$，有

$$E(\text{Var}^*D_n-\text{Var}^*T_n)^2\leqslant E(\text{Var}^*R_n-\text{Var}^*T_n)^2 \tag{3.12}$$

一个分布的峰度 $\gamma_2$ 的变化范围是 $\gamma_2\geqslant-2$。因此，$\gamma_2\geqslant-0.5$ 是一个很大的变化范围，大部分的 $\gamma_2$ 均满足 $\gamma_2\geqslant-0.5$ 这个条件。由此可知，由随机加权法得到的统计量 $D_n$ 是值得推广的。

注 3：峰度(peakedness；kurtosis)，又称峰态系数，表征概率密度分布曲线在平均值处峰值高低的特征数。直观看来，峰度反映了峰部的尖度。样本的峰度是和正态分布相比较而言的统计量，如果峰度大于 3，则峰的形状比较尖，比正态分布峰要陡峭。反之亦然。

在统计学中，用峰度(kurtosis)来衡量实数随机变量概率分布的峰态。峰度高就意味着方差增大是由低频度的大于或小于平均值的极端差值引起的。以标准正态分布的图像为标准，其他一律参照它的值，普通正态分布的峰度以 0 为标准，大于 0 为高峰度，小于 0 为低峰度。

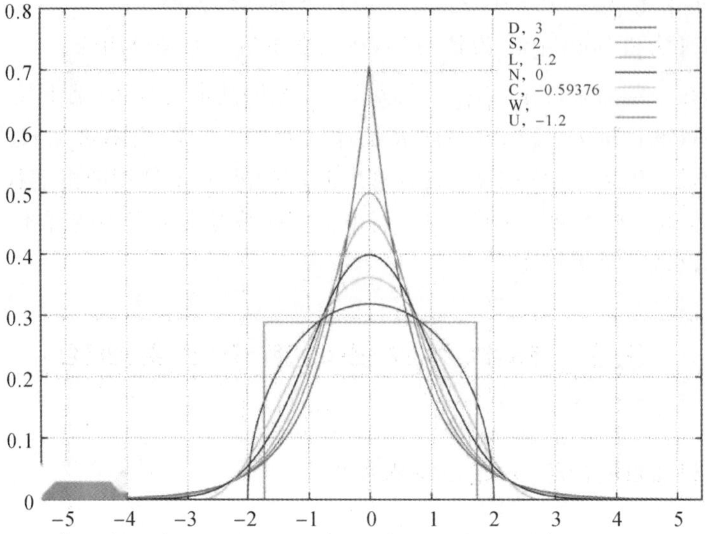


图 3.1　峰度示意图

### 3.2.2　统计量 $D_n$ 的大样本性质

假设 $x_1, x_2, \cdots, x_n$ 为独立同分布函数(Independent Identically Distributed Function, Iidf), $F$ 满足 $\int x^2 \mathrm{d}F < \infty$,由中心极限定理,知 $T_n$ 具有渐近正态性,即

$$\sqrt{n} T_n \rightarrow N(0, \mu_2(F)) \tag{3.13}$$

对于随机加权统计量 $D_n$ 的大样本性质,有下面结果。

结论 2:若 $x_1, x_2, \cdots, x_n$ 是 Iidf,又有

$$\mu_2(F)(\triangleq \int x^2 \mathrm{d}F - (\int x \mathrm{d}F)^2) < \infty \tag{3.14}$$

则对几乎所有的样本序列 $X_1 = x_1, X_2 = x_2, \cdots$,下面公式成立:

$$\sqrt{n} T_n \rightarrow \varphi(0, \mu_2) \tag{3.15}$$

式中:$\sqrt{n} D_n$ 的条件分布收敛于 $\varphi(0, \mu_2)$。

这里 $\varphi(\cdot)$表示正态分布。由于结论 2 中随机加权统计量$\sqrt{n} D_n$ 与统计量$\sqrt{n} T_n$ 具有相同的极限分布,这说明利用随机加权法得到的统计量$\sqrt{n} D_n$ 在渐近意义下是可用的。

## 3.3　随机加权法的收敛性

本节在关于分布函数的合理假设下,给出经验分位点过程随机加权估计误差收敛性的两个重要结论。

### 3.3.1　预备知识

设 $x$ 为定义在 **R** 上的随机变量,其分布函数为 $F(x)$,则 $q$ 分位点定义为

$$F^{-1}(q)=\inf\{x \mid F(x)\geqslant q\} \quad q\in(0,1) \tag{3.16}$$

取 $x_1,x_2,\cdots,x_n$ 为独立同分布的随机样本,其共同的分布函数为 $F(x)$,相应地经验分布函数为 $F_n(x)$,则 $F^{-1}(q)$的估计为

$$F_n^{-1}(q)=\inf\{x \mid F_n(x)\geqslant q\},q\in(0,1) \tag{3.17}$$

文献[3]证明了在一定的条件下,当 $t\in[t_1,t_2]$时,$0\leqslant t_1\leqslant t_2\leqslant 1$,有下面公式成立:

$$\sqrt{n}\,[H_n^{-1}(t)-F_n^{-1}(t)]\xrightarrow{\&}f[F^{-1}(t)]^{-1}\cdot B \tag{3.18}$$

式中:$B$ 为 Brown 桥,即如下定义的 Winner 过程:

$$\left.\begin{aligned}&E\{B(t)\}=0\\&\text{cov}\{B(s),B(t)\}=S(1-t)\quad 0\leqslant S\leqslant t\leqslant 1\end{aligned}\right\} \tag{3.19}$$

式中:$f$ 为 $x$ 的密度函数,$\xrightarrow{\&}$ 表示弱收敛,$H_n(t)$为 $F_n(t)$的随机加权估计。

文献[3]也证明了在一定的条件下有

$$\sqrt{n}\,(H_n^{-1}(t)-F_n^{-1}(t))\to N(0,\sigma^2)\quad t\in[t_1,t_2] \tag{3.20}$$

式中:$\sigma^2=f[F^{-1}(t)]^{-1}\,\dfrac{1}{2}[t(1-t)]$,这里温显斌[4]证明了在一定的条件下,有

$$\begin{aligned}&C_t n^{\frac{1}{4}}\{P^*[n^{\frac{1}{2}}H_n^{-1}(q)-F_n^{-1}(q)\leqslant t]-P[n^{\frac{1}{2}}F_n^{-1}(q)-F^{-1}(q)\leqslant t]\}\\&\qquad\xrightarrow{\&}Z=[B_1(-t)]_{t\leqslant 0}[B_2(t)]_{t\leqslant 0}\end{aligned} \tag{3.21}$$

式中:$B_1,B_2$ 是定义在$[0,+\infty)$上两两相互独立的标准 Brown 运动,$t\in\mathbf{R}$。

$$C_t[q(1-q)]\,\frac{1}{2}f[F^{-1}(q)]\,\frac{1}{2}/\varphi\left\{[q(1-q)]\,\frac{-1}{2}f[F^{-1}(q)]t\right\} \tag{3.22}$$

式中:$\varphi(\cdot)$为标准正态分布的密度函数。

注 4:布朗(Brown)桥是连续时间的随机过程 $B(t)$,在 $B(0)=B(1)=0$ 的条件下,它的概率分布服从维纳过程 $W(t)$的条件概率分布。

注 5:布朗(Brown)运动是指悬浮在液体或气体中的微粒所做的永不停息的无规则运动。它由英国植物学家布朗所发现而得名。做布朗运动的微粒的直径一般为 $10^{-5}\sim10^{-3}$ cm,这些小的微粒处于液体或气体中时,由于液体分子的热运动,微粒受到来自各个方向液体分子的碰撞,当受到不平衡的冲撞时而运动,由于这种不平衡的冲撞,微粒的运动不断地改变方向而使微粒出现不规则的运动。布朗运动的剧烈程度随着流体的温度升高而增加。

下面,在文献[5]研究的基础上,研究光滑的经验分位点过程随机加权估计误差的收敛性作进一步的讨论[6]。

注 6:光滑函数是指在其定义域内有无穷阶连续导数的函数。用下式:

$$P^*\{[\hat{H}_n^{-1}(q)-\hat{F}_n^{-1}(q)]\leqslant t\} \tag{3.23}$$

去估计

$$P\{[H_n^{-1}(q)-F_n^{-1}(q)]\leqslant t\},t\in\mathbf{R} \tag{3.24}$$

式中:$P^*$ 是给定 $x_1,x_2,\cdots,x_n$ 条件下的条件概率分布。

$$\hat{H}_n^{-1}(q)=\inf\{t \mid \hat{H}_n(t)\geqslant q\},q\in(0,1) \tag{3.25}$$

$$F_n^{-1}(q)=\inf\{t \mid \hat{F}_n(t)\geqslant q\},q\in(0,1) \tag{3.26}$$

式中：$\hat{H}_n(t)$和$\hat{F}_n(t)$分别是如下定义的随机加权估计$H_n(t)$和$F_n(t)$的光滑形式。

定义 3.1　$\hat{F}_n(t)$为$F_n(t)$的核估计，即

$$\hat{F}_n(t)=\frac{1}{n}\sum_{i=1}^{n}K\left(\frac{t-\boldsymbol{X}_i}{\alpha_n}\right)=\int K\left(\frac{\lambda-x}{\alpha_n}\right)\mathrm{d}F_n(\alpha x) \tag{3.27}$$

式中：$\alpha_n>0$，且当$n\to\infty$时，$\alpha_n\to 0$，核函数$K(\cdot):\mathbf{R}\to\mathbf{R}$本是一个分布函数。

如式(3.2)所定义，用$H_n(x)=\sum_{i=1}^{N}\lambda_i I_{(\boldsymbol{X}_i\leqslant x)}$表示经验分布函数$F_n(x)=\frac{1}{n}\sum_{i=1}^{n}I_{(\boldsymbol{X}_i\leqslant x)}$的随机加权估计，则

$$\hat{H}_n(t)=\sum_{i=1}^{n}\lambda_i K\left(\frac{t-\boldsymbol{X}_i}{\alpha_n}\right)=\int K\left(\frac{t-x}{\alpha_n}\right)\mathrm{d}H_n(\alpha x) \tag{3.28}$$

为$\hat{F}_n(t)$的随机加权估计，假设核函数$K(\cdot)$有密度$k$存在。

定义核密度为[6]

$$\hat{f}_n(t)=\frac{1}{n\alpha_n}\sum_{i=1}^{n}K\left(\frac{t-\boldsymbol{X}_i}{\alpha_n}\right) \tag{3.29}$$

下面，给出实值随机过程$W_n, n\in\mathbf{N}$在空间$D_k$($D_k$的定义如下)上弱收敛的定义。

假设$D_k$为区间$[-k,k](k>0)$上连续且存在左极限的所有函数组成的空间。类似于熟知的空间$(D_{(0,1)},d)$。这里的$d$为skorokod距离，在$D_k$上引入$d_k$，那么距离空间$(D_{(0,1)},d)$上所有结果都可以推广到距离空间$(D_k,d_k)$上。

定义 3.2　假设$W_n, n\in\mathbf{N}$是$D_k$上的实值随机过程，则对于任意$k>0$，限制$W_n$于$D_k$上，并记$W_n^k=[W_n(t)]_{-k\leqslant t\leqslant k}$，如果在空间$(D_k,d_k)$上，$W_n^k$弱收敛到$W^k=[W(t)]_{-k\leqslant t\leqslant k}$，那么，就称$W_n$在空间$(D_k,d_k)$内弱收敛。

本节的主要结果将表明，经验分位点过程的随机加权估计误差收敛于核密度估计误差。

### 3.2.2　主要结果

为了更好地理解下面结果(定理 3.1)，先介绍光滑函数的定义。

1. 分位点过程随机加权估计的收敛性

引理 3.1[6]　对于每一个固定的$x(-\infty<x<+\infty)$，有

$$n^{\frac{1}{2}}[F_n(x)-F(x)]\to N(0,\sigma^2) \tag{3.30}$$

式中：$\sigma^2=F(x)[1-F(x)]$。

引理 3.2[6]　设$0<q<1$，如果分布函数$F(\cdot)$具有密度函数$f$，且$f$在点$F^{-1}(q)$有正的连续密度函数，则有

$$n^{\frac{1}{2}}[F_n(x)-F(x)]\to N(0,\sigma^2) \tag{3.31}$$

这里，$\sigma^2=[q(1-q)]/f^2[F^{-1}(q)]$。

下面，先给出几个辅助性结果，它们的证明见文献[7-8]。

选择$\varepsilon$充分小，且$\varepsilon>0$，当$t\in\mathbf{R}$时，有下面公式成立：

$$\mathrm{Sup}_{|t-F^{-1}(q)|\leqslant\varepsilon}|\hat{F}_n-F(t)|=O_p(\alpha_n^{-\frac{1}{2}}+\alpha_n)^2 \tag{3.32}$$

注意到式(3.32)暗示了 $\hat{F}_n^{-1}(q)-F^{-1}(q)=O_p(1)$。

$$\mathrm{Sup}_{|t-F^{-1}(q)|\leqslant\varepsilon}|\hat{f}_n(t)-f(t)|=O_p\left[(n\alpha_n)\frac{-1}{2}+\alpha_n^2\right] \tag{3.33}$$

$$\mathrm{Sup}_{|t-F^{-1}(q)|\leqslant\varepsilon}\left|\hat{f}'_n(t)-\int k(t)f'(t-\alpha_n x)\mathrm{d}x\right|=$$

$$O_p(n^{\frac{1}{2}}+\alpha_n^{\frac{-3}{2}}) \tag{3.34}$$

$$|\hat{F}_n^{-1}(q)-F^{-1}(q)|==O_p(n^{\frac{1}{2}}+\alpha_n^2) \tag{3.35}$$

下面给出本章的主要结果。

假设① $F$ 在点 $F^{-1}(q)$ 附近三次连续可微，记 $f=F'$；② $f[F^{-1}(q)]>0$；③核函数 $K(\cdot):\mathbf{R}\to[0,1]$有有界支持$[-1,1]$，$K(\cdot)$为三次可微且二阶导数有界函数，满足

$$\int k(x)\mathrm{d}x=1,\quad \int xk(x)\mathrm{d}x=0 \tag{3.36}$$

这里 $k=K'$。

**定理 3.1**　假设条件①②③成立，那么，当 $n\alpha_n^3\to\infty$时及 $n\alpha_n^5\log n^2\to 0$ 时，有

$$(n\alpha_n)\frac{1}{2}\sup_{t\in\mathbf{R}}|P^*\{n^{\frac{1}{2}}[\hat{H}_n^{-1}(q)-\hat{F}_n^{-1}(q)]\leqslant t\}-P\{n^{\frac{1}{2}}[F_n^{-1}(q)-F^{-1}(q)]\leqslant t\}-$$

$$\psi(t)(\hat{f}_n[F^{-1}(q)]-f[F^{-1}(q)]\}|\cdot|-\psi(t)\{\hat{f}_n[F^{-1}(q)]-f[F^{-1}(q)]\}|=O_p(1) \tag{3.37}$$

式中：$\psi(t)=[q(1-q)]\frac{-1}{2}\cdot t\cdot\varphi\{f[F^{-1}(q)][q(1-q)]\frac{1}{2}t\},t\in\mathbf{R}$。

**推论 3.1**　在定理 3.1 的假设条件下，有[8-11]

$$(1)(n\alpha_n)\frac{1}{2}\hat{z}_n\to\psi(\cdot)\{f^{\circ}F^{-1}(q)\int k^2(x)\mathrm{d}x\}\frac{1}{2}X \tag{3.38}$$

$$(2)(n\alpha_n)\frac{1}{2}\sup_{t\in\mathbf{R}}|Z_n(t)|\to\{f[F^{-1}(q)]2\pi\mathrm{e}\}\frac{1}{2}|X| \tag{3.39}$$

这里 $X$ 是标准正态随机变量，则有

$$\hat{z}_n(t)=P^*\{n^{\frac{1}{2}}[\hat{H}_n^{-1}(q)-F_n^{-1}(q)]\leqslant t\}-P\{n^{\frac{1}{2}}[F_n^{-1}(q)-F^{-1}(q)]\leqslant t\} \tag{3.40}$$

最后指出，文献[6]关于非光滑的分位点过程随机加权估计误差的阶是 $O(n^{\frac{-1}{4}})$，而在推论 3.1 中，对于适当选取的 $\alpha_n$，光滑的经验分位点过程随机加权估计误差的阶是 $O(n^{\frac{-2}{5}})$。

2. 随机加权估计误差的收敛性

下面，将在上述研究基础上，对分位点过程的收敛性做进一步研究，即在对分布函数要求相当弱的条件下，给出分位点过程（不一定光滑）随机加权估计误差弱收敛到标准 Brown 运动[10-15]。

用 $P^*\{\sqrt{n}\,[H_n^{-1}(q)-F_n^{-1}(q)]\leqslant t\}$去估计 $P\{\sqrt{n}\,[F_n^{-1}(q)-F^{-1}(q)]\leqslant t\}$。这里 $P^*$ 的含义同前，即为给定 $x_1,x_2,\cdots,x_n$ 下的条件概率分布。

显然，在给定 $x_1,x_2,\cdots,x_n$ 的条件下，$P^*\{\sqrt{n}\,[H_n^{-1}(q)-F_n^{-1}(q)]\leqslant t\}$是一随机变量，其估计误差为

$$\hat{z}_n(t)=P^*\{\sqrt{n}\,[H_n^{-1}(q)-F_n^{-1}(q)]\leqslant t\}-P\{\sqrt{n}\,[F_n^{-1}(q)-F^{-1}(q)]\leqslant t\} \tag{3.41}$$

式中：$t\in\mathbf{R}$，记 $D_{\mathbf{R}}$ 为实数集 $\boldsymbol{R}$ 上的函数空间，$z_n(t)$定义了 $D_{\mathbf{R}}$ 上一个随机过程。

对 $z_n(t)$标准化，下面的定理 3.2 将表明，标准化的 $z_n(t)$收敛到

$$z(t)=([B_1(-t)]_{\leqslant 0},B_2(t)_{>0}) \tag{3.42}$$

式中：$B_1,B_2$ 为两个相互独立的标准 Brown 运动。

**定理 3.2** 假设

(1)$F$ 在 $F^{-1}(q)$处可微，记 $f=F'$

(2)$f[F^{-1}(q)]>0$

则有

$$\hat{z}_n\rightarrow z=([B_1(-t)]_{\leqslant 0},B_2(t)_{>0}) \tag{3.43}$$

式中：

$$\hat{z}_n(t)=c_t n^{\frac{1}{4}}P^*\{\sqrt{n}(H_n^{-1}(q)-F_n^{-1}(q))\leqslant t\}-P\{\sqrt{n}(F_n^{-1}(q)-F^{-1}(q))\leqslant t\} \tag{3.44}$$

式中：$t\in\mathbf{R}$；$c_t=[q(1-q)]\dfrac{1}{2}f[F^{-1}(q)]-\dfrac{1}{2}/\varphi\left\{(1-q)-\dfrac{1}{2}f[F^{-1}(t)]t\right\}$；$\varphi$ 为正态密度函数；$B_1,B_2$ 是$(0,+\infty)$上两两相互独立的标准 Brown 运动。

## 3.4 小　结

随机加权估计在工程技术领域已得到广泛应用，相应地，基于随机加权估计的自适应滤波技术在工程技术领域有着广阔的应用前景。

为了后续各章深入研究随机加权自适应滤波及其在组合导航中应用的需要，本章研究了以下几个问题：首先，研究了随机加权法的基本原理，包括随机加权法的概念、随机加权法的优点；其次，给出了随机加权法的两个重要结果，即随机加权统计量的小样本性质和大样本性质；最后，研究了光滑的经验分位点过程随机加权估计误差的收敛性及非光滑的经验分位点过程随机加权估计误差的收敛性。

本章所做的研究是后面各章工作的基础，为后面各章深入研究随机加权自适应滤波算法及其在组合导航中的应用做好了铺垫。

## 参考文献

[1] EFRON B. Bootstrap Methods: Another look at the jackknife[J]. Ann statistics. 1979,(7):1-26.

[2] 郑忠国. 随机加权法[J]. 应用数学学报，1987,10(2):247-253.

[3] 郑忠国. 随机加权法的一些结果[J]. 应用数学学报，1987,(2):1-7.

[4]　涂冬生.泛函型统计量的随机加权逼近[J].数学研究与评论,1988,(8):439－447.

[5]　温显斌,朱燕堂.分位点过程随机加权估计误差的弱收敛性[J].工程数学学报,1995,12(4):113－116.

[6]　高社生,朱燕堂.光滑的经验分位点过程随机加权估计误差的弱收敛性[J].应用概率统计,1996,12(2):146－150.

[7]　FALL M, REISS R D. Weak convergence of smoothed and non－smoothed bootstrap quantiles estimates [J]. Ann probab,1989,(17):362－371.

[8]　GAO S S, ZHANG Z L, YANG B. The random weighting estimate of quantile process [J]. Information Science, 2004,164:139－146.

[9]　GAO S S, ZHONG Y M. Random weighting estimation of kernel density [J]. Journal of Statistical Planning and Inference, 2010, 140:2403－2407.

[10]　GAO S S, FENG Z H, ZHONG Y M, et al. Random weighting estimation of parameters in generalized Gaussian distribution [J]. Information Science, 2008,178:2275－2281.

[11]　GAO S S, ZHONG Y M, ZHOU T. Law of large numbers for sample mean of random weighting estimate [J]. Information Science,2003,155:151－156.

[12]　GAO S S, ZHONG Y M, LI W. Random weighting method for multi－sensor data fusion [J]. IEEE Sensors Journal, 2011,11(9): 1955－1961.

[13]　GAO S S, ZHONG Y M, SHIRINZADEH B . Random weighting estimation for fusion of multi－dimensional position data [J]. Information Sciences, 2010, 180(24): 4999－5007.

[14]　GAO S S, ZHONG Y M, LI W. Robust adaptive fifiltering method for SINS/SAR integrated navigation system [J]. Aerospace Science and Technology,2011, 15(6): 425－430.

[15]　高朝晖.随机加权自适应滤波及其在组合导航中的应用研究[R].西安:长安大学,2021.

# 第四章　随机加权自适应高斯滤波

## 4.1 引　言

非线性系统状态估计是飞行器导航与制导、机器人控制、目标识别、雷达跟踪、信息融合、信号处理等工程领域中的重要研究课题。非线性高斯滤波是非线性系统状态估计的典型代表性[1-4]。该方法可以分为两种。一种方法是基于解析近似的高斯滤波方法，其中最典型的是扩展卡尔曼滤波(EKF)。EKF 是非线性状态估计的常用方法，该方法是通过一阶 Taylor 展开式来逼近非线性系统模型[5]，然后基于卡尔曼滤波器的线性结构进行非线性状态估计。该方法原理简单，易于实现，应用广泛。然而，EKF 仍然要求线性化后的系统噪声服从高斯分布，这在实际工程中一般很难满足。此外，由于系统模型中的二阶及二阶以上项被截断，导致 EKF 的滤波精度下降[6]。进一步，EKF 需要计算雅可比矩阵，这增加了计算复杂度[7]，雅可比矩阵在某些情况下甚至可能不存在。另外，EKF 的滤波精度不高，稳定性较差。

非线性高斯滤波的另一种方法是基于数值逼近的高斯滤波，该方法是通过逼近非线性系统的概率分布，而不是逼近非线性系统模型本身。该方法的典型代表是无迹卡尔曼滤波(UKF)和容积卡尔曼滤波(CKF)[8-9]，这两种滤波算法的计算精度相近。UKF 通过无迹变换(Unscented Transformation)，用一组 sigma 点近似非线性系统状态的后验概率密度函数[9-10]。与 EKF 相比，UKF 不仅比 EKF 的滤波精度高，而且能以二阶精度逼近任何高斯系统和非线性系统的后验均值和状态协方差向量，而 EKF 则能以一阶精度逼近，UKF 还具有滤波精度高、收敛性好等优点[11]。

CKF 是通过球面径向容积规则来逼近非线性系统函数的后验均值和方差[12]。与 UKF 类似，CKF 不需要对非线性系统模型进行线性化，也不需要计算非线性系统的雅可比矩阵，从而克服了 EKF 线性化截断引起的估计精度差和误差发散等局限性。与 UKF 不同的是，CKF 使用了容积点，具有较强的非线性。然而，CKF 滤波器需要关于系统噪声统计特性的准确信息。如果系统噪声的统计特性不知道或不准确知道，滤波解将会发散。此外，CKF 通过具有公共权重的算术平均来计算状态和测量预测以及相关误差协方差阵，由于来自历史信息的所有预测和相关误差协方差被等效用于系统误差的估计，因此在时间窗口内获得的预测误差可能无法准确地描述系统误差的真实特征，从而导致估计精度下降、甚至发散。

与基于解析近似的高斯滤波方法(如 EKF)比较,基于数值逼近的高斯滤波方法具有更高的精度,并且消除了雅可比矩阵的烦琐计算。然而,由于基于数值逼近的高斯滤波方法,继承了传统卡尔曼滤波算法的线性结构,需要准确知道系统噪声特性的先验知识,这在工程实践中通常无法满足。此外,基于数值逼近的高斯滤波解,对动力学系统的噪声非常敏感[13-14]。

为了克服基于数值逼近的高斯滤波方法的局限性,许多学者致力于动力学系统噪声统计特性的估计。极大后验概率(Maximum A Posteriori,MAP)估计是一种基于系统噪声先验信息的噪声统计特性估计方法,该方法根据经验数据获得对难以观测的噪声统计量的估计。它与最大似然估计中的 Fisher 方法有密切关系,但该方法中使用了一个增大的优化目标,将被估计噪声信息的先验分布融合到其中。因此,极大后验概率(MAP)估计可以看作是规则化的最大似然估计[15-16]。Sage - Husa 滤波是一种移动开窗估计方法[17],即在特定的时间窗口宽度内,采用对样本均值进行算术平均的方法,确定当前历元观测噪声向量的协方差矩阵和模型误差的协方差矩阵,来估计当前时间点的系统噪声特性,该方法相应的滤波称为 Sage - Husa 滤波方法[18-20]。

观测噪声协方差阵的开窗估计又分别可以采用预测残差向量或者观测残差向量,来估计当前观测残差的协方差阵。前者称为 IAE(Innovation - based Adaptive Estimation)滤波;后者称为 RAE(Residual - based Adaptive Estimation)滤波[21-23]。由于在选定的时间窗内残差向量对当前时间点噪声特性的估计具有同等的贡献,该方法仅适用于系统噪声恒定或在选定的窗口内变化较小的情况,而不适用于系统噪声变化较大的情况。Cho 等人利用预测控制中一个成熟的概念——滚动时域来处理非线性系统的噪声特性估计[24],然而,该技术涉及无限协方差,可能导致滤波的奇异性问题[25]。

Li 提出了一种自适应方法,该方法根据测量输出信息估计系统噪声,并进一步校正系统噪声特性[10]。与移动开窗方法类似,由于采用算术平均法进行系统噪声统计特性估计,该方法只能处理恒定或微小变化的系统噪声。Chen 和 Hu 研究了一种将矩阵分析与二阶泰勒(Taylor)级数展开相结合的方法来估计非线性估计误差的上界[26]。然而,这种方法只适用于有界噪声。

随机加权法在大样本情况下对统计量的估计是无偏的,且不需要知道统计量的概率分布。该方法在科学和工程中已得到广泛应用[27-29]。然而,将随机加权法用于非线性高斯滤波系统噪声估计的研究还非常有限。

本章提出一种随机加权自适应高斯滤波(Random Weighted Adaptive Gaussian Filtering,RWAGF)方法,该方法通过自适应估计系统噪声特性,克服了传统高斯滤波用于非线性系统状态估计的缺点。在该方法中,基于 MAP 原理,建立随机加权估计的理论,在线估计系统过程噪声和测量噪声的均值和协方差;然后动态调整系统噪声统计的随机权值,抑制系统噪声对系统状态估计的干扰,提高滤波计算的精度;将该方法分别应用于单变量非平稳增长模型和 BDS/MEMS IMU 组合导航系统中,通过仿真计算与实际实验验证了所提出的方法的有效性。最后,通过与传统高斯滤波的对比与分析,综合评价了该方法的噪声估计性能。

## 4.2 非线性高斯滤波

### 4.2.1 非线性高斯系统模型

考虑下面非线性高斯系统模型：

$$\left.\begin{aligned} x_{k+1} &= f_k(x_k) + w_k \\ y_k &= g_k(x_k) + v_k \end{aligned}\right\} \tag{4.1}$$

式中：$\boldsymbol{x}_k \in \mathbf{R}^n$ 是系统 $n$ 维状态向量；$y_k \in \mathbf{R}^m$ 是 $m$ 维量测向量；$f(\cdot)$和 $g(\cdot)$分别是非线性系统函数和量测函数；$w_k \in \mathbf{R}^n$ 和 $v_k \in \mathbf{R}^m$ 分别是非线性系统过程噪声向量和量测噪声向量，并假设 $w_k$ 和 $v_k$ 是互不相关的高斯白噪声，其统计特征如下：

$$\left.\begin{aligned} & E(\boldsymbol{w}_k) = \boldsymbol{a}_k, \operatorname{cov}(\boldsymbol{w}_k, \boldsymbol{w}_j) = \boldsymbol{A}_k \delta_{kj} \\ & E(\boldsymbol{v}_k) = \boldsymbol{b}_k, \operatorname{cov}(\boldsymbol{v}_k, \boldsymbol{v}_j) = \boldsymbol{B}_k \delta_{kj} \\ & \operatorname{cov}(\boldsymbol{w}_k, \dot{\boldsymbol{v}}_j) = 0 \end{aligned}\right\} \tag{4.2}$$

式中：cov(·)表示协方差函数；$\boldsymbol{A}_k \geqslant 0$ 和 $\boldsymbol{B}_k \geqslant 0$ 是对称矩阵；$\delta_{kj}$ 是 Kronecker - $\delta$ 函数。

式(4.2)可以改写为

$$\left.\begin{aligned} & \boldsymbol{a}_k = E[\boldsymbol{w}_k] = E[\boldsymbol{x}_{k+1} - f(\boldsymbol{x}_k)] \\ & \boldsymbol{b}_k = E[\boldsymbol{v}_k] = E[\boldsymbol{y}_k - g(\boldsymbol{x}_k)] \\ & \boldsymbol{A}_k = \operatorname{cov}[\boldsymbol{w}_k \boldsymbol{w}_k^{\mathrm{T}}] = E[(\boldsymbol{x}_{k+1} - f(\boldsymbol{x}_k) - \boldsymbol{a}_k)(\boldsymbol{x}_{k+1} - f(\boldsymbol{x}_k) - \boldsymbol{a}_k)^{\mathrm{T}}] \\ & \boldsymbol{B}_k = \operatorname{cov}[\boldsymbol{v}_k \boldsymbol{v}_k^{\mathrm{T}}] = E[(\boldsymbol{y}_k - g(\boldsymbol{x}_k) - \boldsymbol{b}_k)(\boldsymbol{y}_k - g(\boldsymbol{x}_k) - \boldsymbol{b}_k)^{\mathrm{T}}] \end{aligned}\right\} \tag{4.3}$$

### 4.2.2 现有的高斯滤波性能分析

对式(4.1)所描述的非线性高斯系统，在状态概率密度函数服从高斯分布的情况下，利用传统的高斯滤波估计系统状态，是基于标准卡尔曼滤波器的线性更新结构计算一阶矩(均值)和二阶矩(方差)。

计算步骤如下：

(1)初始化。

$$\left.\begin{aligned} & \hat{\boldsymbol{x}}_0 = E[\hat{\boldsymbol{x}}_0] \\ & \boldsymbol{P}_0 = \operatorname{cov}(\boldsymbol{x}_0, \boldsymbol{x}_0^{\mathrm{T}}) = E[(\boldsymbol{x}_0 - \hat{\boldsymbol{x}}_0)(^{x}_{0} - \hat{\boldsymbol{x}}_0)^{\mathrm{T}}] \end{aligned}\right\} \tag{4.4}$$

(2)计算状态预测值及其协方差阵。

$$\begin{aligned} \hat{\boldsymbol{x}}_{k+1|k} &= E[f(\boldsymbol{x}_k)] \\ &= \int f(\boldsymbol{x}_k) N(\boldsymbol{x}_k; \hat{\boldsymbol{x}}_k, \boldsymbol{P}_k) \mathrm{d}\boldsymbol{x}_k \end{aligned} \tag{4.5}$$

$$\begin{aligned} \boldsymbol{P}_{k+1|k} &= E[(\boldsymbol{x}_{k+1} - \hat{\boldsymbol{x}}_{k+1|k})(\boldsymbol{x}^{x}_{k+1} - \hat{\boldsymbol{x}}_{k+1|k})^{\mathrm{T}}] \\ &= \int f(\boldsymbol{x}_k) f^{\mathrm{T}}(\boldsymbol{x}_k) N(\boldsymbol{x}_k; \hat{\boldsymbol{x}}, \boldsymbol{P}_k) \mathrm{d}\boldsymbol{x}_k - \hat{\boldsymbol{x}}_{k+1|k} \hat{\boldsymbol{x}}^{\mathrm{T}}_{k+1|k} + \boldsymbol{A}_{k+1} \end{aligned} \tag{4.6}$$

(3)计算预测量测值及其协方差阵。

$$\begin{aligned}\hat{\boldsymbol{y}}_{k+1|k} &= E[g(\boldsymbol{x}_{k+1})]\\ &= \int g(\boldsymbol{x}_{k+1}) N(\boldsymbol{x}_{k+1};\hat{\boldsymbol{x}}_{k+1|k}, P_{k+1|k})\mathrm{d}\boldsymbol{x}_{k+1}\end{aligned} \tag{4.7}$$

$$\begin{aligned}\boldsymbol{P}_{\tilde{\boldsymbol{y}}_{k+1}} &= E[(\boldsymbol{y}_{k+1}-\hat{\boldsymbol{y}}_{k+1})(\boldsymbol{y}_{k+1}-\hat{\boldsymbol{y}}_{k+1})^{\mathrm{T}}]\\ &= \int g(\boldsymbol{x}_{k+1}) g^{\mathrm{T}}(\boldsymbol{x}_{k+1}) N(\boldsymbol{x}_{k+1};\hat{\boldsymbol{x}}_{k+1|k}, \boldsymbol{P}_{k+1|k})\mathrm{d}\boldsymbol{x}_{k+1} - \hat{\boldsymbol{y}}_{k+1}\hat{\boldsymbol{y}}_{k+1}^{\mathrm{T}} + B_{k+1}\end{aligned} \tag{4.8}$$

这里 $\tilde{\boldsymbol{y}}_{k+1}=\boldsymbol{y}_{k+1}-\hat{\boldsymbol{y}}_{k+1|k}$。

(4)计算状态预测和测量之间的互协方差矩阵。

$$N(\boldsymbol{x};\hat{\boldsymbol{x}},\boldsymbol{P}) = \frac{\exp\left[-\dfrac{1}{2}(\boldsymbol{x}-\hat{\boldsymbol{x}})^{\mathrm{T}}\boldsymbol{P}^{-1}(\boldsymbol{x}-\hat{\boldsymbol{x}})\right]}{((2\pi)^n \det\boldsymbol{P})1/2} \tag{4.9}$$

式(4.5)～式(4.9)中，$N(\boldsymbol{x};\hat{\boldsymbol{x}},\boldsymbol{P})$表示均值为 $\hat{\boldsymbol{x}}$，协方差为 $\boldsymbol{P}$ 的高斯分布。

基于标准 Kalman 滤波器的线性更新结构，状态估计的计算公式为

$$\left.\begin{aligned}\hat{\boldsymbol{x}}_{k+1} &= \hat{\boldsymbol{x}}_{k+1|k} + \boldsymbol{K}_{k+1}(\boldsymbol{y}_{k+1}-\hat{\boldsymbol{y}}_{k+1})\\ \boldsymbol{K}_{k+1} &= \boldsymbol{P}_{\tilde{\boldsymbol{x}}_{k+1}\tilde{\boldsymbol{y}}_{k+1}}(\boldsymbol{P}_{\tilde{\boldsymbol{y}}_{k+1}})^{-1}\\ \boldsymbol{P}_{k+1} &= \boldsymbol{P}_{k+1|k} - \boldsymbol{K}_{k+1}\boldsymbol{P}_{\tilde{\boldsymbol{y}}_{k+1}}\boldsymbol{K}_{k+1}^{\mathrm{T}}\end{aligned}\right\} \tag{4.10}$$

这里 $\tilde{\boldsymbol{x}}_{k+1}=\boldsymbol{x}_{k+1}-\hat{\boldsymbol{x}}_{k+1|k}$。

由式(4.5)～式(4.9)可知，高斯滤波需要计算以下多维高斯积分：

$$I(f) = \int_{\mathbf{R}^n} f(\boldsymbol{x})\exp(-\boldsymbol{x}\boldsymbol{x}^{\mathrm{T}})\mathrm{d}\boldsymbol{x} \tag{4.11}$$

然而，一般情况下很难求出式(4.11)的高斯积分的精确解。Unscented 变换和球面一径向容积规则是常用的逼近高斯积分的数值解法，由此，产生了无迹卡尔曼滤波(UKF)和容积卡尔曼滤波(CKF)。

由此可见，高斯滤波的计算精度依赖于过程噪声和测量噪声的先验知识。如果过程噪声 $\boldsymbol{w}_k$ 不准确或者未知，则由式(4.3)计算出的 $\boldsymbol{A}_k$ 也将不准确。进一步将导致由式(4.6)所计算出的状态误差协方差阵 $\boldsymbol{P}_{k+1|k}$ 不准确，从而使得状态预测向量 $\hat{\boldsymbol{x}}_{k+1|k}$ 出现偏差。类似地，如果测量噪声 $\boldsymbol{v}_k$ 不准确或未知，测量预测 $\hat{\boldsymbol{y}}_{k+1|k}$ 也将出现偏差。

## 4.3　噪声统计估计

### 4.3.1　噪声统计的极大后验概率估计

**定理 4.1**　假设 $h=p[\boldsymbol{x}_{0:k+1},\boldsymbol{a},\boldsymbol{A},\boldsymbol{b},\boldsymbol{B},\boldsymbol{y}_{1:k+1}]$为联合概率密度函数，即

$$\begin{aligned}h &= p[\boldsymbol{x}_{0:k+1},\boldsymbol{a},\boldsymbol{A},\boldsymbol{b},\boldsymbol{B},\boldsymbol{y}_{1:k+1}]\\ &= p[\boldsymbol{y}_{1:k+1}\mid \boldsymbol{x}_{0:k+1},\boldsymbol{a},\boldsymbol{A},\boldsymbol{b},\boldsymbol{B}]\cdot p[\boldsymbol{x}_{0:k+1}\mid \boldsymbol{a},\boldsymbol{A},\boldsymbol{b},\boldsymbol{B}]\cdot p[\boldsymbol{a},\boldsymbol{A},\boldsymbol{b},\boldsymbol{B}]\end{aligned} \tag{4.12}$$

式中：$p[\boldsymbol{a},\boldsymbol{A},\boldsymbol{b},\boldsymbol{B}]$可以由先验信息计算给出。

那么，过程噪声统计和测量噪声统计 $\boldsymbol{a}$，$\boldsymbol{A}$，$\boldsymbol{b}$ 和 $\boldsymbol{B}$ 的极大后验概率(Maximum Posterior Probability，MAP)估计，$\hat{\boldsymbol{a}}$，$\hat{\boldsymbol{A}}$，$\hat{\boldsymbol{b}}$ 和 $\hat{\boldsymbol{B}}$ 可以表示为

$$\left.\begin{aligned}\hat{\boldsymbol{a}}_{k+1}&=\frac{1}{k+1}\sum_{j=0}^{k}\{\hat{\boldsymbol{x}}_{j+1}-f_j(\boldsymbol{x}_j)\mid_{\boldsymbol{x}_j\leftarrow\hat{\boldsymbol{x}}_j}\}\\\hat{\boldsymbol{A}}_{k+1}&=\frac{1}{k+1}\sum_{j=0}^{k}\{[\hat{\boldsymbol{x}}_{j+1}-f_j(\boldsymbol{x}_j)\mid_{\boldsymbol{x}_j\leftarrow\hat{\boldsymbol{x}}_j}-\boldsymbol{a}_{k+1}]\cdot\\&\quad[\hat{\boldsymbol{x}}_{j+1}-f_j(\boldsymbol{x}_j)\mid_{\boldsymbol{x}_j\leftarrow\hat{\boldsymbol{x}}_j}-\boldsymbol{a}_{k+1}]^{\mathrm{T}}\}\\&=\frac{1}{k+1}\sum_{j=0}^{k}[(\hat{\boldsymbol{x}}_{j+1}-\hat{\boldsymbol{x}}_{j+1|j})(\hat{\boldsymbol{x}}_{j+1}-\hat{\boldsymbol{x}}_{j+1|j})^{\mathrm{T}}]\end{aligned}\right\}\tag{4.13}$$

和

$$\left.\begin{aligned}\hat{\boldsymbol{b}}_{k+1}&=\frac{1}{k+1}\sum_{j=0}^{k}\{\boldsymbol{y}_{j+1}-g_{j+1}(\boldsymbol{x}_{j+1})\mid_{\boldsymbol{x}_{j+1}\leftarrow\hat{\boldsymbol{x}}_{j+1}}\}\\\hat{\boldsymbol{B}}_{k+1}&=\frac{1}{k+1}\sum_{j=0}^{k}\{[\boldsymbol{y}_{j+1}-g_{j+1}(\boldsymbol{x}_{j+1})\mid_{\boldsymbol{x}_{j+1}\leftarrow\hat{\boldsymbol{x}}_{j+1}}-\boldsymbol{b}_{k+1}]\cdot\\&\quad[\boldsymbol{y}_{j+1}-g_{j+1}(\boldsymbol{x}_{j+1})\mid_{\boldsymbol{x}_{j+1}\leftarrow\hat{\boldsymbol{x}}_{j+1}}-\boldsymbol{b}_{k+1}]^{\mathrm{T}}\}\\&=\frac{1}{k+1}\sum_{j=0}^{k}[(\boldsymbol{y}_{j+1}-\hat{\boldsymbol{y}}_{j+1|j})(y_{j+1}-\hat{\boldsymbol{y}}_{j+1|j})^{\mathrm{T}}]\end{aligned}\right\}\tag{4.14}$$

式中：$f_j(\boldsymbol{x}_j)\mid_{\boldsymbol{x}_j\leftarrow\hat{\boldsymbol{x}}_j}$ 表示状态估计量 $\hat{\boldsymbol{x}}_j$ 经由非线性函数 $f_j(\cdot)$传播的数学期望；$g_{j+1}(\boldsymbol{x}_{j+1})\mid_{\boldsymbol{x}_{j+1}\leftarrow\hat{\boldsymbol{x}}_{j+1}}$ 表示状态预测向量 $\hat{\boldsymbol{x}}_{j+1|j}$ 经由非线性函数 $g_{j+1}(\cdot)$传播的数学期望，并且有

$$\hat{\boldsymbol{x}}_{j+1|j}=f_j(\boldsymbol{x}_j)\mid_{\boldsymbol{x}_j\leftarrow\hat{\boldsymbol{x}}_j}+\boldsymbol{a}_{k+1}\tag{4.15}$$

和

$$\hat{\boldsymbol{y}}_{j+1|j}=g_{j+1}(\boldsymbol{x}_{j+1})\mid_{\boldsymbol{x}_{j+1}\leftarrow\hat{\boldsymbol{x}}_{j+1}}+\boldsymbol{b}_{k+1}\tag{4.16}$$

**定理 4.1 的证明：**

考虑下面条件概率密度函数：

$$\begin{aligned}h^*&=p[\boldsymbol{x}_{0:k+1},\boldsymbol{a},\boldsymbol{A},\boldsymbol{b},\boldsymbol{B}\mid\boldsymbol{y}_{1:k+1}]\\&=\frac{p[\boldsymbol{x}_{0:k+1},\boldsymbol{a},\boldsymbol{A},\boldsymbol{b},\boldsymbol{B},\boldsymbol{y}_{1:k+1}]}{p[\boldsymbol{y}_{1:k+1}]}\end{aligned}\tag{4.17}$$

式中：求 $\hat{\boldsymbol{a}},\hat{\boldsymbol{A}},\hat{\boldsymbol{b}}$ 和 $\hat{\boldsymbol{B}}$ 的极大验后估计(MAP)估计。由于 $\hat{\boldsymbol{a}},\hat{\boldsymbol{A}},\hat{\boldsymbol{b}}$ 和 $\hat{\boldsymbol{B}}$ 与分母 $p(\boldsymbol{y}_{1:k+1})$是相互独立的，因此，求 $\hat{\boldsymbol{a}},\hat{\boldsymbol{A}},\hat{\boldsymbol{b}}$ 和 $\hat{\boldsymbol{B}}$ 的极大后验概率(MAP)估计，实际上是使概率密度函数 $p(\boldsymbol{x}_{0:k+1},\boldsymbol{a},\boldsymbol{A},\boldsymbol{b},\boldsymbol{B},\boldsymbol{y}_{1:k+1})$最大化的问题。

根据乘法规则，有

$$\begin{aligned}p(\boldsymbol{x}_{0:k+1}\mid\boldsymbol{a},\boldsymbol{A},\boldsymbol{b},\boldsymbol{B})&=p(\boldsymbol{x}_0)\prod_{j=0}^{k}p(\boldsymbol{x}_{j+1}\mid\boldsymbol{x}_j,\boldsymbol{a},\boldsymbol{A})\\&=\frac{1}{(2\pi)\dfrac{n}{2}|\boldsymbol{P}_0|\dfrac{1}{2}}\exp\left(-\frac{1}{2}\|\boldsymbol{x}_0-\hat{\boldsymbol{x}}_0\|^2_{\boldsymbol{P}_0^{-1}}\right)\cdot\\&\quad\prod_{j=0}^{k}\frac{1}{(2\pi)\dfrac{n}{2}|\boldsymbol{A}|\dfrac{1}{2}}\exp\left(-\frac{1}{2}\|\boldsymbol{x}_{j+1}-f_j(\boldsymbol{x}_j)-\boldsymbol{a}\|^2_{\boldsymbol{A}^{-1}}\right)\end{aligned}$$

$$
=\frac{1}{(2\pi)^{\frac{n}{2}+\frac{n(k+1)}{2}}}|\boldsymbol{P}_0|^{-\frac{1}{2}}|\boldsymbol{A}|^{-\frac{k+1}{2}}
\exp\left\{-\frac{1}{2}\left[\|\boldsymbol{x}_0-\hat{\boldsymbol{x}}_0\|^2_{P_0^{-1}}+\sum_{j=0}^{k}\|\boldsymbol{x}_{j+1}-f_j(\boldsymbol{x}_j)-\boldsymbol{a}\|^2_{A^{-1}}\right]\right\}
$$

$$
=C_1|\boldsymbol{P}_0|^{-\frac{1}{2}}|\boldsymbol{A}|^{-\frac{k+1}{2}}\exp\left\{-\frac{1}{2}\left[\|\boldsymbol{x}_0-\hat{\boldsymbol{x}}_0\|^2_{\boldsymbol{P}_0^{-1}}+\sum_{j=0}^{k}\|\boldsymbol{x}_{j+1}-f_j(\boldsymbol{x}_j)-\boldsymbol{a}\|^2_{\boldsymbol{A}^{-1}}\right]\right\} \tag{4.18}
$$

式中：$n$ 是系统状态的维数；符号“$|\cdot|$”和“$\|\cdot\|$”分别表示矩阵行列式和向量大小。并且 $C_1=\frac{1}{(2\pi)n(k+2)/2}$。如果量测 $\boldsymbol{y}_1,\boldsymbol{y}_2,\cdots,\boldsymbol{y}_{k+1}$ 互不相关，那么

$$
p(\boldsymbol{y}_{1:k+1}\mid\boldsymbol{x}_{0:k+1},\boldsymbol{a},\boldsymbol{A},\boldsymbol{b},\boldsymbol{B})=\prod_{j=0}^{k}p(\boldsymbol{y}_{j+1}\mid\boldsymbol{x}_{j+1},\boldsymbol{b},\boldsymbol{B})
$$

$$
=\prod_{j=0}^{k}\frac{1}{(2\pi)^{\frac{m}{2}}|\boldsymbol{B}|^{\frac{1}{2}}}\exp\left[-\frac{1}{2}\|\boldsymbol{y}_{j+1}-g_{j+1}(\boldsymbol{x}_{j+1})-\boldsymbol{b}\|^2_{\boldsymbol{B}^{-1}}\right]
$$

$$
=C_2|\boldsymbol{B}|^{\frac{k+1}{2}}\exp\left[-\frac{1}{2}\sum_{j=0}^{k}\|\boldsymbol{y}_{j+1}-g_{j+1}(\boldsymbol{x}_{j+1})-b\|^2_{\boldsymbol{B}^{-1}}\right] \tag{4.19}
$$

式中：$m$ 是系统量测的维数，并且 $C_2=\frac{1}{(2\pi)m(k+1)/2}$。

将式(4.18)和式(4.19)代入式(4.12)，有

$$
h=C_1C_2|\boldsymbol{P}_0|^{-\frac{1}{2}}\cdot|\boldsymbol{A}|^{-\frac{k+1}{2}}\cdot|\boldsymbol{B}|^{-\frac{k+1}{2}}\cdot p(\boldsymbol{a},\boldsymbol{A},\boldsymbol{b},\boldsymbol{B})\cdot
\exp\left\{-\frac{1}{2}\left[\|\boldsymbol{x}_0-\hat{\boldsymbol{x}}_0\|^2_{\boldsymbol{P}_0^{-1}}+\sum_{j=0}^{k}\|\boldsymbol{x}_{j+1}-f_j(\boldsymbol{x}_j)-\boldsymbol{a}\|^2_{\boldsymbol{A}^{-1}}+\sum_{j=0}^{k}\|\boldsymbol{y}_{j+1}-g_{j+1}(\boldsymbol{x}_{j+1})-\boldsymbol{b}\|^2_{\boldsymbol{B}^{-1}}\right]\right\} \tag{4.20}
$$

$$
=C|\boldsymbol{A}|^{-\frac{k+1}{2}}\cdot|\boldsymbol{B}|^{-\frac{k+1}{2}}\exp\left\{-\frac{1}{2}\left[\sum_{j=0}^{k}\|\boldsymbol{x}_{j+1}-f_j(\boldsymbol{x}_j)-\boldsymbol{a}\|^2_{\boldsymbol{A}^{-1}}+\sum_{j=0}^{k}\|\boldsymbol{y}_{j+1}-g_{j+1}(\boldsymbol{x}_{j+1})-\boldsymbol{b}\|^2_{\boldsymbol{B}^{-1}}\right]\right\}
$$

式中：$C=C_1C_2|\boldsymbol{p}_0|^{-\frac{1}{2}}p[\boldsymbol{a},\boldsymbol{A},\boldsymbol{b},\boldsymbol{B}]\exp\left(-\frac{1}{2}\|\boldsymbol{x}_0-\hat{\boldsymbol{x}}_0\|^2_{\boldsymbol{P}_0^{-1}}\right)$。

式(4.20)两边取自然对数，有

$$
\ln h=-\frac{k+1}{2}\ln|\boldsymbol{A}|-\frac{k+1}{2}\ln|\boldsymbol{B}|-\frac{1}{2}\sum_{j=0}^{k}\|\boldsymbol{x}_{j+1}-f_j(\boldsymbol{x}_j)-\boldsymbol{a}\|^2_{\boldsymbol{A}^{-1}}-\sum_{j=0}^{k}\|\boldsymbol{y}_{j+1}-g_{j+1}(\boldsymbol{x}_{j+1})-\boldsymbol{b}\|^2_{\boldsymbol{B}^{-1}}+\ln C \tag{4.21}
$$

因此，求解式(4.22)，可以得到式(4.13)(详细推导过程见作者已发表论文，即参考文献[30])。

$$\left.\begin{aligned}\frac{\partial \ln h}{\partial \boldsymbol{a}}\Big|_{\boldsymbol{a}=\boldsymbol{a}_{k+1}}=0\\ \frac{\partial \ln h}{\partial \boldsymbol{A}}\Big|_{\boldsymbol{A}=\boldsymbol{A}_{k+1}}=0\end{aligned}\right\} \tag{4.22}$$

类似地，求解下式可以得到式(4.14)(详细推导过程见作者以发表论文，即参考文献[30])。

$$\begin{aligned}\frac{\partial \ln h}{\partial \boldsymbol{b}}\Big|_{\boldsymbol{b}=\boldsymbol{b}_{k+1}}=0\\ \frac{\partial \ln h}{\partial \boldsymbol{B}}\Big|_{\boldsymbol{B}=\boldsymbol{B}_{k+1}}=0\end{aligned} \tag{4.23}$$

定理 4.1 证毕。

根据式(4.13)和式(4.14)，可以在线估计过程噪声和测量噪声的统计量，进一步将其反馈到传统的高斯滤波过程中进行非线性的状态估计。然而，如式(4.13)和式(4.14)所示，系统噪声统计量是通过具有共同权值的算术平均方法来计算的。这意味着，对于每种噪声统计，在移动窗口内的所有时间点的估计对预测误差具有同等的贡献。因此，利用该算法计算出的预测误差不能准确地表征实际噪声特性，从而导致滤波估计精度下降。

### 4.3.2 噪声统计的随机加权估计

根据随机加权估计的基本原理(见第三章 3.1.1 节)，式(4.13)和式(4.14)所描述的系统过程噪声统计和量测噪声统计，$\boldsymbol{a}$，$\boldsymbol{A}$，$\boldsymbol{b}$ 和 $\boldsymbol{B}$ 的随机加权估计值可以描述如下：

$$\hat{\boldsymbol{a}}_{k+1}^{*}=\sum_{j=0}^{k}\lambda_j\left[\hat{\boldsymbol{x}}_{j+1}-f_j(\boldsymbol{x}_j)\mid_{\boldsymbol{x}_j\leftarrow\hat{\boldsymbol{x}}_j}\right] \tag{4.24}$$

$$\begin{aligned}\hat{\boldsymbol{A}}_{k+1}^{*}&=\sum_{j=0}^{k}\lambda_j\{[\hat{\boldsymbol{x}}_{j+1}-f_j(\boldsymbol{x}_j)\mid_{\boldsymbol{x}_j\leftarrow\hat{\boldsymbol{x}}_j}-\boldsymbol{a}_{k+1}]\\&\quad[\hat{\boldsymbol{x}}_{j+1}-f_j(\boldsymbol{x}_j)\mid_{\boldsymbol{x}_j\leftarrow\hat{\boldsymbol{x}}_j}-\boldsymbol{a}_{k+1}]^{\mathrm{T}}\}\\&=\sum_{j=0}^{k}\lambda_j\{[\hat{\boldsymbol{x}}_{j+1}-\hat{\boldsymbol{x}}_{j+1|j}][\hat{\boldsymbol{x}}_{j+1}-\hat{\boldsymbol{x}}_{j+1|j}]^{\mathrm{T}}\}\end{aligned} \tag{4.25}$$

和

$$\hat{\boldsymbol{b}}_{k+1}^{*}=\sum_{j=0}^{k}\lambda_j\left[\boldsymbol{y}_{j+1}-g_{j+1}(\boldsymbol{x}_{j+1})\mid_{\boldsymbol{x}_{j+1}\leftarrow\hat{\boldsymbol{x}}_{j+1}}\right] \tag{4.26}$$

$$\begin{aligned}\hat{\boldsymbol{B}}_{k+1}^{*}&=\sum_{j=0}^{k}\lambda_j\{[\boldsymbol{y}_{j+1}-g_{j+1}(\boldsymbol{x}_{j+1})\mid_{\boldsymbol{x}_{j+1}\leftarrow\hat{\boldsymbol{x}}_{j+1}}-\boldsymbol{b}_{k+1}]\\&\quad[\boldsymbol{y}_{j+1}-g_{j+1}(\boldsymbol{x}_{j+1})\mid_{\boldsymbol{x}_{j+1}\leftarrow\hat{\boldsymbol{x}}_{j+1}}-\boldsymbol{b}_{k+1}]^{\mathrm{T}}\}\\&=\sum_{j=0}^{k}\lambda_j\{[\boldsymbol{y}_{j+1}-\hat{\boldsymbol{y}}_{j+1|j}][y_{j+1}-\hat{\boldsymbol{y}}_{j+1|j}]^{\mathrm{T}}\}\end{aligned} \tag{4.27}$$

这里，$\lambda_1,\lambda_2,\cdots,\lambda_n$ 是随机加权因子。

注 1：根据式(4.24)～式(4.27)进行滤波计算时，如果 $k+1$ 时刻的状态估计不能得到，可以用$(k+1)$时刻的状态预报代替。

**定理 4.2**　由式(4.24)和式(4.26)所描述的一阶噪声统计的随机加权估计 $\hat{\boldsymbol{a}}_{k+1}^{*}$ 和 $\hat{\boldsymbol{b}}_{k+1}^{*}$ 是无偏的，而由式(4.25)和式(4.27)所描述的二阶噪声统计的随机加权估计是次优无偏的。

**定理 4.2 的证明：**

定义新息向量为

$$\boldsymbol{\varepsilon}_{j+1}=\boldsymbol{y}_{j+1}-\hat{\boldsymbol{y}}_{j+1|j} \tag{4.28}$$

根据式(4.28)，有

$$\begin{aligned}&E(\boldsymbol{\varepsilon}_{j+1})=E(\boldsymbol{y}_{j+1}-\hat{\boldsymbol{y}}_{j+1|j})=0\\&E(\boldsymbol{\varepsilon}_{j+1}\boldsymbol{\varepsilon}_{j+1}^{\mathrm{T}})=E[(\boldsymbol{y}_{j+1}-\hat{\boldsymbol{y}}_{j+1|j})(\boldsymbol{y}_{j+1}-\hat{\boldsymbol{y}}_{j+1|j})^{\mathrm{T}}]=\boldsymbol{P}_{\tilde{\boldsymbol{y}}_{j+1}}\end{aligned} \tag{4.29}$$

根据式(4.10)，有

$$\boldsymbol{P}_{j+1|k}-\boldsymbol{P}_{j+1}=\boldsymbol{K}_{j+1}\boldsymbol{P}_{\tilde{\boldsymbol{y}}_{j+1}}\boldsymbol{K}_{j+1}^{\mathrm{T}} \tag{4.30}$$

和

$$\hat{\boldsymbol{x}}_{k+1}-\hat{\boldsymbol{x}}_{k+1|k}=\boldsymbol{K}_{k+1}(\boldsymbol{y}_{k+1}-\hat{\boldsymbol{y}}_{k+1}) \tag{4.31}$$

将式(4.10)、式(4.15)、式(4.28)和式(4.29)代入式(4.24)，有

$$\begin{aligned}E(\hat{\boldsymbol{a}}_{k+1}^{*})&=\sum_{j=0}^{k}\lambda_j E\{[\hat{\boldsymbol{x}}_{j+1}-f_j(\boldsymbol{x}_j)\mid_{\boldsymbol{x}_j\leftarrow\hat{\boldsymbol{x}}_j}]\}\\&=\sum_{j=0}^{k}\lambda_j E(\hat{\boldsymbol{x}}_{j+1}-\hat{\boldsymbol{x}}_{j+1|j}+\boldsymbol{a}_{k+1})\\&=\sum_{j=0}^{k}\lambda_j E[\boldsymbol{K}_{j+1}(\boldsymbol{y}_{j+1}-\hat{\boldsymbol{y}}_{j+1|j})+\boldsymbol{a}_{k+1}]\\&=\sum_{j=0}^{k}\lambda_j E(\boldsymbol{K}_{j+1}\boldsymbol{\varepsilon}_{j+1}+\boldsymbol{a}_{k+1})\\&=\sum_{j=0}^{k}\lambda_j\boldsymbol{a}_{k+1}\\&=\boldsymbol{a}_{k+1}\end{aligned} \tag{4.32}$$

类似地，将式(4.16)、式(4.28)和式(4.29)代入式(4.26)，有

$$\begin{aligned}E(\hat{\boldsymbol{b}}_{k+1}^{*})&=\sum_{j=0}^{k}\lambda_j E\{[\boldsymbol{y}_{j+1}-g_{j+1}(\boldsymbol{x}_{j+1})\mid_{\boldsymbol{x}_{j+1}\leftarrow\hat{\boldsymbol{x}}_{j+1}}]\}\\&=\sum_{j=0}^{k}\lambda_j E(\boldsymbol{y}_{j+1}-\hat{\boldsymbol{y}}_{j+1|j}+\boldsymbol{b}_{k+1})\\&=\sum_{j=0}^{k}\lambda_j E(\boldsymbol{\varepsilon}_{j+1}+\boldsymbol{b}_{k+1})\\&=\sum_{j=0}^{k}\lambda_j\boldsymbol{b}_{k+1}\\&=\boldsymbol{b}_{k+1}\end{aligned} \tag{4.33}$$

式(4.32) 和式(4.33) 的最后一步，用到了 $\sum_{j=0}^{k}\lambda_j=1$。

由式(4.32)和式(4.33)可知，一阶噪声统计量的随机加权估计 $\hat{\boldsymbol{a}}_{k+1}^{*}$ 和 $\hat{\boldsymbol{b}}_{k+1}^{*}$ 是无偏的。

定义

$$\begin{aligned}\rho_j &= f_j(\boldsymbol{x}_j) - f_j(\boldsymbol{x}_j)\mid_{\boldsymbol{x}_j \leftarrow \hat{\boldsymbol{x}}_j} \\ &= f_j(\boldsymbol{x}_j) - E[f_j(\boldsymbol{x}_j) \mid \boldsymbol{y}_j]\end{aligned} \tag{4.34}$$

则有[31]

$$\boldsymbol{P}_{j+1|j} = E(\boldsymbol{\rho}_j \boldsymbol{\rho}_j^{\mathrm{T}}) + \boldsymbol{A}_{k+1} \tag{4.35}$$

将式(4.10)、式(4.28)～式(4.31)和式(4.35)代入式(4.25)，有

$$\begin{aligned}E(\hat{\boldsymbol{A}}_{k+1}^{*}) &= \sum_{j=0}^{k}\lambda_j E\{[\hat{\boldsymbol{x}}_{j+1} - f_j(\boldsymbol{x}_j)\mid_{\boldsymbol{x}_j \leftarrow \hat{\boldsymbol{x}}_j} - \boldsymbol{a}_{k+1}][\hat{\boldsymbol{x}}_{j+1} - f_j(\boldsymbol{x}_j)\mid_{\boldsymbol{x}_j \leftarrow \hat{\boldsymbol{x}}_j} - \boldsymbol{a}_{k+1}]^{\mathrm{T}}\} \\ &= \sum_{j=0}^{k}\lambda_j E[(\hat{\boldsymbol{x}}_{j+1} - \hat{\boldsymbol{x}}_{j+1|j})(\hat{\boldsymbol{x}}_{j+1} - \hat{\boldsymbol{x}}_{j+1|j})^{\mathrm{T}}] \\ &= \sum_{j=0}^{k}\lambda_j E\{[\boldsymbol{K}_{j+1}(y_{j+1} - \hat{\boldsymbol{y}}_{j+1|j})][\boldsymbol{K}_{j+1}(\boldsymbol{y}_{j+1} - \hat{\boldsymbol{y}}_{j+1|j})]^{\mathrm{T}}\} \\ &= \sum_{j=0}^{k}\lambda_j [\boldsymbol{K}_{j+1} E(\boldsymbol{\varepsilon}_{j+1}\boldsymbol{\varepsilon}_{j+1}^{\mathrm{T}})\boldsymbol{K}_{j+1}^{\mathrm{T}}] \\ &= \sum_{j=0}^{k}\lambda_j E(\boldsymbol{K}_{j+1}\boldsymbol{P}_{\tilde{\boldsymbol{y}}_{j+1}}\boldsymbol{K}_{j+1}^{\mathrm{T}}) \\ &= \sum_{j=0}^{k}\lambda_j E(\boldsymbol{P}_{j+1|j} - \boldsymbol{P}_{j+1}) \\ &= \sum_{j=0}^{k}\lambda_j [E(\rho_j\rho_j^{\mathrm{T}}) + \boldsymbol{A}_{k+1} - \boldsymbol{P}_{j+1}] \\ &= \sum_{j=0}^{k}\lambda_j [E(\rho_j\rho_j^{\mathrm{T}}) - \boldsymbol{P}_{j+1}] + \boldsymbol{A}_{k+1} \\ &\neq \boldsymbol{A}_{k+1}\end{aligned} \tag{4.36}$$

式(4.36)表明，由式(4.25)所描述的二阶过程噪声统计量 $\boldsymbol{A}_{k+1}$ 的随机加权估计 $\hat{\boldsymbol{A}}_{k+1}^{*}$ 是有偏的。

然而，式(4.36)可以改进为下面的次优无偏估计量。

令

$$\hat{\boldsymbol{A}}_{k+1}^{*} = \sum_{j=0}^{k}\lambda_j [\boldsymbol{K}_{j+1}\boldsymbol{P}_{\tilde{\boldsymbol{y}}_{j+1}}\boldsymbol{K}_{j+1}^{\mathrm{T}} + \boldsymbol{P}_{j+1} - E(\rho_{j+1}\rho_{j+1}^{\mathrm{T}})] \tag{4.37}$$

那么

$$\begin{aligned}E(\hat{\boldsymbol{A}}_{k+1}^{*}) &= E\left\{\sum_{j=0}^{k}\lambda_j [\boldsymbol{K}_{j+1}\boldsymbol{P}_{\tilde{\boldsymbol{y}}_{j+1}}\boldsymbol{K}_{j+1}^{\mathrm{T}} + \boldsymbol{P}_{j+1} - E(\rho_{j+1}\rho_{j+1}^{\mathrm{T}})]\right\} \\ &= \sum_{j=0}^{k}\lambda_j [E(\boldsymbol{K}_{j+1}\boldsymbol{P}_{\tilde{\boldsymbol{y}}_{j+1}}\boldsymbol{K}_{j+1}^{\mathrm{T}}) + E(\boldsymbol{P}_{j+1}) - E(\rho_{j+1}\rho_{j+1}^{\mathrm{T}})] \\ &= \sum_{j=0}^{k}\lambda_j [E(\boldsymbol{P}_{j+1|j} - \boldsymbol{P}_{j+1}) + E(\boldsymbol{P}_{j+1}) - E(\rho_{j+1}\rho_{j+1}^{\mathrm{T}})] \\ &= \sum_{j=0}^{k}\lambda_j [E(\rho_j\rho_j^{\mathrm{T}}) + \boldsymbol{A}_{k+1} - \boldsymbol{P}_{j+1} + \boldsymbol{P}_{j+1} - E(\rho_{j+1}\rho_{j+1}^{\mathrm{T}})] \\ &= \boldsymbol{A}_{k+1}\end{aligned} \tag{4.38}$$

由式(4.36)～式(4.38)可知，式(4.25)描述的二阶过程噪声统计量 $\boldsymbol{A}_{k+1}$ 的随机加权估计 $\hat{\boldsymbol{A}}_{k+1}^{*}$ 是次优无偏的。

下面证明二阶量测噪声统计量 $\boldsymbol{B}_{k+1}$ 的随机加权估计 $\hat{\boldsymbol{B}}_{k+1}^{*}$ 的次优无偏性。

定义

$$\begin{aligned}\zeta_j &= g_{j+1}(\boldsymbol{x}_{j+1}) - g_{j+1}(\boldsymbol{x}_{j+1})\mid_{\boldsymbol{x}_{j+1}\leftarrow\hat{\boldsymbol{x}}_{j+1}} \\ &= g_{j+1}(\boldsymbol{x}_{j+1}) - E[g_{j+1}(\boldsymbol{x}_{j+1})\mid \boldsymbol{y}_j]\end{aligned} \tag{4.39}$$

则有[32]

$$\boldsymbol{P}_{\tilde{\boldsymbol{y}}_{j+1}} = E(\zeta_{j+1}\zeta_{j+1}^{\mathrm{T}}) + \boldsymbol{B}_{k+1} \tag{4.40}$$

将式(4.28)、式(4.29)和式(4.40)代入式(4.27)，有

$$\begin{aligned}E(\hat{\boldsymbol{B}}_{k+1}^{*}) &= \sum_{j=0}^{k}\lambda_j E\{[\boldsymbol{y}_{j+1} - g_{j+1}(\boldsymbol{x}_{j+1})\mid_{\boldsymbol{x}_{j+1}\leftarrow\hat{\boldsymbol{x}}_{j+1}} - \boldsymbol{b}_{k+1}] \\ &\quad [\boldsymbol{y}_{j+1} - g_{j+1}(\boldsymbol{x}_{j+1})\mid_{\boldsymbol{x}_{j+1}\leftarrow\hat{\boldsymbol{x}}_{j+1}} - \boldsymbol{b}_{k+1}]^{\mathrm{T}}\} \\ &= \sum_{j=0}^{k}\lambda_j E[(\boldsymbol{y}_{j+1} - \hat{\boldsymbol{y}}_{j+1|j})(\boldsymbol{y}_{j+1} - \hat{\boldsymbol{y}}_{j+1|j})^{\mathrm{T}}] \\ &= \sum_{j=0}^{k}\lambda_j E(\boldsymbol{\varepsilon}_{j+1}\boldsymbol{\varepsilon}_{j+1}^{\mathrm{T}}) \\ &= \sum_{j=0}^{k}\lambda_j \boldsymbol{P}_{\tilde{\boldsymbol{y}}_{j+1}} \\ &= \sum_{j=0}^{k}\lambda_j [E(\zeta_{j+1}\zeta_{j+1}^{\mathrm{T}}) + \boldsymbol{B}_{k+1}] \\ &\neq \boldsymbol{B}_{k+1}\end{aligned} \tag{4.41}$$

式(4.41)表明，由式(4.27)所描述的二阶过程噪声统计量 $\boldsymbol{B}_{k+1}$ 的随机加权估计 $\hat{\boldsymbol{B}}_{k+1}^{*}$ 是有偏的。然而，式(4.41)可以改进为下面次优无偏估计量。

令

$$\hat{\boldsymbol{B}}_{k+1}^{*} = \sum_{j=0}^{k}\lambda_j[\boldsymbol{P}_{\tilde{\boldsymbol{y}}_{j+1}} - E(\zeta_{j+1}\zeta_{j+1}^{\mathrm{T}})] \tag{4.42}$$

由于

$$\begin{aligned}E(\hat{\boldsymbol{B}}_{k+1}^{*}) &= E\{\sum_{j=0}^{k}\lambda_j[\boldsymbol{P}_{\tilde{\boldsymbol{y}}_{j+1}} - E(\zeta_{j+1}\zeta_{j+1}^{\mathrm{T}})]\} \\ &= \sum_{j=0}^{k}\lambda_j\{E(\zeta_{j+1}\zeta_{j+1}^{\mathrm{T}}) + \boldsymbol{B}_{k+1} - [E(\zeta_{j+1}\zeta_{j+1}^{\mathrm{T}})]\} \\ &= \boldsymbol{B}_{k+1}\end{aligned} \tag{4.43}$$

由式(4.41)～式(4.43)可知，式(4.27)描述的二阶量测噪声统计量 $\boldsymbol{B}_{k+1}$ 的随机加权估计 $\hat{\boldsymbol{B}}_{k+1}^{*}$ 是次优无偏估计量。

定理 4.2 证毕。

### 4.3.3　随机加权因子的确定

定义状态预测的残差向量为

$$\Delta \boldsymbol{x}_{k-j} = \hat{\boldsymbol{x}}_{k-j} - \hat{\boldsymbol{x}}_{k-j|k-j-1} \quad (j=1,2,\cdots,n) \tag{4.44}$$

式中：$\hat{\boldsymbol{x}}_{k-j}$ 是 $k-1$ 时刻的状态估计值；$\hat{\boldsymbol{x}}_{k-j|k-j-1}$ 是 $k-1$ 时刻的状态预测值。

假设量测残差向量为

$$\Delta \boldsymbol{y}_{k-j} = \hat{\boldsymbol{y}}_{k-j} - \boldsymbol{y}_{k-j} (j=1,2,\cdots,n) \tag{4.45}$$

式中：$\hat{\boldsymbol{y}}_{k-j}$ 的表达式为

$$\hat{\boldsymbol{y}}_{k-j} = g_{k-j}(\hat{\boldsymbol{x}}_{k-j}) \tag{4.46}$$

在系统过程噪声统计特性发生改变的情况下，状态预测 $\hat{\boldsymbol{x}}_{k-j|k-j-1}$ 对状态估计的贡献将减小，导致状态预测出现偏差(是有偏的)，状态预测残差向量 $\Delta \boldsymbol{x}_{k-j}$ 也将随之增大。与系统过程噪声的变化类似，当动力学系统的量测噪声改变时，系统的量测残差向量 $\Delta \boldsymbol{y}_{k-j}$ 也将是有偏的，并且系统量测残差 $\Delta \boldsymbol{y}_{k-j}$ 也随之变大。

为了跟踪动力学系统噪声统计信息的变化，随机加权因子 $\lambda_j$ 必须满足条件[32]

$$\sigma_j \infty \| \Delta \boldsymbol{x}_{k-j} \| \cdot \| \Delta \boldsymbol{y}_{k-j} \| \tag{4.47}$$

式中：$\| \Delta x_{k-j} \| = \sqrt{\Delta x_{k-j}^{\mathrm{T}} \Delta x_{k-j}}$，$\| \Delta y_{k-j} \| = \sqrt{\Delta y_{k-j}^{\mathrm{T}} \| \Delta y_{k-j} \|}$，符号“∞”表示成比例。

式(4.47)表明，$\| \Delta \boldsymbol{x}_{k-j} \| \cdot \| \Delta \boldsymbol{y}_{k-j} \|$ 越大，随机加权因子 $\lambda_j$ 也越大。

令

$$\omega_j = \| \Delta \boldsymbol{x}_{k-j} \| \cdot \| \Delta \boldsymbol{y}_{k-j} \| \tag{4.48}$$

式中：$\omega_j$ 是正则化因子。

对 $\omega_j$ 归一化，可得到随机加权因子 $\lambda_j$ 的计算公式[31]：

$$\lambda_j = \frac{\omega_j}{\sum_{j=1}^{n} \omega_j} \qquad (j=1,2,\cdots,n) \tag{4.49}$$

### 4.3.4 随机加权自适应高斯滤波计算步骤

所提出的随机加权自适应高斯滤波(RWAGF)算法的计算步骤如下：

(1)初始化。

$$\hat{\boldsymbol{x}}_0 = E(\boldsymbol{x}_0)$$

$$\boldsymbol{P}_0 = \mathrm{cov}(\boldsymbol{x}_0, \boldsymbol{x}_0^{\mathrm{T}}) = E[(\boldsymbol{x}_0 - \hat{\boldsymbol{x}}_0)(\boldsymbol{x}_0 - \hat{\boldsymbol{x}}_0)^{\mathrm{T}}] \tag{4.50}$$

(2)计算状态预测及其误差协方差。

$$\hat{\boldsymbol{x}}_{k+1|k}^{*} = f_k(\boldsymbol{x}_k) |_{\boldsymbol{x}_k \leftarrow \hat{\boldsymbol{x}}_k} + \hat{a}_{k+1}^{*} \tag{4.51}$$

$$\boldsymbol{P}_{k+1|k}^{*} = E(\boldsymbol{\rho}_k \boldsymbol{\rho}_k^{\mathrm{T}}) + \hat{\boldsymbol{A}}_{k+1}^{*} \tag{4.52}$$

(3)计算量测预测及其误差协方差。

$$\hat{\boldsymbol{y}}_{k+1|k}^{*} = g_{k+1}(\boldsymbol{x}_{k+1}) |_{\boldsymbol{x}_{k+1} \leftarrow \hat{\boldsymbol{x}}_{k+1}} + \hat{\boldsymbol{b}}_k^{*}$$

$$\boldsymbol{P}_{\tilde{\boldsymbol{y}}_{k+1}}^{*} = E(\zeta_{k+1} \zeta_{k+1}^{\mathrm{T}}) + \hat{B}_k^{*} \tag{4.53}$$

$$\boldsymbol{P}_{\tilde{\boldsymbol{x}}_{k+1}\tilde{\boldsymbol{y}}_{k+1}}^{*} = E(\tilde{\boldsymbol{x}}_{k+1} \zeta_{k+1}^{\mathrm{T}})$$

(4)状态更新。

$$
\begin{aligned}
\hat{\boldsymbol{x}}^*_{k+1} &= \hat{\boldsymbol{x}}^*_{k+1|k} + \boldsymbol{K}_{k+1}(y_{k+1} - \hat{\boldsymbol{y}}^*_{k+1|k}) \\
\boldsymbol{K}_{k+1} &= \boldsymbol{P}^*_{\tilde{\boldsymbol{x}}_{k+1}\tilde{\boldsymbol{y}}_{k+1}} \boldsymbol{P}^{*-1}_{\tilde{\boldsymbol{y}}_{k+1}} \\
\boldsymbol{P}^*_{k+1} &= \boldsymbol{P}^*_{k+1|k} - K_{k+1}\boldsymbol{P}^*_{\tilde{\boldsymbol{y}}_{k+1}} \boldsymbol{K}^{\mathrm{T}}_{k+1}
\end{aligned}
\tag{4.54}
$$

式(4.51)～式(4.54)表明，提出的随机加权自适应高斯滤波算法，可以自适应调整动力学系统过程噪声和测量噪声统计的权重，抑制系统噪声对状态估计的干扰，从而提高估计精度。

图 4.1 给出了所提出的随机加权高斯滤波算法的框图。

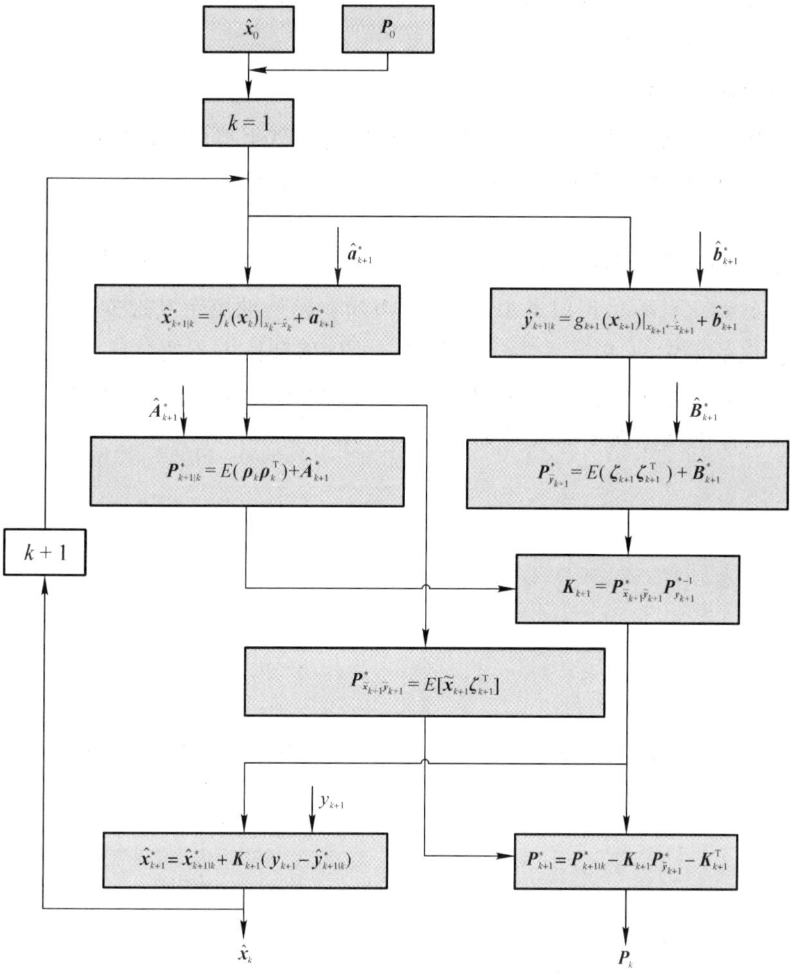


图 4.1　随机加权自适应高斯滤波框图

## 4.4　实验验证与算法性能分析

下面，通过仿真实验和实际飞行实验，对所提出的随机加权自适应高斯滤波(RWGF)算法的性能进行综合评价和分析，并与传统的高斯滤波方法[如容积卡尔曼滤波(CKF)]进行比较，以验证所提出的随机加权高斯滤波算法性能。

### 4.4.1 仿真实验验证与算法性能分析

考虑下面单变量非平稳增长模型[33]：

$$\begin{aligned} \boldsymbol{x}_k &= 0.5\boldsymbol{x}_{k-1} + 25\boldsymbol{x}_{k-1}/(1+\boldsymbol{x}_{k-1}^2) + 8\cos[1.2(k-1)] + \boldsymbol{w}_{k-1} \\ \boldsymbol{z}_k &= \boldsymbol{x}_k^2/20 + \boldsymbol{v}_k \end{aligned} \tag{4.55}$$

式中：$\boldsymbol{w}_k$ 和 $\boldsymbol{v}_k$ 分别为系统过程噪声和量测噪声，它们都是非零均值的高斯白噪声。

初始状态 $\boldsymbol{x}_0=0.1$，初始状态估计值 $\hat{\boldsymbol{x}}_0=0.1$. 假设初始估计误差协方差 $\boldsymbol{P}_0$ 是一个单位阵，采用 Monte Carlo 方法模拟 150 次。

1. 过程噪声统计估计

为了验证所提出的随机加权自适应高斯滤波(RWAGF)对系统过程噪声统计的滤波估计精度，假设测量噪声统计量是完全已知的，并且它们分别为

$$b_k=0,\hat{b}_k=0,B_k=1,\hat{B}_k=1 \tag{4.56}$$

过程噪声均值和协方差的理论真值分别为 $a_k=0.1$，$A_k=20$，过程噪声均值和协方差的初始值分别为 $\hat{a}_0=0.05$，$\hat{A}_0=4$，可以看出，过程噪声的初始值偏离了其理论真值。

采用所提出的 RWAGF 算法估计过程噪声的均值和协方差的统计曲线如图 4.2 所示，在过程噪声有偏条件下，采用容积卡尔曼滤波（CKF）和随机加权自适应高斯滤波(RWAGF)所估计的状态误差曲线图如图 4.3 所示。

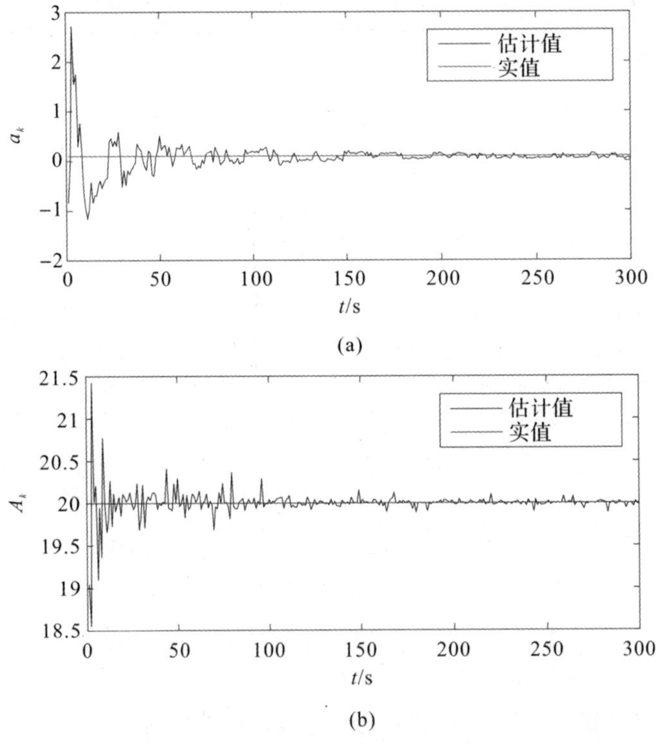


图 4.2 采用 RWAGF 算法得到的过程噪声估计误差曲线图

(a)过程噪声均值估计误差曲线图；(b)过程噪声协方差估计误差曲线图

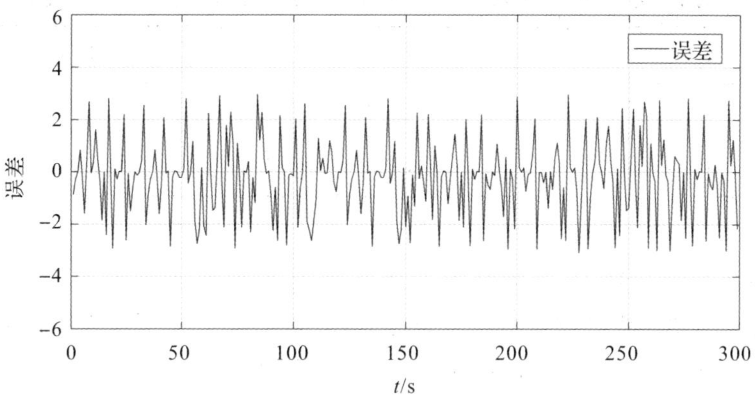


(a)

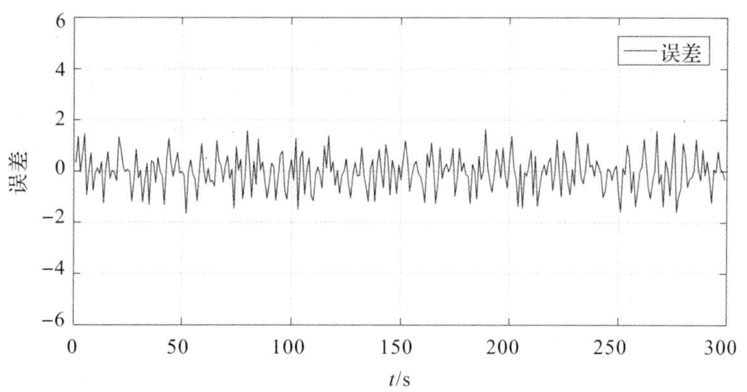


(b)

图 4.3　过程噪声有偏条件下 CKF 和 RWAGF 得到的状态误差估计曲线图
(a)采用 CKF 算法得到的状态误差估计曲线图；(b)采用 RWAGF 算法得到的状态误差估计曲线图

图 4.2 表明了采用提出的随机加权自适应高斯滤波(RWAGF)算法对过程噪声的均值和协方差的统计估计曲线。图 4.2 中，在大约 80 s 内的初始振荡之后，过程噪声均值的统计估计曲线和过程噪声协方差的统计估计曲线分别逐渐收敛到其理论真值。

图 4.3 给出了在过程噪声统计有偏的情况下，容积卡尔曼滤波(CKF)算法和随机加权自适应高斯滤波(RWAGF)算法所估计的状态误差曲线图。从图 4.3 中可以看出，由于提出的 RWAGF 可以动态调整系统噪声统计的随机权值、在线估计系统过程噪声和测量噪声的均值和协方差，抑制系统噪声对状态估计的干扰，而 CKF 状态缺乏这种能力，因此，尽管存在有偏的过程噪声统计信息的干扰，RWAGF 的状态估计误差仍远小于 CKF 的状态估计误差。

表 4.1 给出了分别采用 CKF 和提出的 RWAGF 估计所得到的均值误差和均方根误差(RMSE)。从表 4.1 可以看出，采用 CKF 估计所得到的均值误差和均方根误差分别为 1.058 4 和 1.444 3，而采用 RWAGF 所估计得到的均值误差和均方根误差分别为 0.535 1 和 0.692 5。因此，提出的 RWAGF 的估计性能远优于 CKF 的估计性能。

**表 4.1 过程噪声有偏条件下 CKF 和 RWAGF 状态估计误差值**

| Method | Mean error | RMSE |
|---|---|---|
| CKF | 1.058 4 | 1.444 3 |
| RWAGF | 0.535 1 | 0.692 5 |

2. 量测噪声统计估计

为了验证提出的随机加权自适应高斯滤波(RWAGF)对量测噪声统计的滤波估计精度,假设过程噪声统计量是完全已知的,并且它们分别为

$$a_k=0 \quad \hat{a}_k=0 \quad A_k=5 \quad \hat{A}_k=1 \tag{4.57}$$

量测噪声均值和协方差的理论真值分别为 $b_k=0.1, B_k=0.4$,量测噪声统计均值和协方差的初始值分别为 $\hat{b}_0=0.03, \hat{B}_0=10$,可以看出,量测噪声的初始值偏离了其理论真值。

采用所提出的 RWAGF 算法所估计的量测噪声的均值和协方差的统计曲线图如图 4.4 所示,在量测噪声有偏条件下,采用 CKF 和 RWAGF 算法所估计的状态误差曲线图如图 4.5 所示。

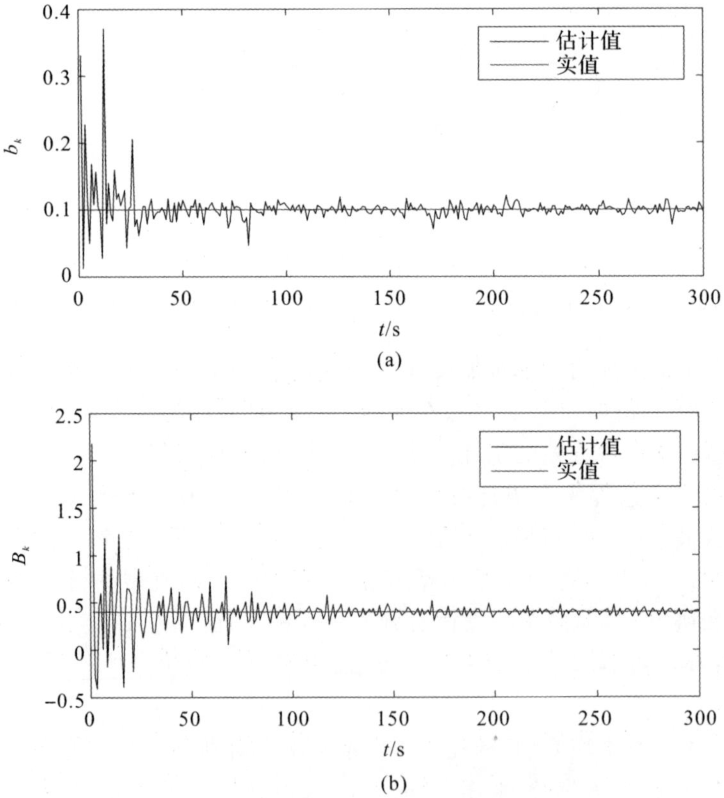


图 4.4 采用 RWAGF 算法得到的量测噪声估计曲线图

(a)量测噪声均值估计曲线图; (b)量测噪声协方差估计曲线图

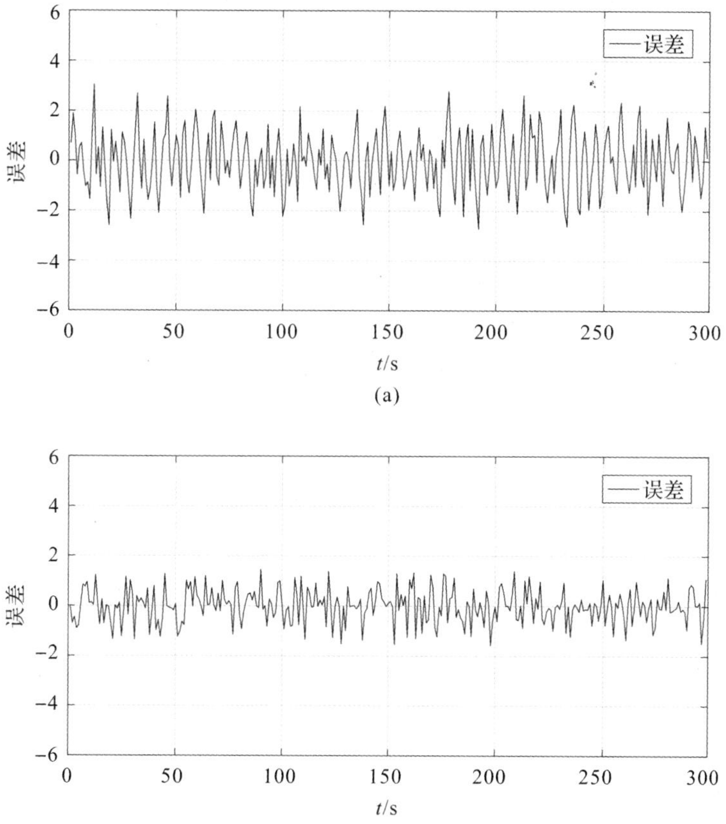


图 4.5　量测噪声有偏条件下采用 CKF 和 RWAGF 得到的状态误差估计曲线图
(a)采用 CKF 算法得到的状态误差估计曲线图；(b)采用 RWAGF 算法得到的状态误差估计曲线图

图 4.4 表明采用提出的随机加权自适应高斯滤波(RWAGF)算法对量测噪声的均值和协方差的统计估计曲线。图 4.4 中,在大约 80 s 内的初始振荡之后,量测噪声均值的统计估计曲线和量测噪声协方差的统计估计曲线分别逐渐收敛到其理论真值。这说明了提出的 RWAGF 算法可以有效估计量测噪声统计。

图 4.5 给出了在量测噪声统计有偏的情况下,容积卡尔曼滤波(CKF)算法和随机加权自适应高斯滤波(RWAGF)算法所估计的状态误差曲线图。从图 4.5 中可以看出,由于提出的 RWAGF 可以动态调整系统噪声统计的随机权值,在线估计系统过程噪声和测量噪声的均值和协方差,抑制系统噪声对状态估计的干扰,而 CKF 缺乏这种能力。因此,尽管存在有偏的量测噪声统计信息的干扰,RWAGF 的状态估计误差仍远小于 CKF 的估计误差。

表 4.2 给出了分别采用 CKF 和提出的 RWAGF 估计所得到的均值误差和均方根误差(RMSE)。从表 4.2 可以看出,采用 CKF 估计所得到的均值误差和均方根误差分别为 0.974 0 和 1.188 4,而采用 RWAGF 所估计得到的均值误差和均方根误差分别为 0.505 1 和 0.667 0。因此,提出的 RWAGF 的估计性能远优于 CKF 的估计性能。

**表 4.2　量测噪声有偏条件下采用 CKF 和 RWAGF 得到的状态估计误差值**

| Method | Mean error | RMSE |
|---|---|---|
| CKF | 0.974 0 | 1.188 4 |
| RWAGF | 0.505 1 | 0.667 0 |

3. 系统状态估计

假设动力学系统的过程噪声和测量噪声的均值和协方差都准确已知，它们分别为

$$a_k=0 \quad \hat{a}_k=0 \quad b_k=0 \quad \hat{b}_k=0 \tag{4.58}$$

过程噪声和测量噪声的理论协方差随时间快速变化，它们可用下面公式描述：

$$A_k=8+2\sin(0.05k), B_k=1+3\cos(0.02k)^2 \tag{4.59}$$

过程噪声协方差初始值 $\hat{A}_0=8$，量测噪声协方差初始值 $\hat{B}_0=4$。

下面给出采用提出的 RWAGF 算法得到的系统噪声协方差估计曲线，及采用极大后验概率(MAP)估计得到的系统噪声协方差估计曲线。

如图 4.6 所示，在 0～30 s 的初始时间间隔内，由于初始噪声协方差的偏差对估计的影响，曲线存在明显的振荡。在这个初始时间周期之后，噪声协方差的估计值与理论真值非常接近。这表明所提出的 RWAGF 算法能有效跟踪过程噪声和测量噪声的理论协方差的变化。

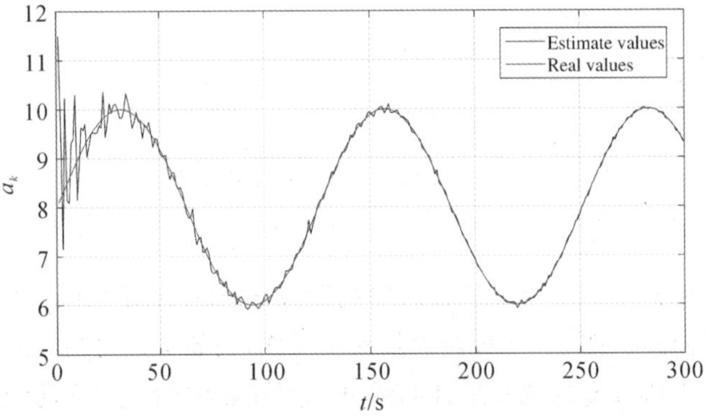


(a)

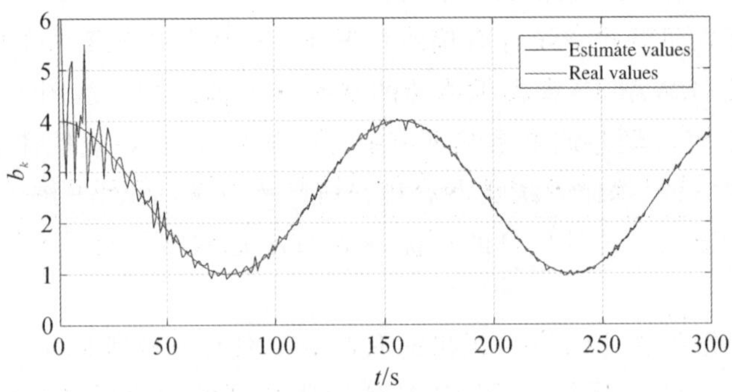


(b)

图 4.6　采用 RWAGF 算法得到的系统噪声协方差估计曲线图

(a)系统过程噪声协方差估计曲线图；(b)量测噪声协方差估计曲线图

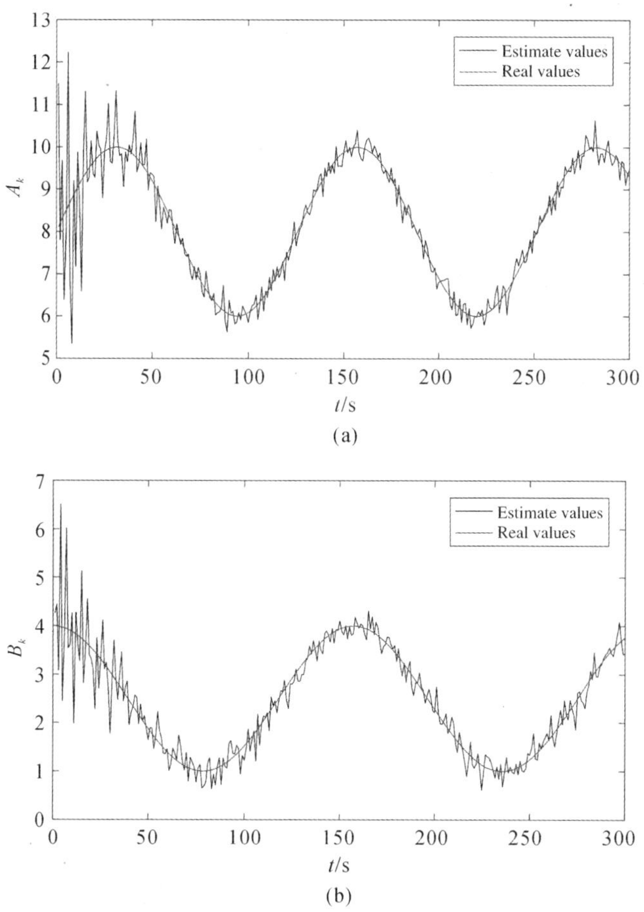


图 4.7 采用极大后验概率(MAP)估计得到的系统噪声协方差估计曲线图
(a)系统过程噪声协方差估计曲线图； (b)量测噪声协方差估计曲线

为了进一步评估所提出算法的性能，在相同条件下，将提出的 RWAGF 算法得到的噪声协方差估计与极大后验概率(MAP)估计[16-17]得到的噪声协方差估计进行比较。

如图 4.7 所示，在 0～30 s 的初始时间周期内，MAP 估计曲线存在明显的振荡。在这个初始时间周期之后，MAP 算法得到的噪声协方差估计曲线的振荡幅度明显大于所提出的 RWAGF 算法的振荡幅度。这说明提出的 RWAGF 算法的性能明显优于 MAP。表 4.3 给出了系统过程噪声和量测噪声协方差的均值误差估计。

**表 4.3 MAP 和 RWAGF 得到的系统噪声协方差的均值误差估计值**

| Method | Mean Error($A_k$) | Mean Error($B_k$) |
|---|---|---|
| MAP | 0.163 1 | 0.114 0 |
| RWAGF | 0.070 3 | 0.061 2 |

下面给出量测噪声有偏条件下，采用 CKF 和 RWAGF 算法所得到的状态误差估计曲线。

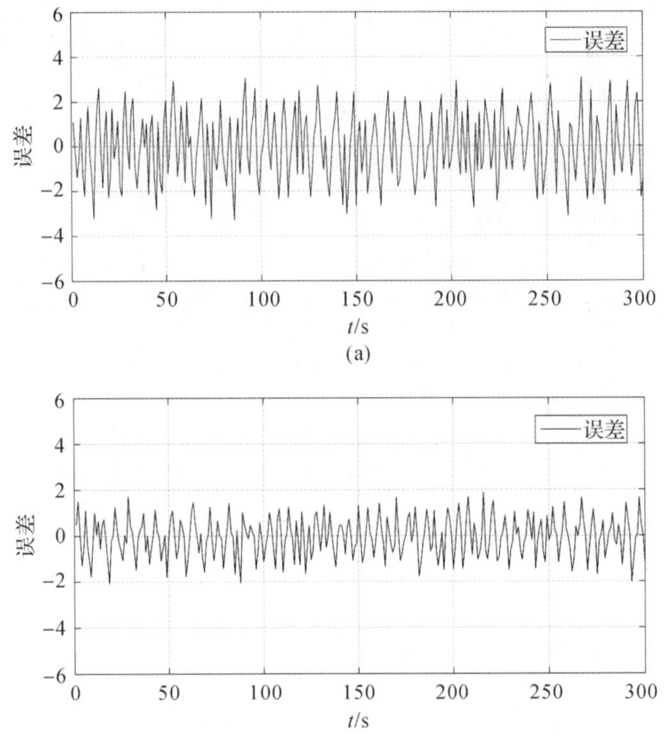


(a)

(b)

图 4.8 系统噪声有偏条件下采用 CKF 和 RWGF 得到的状态误差估计曲线图

(a)采用 CKF 算法得到的状态误差估计曲线图； (b)采用 RWAGF 算法得到的状态误差估计曲线图

从图 4.8 可以看出，提出的 RWGF 算法具有比 CKF 更小的状态估计误差，这说明，与 CKF 算法相比较，提出的 RWGF 算法具有更好的跟踪系统噪声统计的能力。

表 4.4 分别给出了采用 CKF 和提出的 RWGF 估计所得到的均值误差和均方根误差(RMSE)。从表 4.4 可以看出，采用 CKF 估计所得到的均值误差和均方根误差分别为 1.600 3 和 1.247 8，而采用 RWGF 所估计得到的均值误差和均方根误差分别为 0.613 8 和 0.740 2。因此，提出的 RWGF 的估计性能远优于 CKF 的估计性能。

**表 4.4 系统噪声有偏条件下采用 CKF 和 RWAGF 得到的状态误差估计值**

| Method | Mean Error | RMSE |
|---|---|---|
| CKF | 1.600 3 | 1.247 8 |
| RWAGF | 0.613 8 | 0.740 2 |

上面的模拟结果和分析表明，所提出的 RWGF 算法能有效地估计动力学系统的过程噪声和测量噪声统计，与 CKF 相比较，RWGF 能有效提高动力学系统状态估计的精度。

### 4.4.2 实际飞行实验验证与算法性能分析

下面通过实际飞行实验对所提出的随机加权自适应高斯滤波(RWAGF)算法的性能进

行验证，并与现有的高斯滤波方法[如容积卡尔曼滤波(CKF)]进行比较与分析，以验证所提出的 RWAGF 算法的性能。

选用 ASN－206 侦察无人机(Unmanned Aerial Vehicle，UAV)进行实际飞行试验，并将课题组研制的 BDS(北斗卫星导航系统)/MEMS－IMU(微机械惯性测量单元)组合导航系统安装在无人机上进行导航和定位，利用所提出的 RWAGF 进行导航滤波解算，以验证和评估所提出的 RWAGF 算法的性能。

1. BDS/MEMS－IMU 组合导航非线性系统模型

(1) BDS/MEMS－IMU 组合导航系统状态模型

选用东、北、天(East－North－Up，E－N－U)地理坐标系作为导航坐标系，BDS/MEMS－IMU 组合导航系统的状态向量选择由无人机(UAV)的速度、位置、姿态误差、陀螺漂移和加速度计零偏构成，状态向量如下

$$X(t)=[\delta v_E \quad \delta v_N \quad \delta v_U \quad \delta L \quad \delta\lambda \quad \delta h \quad \varphi_E \quad \varphi_N \quad \varphi_U \quad \varepsilon_x \quad \varepsilon_y \quad \varepsilon_z \quad \nabla_{bx} \quad \nabla_{by} \quad \nabla_{bz}]^{T}_{15\times1} \tag{4.60}$$

式中：$(\delta v_E,\delta v_N,\delta v_U)$，$(\delta L,\delta\lambda,\delta h)$和$(\varphi_E,\varphi_N,\varphi_U)$分别为 UAV 的速度误差、位值误差和姿态误差向量，$L$，$\lambda$ 和 $h$ 分别是纬度、经度和高度，$(\varepsilon_x,\varepsilon_y,\varepsilon_z)$为陀螺常值漂移，$(\nabla_{bx},\nabla_{by},\nabla_{bz})$是加速度计零偏。并且

$$\begin{bmatrix}\dot{\delta L}\\ \dot{\delta\lambda}\\ \dot{\delta h}\end{bmatrix}=\begin{bmatrix}\dfrac{\delta v_y}{R+h}+\dfrac{v_y\delta h}{(R+h)^2}\\ \dfrac{\delta v_x}{R+h}\sec L+\dfrac{v_x\delta L}{R+h}\sec L\tan L-\dfrac{v_x\delta h}{(R+h)^2}\sec L\\ \delta v_z\end{bmatrix} \tag{4.61}$$

式中：$R$ 是地球半径。

BDS/MEMS IMU 组合导航系统的状态方程为

$$\dot{X}(t)=f[X(t)]+G(t)w(t) \tag{4.62}$$

式中：$f(\cdot)$是系统非线性函数，$\boldsymbol{G}(t)$是噪声系数矩阵，$\boldsymbol{w}(t)$是系统过程噪声矩阵。

非线性函数 $f(\cdot)$的表达式如下：

$$f[X(t)]=\begin{bmatrix}\boldsymbol{C}_\omega^{-1}[(\boldsymbol{I}-\boldsymbol{C}_n^c)\hat{\omega}_{in}^n+\boldsymbol{C}_n^c\delta\omega_{in}^n-\boldsymbol{C}_b^c\delta\omega_{ib}^b]\\ [\boldsymbol{I}-(\boldsymbol{C}_n^c)^{T}]\boldsymbol{C}_b^c\hat{\boldsymbol{f}}_{sf}^b+(\boldsymbol{C}_n^c)^{T}C_b^c\delta f_{sf}^b-\\ (2\delta\omega_{ie}^n+\delta\omega_{en}^n)\cdot\boldsymbol{V}-(2\hat{\omega}_{ie}^n+\hat{\omega}_{en}^n)\cdot\delta\boldsymbol{V}+\\ (2\omega_{ie}^n+\omega_{en}^n)\cdot\delta\boldsymbol{V}+\delta\boldsymbol{g}\\ \dfrac{v_y}{R_M+h}-\dfrac{v_y-\delta v_y}{(R_M-\delta R_M)+(h-\delta h)}\\ \dfrac{v_x\sec L}{R_N+h}-\dfrac{(v_x-\delta v_x)\sec(L-\delta L)}{(R_N-\delta R_N)+(h-\delta h)}\\ \delta v_z\\ \boldsymbol{0}_{1\times7}\end{bmatrix} \tag{4.63}$$

式中：$\boldsymbol{C}_\omega$ 是计算数学平台误差角矩阵；$\boldsymbol{C}_n^c$ 是从导航坐标$(n)$到计算坐标系$(c)$的姿态转换

矩阵；$\boldsymbol{C}_b^c$ 是从载体坐标($b$)到计算坐标系($c$)的姿态转换矩阵；$\hat{\omega}_{ie}^n$ 和 $\omega_{ie}^n$ 分别是地球坐标系($e$)相对惯性坐标系($i$)的估计角速度和真实角速度；$\delta\omega_{in}^n$ 和 $\delta\omega_{ib}^n$ 分别是 $\omega_{in}^n$ 和 $\omega_{ib}^n$ 的计算误差；$\hat{f}_{sf}^b$ 和 $f_{sf}^b$ 分别是加速度计输出的比力估计值和真实比力。$V$ 和 $\delta V$ 是无人机(UAV)的实际飞行速度和速度误差，$\delta g$ 是引力加速度误差，$L$ 是纬度，$h$ 是高度，$\delta R_M$ 和 $\delta R_N$ 分别是子午圈的主曲率半径和卯球圈的主曲率半径。

系统噪声系数矩阵为

$$G(t)=\begin{bmatrix} C_{b(3\times3)}^c & 0_{(3\times3)} \\ 0_{(3\times3)} & C_{b(3\times3)}^c \\ 0_{(9\times3)} & 0_{(9\times3)} \end{bmatrix}_{(15\times6)} \tag{4.64}$$

系统噪声为

$$\boldsymbol{w}(t)=[w_{gx},w_{gy},w_{gz},w_{ax},w_{ay},w_{az}]_{6\times1}^{\mathrm{T}} \tag{4.65}$$

式中：$(w_{gx},w_{gy},w_{gz})$和$(w_{ax},w_{ay},w_{az})$分别表示陀螺和加速度计的随机噪声。

(2)BDS/MEMS-IMU组合导航系统量测模型

BDS/MEMS-IMU组合导航系统的量测模型，由位置误差量测方程和速度误差量测方程构成。

BDS/MEMS-IMU组合导航系统的位置误差量测方程如下：

$$\boldsymbol{Z}_p(t)=\boldsymbol{H}_p(t)\boldsymbol{X}(t)+\boldsymbol{V}_p(t)=\begin{bmatrix} R\cos L\,\delta\lambda+n_{\mathrm{E}} \\ R\,\delta L+n_{\mathrm{N}} \\ \delta h+n_{\mathrm{U}} \end{bmatrix} \tag{4.66}$$

式中：$\boldsymbol{H}_p(t)$是位置量测矩阵，其表达式如下

$$\boldsymbol{H}_p=[0_{3\times3}\ \vdots\ \mathrm{diag}[R\ \ R\cos L\ \ 1]\ \vdots\ 0_{3\times9}]_{9\times15} \tag{4.67}$$

$\boldsymbol{V}_p(t)$是位置量测噪声，其表达式为

$$\boldsymbol{V}_p(t)=[n_{\mathrm{E}}\quad n_{\mathrm{N}}\quad n_{\mathrm{U}}]^{\mathrm{T}} \tag{4.68}$$

式中：$n_{\mathrm{E}}$，$n_{\mathrm{N}}$，$n_{\mathrm{U}}$ 是北斗接收机在三个坐标轴上的位置量测误差。

BDS/MEMS-IMU组合导航系统的速度置误差量测方程为

$$\boldsymbol{Z}_v(t)=\boldsymbol{H}_v(t)\boldsymbol{X}(t)+\boldsymbol{V}_v(t)=\begin{bmatrix} \delta v_{\mathrm{E}}+n_{v\mathrm{E}} \\ \delta v_{\mathrm{N}}+n_{v\mathrm{N}} \\ \delta v_{\mathrm{U}}+n_{v\mathrm{U}} \end{bmatrix} \tag{4.69}$$

式中：$\boldsymbol{H}_v(t)$是速度量测矩阵，其表达式如下：

$$\boldsymbol{H}_v(t)=[\mathrm{diag}[1\ 1\ 1]\ \vdots\ 0_{3\times12}]_{9\times15} \tag{4.70}$$

$\boldsymbol{V}_v(t)$是速度量测噪声，其表达式为

$$\boldsymbol{V}_v(t)=[n_{v\mathrm{E}}\quad n_{v\mathrm{N}}\quad n_{v\mathrm{U}}]^{\mathrm{T}} \tag{4.71}$$

式中：$n_{v\mathrm{E}}$，$n_{v\mathrm{N}}$，$n_{v\mathrm{U}}$ 是北斗接收机在三个坐标轴上的速度量测误差。

根据式(4.66)和式(4.69)，BDS/MEMS-IMU组合导航系统的量测模型可以描述如下：

$$\boldsymbol{Z}(t)=\begin{bmatrix} \boldsymbol{H}_p(t) \\ \boldsymbol{H}_v(t) \end{bmatrix}\boldsymbol{X}(t)+\begin{bmatrix} \boldsymbol{V}_p(t) \\ \boldsymbol{V}_v(t) \end{bmatrix}=\boldsymbol{H}(t)\boldsymbol{X}(t)+\boldsymbol{V}(t) \tag{4.72}$$

2. 实际飞行实验与分析

2021 年 10 月 28 日凌晨 5 时左右在西安市阎良区某地，课题组选用安装有 BDS/MEMS－IMU 导航系统的 ASN－206 侦察无人机(UAV)进行飞行实验。

(1)导航设备及参数。选用课题组研制的 BDS(Bei Dou System)/MEMS－IMU(Micro－Electro Mechanical System Inertial Measurement Unit)组合导航系统进行导航定位(见图 4.9 和图 4.10)，将该组合导航系统安装在 ASN－206 侦察无人机上进行飞行试验(见图 4.11)。

图 4.9 中的组合导航系统分解，由 MEMS 航姿测量模块、北斗接收天线、北斗接收机、磁航向传感器、导航解算模块、电源/滤波模块、液晶显示屏、机架和机箱九个部分组成。图 4.10 中的 BDS/MEMS IMU 组合导航系统，由 MEMS 航姿测量显示单元、北斗接收天线及磁航向传感器组成。

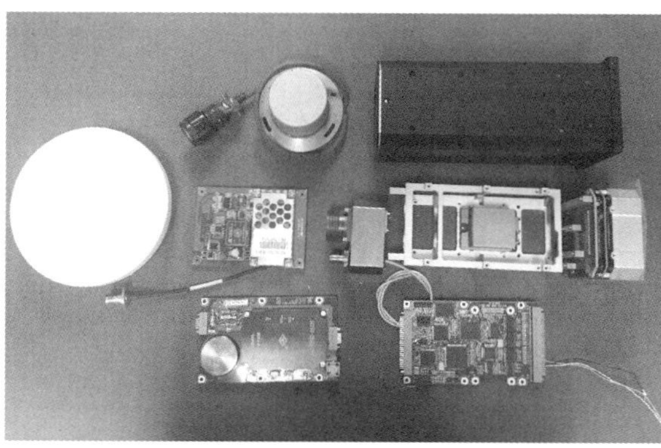

图 4.9　BDS/MEMS IMU 组合导航系统分解图

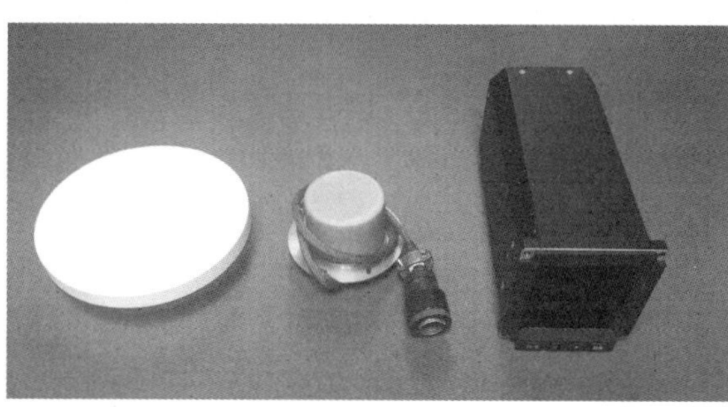

图 4.10　BDS/MEMS IMU 组合导航系统图

图 4.11　UAV 及所安装的 BDS/MEMSIMU 组合导航系统图

MEMS IMU 模块选用:荷兰 Xsens 公司研发的 MTi－100 系列 IMU,内置三轴陀螺、三轴加速度计和三轴磁力计,均由 MEMS 器件构成。陀螺仪和加速度计的噪声参数见表 4.5。

**表 4.5　MTi－100 系列 IMU 的噪声参数**

| 类　型 | 参　数 | | 取　值 |
|---|---|---|---|
| 初始导航参数 | 初始位置(经度—纬度—高度) | | (108.997°,34.246°,5 000 m)) |
| | 初始速度(东向—北向—天向) | | (0 m/s,150 m/s,0 m/s) |
| | 初始姿态(俯仰角—横滚角—航向角) | | (0°,0°,0°) |
| 初始误差 | 初始位置误差(经度—纬度—高度) | | (10 m,10 m,15 m) |
| | 初始速度误差(东向—北向—天向) | | (0.4 m/s,0.4 m/s,0.4 m/s) |
| | 初始姿态误差(俯仰角—横滚角—航向角) | | 1′,1′,1.5′ |
| INS 参数 | 陀螺参数 | 常值漂移 | 0.1°h |
| | | 随机游走系数 | $0.05\ ^\circ/\sqrt{h}$ |
| | | 采样率 | 20 Hz |
| | 加速度计参数 | 常值偏置 | $1\times10^{-3}$ g |
| | | 随机游走系数 | $1\times10^{-4}\ g\cdot\sqrt{s}$ |
| | | 采样率 | 20 Hz |

北斗/GNSS 接收机选用:Hemisphere 系列 P307 北斗/GNSS 三星七频高精度定位板卡。可接收 BDS 信号(B1,B2,B3)、GPS 信号(L1,L2)和 GLONASS 信号(G1,G2),支持单系统工作模式以及多系统联合解算模式,其主要技术参数见表 4.6。

**表 4.6　Hemisphere 系列 P307 北斗/GNSS 三星七频高精度定位板卡主要技术参数**

| 参　数 | 指　标 |
|---|---|
| 接收卫星信号 | BDS(B1, B2, B3)、GPS(L1, L2)、GLONASS(G1, G2) |
| 水平定位精度(RMS) | 1.2 m |
| 高度测量精度(RMS) | 3 m |
| 速度测量精度(RMS) | 0.02 m/s |
| 数据更新率 | 20Hz |

(2)实验飞行过程。无人机在导航设备进行 10 min 初始化后开始起飞,经过平飞、匀速、加速、转弯、爬升、下降等一系列飞行动作后,平稳降落地面。

为了进行比较和分析,分别将本文所提出的随机加权自适应高斯滤波(RWAGF)算法和容积卡尔曼滤波(CKF)算法应用于 BDS/MEMS－IMU 组合导航系统进行导航滤波解算。

无人机总飞行时间为 90 min,选取无人机平飞 1 800 s 的数据作为实验所用数据来评估 RWGF 的性能。在所选取的数据中,无人机的起飞位置点为东经 105.237°,北纬

36.706°，高度 2 523 m；初始速度为东向 180 m/s、北向 135 m/s、天向 50 m/s。无人机的飞行过程描述及飞行状态参数设置见图 4.12 和表 4.7，无人机飞行轨迹见图 4.13。

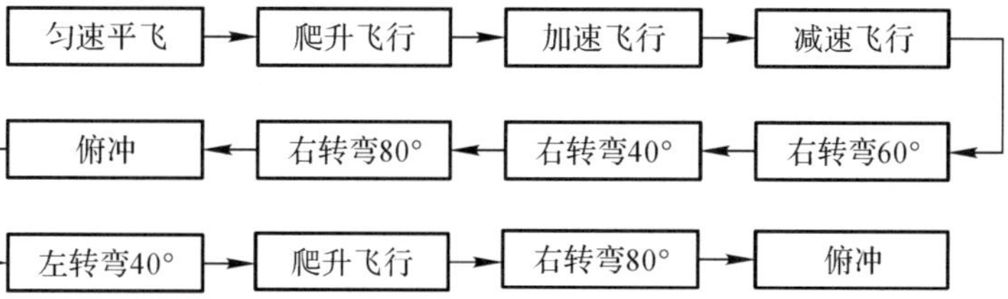


图 4.12　无人机主要飞行过程

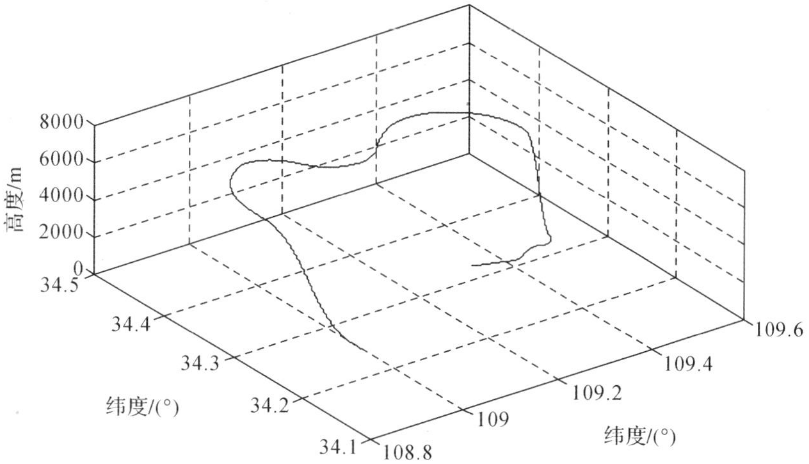


图 4.13　无人机飞行轨迹示意图

**表 3.7　载体飞行状态参数设置**

| 阶　段 | 运动状态 | 时间/s | 俯仰角变化率/$(^\circ\cdot s^{-1})$ | 横滚角变化率/$(^\circ\cdot s^{-1})$ | 航向角变化率/$(^\circ\cdot s^{-1})$ | 加速度变化量东向、北向、天向/$(m\cdot s^{-2})$ |
|---|---|---|---|---|---|---|
| 1 | 匀速平飞 | 100 | 0 | 0 | 0 | 0，0，0 |
| 2 | 爬　升 | 40 | 0.6 | 0 | 0 | 0，0，1.571 |
| 3 | 改　平 | 40 | −0.6 | 0 | 0 | 0，0，−1.571 |
| 4 | 加速平飞 | 10 | 0 | 0 | 0 | 0，20，0 |
| 5 | 减速平飞 | 10 | 0 | 0 | 0 | 0，−20，0 |
| 6 | 匀速平飞 | 50 | 0 | 0 | 0 | 0，0，0 |
| 7 | 右转弯 60° | 2 | 0 | 5.0 | −1.0 | 2.618，0，0 |
| 8 | 转弯阶段 | 57 | 0 | 0 | −1.0 | 2.618，0，0 |
| 9 | 改　平 | 1 | 0 | −10 | −1.0 | 2.618，0，0 |
| 10 | 匀速平飞 | 50 | 0 | 0 | 0 | 0，0，0 |

续表

| 阶　段 | 运动状态 | 时间/s | 俯仰角变化率/(°·$s^{-1}$) | 横滚角变化率/(°·$s^{-1}$) | 航向角变化率/(°·$s^{-1}$) | 加速度变化量东向、北向、天向/(m·$s^{-2}$) |
|---|---|---|---|---|---|---|
| 11 | 右转弯 40° | 2 | 0 | 5.0 | −1.0 | 2.618, 0, 0 |
| 12 | 转弯阶段 | 37 | 0 | 0 | −1.0 | 2.618, 0, 0 |
| 13 | 改　平 | 1 | 0 | −10 | −1.0 | 2.618, 0, 0 |
| 14 | 匀速平飞 | 50 | 0 | 0 | 0 | 0, 0, 0 |
| 15 | 右转弯 80° | 2 | 0 | 5.0 | −1.0 | 2.618, 0, 0 |
| 16 | 转弯阶段 | 77 | 0 | 0 | −1.0 | 2.618, 0, 0 |
| 17 | 改　平 | 1 | 0 | −10 | −1.0 | 2.618, 0, 0 |
| 18 | 匀速平飞 | 50 | 0 | 0 | 0 | 0, 0, 0 |
| 19 | 俯　冲 | 30 | −0.6 | 0 | 0 | 0, 0, −1.571 |
| 20 | 改　平 | 30 | 0.6 | 0 | 0 | 0, 0, 1.571 |
| 21 | 左转弯 40° | 2 | 0 | −5.0 | 1.0 | −2.618, 0, 0 |
| 22 | 转弯阶段 | 37 | 0 | 0 | 1.0 | −2.618, 0, 0 |
| 23 | 改　平 | 1 | 0 | 10 | 1.0 | −2.618, 0, 0 |
| 24 | 匀速平飞 | 50 | 0 | 0 | 0 | 0, 0, 0 |
| 25 | 拉　起 | 20 | 0.6 | 0 | 0 | 0, 0, 1.571 |
| 26 | 改　平 | 20 | −0.6 | 0 | 0 | 0, 0, −1.571 |
| 27 | 右转弯 80° | 2 | 0 | 5.0 | −1.0 | 2.618, 0, 0 |
| 28 | 转弯阶段 | 77 | 0 | 0 | −1.0 | 2.618, 0, 0 |
| 29 | 改　平 | 1 | 0 | −10 | −1.0 | 2.618, 0, 0 |
| 30 | 俯　冲 | 40 | −0.6 | 0 | 0 | 0, 0, −1.571 |
| 31 | 匀速平飞 | 70 | 0 | 0 | 0 | 0, 0, 0 |

(3)实验结果与分析。如图 4.14 所示，CKF 滤波曲线有明显振荡，其经度、纬度和高度误差分别在(−8 m, +8 m)，(−8 m, +8 m)和(−6 m, +6 m)范围内。而图 4.15 表明，提出的 RWAGF 算法所得到的经度、纬度和高度误差在(−3 m, +3 m)，(−3 m, +3 m)，(−5 m, +5 m)范围内，比 CKF 的计算误差要小得多。

与位置误差情况类似，采用 RWAGF 滤波计算得到的速度误差也比 CKF 小得多。采用 CKF 滤波得到的东、北、天方向的速度误差分别在(−0.9 m/s ，+0.9 m/s)，(−0.9 m/s,

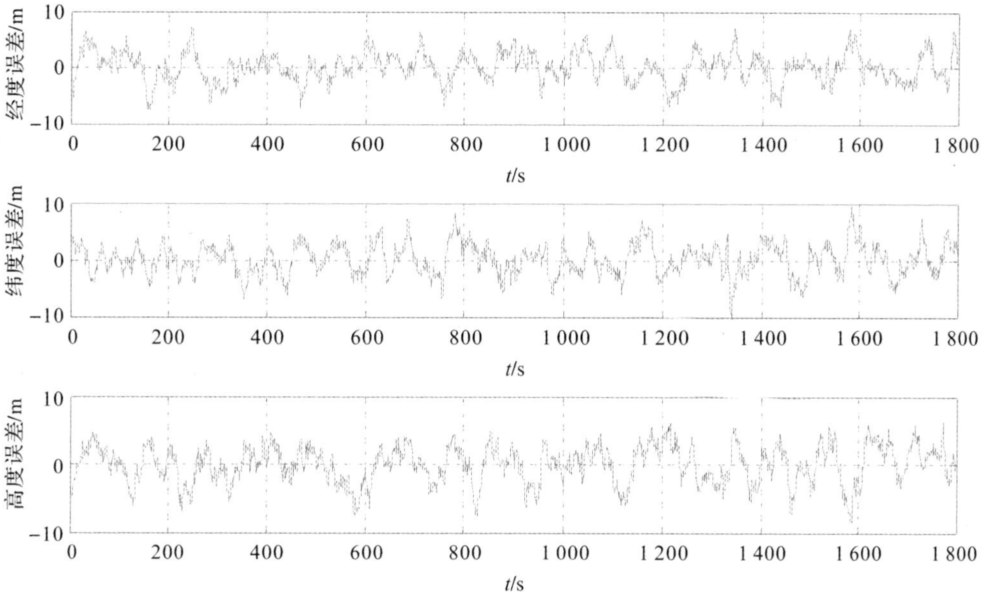


图 4.14　采用 CKF 算法得到的位置误差曲线图

＋0.9 m/s)，(－1 m/s，＋1 m/s)范围内(见图 4.16)。而采用提出的 RWAGF 计算得到的东、北、天方向的速度误差分别在(－0.3 m/s，＋0.3 m/s)，(－0.3 m/s，＋0.3 m/s)和(－0.4 m/s，＋0.4 m/s)范围内(见图 4.17)。这是因为所提出的 RWAGF 具有在线估计噪声的能力，抑制系统噪声对状态估计的影响，提高估计精度，而 CKF 算法不具有这个能力。

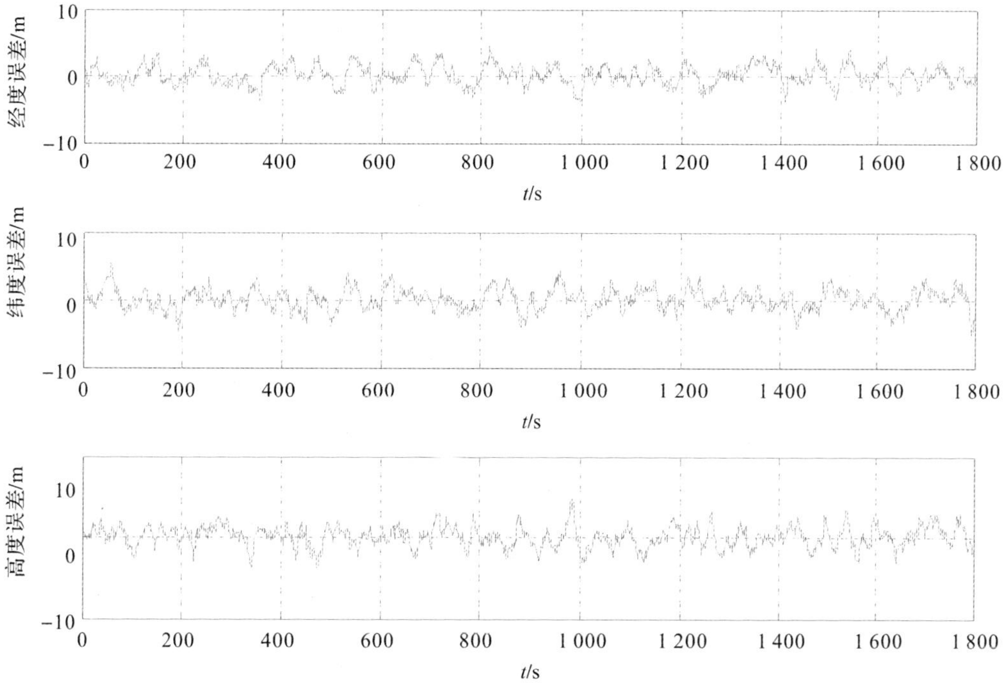


图 4.15　采用 RWAGF 算法得到的位置误差曲线图

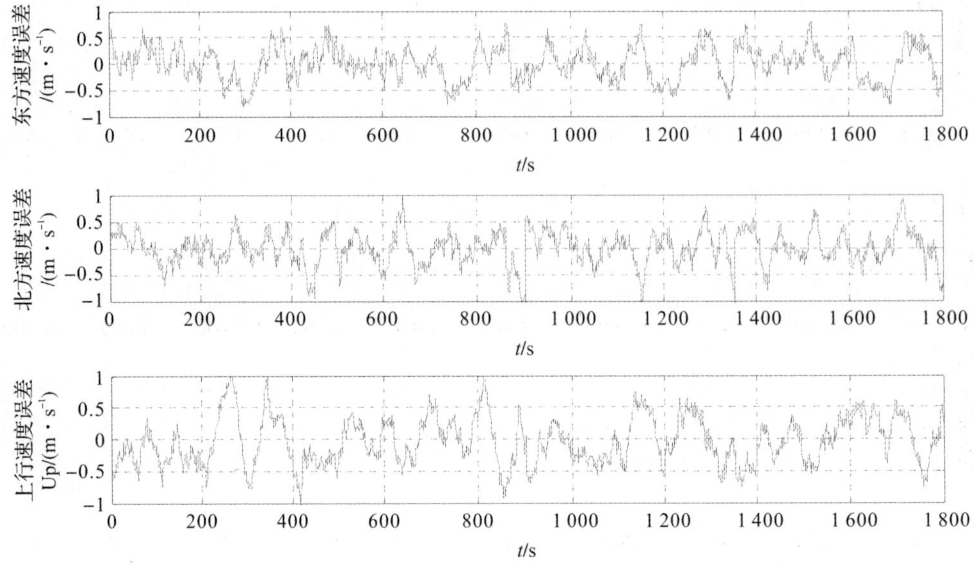


图 4.16　采用 CKF 算法得到的速度误差曲线图

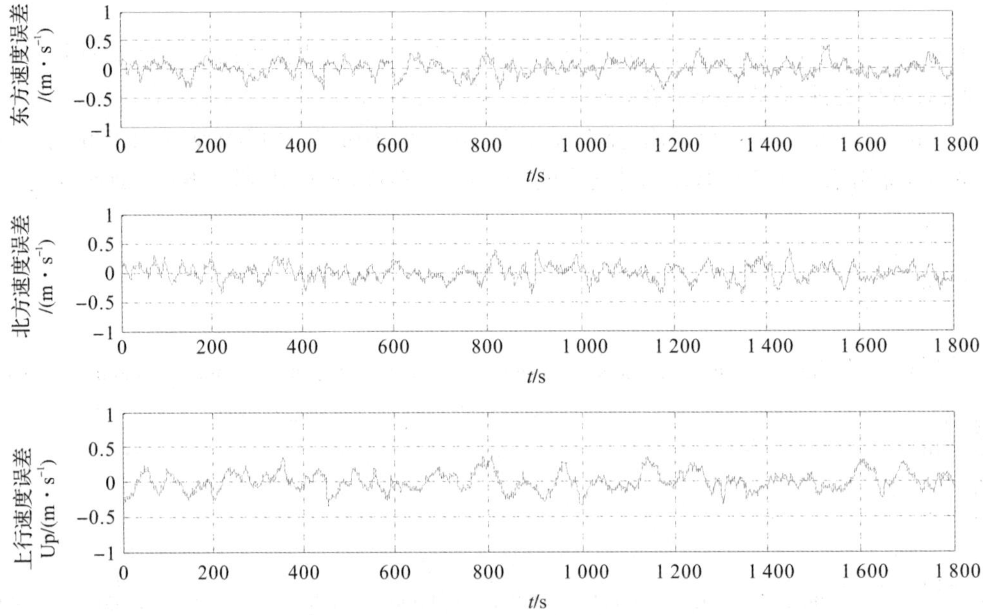


图 4.17　采用 RWAGF 算法得到的速度误差曲线图

表 4.8 表明，采用 RWAGF 计算得到的位置和速度的均值误差也比 CKF 小得多。

**表 4.8　CKF 和 RWAGF 计算得到的位置和速度的均值误差**

| 算法 | 位置的均值误差/m | 速度的均值误差/m |
|---|---|---|
| CKF | 9.677 6 | 0.785 0 |
| RWAGF | 3.435 9 | 0.283 0 |

以上实际实验结果和分析表明，所提出的 RWAGF 算法能有效地估计动力学系统的过程噪声和测量噪声统计。与现有的 CKF 算法相比较，提出的 RWAGF 算法能抑制系统的噪声对系统状态估计的影响，提高导航滤波计算的精度，且实际实验结果与仿真计算结果基本上一致。

## 4.5　小　结

本章首先研究了非线性高斯滤波(GF)的两种典型算法：一是基于解析近似的高斯滤波(如 EKF)算法；另一种是基于数值逼近的高斯滤波(如 UKF、CKF)。分析了这两种典型非线性高斯滤波算法的性能，指出了各自滤波计算的优缺点(见引言第一段至第四段)。

其次，在研究现有非线性高斯滤波算法的基础上，阐明了现有高斯滤波的计算精度，严重依赖于过程噪声和测量噪声的先验知识。如果过程噪声不准确或者未知，则计算出的过程噪声协方差也将不准确。进一步将导致计算出的状态误差协方差阵不准确，从而使得状态预测向量出现偏差。类似地，如果测量噪声不准确或未知，测量预测也将出现偏差，这将会严重影响动力学系统的状态估计精度[参见式(3.3)～式(3.8)]。

再次，研究了噪声统计的极大后验概率(MAP)估计的性能。指出了现有的 MAP 方法，对系统过程噪声和量测噪声统计的估计是通过具有共同权值的算术平均方法计算的[参见公式(3.14)～(3.15)]。这意味着，对于每种噪声统计，在移动窗口内的所有时间点的估计对预测误差具有同等的贡献。因此，利用该算法计算出的预测误差不能准确地表征实际噪声特性，从而导致算法滤波估计精度下降。

复次，为了克服现有的极大后验概率(MAP)估计方法噪声估计的缺点，提出一种基于随机加权估计的非线性高斯滤波计算方法。在该方法中，通过自适应随机加权方法，在线估计系统过程噪声和测量噪声的均值和协方差；然后，动态整系统过程噪声和量测噪声估计的权值，抑制系统噪声对状态估计的干扰，提高动力学系统状态估计的精度。

最后，通过仿真计算和实际实验，验证了所提出的 RWAGF 方法的有效性，并通过与传统高斯滤波(如 CKF)算法的对比和分析，证明了在噪声统计特性未知或有偏的情况下，提出的 RWAGF 算法能有效抑制系统噪声对状态估计的影响，提高导航滤波计算的精度。

## 参考文献

[1] AFSHARI H H, GADSDEN S A, HABIBI S. Gaussian filters for parameter and state estimation: A general review of theory and recent trends [J]. Signal Processing, 2017,(135):218 - 238.

[2] BRANICKI M, MAJDA A J, LAW K J. Accuracy of some approximate Gaussian filters for the Navier - Stokes equation in the presence of model error [J]. Multiscale Modeling & Simulation, 2018, 16(4):1756 - 1794.

[3] XIONG K. Gaussian filters for nonlinear filtering problems [J]. IEEE Transactions

on Automatic Control, 2000, 45(5):910 - 927.

[4] JULIER S J, UHLMANN J K. Unscented filtering and nonlinear estimation [J]. Proceedings of the IEEE, 2004, 92(3):401 - 422.

[5] GOBBO M D, NAPOLITANO P, FAMOURI M I. Experimental application of extended Kalman filtering for sensor validation [J]. IEEE Transactions on Control System Technology, 2001, 9(2):376 - 380.

[6] HU Z, GLLACHER B. Extended Kalman filtering based parameter estimation and drift compensation for MEMS rate integrating gyroscope [J]. Sensors and Actuators, 2016, 250, 96 - 105.

[7] GAUTIER M, POIGNET PH. Extended Kalman filtering and weighting least squares dynamic identification of robot [J]. Control Engineering Practice, 2001, 9 (12): 1361 - 1372.

[8] SUN F, TANG L. Estimation precision comparison of cubature Kalman filter and unscented Kalman filter [J]. Control and Decision, 2013, 28(2):303 - 308.

[9] GAO B B, HU G G, GAO S S, et al. Multi - sensor optimal data fusion based on adaptive fading unscented Kalman Filter [J]. Sensors, 2018,18(2):1 - 22.

[10] LI Q, SUN F. Adaptive cubature particle filter algorithm [C]//In Proc. of IEEE Conference on Mechatronics and Automation, Takamatsu, Japan, 2013. 1356 - 1360.

[11] SOKEN H E, HAJIYEV C. Adaptive fading UKF with Q - adaptation: application to pico*s*atellite attitude estimation [J]. Journal of Aerospace Engineering, 2011, 26 (3):628 - 636.

[12] ARASARATNAM S. Cubature Kalman filters [J]. IEEE Transactions on Automatic Control, 2009, 54(6):1254 - 1269.

[13] WANG H W, Li H B, FANG J C, et al. Robust Gaussian Kalman filter with outlier detection [J]. IEEE Signal Processing Letters, 2018, 25,(8):1236 - 1240.

[14] WUETHRICH M, TRIMPE S, CIFUENTES C G, et al. A new perspective and extension of the Gaussian Filter [J] The International Journal of Robotics Research, 2016, 35(14):1731 - 1749.

[15] CAI H. Bayesian MAP estimation of noise statistics and system adaptive filtering [J]. Journal of National University of Defense Technology, 1997, 19(1):5 - 8.

[16] DING J L, XIAO J. Design of adaptive cubature Kalman filter based on maximum a posteriori estimation [J]. Control Decision, 2014,29,327—334.

[17] SAGE A P, HUSA G W. Adaptive filtering with unknown prior statistics [M]. Joint American Control Conference, 1969: 769 - 774.

[18] GAO Z H, MU D J, WEI W H, et al. Adaptive Unscented Kalman Filter Based on Maximum Posterior Estimation and Random Weighting [J]. Aerospace Science and Technology, 2017, 71:1224.

[19] GAO Z H, MU D J, ZHONG Y M, et al. A Strap - Down Inertial Navigation/Spectrum Red - Shift/Star Sensor(SINS/SRS/SS) Autonomous Integrated System for Spacecraft Navigation [J]. Sensors,2018,18(7):1 - 16.

[20] 高朝晖. SINS/SRS/CNS 自主导航系统设计与 CKF 算法拓展研究[D]. 西安:西北工业大学,2019.

[21] 胡丛玮. GPS 短基线模型与动态定位[D], 西安:西北工业大学. 2019.

[22] 胡国荣,欧吉坤. 改进的高动态 GPS 定位自适应卡尔曼滤波方法[J]. 测绘学报, 1999, 28(2):290 - 294.

[23] MOHAMED A H, SCHWARZ K P. Adaptive Kalman filtering for INS/GPS [J]. Journal of Geodesy, 1999, 73(4):193 - 203.

[24] CHO S Y, CHOI W S. Robust positioning technique in low - *cos*t DR/GPS for land navigation [J]. IEEE Transactions on Instrumentation and Measurement, 2006, 55 (4):1132 - 1142.

[25] GAO B B, GAO S S, HU G G, et al. Maximum likelihood principle and moving horizon estimation based adaptive unscented Kalman filter [J]. Aerospace Science and Technology, 2018,73:184 - 196.

[26] CHEN B, HU G Q. Nonlinear state estimation under bounded noises [J]. Automatica, 2018, 98:159 - 168.

[27] GAO S S, HU G G, ZHONG Y M. Windowing and random weighting based adaptive unscented Kalman filter [J]. International Journal of Adaptive Control and Signal Processing, 2015, 29(2):201 - 223.

[28] GAO B B, GAO S S, ZHONG Y M, et al. Random weighting estimation of sampling distributions via importance resampling [J]. Communications in Statistics - Simulation and Computation, 2017, 1(46):640 - 654,.

[29] GAO SS, ZHONG Y M, WEI W H, et al. Windowing - based random weighting fitting of systematic model errors for dynamic vehicle navigation[J]. Information Sciences, 2014, 282:350 - 362.

[30] GAO Z H, GU C F, YANG J H, et al. Random Weighting - Based Nonlinear Gaussian Filtering [J], IEEE Access, 2020, 18(1): 19590 - 19605

[31] NARASIMHAPPA M, SABAT S L, PEESAPATI R. An innovation based random weighting estimation mechanism for denoising fiber optic gyro drift signal[J]. Optik, 2014,125:1192 - 1198.

[32] 高朝晖. 随机加权自适应滤波及其在组合导航中的应用研究[R]. 西安:长安大学,2021.

[33] GORDON N. J, SALMOND D J, SMITH A F. Novel approach to nonlinear/non - Gaussian Bayesian state estimation [J]. IEEE Proceedings - F, 1993, 140(2):107 - 113.

# 第五章　随机加权自适应容积卡尔曼滤波

## 5.1 引　言

通常，动力学系统需要用数学模型对其进行描述，即需要建立动力学系统的状态方程和测量方程。对于组合导航系统而言，要进行滤波计算必须建立其数学模型。组合导航系统本质上都是非线性系统，有时为了减少计算量及提高系统实时性，在某些假设条件下，将组合导航系统的非线性因素忽略掉，采用线性化的数学方程近似描述组合导航系统[1-3]。在某些特定情况下，系统的线性化数学方程确实能够反映出导航系统或过程的性能和特点。但是，工程实际中的任何系统总是存在一定程度的非线性因素，其中有些系统可以近似看成线性系统，而大多系统则不能用线性化的数学模型来描述，这些系统中的非线性因素不能被忽略，因此，必须采用非线滤波方法对其进行滤波计算。

容积卡尔曼滤波(Cubature Kalman Filtering，CKF)是近年来出现的一种非线性滤波方法[4-8]，该算法基于球面径向容积准则对状态向量进行采样获得相同权值的容积点，经过非线性函数传递来逼近非线性高斯系统的状态估计，其估计精度能够达到 Taylor 展开式三阶的精度。CKF 避免了扩展卡尔曼滤波算法(EKF)对非线性函数的线性化处理，所以滤波精度更高，相比于需要 $2n+1$ 个采样点($n$ 为系统状态维数)的无迹卡尔曼滤波算法(UKF)，CKF 仅需要 $2n$ 个采样点，减少了一个采样点，且采样点权值均为正，降低了滤波计算的复杂性，不但提高了计算效率，而且具有更好的数值稳定性[9-10]。但其缺点是完全依赖于初始化配置，不能够根据环境的变化和系统误差的大小自适应地调整容积点的权值，这样会出现对系统状态误差估计不准确，导致滤波器性能下降，甚至发散。

在容积卡尔曼滤波算法中，系统状态预测值、观测预测值、状态误差协方差预测值、自相关协方差预测值和互相关协方差预测值的计算，均采用算术平均值法，即采用统一的权值，不能区分各个不同时刻预测值估计误差的大小。这样将会导致状态预测值、观测预测值、状态误差协方差预测值、自相关协方差预测值和互相关协方差预测值不准确，进而，将影响滤波计算的精度。

随机加权估计是一种新兴的统计计算方法[11-15]。该方法有许多优点，如估计是无偏的、计算简单、不需要知道参数的准确分布、适合于大样本的计算等。为了克服容积卡尔曼滤波算法的缺点，本文研究一种随机加权自适应容积卡尔曼滤波(Random Weighting adaptive Cubature Kalman Filtering，RWACKF)算法，该算法根据各个不同时刻状态预测、观测预测、状态误差协方差预测、自相关协方差预测和互相关协方差预测误差的大小选取不同的权值，提高预测估计的精度，进而提高非线性系统滤波计算的精度。

本章首先对现有的CKF滤波性能进行分析；其次，建立了非线性系统状态预报、量测预报以及它们的协方差、自协方差和互协方差的随机加权CKF估计模型；最后，将随机加权自适应容积卡尔曼滤波(RWACKF)算法分别应用于目标跟踪系统和捷联惯导(SINS)/光谱红移SRS自主组合导航系统进行仿真验证，并对算法性能进行分析和评估。

## 5.2　容积卡尔曼滤波性能分析

如前(5.1节)所述，CKF算法的基本思想是基于Gaussian假设的迭代Bayes估计理论，依据三维球半径容积规则，产生一定数目的容积点及其对应的权重来逼近传统的Gaussian域加权积分，进而将滤波过程中的非线性函数与Gaussian概率积分的求解问题，转化为容积点的求和问题。

在处理高维系统的滤波计算问题时，利用CKF算法可得到比扩展卡尔曼滤波(EKF)、中心差分卡尔曼滤波(CDKF)和无迹卡尔曼滤波(UKF)等非线性滤波算法更优的滤波精度和相对较低的计算复杂度。

由于现有的CKF算法在滤波性能上所具有的优越性，该算法自其提出以来，就受到相关领域学者的广泛关注，并在GPS定位、移动电话的基站定位、INS/GPS组合导航系统的滤波计算、SINS的初始对准以及移动机器人同步定位与地图构建等多个领域得到广泛应用。

但CKF算法有两个缺点：一是需要假设系统过程噪声与量测噪声均为已知独立的零均值Gaussian白噪声，然而，工程实际中的噪声环境往往不满足上述严格的条件，这可能导致CKF算法的性能退化甚至滤波结果发散；二是对状态预测、观测预测、状态误差协方差预测、自相关协方差预测和互相关协方差预测的计算，均采用算术平均值法，即采用统一的权值，不能区分各个不同时刻预测值估计误差的大小。这样将会导致预测值不准确，进而，将影响滤波计算的精度。为克服这一局限性，进而增强标准CKF算法的鲁棒性，下面研究并提出一种随机加权自适应容积卡尔曼滤波(RWACKF)算法。

### 5.2.1　非线性系统模型

假设非线性离散系统数学模型为

$$\left.\begin{aligned} \boldsymbol{x}_k &= f(\boldsymbol{x}_{k-1}) + \boldsymbol{w}_{k-1} \\ \boldsymbol{z}_k &= h(\boldsymbol{x}_k) + \boldsymbol{v}_k \end{aligned}\right\} \tag{5.1}$$

式中：$\boldsymbol{x}_k \in \mathbf{R}^n$ 为 $k$ 时刻系统的 $n$ 维状态向量，$\boldsymbol{z}_k \in \mathbf{R}^m$ 为 $k$ 时刻系统的 $m$ 维量测向量；$\boldsymbol{w}_k \in \mathbf{R}^n$ 和 $\boldsymbol{v}_k \in \mathbf{R}^m$ 分别为系统过程噪声与量测噪声；$f(\cdot)$和 $h(\cdot)$为非线性系统函数。系统过程噪声 $\boldsymbol{w}_k$ 和量测噪声 $\boldsymbol{v}_k$ 为互不相关的Gaussian白噪声序列，其统计特性满足

$$\left.\begin{aligned} & E[\boldsymbol{w}_k] = \boldsymbol{q}_k, \operatorname{cov}(\boldsymbol{w}_k, \boldsymbol{w}^j) = \boldsymbol{Q}_k \delta_{kj} \\ & E[\boldsymbol{v}_k] = \boldsymbol{r}_k, \operatorname{cov}(\boldsymbol{v}_k, \boldsymbol{v}^j) = \boldsymbol{R}_k \delta_{kj} \\ & \operatorname{cov}(\boldsymbol{w}_k, \boldsymbol{v}^j) = 0 \end{aligned}\right\} \tag{5.2}$$

式中：$\boldsymbol{Q}_k$ 为非负定矩阵($Q_k \geqslant 0$)，$\boldsymbol{R}_k$ 为正定矩阵($\boldsymbol{R}_k > 0$)，$\delta_{kj}$ 为 Kronecker－$\delta$ 函数。

### 5.2.2 容积卡尔曼滤波算法

容积卡尔曼滤波(CKF)算法是一种基于确定性采样的非线性滤波算法。该算法基于容积规则选取一组容积点，容积点经非线性函数传递后，用来近似非线性 Gaussian 滤波中的 Gaussian 积分。

CKF 滤波算法的步骤如下：

(1)初始化。

$$\hat{x}_0 = E[x_0], \quad P_0 = E[(x_0 - \hat{x}_0)(x_0 - \hat{x}_0)^{\mathrm{T}}] \tag{5.3}$$

(2)时间更新。

假设$(k-1)$时刻后验密度函数 $p(\boldsymbol{x}_{k-1}) = \boldsymbol{N}(\hat{\boldsymbol{x}}_{k-1|k-1}, \boldsymbol{P}_{k-1|k-1})$已知，对误差协方差 $\boldsymbol{P}_{k-1|k-1}$ 进行 Cholesky 分解，有

$$\boldsymbol{P}_{k-1|k-1} = \boldsymbol{S}_{k-1|k-1} \boldsymbol{S}_{k-1|k-1}^{\mathrm{T}} \tag{5.4}$$

计算容积点

$$\boldsymbol{x}_{i,k-1|k-1} = \boldsymbol{S}_{k-1|k-1} \xi_i + \hat{\boldsymbol{x}}_{k-1|k-1} \tag{5.5}$$

式(5.4)和式(5.5)中：$\boldsymbol{S}_{k-1}$ 为对角矩阵，$\boldsymbol{S}_{k-1} = \mathrm{diag}\{s_{1,k-1}, s_{2,k-1}, \cdots\cdots s_{n,k-1}\}$，$s_{n,k-1}$ 为奇异值。$\xi_i = \sqrt{\frac{m}{2}}[1]_i (i = 1, 2, \cdots, m)$，$m$ 表示容积点个数，它等于状态量维数 $n$ 的 2 倍，$m = 2n$，$[1]_i$ 表示点集[1]中的第 $i$ 列，[1]表示完整全对称点集。

计算经状态方程传递后容积点

$$\boldsymbol{x}_{i,k|k-1}^{*} = f(\boldsymbol{x}_{i,k-1|k-1}, \boldsymbol{w}_{k-1}) \tag{5.6}$$

估计 $k$ 时刻的状态预测值

$$\hat{\boldsymbol{x}}_{k|k-1} = \frac{1}{m} \sum_{i=1}^{m} \boldsymbol{x}_{i,k|k-1}^{*} \tag{5.7}$$

估计 $k$ 时刻状态误差协方差阵的预测值

$$\boldsymbol{P}_{k|k-1} = \frac{1}{m} \sum_{i=1}^{m} \boldsymbol{x}_{i,k|k-1}^{*} \boldsymbol{x}^{*\mathrm{T}}{}_{i,k|k-1} - \hat{\boldsymbol{x}}_{k|k-1} \hat{\boldsymbol{x}}_{k|k-1}^{\mathrm{T}} + \boldsymbol{Q}_{k-1} \tag{5.8}$$

(3)量测更新。对 $\boldsymbol{P}_{k|k-1}$ 进行 Cholesky 分解

$$\boldsymbol{P}_{k|k-1} = \boldsymbol{S}_{k|k-1} \boldsymbol{S}_{k|k-1}^{\mathrm{T}} \tag{5.9}$$

计算容积点

$$\boldsymbol{x}_{i,k|k-1} = \boldsymbol{S}_{k|k-1} \xi_i + \hat{\boldsymbol{x}}_{k|k-1} \tag{5.10}$$

计算经量测方程传递后的容积点

$$\boldsymbol{z}_{i}^{*}{}_{,k|k-1} = h(\boldsymbol{x}_{i,k|k-1}, \mathbf{V}_k) \tag{5.11}$$

估计 $k$ 时刻的观测量预测值

$$\hat{\boldsymbol{z}}_{k|k-1} = \frac{1}{m} \sum_{i=1}^{m} \boldsymbol{z}_{i}^{*}{}_{,k|k-1} \tag{5.12}$$

计算自相关协方差阵预测值

$$\boldsymbol{P}_{zz,k|k-1}=\frac{1}{m}\sum_{i=1}^{m}\boldsymbol{z}_{i\ ,k|k-1}^{*}\boldsymbol{z}_{i\ ,k|k-1}^{*\ \mathrm{T}}-\hat{\boldsymbol{z}}_{k|k-1}\hat{\boldsymbol{z}}_{k|k-1}^{\mathrm{T}}+\boldsymbol{R}_{k} \tag{5.13}$$

计算互相关协方差阵预测值

$$\boldsymbol{P}_{xz,k|k-1}=\frac{1}{m}\sum_{i=1}^{m}\boldsymbol{x}_{i,k|k-1}\boldsymbol{z}_{i\ ,k|k-1}^{*\ \mathrm{T}}-\hat{\boldsymbol{x}}_{k|k-1}\hat{\boldsymbol{z}}_{k|k-1}^{\mathrm{T}} \tag{5.14}$$

计算 $k$ 时刻滤波增益阵

$$\boldsymbol{K}_{k}=\boldsymbol{P}_{xz,k|k-1}\boldsymbol{P}-1_{zz,k|k-1} \tag{5.15}$$

计算 $k$ 时刻状态估计值

$$\hat{\boldsymbol{x}}_{k|k}=\hat{\boldsymbol{x}}_{k|k-1}+\boldsymbol{K}_{k}(\boldsymbol{z}_{k}-\hat{\boldsymbol{z}}_{k|k-1}) \tag{5.16}$$

计算 $k$ 时刻状态误差协方差阵

$$\boldsymbol{P}_{k|k}=\boldsymbol{P}_{k|k-1}-\boldsymbol{P}_{xz,k|k-1}\boldsymbol{P}-1_{zz,k|k-1}\boldsymbol{P}_{xz,k|k-1} \tag{5.17}$$

式中：$\boldsymbol{P}_{zz,k|k-1}$ 和 $\boldsymbol{P}_{xz,k|k-1}$ 都是对称矩阵，即 $\boldsymbol{P}_{zz,k|k-1}=\boldsymbol{P}_{zz,k|k-1}^{\mathrm{T}}$，$\boldsymbol{P}_{xz,k|k-1}=\boldsymbol{P}_{zx,k|k-1}^{\mathrm{T}}$。

$k$ 时刻状态误差协方差阵可以进一步表示为

$$\begin{aligned}\boldsymbol{P}_{k|k}&=\boldsymbol{P}_{k|k-1}-\boldsymbol{P}_{xz,k|k-1}\boldsymbol{P}-1_{zz,k|k^{-1}}\boldsymbol{P}_{zz,k|k-1}\boldsymbol{P}-1_{zz,k|k-1}\boldsymbol{P}_{xz,k|k-1}\\&=\boldsymbol{P}_{k|k-1}-K_{k}\boldsymbol{P}_{zz,k|k-1}K_{k}^{\mathrm{T}}\end{aligned} \tag{5.18}$$

从式(5.7)、式(5.8)和式(5.12)～式(5.18)可以看出，容积卡尔曼滤波算法中的状态预测值、观测预测值、状态误差协方差预测值、自相关协方差预测值和互相关协方差预测值的计算，均采用算术平均值法，即采用统一的权值 $1/m$，不能区分各个不同时刻预测值估计误差的大小。这样将会导致状态预测值、观测预测值、状态误差协方差预测值、自相关协方差预测值和互相关协方差预测值的计算不准确，进而，将影响滤波计算的精度。

为了提高状态预测值、观测量预测值、状态误差协方差阵的预测值、自相关协方差阵的预测值和互相关协方差阵预测值的估计精度，下面对容积卡尔曼滤波算法中状态预测值、观测预测值、状态误差协方差预测值、自相关协方差预测值和互相关协方差预测值的计算方法进行研究并改进，本书提出一种随机加权容积卡尔曼滤波计算方法，以提高滤波解算的精度。

## 5.3　随机加权自适应容积卡尔曼滤波

随机加权估计的概念见第三章 3.1.1 节。

随机加权自适应容积卡尔曼滤波(RWACKF)步骤及计算公式推导如下：

(1)初始化。

假设初始值已知，即

$$\begin{aligned}&\hat{\boldsymbol{x}}_{0}=E(x_{0})\\&P_{0}=E[(x_{0}-\hat{\boldsymbol{x}}_{0})(^{x}_{0}-\hat{\boldsymbol{x}}_{0})T]\end{aligned} \tag{5.19}$$

(2)状态预测。

$k$ 时刻状态预测值的随机加权估计为

$$\hat{\boldsymbol{x}}_{k|k-1}=\sum_{i=1}^{m}\lambda_{i}\boldsymbol{x}_{i,k|k-1}^{*} \tag{5.20}$$

式中：$\lambda_i(i=1,2,\cdots,m)$是随机加权因子。

$k$ 时刻状态误差协方差预测值的随机加权估计为

$$\boldsymbol{P}_{k|k-1}=\sum_{i=1}^{m}\lambda_i(\boldsymbol{x}^*_{i,k|k-1}\boldsymbol{x}^{*\mathrm{T}}_{i,k|k-1})-\hat{\boldsymbol{x}}_{k|k-1}\hat{\boldsymbol{x}}^*_{k|k-1}+\boldsymbol{Q}_{k-1} \tag{5.21}$$

(3)量测预测。

$k$ 时刻观测预测值的随机加权估计为

$$\hat{\boldsymbol{z}}_{k|k-1}=\sum_{i=1}^{m}\lambda_i\boldsymbol{z}_{i,k|k-1} \tag{5.22}$$

自相关向量协方差阵预测值的随机加权估计为

$$\boldsymbol{P}_{zz,k|k-1}=\sum_{i=1}^{m}\lambda_i(\boldsymbol{z}_{i,k|k-1}\boldsymbol{z}^{\mathrm{T}}_{i,k|k-1})-\hat{\boldsymbol{z}}_{k|k-1}\hat{\boldsymbol{z}}^{\mathrm{T}}_{k|k-1}+\boldsymbol{R}_k \tag{5.23}$$

互相关向量协方差阵预测值的随机加权估计为

$$\boldsymbol{P}_{xz,k|k-1}=\sum_{i=1}^{m}\lambda_i(\boldsymbol{x}_{i,k|k-1}\boldsymbol{z}^{\mathrm{T}}_{i,k|k-1})-\hat{\boldsymbol{x}}_{k|k-1}\hat{\boldsymbol{z}}^{\mathrm{T}}_{k|k-1} \tag{5.24}$$

(4)状态更新。

$k$ 时刻滤波增益

$$\boldsymbol{K}_k=\boldsymbol{P}_{xz,k|k-1}\boldsymbol{P}^{-1}_{zz,k|k-1} \tag{5.25}$$

$k$ 时刻状态估计值

$$\hat{\boldsymbol{x}}_{k|k}=\hat{\boldsymbol{x}}_{k|k-1}+K_k(\boldsymbol{z}_k-\hat{\boldsymbol{z}}_{k|k-1}) \tag{5.26}$$

$k$ 时刻状态估计误差协方差阵的估计值

$$\boldsymbol{P}_{k|k}=\boldsymbol{P}_{k|k-1}-\boldsymbol{K}_k\boldsymbol{P}_{zz,k|k-1}\boldsymbol{K}^{\mathrm{T}}_k \tag{5.27}$$

式(5.24)～式(5.27)中，$\hat{\boldsymbol{x}}_{k|k-1}$，$\boldsymbol{P}_{k|k-1}$，$\hat{\boldsymbol{z}}_k$、$\boldsymbol{P}_{zz}$ 和 $\boldsymbol{P}_{xz}$ 的计算方法如下：

$$\begin{aligned}\hat{\boldsymbol{x}}_{k|k-1}&=E[f(\boldsymbol{x}_{k-1})]\\&=\int_{R^n}f(\boldsymbol{x}_{k-1})p(\boldsymbol{x}_{k-1})\mathrm{d}\boldsymbol{x}_{k-1}\end{aligned} \tag{5.28}$$

$$\begin{aligned}\boldsymbol{p}_{k|k-1}&=E[(\hat{\boldsymbol{x}}-\hat{\boldsymbol{x}}_{k|k-1})(\hat{\boldsymbol{x}}-\hat{\boldsymbol{x}}_{k|k-1})^{\mathrm{T}}]\\&=-\hat{\boldsymbol{x}}_{k|k-1}\hat{\boldsymbol{x}}^{\mathrm{T}}_{k|k-1}+\int_{R^n}f(x_{k-1})f^{\mathrm{T}}(x_{k-1})N(\boldsymbol{x}_{k-1},p_{k-1|k-1})\mathrm{d}\boldsymbol{x}_{k-1}+\boldsymbol{Q}_{k-1}\end{aligned} \tag{5.29}$$

$$\begin{aligned}\hat{\boldsymbol{z}}_{k|k-1}&=E[h(\boldsymbol{x}_k)]\\&=\int_{R^n}h(\boldsymbol{x}_k)N(\boldsymbol{x}_k,\boldsymbol{p}_{k|k-1})\mathrm{d}\boldsymbol{x}_k\end{aligned} \tag{5.30}$$

$$\begin{aligned}\boldsymbol{p}_{zz}&=E[(\boldsymbol{z}_k-\hat{\boldsymbol{z}}_k)(\boldsymbol{z}_k-\hat{\boldsymbol{z}}_k)^{\mathrm{T}}]\\&=\int_{R^n}h(\boldsymbol{x}_k)h^{\mathrm{T}}(\boldsymbol{x}_k)N(\boldsymbol{x}_k,\boldsymbol{p}_{k|k-1})\mathrm{d}x_{\boldsymbol{k}}-\hat{\boldsymbol{z}}_{k|k-1}\hat{\boldsymbol{z}}^{\mathrm{T}}_{k|k-1}+\boldsymbol{R}_k\end{aligned} \tag{5.31}$$

$$\begin{aligned}\boldsymbol{p}_{xz}&=E[(\boldsymbol{x}_k-\hat{\boldsymbol{x}}_x)(\boldsymbol{z}_k-\hat{\boldsymbol{z}}_k)^{\mathrm{T}}]\\&=\int_{R^n}\boldsymbol{x}_kh^{\mathrm{T}}(\boldsymbol{x}_k)N(\boldsymbol{x}_k,\boldsymbol{p}_{k|k-1})\mathrm{d}\boldsymbol{x}_k-\hat{\boldsymbol{x}}_{k|k-1}\hat{\boldsymbol{z}}^{\mathrm{T}}_{k|k-1}\end{aligned} \tag{5.32}$$

式(5.28)～式(5.32)中,数学期望的计算涉及到与系统状态维数相同的积分

$$I(f)=\int_{R^n} f(\boldsymbol{x})\exp(-\boldsymbol{x}^{\mathrm{T}}\boldsymbol{x})\mathrm{d}\boldsymbol{x} \tag{5.33}$$

式中：$f(x)$为已知的任意函数,$R^n$ 为积分区域。

从上面的计算过程可以看出,在随机加权容积卡尔曼滤波算法中,可以根据各个不同时刻状态预测值、观测预测值、状态误差协方差预测值、自相关协方差预测值和互相关协方差预测值估计误差的大小,选取不同的权值 $\lambda_i(i=1,2,\cdots,m)$,通过调节加权因子,提高预测误差估计的精度,进而提高滤波计算的精度。

随机加权自适应 CKF 计算过程如图 5.1 所示。

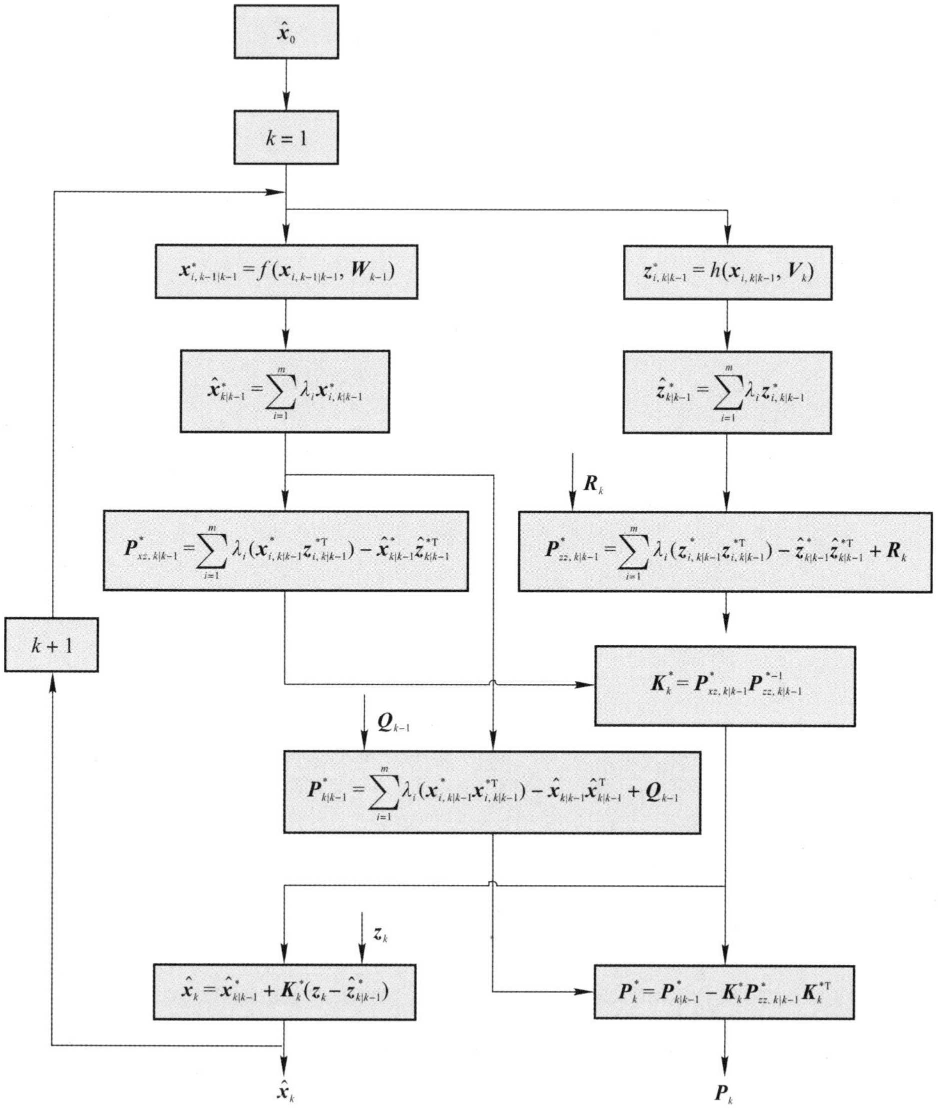


图 5.1　随机加权自适应 CKF 算法流程图

## 5.4 仿真实验及算法性能分析

### 5.4.1 RWACKF 应用于目标跟踪仿真实验

为了验证提出 RWACKF 算法的性能，将该算法应用于某型二维雷达的动态目标跟踪过程中。仿真实验中目标运动模型的状态方程是非线性的，量测方程是线性的。在计算过程中，利用提出的 RWACKF 算法进行滤波计算，并将提出的 RWCKF 算法分别与容积卡尔曼滤波（CKF）、无迹卡尔曼滤波（UKF）、随机积分滤波（SIF）和自适应无迹 Kalman 滤波（AUKF）进行比较，分析其性能的优劣。

目标动力学方程为[16]

$$\boldsymbol{x}_k = \boldsymbol{\Phi} \boldsymbol{x}_{k-1} + \boldsymbol{F} g(\boldsymbol{x}_k) + \boldsymbol{w}_k \tag{5.34}$$

式中：$\boldsymbol{x}_k = (x_k, \dot{x}_k, y_k, \dot{y}_k)^{\mathrm{T}}$ 是状态向量；$x_k$ 和 $y_k$ 是目标的位置；$\dot{x}_k$ 和 $\dot{y}_k$ 是目标的速度，$\boldsymbol{w}_k$ 是过程噪声，假设其为零均值的高斯白噪声。过程噪声和观测噪声及初始状态相互独立。

过程噪声的协方差矩阵为

$$\boldsymbol{Q}_k = \lambda \begin{bmatrix} M^3/3 & M^2/2 & 0 & 0 \\ M^2/2 & M & 0 & 0 \\ 0 & 0 & M^3/3 & M^2/2 \\ 0 & 0 & M^2/2 & M \end{bmatrix} \tag{5.35}$$

式中：$M$ 是连续观测向量的时间间隔；$\lambda < 1$ 是过程噪声比例常数，$\lambda$ 的取值由系统状态模型的可靠性决定，在仿真计算中 $\lambda = 2$。

系数矩阵 $\boldsymbol{\Phi}$ 和 $\boldsymbol{G}$ 为

$$\boldsymbol{\Phi} = \begin{bmatrix} 1 & M & 0 & 0 \\ 0 & 1 & 0 & 0 \\ 0 & 0 & 1 & M \\ 0 & 0 & 0 & 1 \end{bmatrix}, \quad \boldsymbol{F} = \begin{bmatrix} M^2/2 & 0 \\ M & 0 \\ 0 & M^2/2 \\ 0 & M \end{bmatrix} \tag{5.36}$$

式中：$g(\cdot)$ 是运动学系统模型误差函数，假定其为非线性函数

$$g(\boldsymbol{x}_k) = -0.5(\dot{x}_k^2 + \dot{y}_k^2)1/2 \begin{bmatrix} \dot{x}_k \\ \dot{y}_k \end{bmatrix} \tag{5.37}$$

目标观测模型为线性方程，表示式如下：

$$\boldsymbol{z}_k = \boldsymbol{H} \boldsymbol{x}_k + \boldsymbol{v}_k \tag{5.38}$$

式中：

$$\boldsymbol{z}_k = [z_{1k} \quad z_{2k}]^{\mathrm{T}} \tag{5.39}$$

$$\boldsymbol{H} = \begin{bmatrix} 1 & & & \\ 0 & 0 & 1 & 0 \end{bmatrix} \tag{5.40}$$

$\boldsymbol{v}_k$ 是观测噪声，假设为零均值高斯白噪声过程，协方差矩阵为

$$\boldsymbol{R}_k = \begin{bmatrix} 1 & 0 \\ 0 & 1 \end{bmatrix} \tag{5.41}$$

仿真时间为 100 s，时间步长为 1 s。目标初始状态满足高斯随机分布，均值[0.48，1.95，0.48，1.95]，协方差 diag[$0.005^2$，$0.02^2$，$0.005^2$，$0.02^2$]。在相同的实验条件下，将 CKF、UKF、SIF、AUKF 和所提出的 RWACKF 应用于目标位置的估计，并进行 100 次蒙特卡洛仿真。图 5.2 和图 5.3 分别给出了五种滤波算法的位置误差和均方根误差(RMSE)曲线图，图 5.4 给出了基于平均归一化估计误差平方(Average Normalized Error Squared，ANEES)的 CKF、UKF、SIF 和 AUKF 四种滤波算法的可信度评估曲线图。图 5.5 给出了基于 ANEES 的 RWCKF 算法可信度评估曲线图。

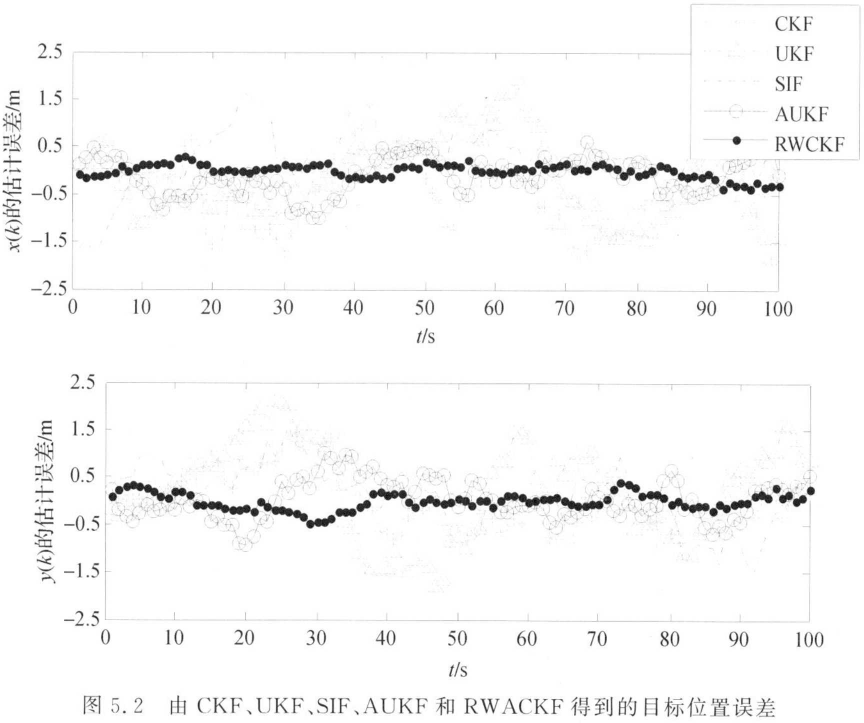


图 5.2　由 CKF、UKF、SIF、AUKF 和 RWACKF 得到的目标位置误差

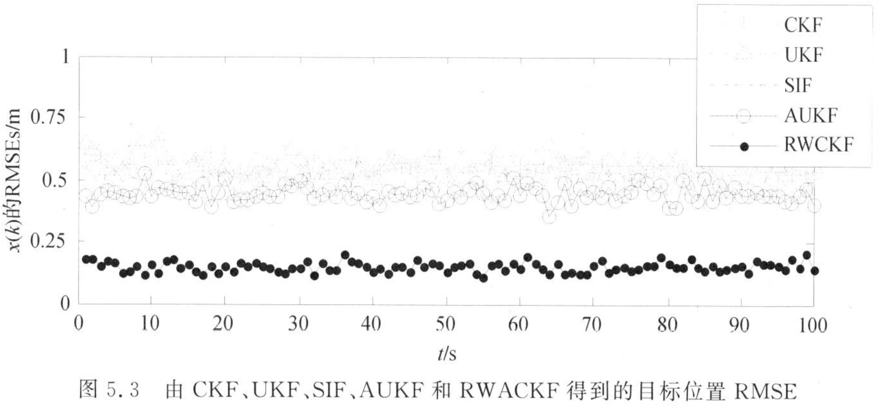


图 5.3　由 CKF、UKF、SIF、AUKF 和 RWACKF 得到的目标位置 RMSE

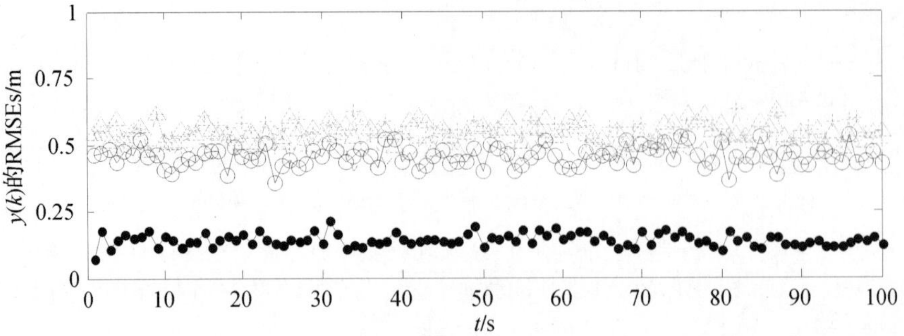


续图 5.3　由 CKF、UKF、SIF、AUKF 和 RWACKF 得到的目标位置 RMSE

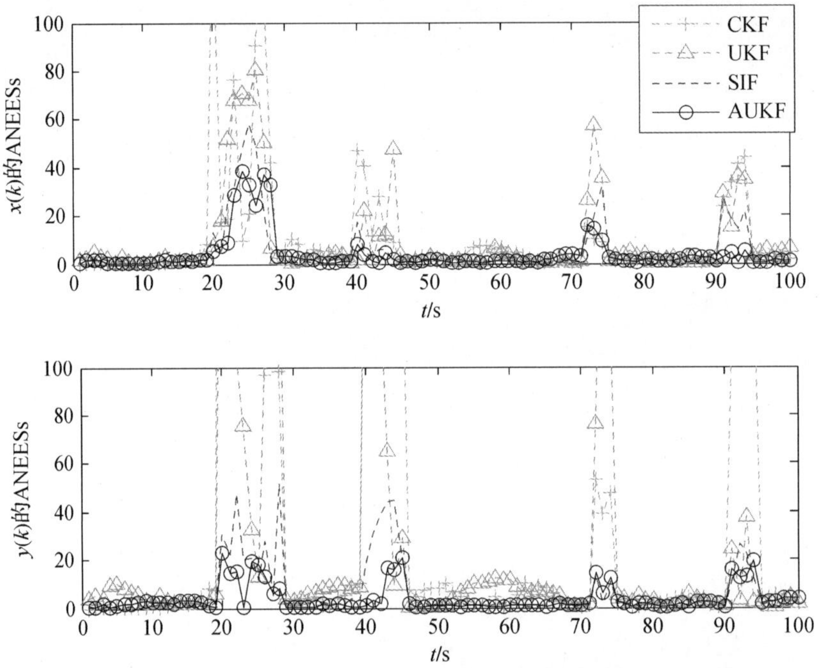


图 5.4　基于 ANEES 的 CKF、UKF、SIF 和 AUKF 的可信度评估结果

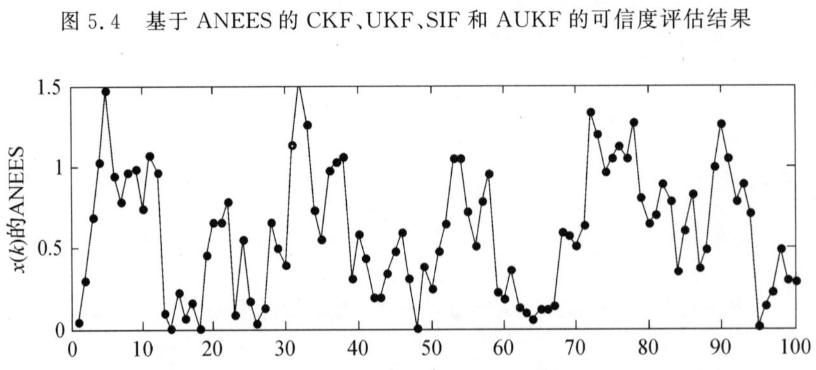


图 5.5　基于 ANEES 的 RWACKF 算法可信度评估结果

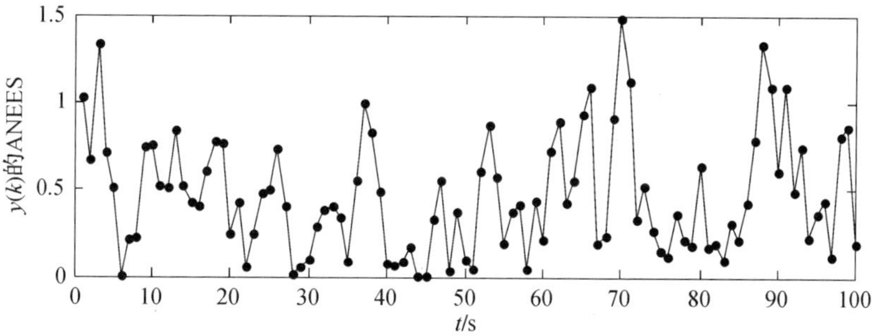


续图 5.5　基于 ANEES 的 RWACKF 算法可信度评估结果

从图 5.2 可以看出：

(1)CKF 和 UKF 的误差曲线出现较大震荡，二者的位置误差大约在[−1.5 m，2.1 m]。这是因为 UKF 对系统误差的影响非常敏感，而在 CKF 算法中，采用算术平均值法对状态预报、量测预报及其协方差阵进行估计，采用统一的权值 $1/m$，不能真实地反映系统误差影响的实际性能。

(2)SIF 和 AUKF 的误差曲线出现较小震荡，二者的位置误差大约在[−1.2 m，1.3 m]之间。这是因为虽然 SIF 对系统误差的影响没有 UKF 敏感，但也比较敏感；而 AUKF 是由经验确定自适应因子，无法自适应的动态调整自适应权因子来抑制系统误差的影响，因而曲线摆动也比较大。

(3)RWCKF 的误差曲线有非常小的震荡，位置误差在[−0.2 m，0.2 m]之间。这是由于在 RWCKF 算法中，采用随机加权估计方法对状态预报、量测预报及其协方差阵进行估计，通过自适应的动态调整权因子来抑制系统误差的影响，提高了滤波计算的精度。

从图 5.3 可以清楚地看出，RWACKF 的位置均方根误差比 CKF，UKF，SIF 和 AUKF 小很多。RWACKF 的位置均方根误差在[0.15 m，0.21 m]，UKF 和 CKF 的位置均方根误差大约在[0.50 m，0.62 m]之间，而 SIF 和 AUKF 的位置均方根误差大约分别在[0.45 m，0.51 m]和[0.39 m，0.42 m]之间。

从图 5.4 可以看出：CKF、UKF、SIF 和 AUKF 的 ANEES 曲线震荡较大，而 RWACKF 的 ANEES 曲线大约在 1 附件波动。这是因为 RWACKF 算法得到的状态估计协方差阵比 CKF、UKF、SIF 和 AUKF 可靠很多，所以 RWACKF 算法的 ANEES 比 CKF、UKF、SIF 和 AUKF 小。

以上实验结果表明，RWACKF 的滤波计算精度高于 CKF、UKF、SIF 和 AUKF 的滤波计算精度。

### 5.4.2　RWACKF 应用于 SINS/SRS 组合导航系统的仿真实验

下面，将随机加权自适应容积卡尔曼滤波(RWACKF)算法，应用于某航天器上安装的 SINS/SRS 组合导航系统进行仿真验证，并与 CKF、UKF、SIF、AUKF 进行比较与分析，以验证所提出的 RWACKF 算法的性能。

1. SINS/SRS 组合导航非线性系统模型

(1)组合导航系统状态方程。

选取东、北、天(E,N,U)地理坐标系为导航坐标系。

组合导航系统的状态方程为

$$\dot{\boldsymbol{X}}(t)=\boldsymbol{F}(t)\boldsymbol{X}(t)+\boldsymbol{G}(t)\boldsymbol{w}(t) \tag{5.42}$$

式中:$\boldsymbol{X}(t)$为系统状态向量;$\boldsymbol{F}(t)$为状态转移阵;$\boldsymbol{G}(t)$为噪声转移阵;$\boldsymbol{w}(t)$为噪声阵。

组合导航系统的状态量选为

$$\boldsymbol{X}(t)=[\delta v_{\mathrm{E}}\ \ \delta v_{\mathrm{N}}\ \ \delta v_{\mathrm{U}}\ \ \delta L\ \ \delta\lambda\ \ \delta h\ \ \varphi_{\mathrm{E}}\ \ \varphi_{\mathrm{N}}\ \ \varphi_{\mathrm{U}}\ \ \varepsilon_x\ \ \varepsilon_y\ \ \varepsilon_z\ \ \nabla_X\ \ \nabla_Y\ \ \nabla_Z]_{15\times1}^{\mathrm{T}} \tag{5.43}$$

式中:$\delta v_{\mathrm{E}}$、$\delta v_{\mathrm{N}}$、$\delta v_{\mathrm{U}}$ 分别为航天器的东向、北向和天向速度误差;$\delta L$、$\delta\lambda$、$\delta h$ 分别为纬度误差、经度误差和高度误差;$\varphi_{\mathrm{E}}$、$\varphi_{\mathrm{N}}$、$\varphi_{\mathrm{U}}$ 为数学平台失准角;$\varepsilon_x$、$\varepsilon_y$、$\varepsilon_z$ 分别为陀螺常值漂移;$\nabla_X$、$\nabla_Y$、$\nabla_Z$分别为加速度计常值偏置。

系统噪声转移矩阵 $\boldsymbol{G}(t)$为

$$\boldsymbol{G}(t)=\begin{bmatrix} C_b^n & 0_{3\times3} \\ 0_{3\times3} & C_b^n \\ 0_{9\times3} & 0_{9\times3} \end{bmatrix}_{15\times6} \tag{5.44}$$

系统噪声向量由陀螺仪和加速度计的误差组成,表达式为

$$\boldsymbol{w}=[w_{\varepsilon_x} w_{\varepsilon_y} w_{\varepsilon_z} w_{\nabla_x} w_{\nabla_y} w_{\nabla_z}]_{6\times1}^{\mathrm{T}} \tag{5.45}$$

系统状态转移阵 $\boldsymbol{F}(t)$为

$$\boldsymbol{F}(t)=\begin{bmatrix} \boldsymbol{F}_N & \boldsymbol{F}_S \\ 0_{6\times9} & \boldsymbol{F}_M \end{bmatrix}_{15\times15} \tag{5.46}$$

式中:$F_N$ 为对应的 9 维基本导航参数矩阵,其非零元素见文献[17]7.3 节。

$\boldsymbol{F}_s$ 和 $\boldsymbol{F}_M$ 分别为

$$\boldsymbol{F}_s=\begin{bmatrix} C_b^n & 0_{3\times3} \\ 0_{3\times3} & C_b^n \\ 0_{3\times3} & 0_{3\times3} \end{bmatrix}_{9\times6},\boldsymbol{F}_M=[0]_{6\times6} \tag{5.47}$$

式中:

$$\boldsymbol{C}_b^n=\begin{bmatrix} q_0^2+q_1^2-q_2^2-q_3^2 & 2(q_1q_2-q_0q_3) & 2(q_1q_3+q_0q_2) \\ 2(q_1q_2+q_0q_3) & q_0^2-q_1^2+q_2^2-q_3^2 & 2(q_2q_3-q_0q_1) \\ 2(q_1q_3-q_0q_2) & 2(q_2q_3+q_0q_1) & q_0^2-q_1^2-q_2^2+q_3^2 \end{bmatrix}_{3\times3} \tag{5.48}$$

式中:$q_i$ $(i=1,2,3,4)$为姿态四元素。

(2)组合导航系统量测方程。选取 SINS 与 SRS 输出的速度与位置之差作为量测量,用 $\boldsymbol{v}_{SE}$、$\boldsymbol{v}_{SN}$ 和 $\boldsymbol{v}_{SU}$ 分别表示由光谱红移得到的航天器在惯性系中的东向速度矢量、北向速度矢量和天向速度矢量,将由光谱红移得到的速度信息变换到导航坐标系(东—北—天地理坐标系)中,变换中所用到的从载体坐标系到导航坐标系的姿态矩阵 $\boldsymbol{C}_b^n$ 如下式所示。

则有

$$\boldsymbol{V}_n=\boldsymbol{C}_b^n\boldsymbol{V}_b \tag{5.49}$$

$$\boldsymbol{V}_n=\begin{bmatrix}v_{SE}\\v_{SE}\\v_{SE}\end{bmatrix},\quad \boldsymbol{V}_b=\begin{bmatrix}v_X\\v_Y\\v_Z\end{bmatrix} \tag{5.50}$$

式中：$\boldsymbol{V}_n$ 表示航天器在导航坐标系中的速度矢量；$\boldsymbol{V}_b$ 表示某航天器在机体坐标系中的速度矢量。

取光谱红移和惯导系统输出的速度之差作为量测量，则速度量测矢量为

$$\boldsymbol{Z}_v=\begin{bmatrix}Z_{S1}\\Z_{S2}\\Z_{S3}\end{bmatrix}=\begin{bmatrix}v_E-v_{SE}\\v_N-v_{SN}\\v_U-v_{SU}\end{bmatrix}=\boldsymbol{H}_v\boldsymbol{X}(t)+v_v(t) \tag{5.51}$$

式中：$\boldsymbol{v}_E$、$\boldsymbol{v}_N$ 和 $\boldsymbol{v}_U$ 分别为由惯导得到的航天器的东向速度、北向速度和天向速度；$\boldsymbol{v}_{SE}$、$\boldsymbol{v}_{SN}$ 和 $\boldsymbol{v}_{SU}$ 分别为由光谱红移得到的航天器的东向速度、北向速度和天向速度；$\boldsymbol{v}_v(t)$ 为速度量测噪声阵。

$$\boldsymbol{H}_v=[0_{3\times3}\quad \mathrm{diag}(1\quad 1\quad 1)\quad 0_{3\times9}]_{3\times15} \tag{5.52}$$

为了阻尼惯导高度通道发散，引入气压高度表。由气压高度表和惯导输出的高度之差作为量测量，则高度量测矢量为

$$Z_h=[h_{SINS}-h_H]=\boldsymbol{H}_h\boldsymbol{X}(t)+\boldsymbol{v}_h(t) \tag{5.53}$$

式中：$h_{SINS}$ 和 $h_H$ 分别为惯导和气压高度表输出的高度信息；$\boldsymbol{v}_h(t)$ 为高度量测噪声阵。

其中

$$\boldsymbol{H}_h=[0_{3\times6}\quad I_{3\times3}\quad 0_{3\times6}]_{3\times15}{}^{\mathrm{T}} \tag{5.54}$$

SINS/SRS 自主组合导航系统的量测方程为

$$\begin{aligned}\boldsymbol{Z}(t)&=\begin{bmatrix}Z_v(t)\\Z_h(t)\end{bmatrix}=\begin{bmatrix}\boldsymbol{H}_v\\\boldsymbol{H}_h\end{bmatrix}\boldsymbol{X}(t)+\begin{bmatrix}\boldsymbol{v}_v(t)\\\boldsymbol{v}_h(t)\end{bmatrix}\\&=\boldsymbol{H}(t)\boldsymbol{X}(t)+\boldsymbol{v}(t)\end{aligned} \tag{5.55}$$

*2. 仿真实验参数*

假设某航天器绕地球运行，轨道参数如表 5.1 所示，飞行路径(轨迹)如图 5.6 所示。

**表 5.1　航天器轨道参数**

| 轨道参数 | 参数值 |
|---|---|
| 轨道半长轴 | 6 976.023 529 km |
| 偏心率 | 0.001 159 |
| 轨道倾角 | 28.948° |
| 升交点赤经 | 340.61° |
| 近地点俯角 | 342.274° |
| 真近点角 | 230.52° |
| 轨道运行周期 | 49 866 s |

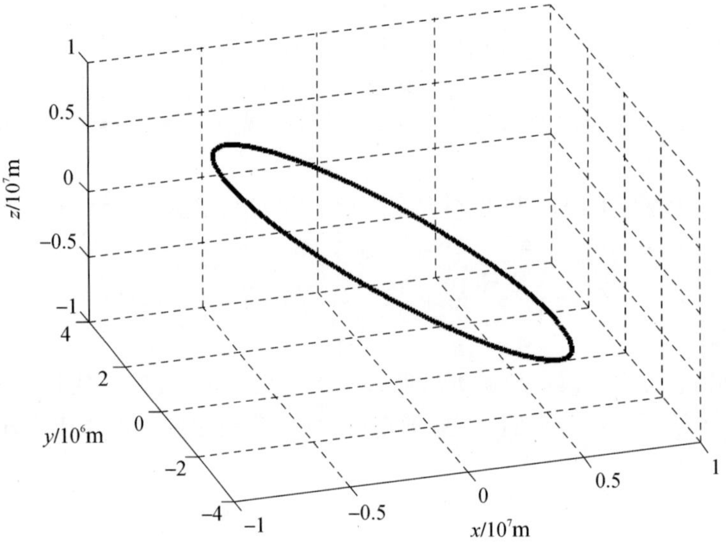


图 5.6　航天器飞行轨迹图

仿真所用的捷联惯导系统的陀螺漂移是 0.1(°)/h，陀螺随机游走是 0.01(°)/$\sqrt{\text{h}}$；加速度计的零偏和随机漂移分别是 $10^{-3}$g 和 $10^{-4}$g/$\sqrt{\text{s}}$；捷联惯导初始对准误差是 0′；航天器初始位置误差是(15 m，15 m，15 m)，初始速度误差是(0.1 m/s，0.1 m/s，0.1 m/s)，初始姿态误差是(0.4°，0.4°，0.4°)，初始状态误差的协方差为

$$\boldsymbol{P}_0=\text{diag}[15^2,15^2,15^2,0.1^2,0.1^2,0.1^2,0.4^2,0.4^2,0.4^2,0.1^2,0.1^2,0.1^2,(10^{-3}g)^2,(10^{-3}g)^2,(10^{-3}g)^2] \tag{5.56}$$

观测噪声的协方差为

$$\boldsymbol{Q}_k=\text{diag}[\boldsymbol{0}_{1\times3},0.001^2,0.001^2,0,0.001^2,\boldsymbol{0}_{1\times3},0.1^2,0.1^2,0.1^2,(10^{-3}\text{g})^2,(10^{-3}\text{g})^2,(10^{-3}\text{g})^2] \tag{5.57}$$

观测噪声的协方差阵为

$$\boldsymbol{R}_k=\text{diag}[25^2,25^2,25^2,0.3^2,0.3^2,0.3^2] \tag{5.58}$$

捷联惯导采样周期是 0.01 s，SRS 的数据量测频率为 1 Hz，测速误差为 0.2 m/s。

在工程实际中，系统误差可能来自不同的误差源，并对系统状态估计有不同的影响。由制造误差、安装误差和标定误差等引起的系统误差是一个常值误差，而由于空气阻力、天气条件和辐射等环境因素引起的系统误差是一个随机误差，这些误差均会对系统状态估计造成较大的影响。

3. 仿真实验结果与分析

为了分析系统误差对状态估计的影响，评估滤波算法抑制系统误差的能力，一种直接的方法是在系统中增加一个常值误差，使系统误差的影响更加明显[17−18]。为此，在某航天器飞行的第二个轨道循环中，即时间周期(49 866 s，99 732 s)，将位置误差方差为[(3 m)$^2$，(3 m)$^2$，(3 m)$^2$]和速度误差方差为[(0.04 m/s)$^2$，(0.04 m/s)$^2$，(0.04 m/s)$^2$]的系统误差，分别加入位置和速度的观测预测协方差中。

为了比较和分析 CKF、UKF、SIF、AUKF 和 RWACKF 的滤波性能，在相同条件下进行 100 次蒙特卡洛仿真。

仿真计算中，位置误差定义为

$$\delta \boldsymbol{P} = \sqrt{(\delta P_x)^2 + (\delta P_y)^2 + (\delta P_z)^2} \tag{5.59}$$

速度误差定义为

$$\delta \boldsymbol{v} = \sqrt{(\delta \boldsymbol{v}_x)^2 + (\delta \boldsymbol{v}_y)^2 + (\delta \boldsymbol{v}_z)^2} \tag{5.60}$$

图 5.7～图 5.11 分别给出了 5 种滤波算法的位置误差曲线和速度误差曲线，图 5.12 和图 5.13 分别给出了 5 种滤波算法的平均归一化误差平方(ANEES)可信性评估结果。

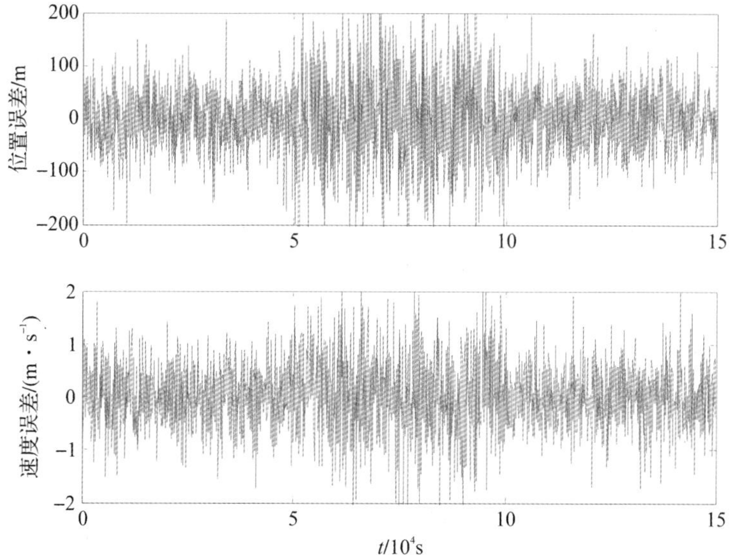


图 5.7　采用 CKF 计算得到的位置误差和速度误差曲线图

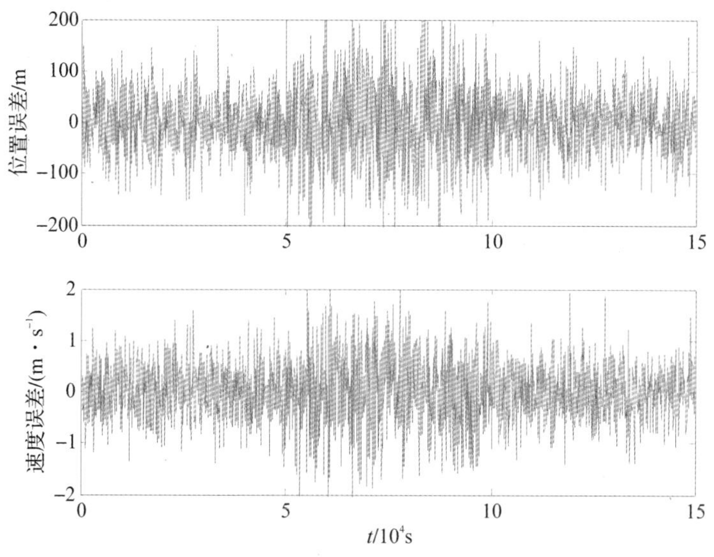


图 5.8　采用 UKF 计算得到的位置误差和速度误差曲线图

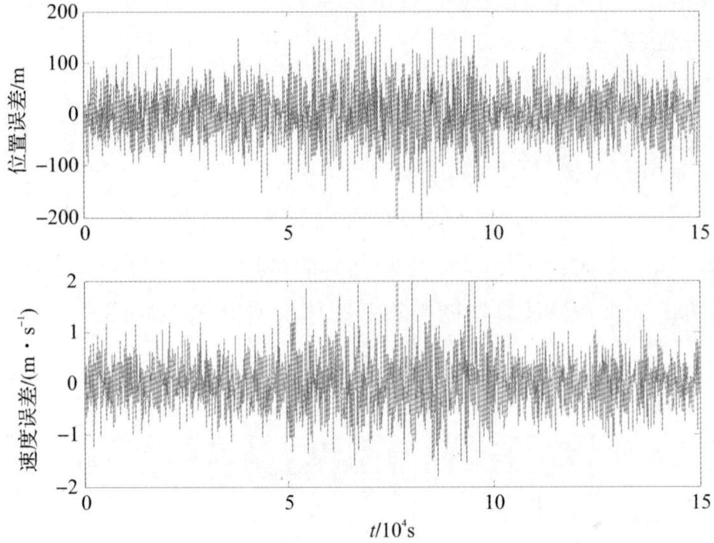


图 5.9 采用 SIF 计算得到的位置误差和速度误差曲线图

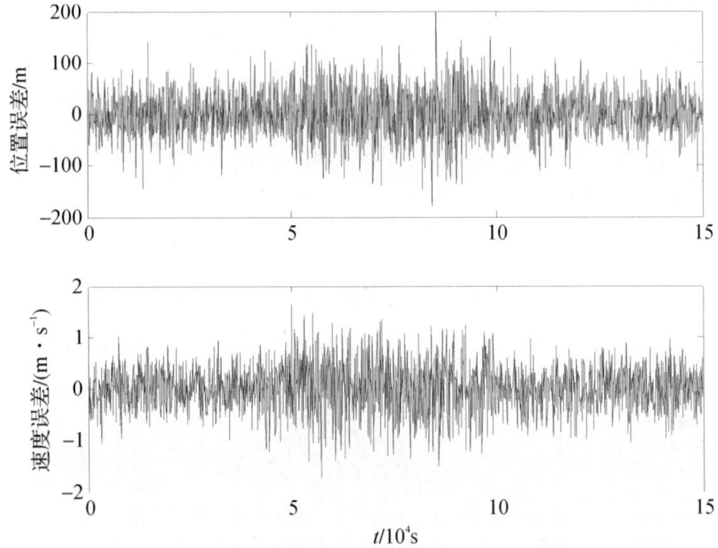


图 5.10 采用 AUKF 计算得到的位置误差和速度误差曲线图

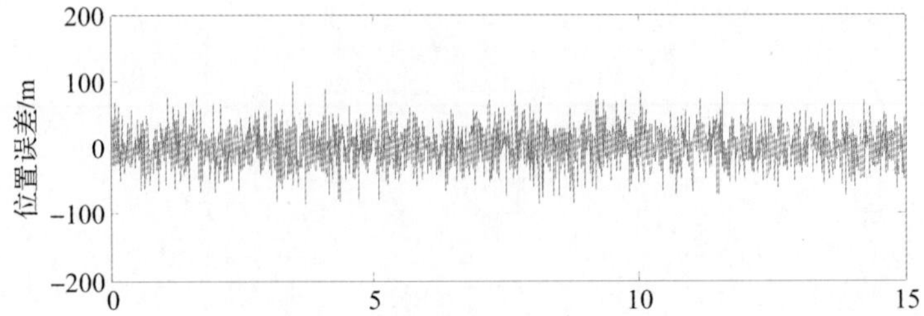


图 5.11 采用 RWACKF 计算得到的位置误差和速度误差曲线图

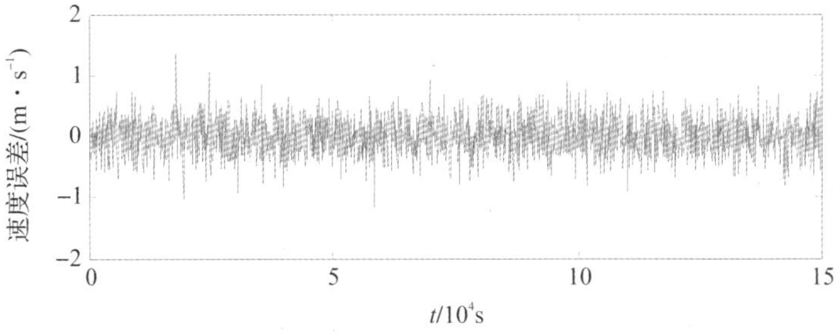


续图 5.11 采用 RWACKF 计算得到的位置误差和速度误差曲线图

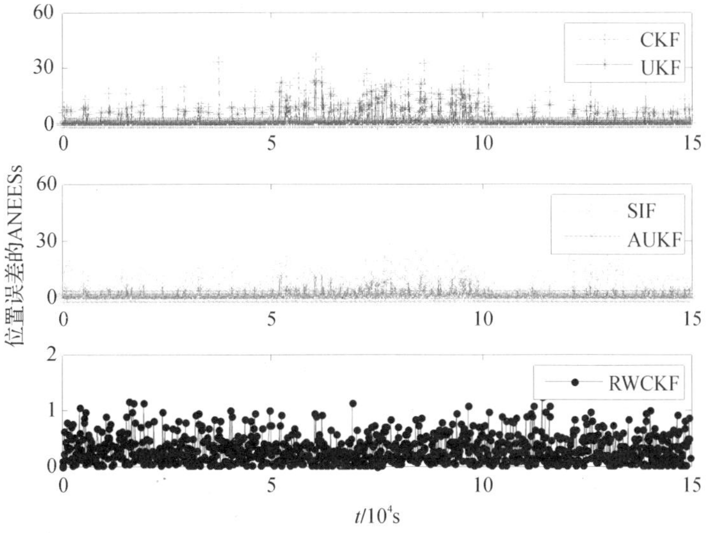


图 5.12 分别采用 CKF、UKF、SIF、AUKF 和 RWACKF 计算

从图 5.7 和图 5.8 可以看出，采用 CKF 滤波计算得到的位置误差曲线和速度误差曲线，与采用 UKF 滤波计算得到的位置误差曲线和速度误差曲线基本相同，这两种算法得到的位置误差大约是 130 m，速度误差大约是 1.3 m/s。在时间周期(49 866 s, 99 732 s)内加入位置误差方差和速度误差方差后，CKF 和 UKF 的滤波精度都有明显下降。UKF 滤波精度下降的原因是 UKF 对系统误差很敏感，而 CKF 滤波精度下降的原因是由于在该算法中，采用算术平均法估计预报误差，既不能不区分各个时刻系统误差的影响大小，也不能表征系统误差的实际影响性能。

将图 5.9 的误差曲线和图 5.10 的误差曲线，与图 5.7 和图 5.8 的误差曲线进行比较可以看出，SIF 滤波精度的改善没有 AUKF 明显，特别是在加入系统误差的时间段内 SIF 滤波精度的改善更差。这是因为 AUKF 在滤波算时利用自适应因子来拟制系统误差扰动，而 SIF 在状态估计上仍然缺乏拟制系统误差扰动的能力。进一步讲，由于自适应因子是由经验决定的，AUKF 无法适应系统误差的动态变化条件，导致其改善程度受到限制。

从图 5.11 可以看出，RWCKF 的滤波计算精度要优于 CKF、UKF、SIF 和 AUKF 的计算精度。RWACKF 的位置误差在 64 m 左右，速度误差在 0.68 m/s 左右，其计算误差比

CKF、UKF、ISF 和 AUKF 要小得多，特别是在加入系统误差的时间段内滤波精度改善更加明显。这是因为在 RWCKF 算法中，采用随机加权估计法，根据各容积点估计误差的不同大小，将不同的权值分配到各容积点，估计预测状态和观测向量以及误差协方差，从而提高滤波精度。

表 5.2 给出了加入常值系统误差和无常值误差条件下，CKF、UKF、SIF、AUKF 和 RWACKF 的位置和速度均方根估计误差(RMSEs)的比较。

从图 5.12 和图 5.13 可以看出，CKF、UKF、SIF、AUKF 和 RWCKF 计算的位置误差的 ANEES 曲线存在明显的振荡。特别是在增加误差的时间段内，误差协方差矩阵显得更不可靠，其相应的 ANEES 曲线震荡更大。然而，RWACKF 的 ANEES 曲线仍然在 1 左右，这意味着 RWACKF 的估计可靠性几乎不受附加误差的影响，这说明 RWACKF 得到的协方差矩阵比 CKF、UKF、SIF 和 AUKF 更可靠。

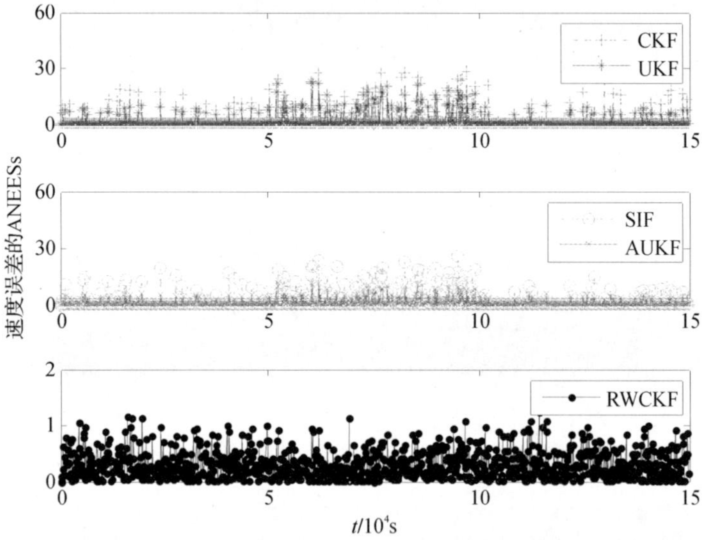


图 5.13　分别采用 CKF、UKF、SIF、AUKF 和 RWACKF 计算得到的速度误差的 ANEES 曲线图

**表 5.2　采用五种滤波算法得到的位置和速度均方根估计误差比较**

| 滤波算法 | 位置 RMSE/m | | | 速度 RMSE/(m·s$^{-1}$) | | |
|---|---|---|---|---|---|---|
| | 加入系统误差 | 未加入系统误差 | 差　值 | 加入系统误差 | 未加入系统误差 | 差　值 |
| UKF | 54.242 | 41.755 | 12.487 | 0.538 | 0.419 | 0.119 |
| CKF | 53.894 | 41.606 | 12.288 | 0.530 | 0.415 | 0.115 |
| SIF | 51.253 | 39.314 | 11.939 | 0.508 | 0.399 | 0.109 |
| AUKF | 43.748 | 34.486 | 9.260 | 0.449 | 0.345 | 0.104 |
| RWACKF | 26.803 | 23.346 | 3.457 | 0.250 | 0.208 | 0.042 |

以上研究结果表明，与 UKF、CKF、SIF 和 AUKF 算法比较，RWACKF 算法可以有效拟制系统误差对状态估计的影响，提高导航系统的精度和稳定性。

## 5.5 小 结

在 CKF 算法中，系统的状态预测值、观测预测值、状态误差协方差预测值、自相关协方差预测值和互相关协方差预测值的计算，均采用算术平均值法，即采用统一的权值，不能区分各个不同时刻预测值估计误差的大小。这样将会导致状态预测值、观测预测值、状态误差协方差预测值、自相关协方差预测值和互相关协方差预测值不准确，进而，将影响滤波计算的精度。

而在提出的 RWACKF 算法中，采用随机加权估计方法，根据各容积点估计误差的不同大小，将不同的权值分配到各容积点，根据各个不同时刻状态预测值、观测预测值、状态误差协方差预测值、自相关协方差预测值和互相关协方差预测值估计误差的大小，选取不同的权值 $v_i(i=1,2,\cdots,m)$，通过调节加权因子，提高预测误差估计的精度，进而提高滤波计算的精度。

本章提出一种随机加权容积卡尔曼滤波(RWACKF)算法。首先，介绍随机加权估计的基本理论；其次，对 CKF 滤波方法进行了分析；再次，建立了非线性系统状态预报、量测预报以及它们的协方差、自协方差和互协方差的随机加权 CKF 估计模型；最后，将提出的随机加权 CKF 分别应用于目标跟踪系统、SINS/SRS 自主组合导航系统进行仿真验证和算法性能评估。结果表明，提出的 RWACKF 能克服 CKF 存在的缺点，动态地调整随机加权因子，抑制系统误差对系统状态估计的影响，提高非线性系统的滤波估计精度。

## 参考文献

[1] RIEDEL J E, BHASKARAN S, DESAI S, et al. Deep Space Teehnology[M]. Validation Report - Autonomous Optional Navigation JPL,Pasadena CA: JPL, Publication, 2000.

[2] TAI F, NOERDLINGER P D. A low cost autonomous navigation system [J]. Proc. of the Annual AAS Guidance and Control Conference, Keystone, Colorado, 1989(2):356 - 361.

[3] LI W L, JIA Y M. Consensus - based distributed multiple model UKF for jump markov nonlinear systems [J]. IEEE Transactions on Automatic Control, 2012, 57 (1): 230 - 236.

[4] MERWE R V, WAN E A, JULIER S J. Sigma - point kalman filters for nonlinear estimation and sensor - fusion: Applications to integrated navigation[C] // AIAA Guidance, Navigation and Control Conference, Providence, RI, 2004:1 - 30.

[5] CHANDRA K P B,GU D W, POSTLETHWAITE I. Cubature kalman filter based localization and mapping[C]//World Congress. 2011,18(1): 2121 - 2125.

[6] 葛磊.容积卡尔曼滤波算法研究及其在导航中的应用[D].哈尔滨:哈尔滨工程大学,2013.

[7] 李秋荣.改进容积卡尔曼滤波及其导航应用研究[D].哈尔滨:哈尔滨工程大学,2015.

[8] 穆静,蔡远利.迭代容积卡尔曼滤波算法及其应用[J].系统工程与电子技术,2011,33(7):1455-1509.

[9] MERWE V D, RUDOLPH. Sigma-point Kalman filters for probabilistic inference in dynamic state-space models [D]. Portland, School of Science & Engineering at Oregon Health&Science University, 2004.

[10] ARASARATNAM I, HAYKIN S. Cubature Kalman filters [J]. IEEE Transactions on Automatic Control, 2009,54(6):1254-1269.

[11] GAO Z H, GU C F, YANG J H, et al. Random weighting-based nonlinear gaussian filtering [J], IEEE Access, 2020, 18(1): 19590-19605

[12] GAO Z H, MU D J, WEI W H, et al. Adaptive unscented kalman filter based on maximum posterior estimation and random weighting[J]. Aerospace Science and Technology, 2017, 71:12-24.

[13] GAO S S, ZHONG Y M, SANG C M, et al. Random weighting estimation for quantile processes and negatively associated samples[J]. Communications in Statistics-Theory and Methods, 2014, 43(3):656-662.

[14] GAO S S, HU G G, ZHONG Y M. Windowing and random weighting based adaptive unscented Kalman filter[J]. International Journal of Adaptive Control and Signal Processing, 2015, 29(2):201-223.

[15] WEI W H, GAO S S, ZHONG Y M, et al. A. Subic. Random weighting estimation for systematic error of observation model in dynamic vehicle navigation. International Journal of Control, Automation, and Systems, 2016,14(2):514-523.

[16] 高朝晖. SINS/SRS/CNS 自主导航系统设计与 CKF 算法拓展研究[D].西安:西北工业大学,2019.

[17] 高社生,何鹏举,杨波,等. 组合导航原理及应用[M].西安:西北工业大学出版社,2012.

[18] ZHONG Y M,GAO S S, WEI W H, et al. Random weighting estimation of kinematic model error for dynamic navigation[J]. IEEE Transactions on Aerospace and Electronic Systems, 2015, 51(3):2248-2259.

# 第六章　含有常值噪声的随机加权 ACKF 及其噪声特性分析

## 6.1 引　言

非线性滤波技术在卫星导航、目标跟踪、信号处理和自动控制等领域已得到广泛应用，但对于非线性系统而言，要得到精确的最优滤波解比较困难。因此，一些学者经过研究，提出了许多次优的近似非线性滤波方法[1-3]，其中应用最广泛的是扩展卡尔曼滤波(EKF)算法。虽然 EKF 算法可以解决非线性系统的滤波计算问题，但对于强非线性系统而言，EKF 会造成较大的线性化截断误差，导致滤波精度下降，甚至滤波发散[4-5]。此外，对动力学系统模型进行线性化处理需要计算雅可比矩阵，这极大地增加了计算负担和难度[6-7]。

无迹卡尔曼滤波(UKF)算法采用 UT 变换技术，以确定性采样策略逼近非线性系统状态的后验分布[7]，计算精度至少可精确到二阶 Taylor 展开式的精度，滤波精度高于 EKF 算法的滤波精度。但 UKF 算法的滤波性能易受参数影响，当系统状态维数较高时，可能会使滤波性能下降，甚至发散[8-11]。

CKF 算法采用一组等权值的容积点逼近最优状态的后验分布，因此其数值稳定性不受状态维数的影响。虽然 CKF 算法与 UKF 算法有相似的计算复杂度，但 CKF 算法能更精确地保存一阶矩和二阶矩信息，所以有更高的滤波计算精度。CKF 的缺点是需要精确已知系统噪声的先验统计特性，而工程实际中的系统噪声统计特性往往是未知或不准确知道。通常的处理方法是假设系统过程噪声和量测噪声均为已知独立的零均值高斯白噪声，这种假设往往与工程实际不符。如果将不准确的噪声统计特性加入到 CKF 算法中，则会导致出现较大的状态估计误差，甚至使得滤波发散[12-13]。

对于系统噪声未知条件下滤波算法的研究，从适合于线性系统滤波计算的卡尔曼滤波(KF)，逐渐发展到非线性滤波。动力学的系统过程噪声或者量测噪声的统计特性未知称为噪声未知。当未知噪声的统计特性为常量时，称为未知恒定噪声；当未知的噪声统计特性随时间的变化而变化时，则称为未知时变噪声[14-15]。

针对未知噪声的估计问题，Sage、Husa 提出了一种极大后验噪声估计器，又称为 Sage Husa 噪声估计器[16]。该算法在滤波计算的同时，利用在线噪声估计器对未知恒定噪声或时变噪声的统计特征进行实时估计和修正。但在系统噪声和量测噪声统计特性均未知的情况下，Sage、Husa 噪声估计器不能用于同时估计两者的统计特征[16-18]。

一些学者针对 KF 算法中，当模型不准确或者噪声协方差存在误差时，增长的错误记忆会使过旧的测量数据恶化当前系统状态的滤波效果，并最终导致滤波发散的问题，提出了指数渐消记忆滤波[19-21]和有限记忆滤波算法[22-23]，通过在标准卡尔曼滤波器中的预测状态协方差方程中，设置大于等于 1 的遗忘因子，加重最近量测信息对系统状态估计的影响，从而限制过去陈旧信息的影响。但对如何选取最优的遗忘因子来保持渐消记忆滤波器的最佳工作状态，需要进一步研究。

当系统噪声和量测噪声的统计特征未知，或者当系统噪声和量测噪声不是白噪声时，KF 算法的滤波效果可能会退化甚至发散。Grimble[24]提出了 $H_\infty$ 滤波方法。该方法在系统噪声和初始状态误差协方差均不定的情况下，通过最小化 $H_\infty$ 范数，将过程噪声、量测噪声以及系统状态对于估计精度的影响降到最低，使滤波器在最恶劣的条件下估计误差达到最小。从而实现系统存在严重干扰条件下的最优滤波。之后，一些研究者把该理论进一步推广至时域中处理连续和离散系统的滤波问题[25-27]。另有研究者进一步将 $H_\infty$ 滤波理论推广至非线性滤波领域[28-30].

为了克服 CKF 不区分权值的大小，采用一组等权值的容积点逼近系统状态后验分布的缺点，本章研究了一种含有常值噪声的自适应随机加权容积卡尔曼滤波(Adaptive Random Weighting Cubature Kalman Filter，ARWCKF)算法，以解决含有常值噪声的非线性系统的滤波计算问题，建立了非线性系统状态预报、量测预报及其相应的协方差阵的随机加权估计模型及非线性系统常值噪声的随机加权估计方法。该方法将自适应滤波原理与随机加权估计相结合，自适应地调节容积点的权因子，抑制系统噪声和量测噪声对状态估计的影响，提高含有常值噪声的非线性系统滤波计算精度。最后通过仿真实验，对标准的 CKF 和提出的 ARWCKF 算法进行仿真计算和算法性能分析，证明了提出的 ARWCKF 的有效性和优越性。

## 6.2 含有常值噪声的随机加权自适应 CKF

### 6.2.1 非线性系统模型

考虑下面非线性离散系统模型：

$$\left.\begin{aligned} \boldsymbol{x}_{k+1} &= f_k(\boldsymbol{x}_k) + \boldsymbol{w}_k \\ \boldsymbol{z}_k &= h_k(\boldsymbol{x}_k) + \boldsymbol{v}_k \end{aligned}\right\} \tag{6.1}$$

式中：$\boldsymbol{x}_k \in \mathbf{R}^n$ 为 $k$ 时刻系统的 $n$ 维状态向量；$\boldsymbol{z}_k \in \mathbf{R}^m$ 为 $k$ 时刻系统的 $m$ 维量测向量；$\boldsymbol{w}_k \in \mathbf{R}^n$ 和 $\boldsymbol{v}_k \in \mathbf{R}^m$ 分别为系统过程噪声协方差阵与量测噪声协方差阵，且 $\boldsymbol{w}_k$ 和 $\boldsymbol{v}_k$ 是高斯白噪声；$f(\cdot)$是非线性系统函数；$h(\cdot)$是非线性量测函数，并且有

$$\left.\begin{aligned}&E[\boldsymbol{w}_k]=\boldsymbol{q}\quad \operatorname{cov}(\boldsymbol{w}_k,\boldsymbol{w}_j^{\mathrm{T}})=\boldsymbol{Q}\delta_{kj}\\&E[\boldsymbol{v}_k]=\boldsymbol{r}\quad \operatorname{cov}(\boldsymbol{v}_k,\boldsymbol{v}_j^{\mathrm{T}})=\boldsymbol{R}\delta_{kj}\\&\operatorname{cov}(\boldsymbol{w}_k,\boldsymbol{v}^j)=0\end{aligned}\right\}\tag{6.2}$$

式中：$\boldsymbol{Q}_k$ 为非负定矩阵($\boldsymbol{Q}_k\geqslant 0$)；$\boldsymbol{R}_k$ 为正定矩阵($\boldsymbol{R}_k>0$)；$\delta_{kj}$ 为 Kronecker－$\delta$ 函数。

记

$$\left.\begin{aligned}\boldsymbol{w}_k&=\boldsymbol{q}+\boldsymbol{\mu}_k\\\boldsymbol{v}_k&=\boldsymbol{r}+\boldsymbol{\eta}_k\end{aligned}\right\}\quad\Rightarrow\quad\left.\begin{aligned}\boldsymbol{\mu}_k&=\boldsymbol{w}_k-\boldsymbol{q}\\\boldsymbol{\eta}_k&=\boldsymbol{v}_k-\boldsymbol{r}\end{aligned}\right\}\tag{6.3}$$

将式(6.3)代入式(6.1)中，有

$$\left.\begin{aligned}\boldsymbol{x}_{k+1}&=f_k(\boldsymbol{x}_k)+\boldsymbol{q}+\boldsymbol{\mu}_k\\\boldsymbol{z}_k&=h_k(\boldsymbol{x}_k)+\boldsymbol{r}+\boldsymbol{\eta}_k\end{aligned}\right\}\tag{6.4}$$

式中：$\boldsymbol{\mu}_k$ 和$\boldsymbol{\eta}_k$ 是均值为零、方差分别为 $\boldsymbol{Q}$ 和 $\boldsymbol{R}$ 的 Gaussian 白噪声。

### 6.2.2　含有常值噪声的非线性最优滤波

(1)初始化状态估计及其协方差阵。

$$\left.\begin{aligned}&\hat{\boldsymbol{x}}_0=E(\boldsymbol{x}_0)\\&\boldsymbol{P}_0=\operatorname{cov}(\boldsymbol{x}_0,\boldsymbol{x}_0)^{\mathrm{T}}=E[(\boldsymbol{x}_0-\hat{\boldsymbol{x}}_0)(\boldsymbol{x}_0-\hat{\boldsymbol{x}}_0)^{\mathrm{T}}]\end{aligned}\right\}\tag{6.5}$$

式中：$\boldsymbol{x}_0$ 服从 Gaussian 分布。

(2)状态预测[31－32]。

$$\begin{aligned}\hat{\boldsymbol{x}}_{k+1|k}&=f_k(\boldsymbol{x}_k)\mid_{x_k\leftarrow\hat{x}_k}+\boldsymbol{q}\\&=\hat{E}[f_k(\boldsymbol{x}_k)\mid\boldsymbol{z}_k]+\boldsymbol{q}\end{aligned}\tag{6.6}$$

记

$$\begin{aligned}\boldsymbol{\rho}_k&=f_k(\boldsymbol{x}_k)-f_k(\boldsymbol{x}_k)\mid_{x_k\leftarrow\hat{x}_k}\\&=f_k(\boldsymbol{x}_k)-\hat{E}[f_k(\boldsymbol{x}_k)\mid\boldsymbol{z}_k]\end{aligned}\tag{6.7}$$

并且

$$\boldsymbol{P}_{k+1|k}=E(\boldsymbol{\rho}_k\boldsymbol{\rho}_k^{\mathrm{T}})+\boldsymbol{Q}\tag{6.8}$$

在式(6.7)和式(6.8)中，$f_k(\boldsymbol{x}_k)\mid_{x_k\leftarrow\hat{x}_k}$ 和$E(\boldsymbol{\rho}_k\boldsymbol{\rho}_k^{\mathrm{T}})$分别表示 $k$ 时刻状态估计值$\hat{\boldsymbol{x}}_k$ 经过非线性函数 $f(\cdot)$传递后的后验均值和后验协方差。

(3)量测预测。

$$\begin{aligned}\hat{\boldsymbol{z}}_{k+1|k}&=h_{k+1}(\boldsymbol{x}_{k+1})\mid_{x_{k+1}\leftarrow\hat{x}_{k+1|k}}+\boldsymbol{r}\\&=\hat{E}[h_{k+1}(\boldsymbol{x}_{k+1})\mid\boldsymbol{z}_k]+\boldsymbol{r}\end{aligned}\tag{6.9}$$

记

$$\begin{aligned}\boldsymbol{\zeta}_{k+1}&=h_{k+1}(\boldsymbol{x}_{k+1})-h_{k+1}(\boldsymbol{x}_{k+1})\mid_{x_{k+1}\leftarrow\hat{x}_{k+1|k}}\\&=h_{k+1}(\boldsymbol{x}_{k+1})-\hat{E}[h_{k+1}(\boldsymbol{x}_{k+1})\mid\boldsymbol{z}_k]\end{aligned}\tag{6.10}$$

有

$$\boldsymbol{P}_{\tilde{z}_{k+1}}=E(\boldsymbol{\zeta}_{k+1}\boldsymbol{\zeta}_{k+1}^{\mathrm{T}})+\boldsymbol{R}\tag{6.11}$$

$$\boldsymbol{P}_{\tilde{x}_{k+1}\tilde{z}_{k+1}}=E(\tilde{x}_{k+1|k}\boldsymbol{\zeta}_{k+1}^{\mathrm{T}})\tag{6.12}$$

式(7.10)～式(7.12)中，$h_{k+1}(\boldsymbol{x}_{k+1})|_{x_{k+1}\leftarrow x_{k+1|k}}$、$E(\boldsymbol{\zeta}_{k+1}\boldsymbol{\zeta}_{k+1}^{\mathrm{T}})$和$E(\tilde{x}_{k+1|k}\boldsymbol{\zeta}_{k+1}^{\mathrm{T}})$分别表示状态一步预测$\hat{\boldsymbol{x}}_{k+1|k}$经非线性量测函数$h(\cdot)$传递后的后验均值、后验自协方差和后验互协方差，并且$\tilde{\boldsymbol{x}}_{k+1|k}=\boldsymbol{x}_{k+1}-\hat{\boldsymbol{x}}_{k+1|k}$。

(4)状态更新。

$$\left.\begin{aligned}\hat{\boldsymbol{x}}_{k+1}&=\hat{\boldsymbol{x}}_{k+1|k}+\boldsymbol{K}_{k+1}(\boldsymbol{z}_{k+1}-\hat{\boldsymbol{z}}_{k+1|k})\\\boldsymbol{K}_{k+1}&=\boldsymbol{P}_{\tilde{x}_{k+1}\tilde{z}_{k+1}}+P_{\tilde{z}_{k+1}}^{-1}\\\boldsymbol{P}_{k+1}&=\boldsymbol{P}_{k+1|k}-\boldsymbol{K}_{k+1}\boldsymbol{P}_{\tilde{z}_{k+1}}K_{k+1}^{\mathrm{T}}\end{aligned}\right\}\tag{6.13}$$

由式(6.6)、式(6.8)、式(6.9)和式(6.11)可以看出，离散化的非线性动力学系统的非线性最优滤波(Nonlinear Optimal Filtering，NLOF)，需要精确已知系统过程噪声和量测噪声的先验统计特性$\boldsymbol{q}$、$\boldsymbol{Q}$、$\boldsymbol{r}$和$\boldsymbol{R}$。只有事先知道系统过程噪声和量测噪声的先验统计特性，才能保证滤波计算的精度，避免滤波发散。

下面，研究在非线性系统的过程噪声和量测噪声的统计特性未知的条件下，如何利用自适应随机加权CKF算法，准确地估计非线性系统的过程噪声和量测噪声的统计特性，从而，进一步提高非线性系统的滤波计算精度。

### 6.2.3 含有常值噪声的随机加权ACKF

假设$(k-1)$时刻的后验概率密度函数为$\boldsymbol{p}(\boldsymbol{x}_{k-1})=\boldsymbol{N}(\hat{\boldsymbol{x}}_{k-1|k-1},\boldsymbol{P}_{k-1|k-1})$，含有常值噪声的非线性系统的随机加权自适应CKF算法描述如下：

(1)初始化。

$$\hat{\boldsymbol{x}}_0=E(\boldsymbol{x}_0),\quad P_0=E[(\boldsymbol{x}_0-\hat{\boldsymbol{x}}_0)(\boldsymbol{x}_0-\hat{\boldsymbol{x}}_0)^{\mathrm{T}}]\tag{6.14}$$

(2)计算容积点和时间更新。

记$(k-1)$时刻状态预测的协方差为$\boldsymbol{P}_{k-1|k-1}$，经Cholcsky分解，$\boldsymbol{P}_{k-1|k-1}$可表示为

$$\boldsymbol{P}_{k-1|k-1}=\boldsymbol{S}_{k-1|k-1}S_{k-1|k-1}^{\mathrm{T}}\tag{6.15}$$

计算容积点如下：

$$\boldsymbol{x}_{i,k-1|k-1}=\boldsymbol{S}_{k-1|k-1}\xi_i+\hat{\boldsymbol{x}}_{k-1|k-1}\tag{6.16}$$

式中：$\boldsymbol{x}_{i,k-1|k-1}(i=1,2,\cdots,m)$是$(k-1)$时刻第$i$个容积点的状态量，这里$\boldsymbol{S}_{k-1|k-1}$是对角阵。

那么从$(k-1)$到$k$时刻第$i$个容积点的状态量为

$$\boldsymbol{x}_{i,k|k-1}^{*}=f(\boldsymbol{x}_{i,k-1|k-1})\tag{6.17}$$

(3)状态预测。

从$k-1$时刻到$k$时刻第$i$个容积点的状态预测为

$$\hat{\boldsymbol{x}}_{k|k-1}=\frac{1}{m}\sum_{i=1}^{m}\boldsymbol{x}_{i,k|k-1}^{*}+\hat{\boldsymbol{q}}_{k-1}\tag{6.18}$$

式中：$\hat{\boldsymbol{q}}_{k-1}$是$\boldsymbol{q}_{k-1}$的算术平均估计量。

相应地，$\hat{\boldsymbol{x}}_{k|k-1}$的随机加权估计值为

$$\hat{\boldsymbol{x}}^{*}_{k|k-1}=\sum_{i=1}^{m}\lambda_{i}\boldsymbol{x}^{*}_{i,k|k-1}+\hat{\boldsymbol{q}}^{*}_{k-1} \tag{6.19}$$

式中：$\hat{\boldsymbol{q}}^{*}_{k-1}$ 是 $\boldsymbol{q}_{k-1}$ 的随机加权估计值。

状态预测协方差阵 $\boldsymbol{P}_{k|k-1}$ 的算术平均估计为

$$\boldsymbol{P}_{k|k-1}=\frac{1}{m}\sum_{i=1}^{m}x^{*}_{i,k|k-1}x*\mathrm{T}_{i,k|k-1}-\hat{\boldsymbol{x}}_{k|k-1}\hat{\boldsymbol{x}}^{\mathrm{T}}_{k|k-1}+\hat{Q}_{k-1} \tag{6.20}$$

这里$\hat{\boldsymbol{Q}}_{k-1}$ 是$\boldsymbol{Q}_{k-1}$ 的算术平均估计值。

相应地，$\boldsymbol{P}_{k|k-1}$ 的随机加权估计为

$$\boldsymbol{P}^{*}_{k|k-1}=\sum_{i=1}^{m}\lambda_{i}\boldsymbol{x}^{*}_{i,k|k-1}x^{*\mathrm{T}}_{i,k|k-1}-\hat{\boldsymbol{x}}_{k|k-1}\hat{\boldsymbol{x}}^{\mathrm{T}}_{k|k-1}+\hat{\boldsymbol{Q}}^{*}_{k-1} \tag{6.21}$$

式中：$\hat{\boldsymbol{Q}}^{*}_{k-1}$ 是$\boldsymbol{Q}_{k-1}$ 的随机加权估计值。

(4)量测预测。

从$(k-1)$时刻到 $k$ 时刻第 $i$ 个容积点的量测量为

$$\boldsymbol{z}^{*}_{i,k|k-1}=h(\boldsymbol{x}_{i,k|k-1}) \tag{6.22}$$

从 $k-1$ 时刻到 $k$ 时刻第 $i$ 个容积点的量测预测为

$$\hat{\boldsymbol{z}}_{k|k-1}=\frac{1}{m}\sum_{i=1}^{m}\boldsymbol{z}^{*}_{i,k|k-1}+\hat{\boldsymbol{r}}_{k} \tag{6.23}$$

式中：$\hat{r}_{k}$ 是 $r_{k}$ 的算术平均估计值。

相应地，$\hat{\boldsymbol{z}}_{k|k-1}$ 的随机加权估计可以表示为

$$\hat{\boldsymbol{z}}^{*}_{k|k-1}=\sum_{i=1}^{m}\lambda_{i}\boldsymbol{z}^{*}_{i,k|k-1}+\hat{\boldsymbol{r}}^{*}_{k} \tag{6.24}$$

这里$\hat{\boldsymbol{r}}^{*}_{k}$ 是$\boldsymbol{r}_{k}$ 的随机加权估计。

量测预测的自协方差阵 $\boldsymbol{P}_{zz,k|k-1}$ 为

$$\boldsymbol{P}_{zz,k|k-1}=\frac{1}{m}\sum_{i=1}^{m}\boldsymbol{z}^{*}_{i,k|k-1}z*T_{i,k|k-1}-\hat{\boldsymbol{z}}_{k|k-1}\hat{\boldsymbol{z}}^{\mathrm{T}}_{k|k-1}+\hat{\boldsymbol{R}}_{k} \tag{6.25}$$

式中：$\hat{\boldsymbol{R}}_{k}$ 是$\boldsymbol{R}_{k}$ 的算术平均估计。

相应地，量测预测的自协方差阵 $\boldsymbol{P}_{zz,k|k-1}$ 的随机加权估计为

$$\boldsymbol{P}^{*}_{zz,k|k-1}=\sum_{i=1}^{m}\lambda_{i}(\boldsymbol{z}^{*}_{i,k|k-1}\boldsymbol{z}^{*\mathrm{T}}_{i,k|k-1})-\hat{\boldsymbol{z}}_{k|k-1}\hat{\boldsymbol{z}}^{\mathrm{T}}_{k|k-1}+\hat{\boldsymbol{R}}^{*}_{k} \tag{6.26}$$

式中：$\hat{\boldsymbol{R}}^{*}_{k}$ 是$\boldsymbol{R}_{k}$ 的的随机加权估计。

量测预测的互协方差阵 $\boldsymbol{P}_{xz,k|k-1}$ 为

$$\boldsymbol{P}_{xz,k|k-1}=\frac{1}{m}\sum_{i=1}^{m}\boldsymbol{x}^{*}_{i,k|k-1}\boldsymbol{z}^{*\mathrm{T}}_{i,k|k-1}-\hat{\boldsymbol{x}}_{k|k-1}\hat{z}^{\mathrm{T}}_{k|k-1} \tag{6.27}$$

相应地，量测预测的互协方差阵 $\boldsymbol{P}_{xz,k|k-1}$ 的随机加权估计为

$$\boldsymbol{P}^{*}_{xz,k|k-1}=\sum_{i=1}^{m}\lambda_{i}(\boldsymbol{x}^{*}_{i,k|k-1}\boldsymbol{z}^{*\mathrm{T}}_{i,k|k-1})-\hat{\boldsymbol{x}}_{k|k-1}\hat{\boldsymbol{z}}^{\mathrm{T}}_{k|k-1} \tag{6.28}$$

这里$\boldsymbol{\varepsilon}_{k_1}=\boldsymbol{z}_{k|k-1}-\hat{\boldsymbol{z}}^{*}_{k|k-1}$，$\boldsymbol{\varepsilon}_{k_2}=\boldsymbol{z}_{k|k-1}-\hat{\boldsymbol{z}}^{*}_{k|k-1}$，$\boldsymbol{K}_{k}$ 是滤波增益矩阵。

(5)状态更新。

$$\left.\begin{aligned}\hat{\boldsymbol{x}}_{k|k}&=\hat{\boldsymbol{x}}^{*}_{k|k-1}+\boldsymbol{K}_{k}(\boldsymbol{z}_{k}-\hat{\boldsymbol{z}}^{*}_{k|k-1})\\ \boldsymbol{K}_{k}&=\boldsymbol{P}^{*}_{xz,k|k-1}(\boldsymbol{P}^{*}_{zz,k|k-1})^{-1}\\ \boldsymbol{P}^{*}_{k|k}&=\boldsymbol{P}^{*}_{k|k-1}-\boldsymbol{K}_{k}\boldsymbol{P}^{*}_{zz,k|k}\boldsymbol{K}^{\mathrm{T}}_{k}\end{aligned}\right\}\tag{6.29}$$

从式(6.19)、式(6.21)、式(6.24)、式(6.26)、式(6.28)和式(6.29)可以看出,自适应随机加权 CKF 算法,通过在标准的 CKF 算法中插入随机加权因子来抑制系统过程噪声、量测噪声及其协方差阵所带来的干扰,从而提高滤波计算精度。

## 6.3 噪声统计特性分析

### 6.3.1 噪声统计特性估计与性能分析

本节约定,用噪声 $\hat{\boldsymbol{q}}$,$\hat{\boldsymbol{Q}}$,$\hat{\boldsymbol{r}}$ 和 $\hat{\boldsymbol{R}}$ 分别表示 $\boldsymbol{q}$,$\boldsymbol{Q}$,$\boldsymbol{r}$ 和 $\boldsymbol{R}$ 最大后验估计,用 $\hat{\boldsymbol{x}}_{j|k+1}$ 表示状态 $\boldsymbol{x}_j$($j=0,1,\cdots,k+1$)后验估计,那么有下面定理。

**定理 6.1** 假设 $g=p[\boldsymbol{x}_{k+1},\boldsymbol{q},\boldsymbol{Q},\boldsymbol{r},\boldsymbol{R},\boldsymbol{z}_{k+1}]$ 为 $\boldsymbol{x}_{k+1}$,$\boldsymbol{q}$,$\boldsymbol{Q}$,$\boldsymbol{r}$,$\boldsymbol{R}$ 和 $\boldsymbol{z}_{k+1}$ 的联合概率密度函数,即有

$$\begin{aligned}g&=p(\boldsymbol{x}_{k+1},\boldsymbol{q},\boldsymbol{Q},\boldsymbol{r},\boldsymbol{R},\boldsymbol{z}_{k+1})\\&=p(\boldsymbol{z}_{k+1}\mid x_{k+1},\boldsymbol{q},\boldsymbol{Q},\boldsymbol{r},\boldsymbol{R})p(x_{k+1}\mid \boldsymbol{q},\boldsymbol{Q},\boldsymbol{r},\boldsymbol{R})p(\boldsymbol{q},\boldsymbol{Q},\boldsymbol{r},\boldsymbol{R})\end{aligned}\tag{6.30}$$

式中:$p(\boldsymbol{q},\boldsymbol{Q},\boldsymbol{r},\boldsymbol{R})$可以通过先验信息获得,因此,可看作常值。那么有下面公式成立。

$$\hat{\boldsymbol{q}}_{k+1}=\frac{1}{k+1}\sum_{j=0}^{k}[\hat{\boldsymbol{x}}_{j+1|k+1}-f_j(\boldsymbol{x}_j)\mid_{\boldsymbol{x}_j\leftarrow\hat{\boldsymbol{x}}_{j|k+1}}]\tag{6.31a}$$

$$\begin{aligned}\hat{\boldsymbol{Q}}_{k+1}=\frac{1}{k+1}\sum_{j=0}^{k}\{&[\hat{\boldsymbol{x}}_{j+1|k+1}-f_j(\boldsymbol{x}_j)\mid_{\boldsymbol{x}_j\leftarrow\hat{\boldsymbol{x}}_{j|k+1}}-\boldsymbol{q}]\\&[\hat{\boldsymbol{x}}_{j+1|k+1}-f_j(\boldsymbol{x}_j)\mid_{\boldsymbol{x}_j\leftarrow\hat{\boldsymbol{x}}_{j|k+1}}-\boldsymbol{q}]^{\mathrm{T}}\}\end{aligned}\tag{6.31b}$$

$$\hat{\boldsymbol{r}}_{k+1}=\frac{1}{k+1}\sum_{j=0}^{k}[\boldsymbol{z}_{j+1}-h_{j+1}(\boldsymbol{x}_{j+1})\mid_{\boldsymbol{x}_{j+1}\leftarrow\boldsymbol{x}_{j+1|k+1}}]\tag{6.31c}$$

$$\begin{aligned}\hat{\boldsymbol{R}}_{k+1}=\frac{1}{k+1}\sum_{j=0}^{k}\{&[\boldsymbol{z}_{j+1}-h_{j+1}(\boldsymbol{x}_{j+1})\mid_{\boldsymbol{x}_{j+1}\leftarrow\boldsymbol{x}_{j+1|k+1}}-\boldsymbol{r}]\\&[\boldsymbol{z}_{j+1}-h_{j+1}(\boldsymbol{x}_{j+1})\mid_{\boldsymbol{x}_{j+1}\leftarrow\boldsymbol{x}_{j+1|k+1}}-\boldsymbol{r}]^{\mathrm{T}}\}\end{aligned}\tag{6.31d}$$

**定理 6.1 的证明:**

(1)式(6.31a)的证明:

在式(6.31)中,分别计算 $\boldsymbol{q}$,$\boldsymbol{Q}$,$\boldsymbol{r}$ 和 $\boldsymbol{R}$ 的偏导数,并令其为 0,即

$$\left.\begin{aligned}&\frac{\partial \ln g}{\partial \boldsymbol{q}}\Big|_{\boldsymbol{q}=\hat{\boldsymbol{q}}_{k+1}}=0\\&\frac{\partial \ln g}{\partial Q}\Big|_{\boldsymbol{Q}=\hat{\boldsymbol{Q}}_{k+1}}=0\\&\frac{\partial \ln g}{\partial r}\Big|_{\boldsymbol{r}=\hat{\boldsymbol{r}}_{k+1}}=0\\&\frac{\partial \ln g}{\partial R}\Big|_{\boldsymbol{R}=\hat{\boldsymbol{R}}_{k+1}}=0\end{aligned}\right\}\tag{6.32}$$

用 $g^*$ 表示条件概率密度，则有[30-31]

$$g^* = p(\boldsymbol{x}_{k+1}, \boldsymbol{q}, \boldsymbol{Q}, \boldsymbol{r}, \boldsymbol{R} \mid \boldsymbol{z}_{k+1}) = \frac{p(\boldsymbol{x}_{k+1}, \boldsymbol{q}, \boldsymbol{Q}, \boldsymbol{r}, \boldsymbol{R}, \boldsymbol{z}_{k+1})}{p(\boldsymbol{z}_{k+1})} \tag{6.33}$$

式中：$\boldsymbol{x}_{k+1} = (x_0, x_1, \cdots, x_{k+1})$，$\boldsymbol{z}_{k+1} = (z_0, z_1, \cdots, z_{k+1})$，由条件概率密度 $g^*$，可以得到 $\boldsymbol{q}$，$\boldsymbol{Q}$，$\boldsymbol{r}$ 和 $\boldsymbol{R}$ 的极大后验估计值 $\hat{\boldsymbol{q}}$，$\hat{\boldsymbol{Q}}$，$\hat{\boldsymbol{r}}$ 和 $\hat{\boldsymbol{R}}$。

显然，$\boldsymbol{q}$，$\boldsymbol{Q}$，$\boldsymbol{r}$ 和 $\boldsymbol{R}$ 的极大后验估计值 $\hat{\boldsymbol{q}}$，$\hat{\boldsymbol{Q}}$，$\hat{\boldsymbol{r}}$ 和 $\hat{\boldsymbol{q}}$，$\hat{\boldsymbol{Q}}$，$\hat{\boldsymbol{r}}$ 与式(6.33)的分母无关。因此，计算 $\hat{\boldsymbol{q}}$，$\hat{\boldsymbol{Q}}$，$\hat{\boldsymbol{r}}$ 和 $p(\boldsymbol{x}_{k+1}, \boldsymbol{q}, \boldsymbol{Q}, \boldsymbol{r}, \boldsymbol{R}, \boldsymbol{z}_{k+1})$ 的问题就转化为求式(6.33)的分子 $p(\boldsymbol{x}_{k+1}, \boldsymbol{q}, \boldsymbol{Q}, \boldsymbol{r}, \boldsymbol{R}, \boldsymbol{z}_{k+1})$ 的极大值。

由式(6.1)可知，$\boldsymbol{w}_k$ 和 $\boldsymbol{v}_k$ 是高斯白噪声。由条件概率乘法定理[33-34]，有下面公式成立：

$$\begin{aligned}
p(\boldsymbol{x}_{k+1} \mid \boldsymbol{q}, \boldsymbol{Q}, \boldsymbol{r}, \boldsymbol{R}) &= p(\boldsymbol{x}_0) \prod_{j=0}^{k} p(\boldsymbol{x}_{j+1} \mid \boldsymbol{x}_j, \boldsymbol{q}, \boldsymbol{Q}) \\
&= \frac{1}{(2\pi)\dfrac{n}{2} \mid \boldsymbol{P}_0 \mid \dfrac{1}{2}} \exp\left\{-\frac{1}{2} \| x_0 - \hat{\boldsymbol{x}}_0 \|^2_{\boldsymbol{P}_0^{-1}}\right\} \\
&\quad \prod_{j=0}^{k} \frac{1}{(2\pi)\dfrac{n}{2} \mid \boldsymbol{Q} \mid \dfrac{1}{2}} \exp\left[-\frac{1}{2} \| x_{j+1} - f_j(x_j) - \boldsymbol{q} \|^2_{Q^{-1}}\right] \\
&= \frac{1}{(2\pi)\dfrac{n}{2} + \dfrac{n(k+1)}{2}} \mid \boldsymbol{P}_0 \mid^{-\frac{1}{2}} \mid \boldsymbol{Q} \mid^{-\frac{k+1}{2}} \exp\left\{-\frac{1}{2}[\| \boldsymbol{x}_0 - \right. \\
&\quad \left. \hat{\boldsymbol{x}}_0 \|^2_{\boldsymbol{P}_0^{-1}} + \sum_{j=0}^{k} \| \boldsymbol{x}_{j+1} - f_j(\boldsymbol{x}_j) - \boldsymbol{q} \|^2_{Q^{-1}}]\right\} \\
&= C_1 \mid \boldsymbol{P}_0 \mid - \frac{1}{2} \mid Q \mid - \frac{k+1}{2} \exp\left\{-\frac{1}{2}[\| x_0 - \hat{\boldsymbol{x}}_0 \|^2_{P_0^{-1}} + \sum_{j=0}^{k} \| \boldsymbol{x}_{j+1} - \right. \\
&\quad \left. f_j(x_j) - \boldsymbol{q} \|^2_{Q^{-1}}]\right\}
\end{aligned} \tag{6.34}$$

式中：$n$ 是非线性系统状态维数；$C_1 = \dfrac{1}{(2\pi)^{n(k+2)/2}}$ 为常数；$\mid \boldsymbol{A} \mid$ 是 $\boldsymbol{A}$ 的行列式；$\| \boldsymbol{u} \| = \boldsymbol{u}^{\mathrm{T}} \boldsymbol{A} \boldsymbol{u}$ 是二次型。

假设量测 $\boldsymbol{z}_1, \boldsymbol{z}_2, \cdots, \boldsymbol{z}_{k+1}$ 已知，并且 $\boldsymbol{z}_1, \boldsymbol{z}_2, \cdots, \boldsymbol{z}_{k+1}$ 互不相关，那么下式成立：

$$\begin{aligned}
p[\boldsymbol{z}_{k+1} \mid \boldsymbol{x}_{k+1}, \boldsymbol{q}, \boldsymbol{Q}, \boldsymbol{r}, \boldsymbol{R}] &= \prod_{j=0}^{k} p[z_{j+1} \mid x_{j+1}, \boldsymbol{r}, \boldsymbol{R}] \\
&= \prod_{j=0}^{k} \frac{1}{(2\pi)\dfrac{m}{2} \mid \boldsymbol{R} \mid \dfrac{1}{2}} \exp\{-\frac{1}{2} \| z_{j+1} - h_{j+1}(x_{j+1}) - \boldsymbol{r} \|^2_{R^{-1}}\} \\
&= C_2 \mid \boldsymbol{R} \mid^{\frac{k+1}{2}} \exp\left\{-\frac{1}{2} \sum_{j=0}^{k} \| z_{j+1} - h_{j+1}(x_{j+1}) - \boldsymbol{r} \|^2_{R^{-1}}\right\}
\end{aligned} \tag{6.35}$$

式中：$m$ 是非线性系统量测维数；$C_2=\frac{1}{(2\pi)^{m(k+1)/2}}$是常数。

将式(6.34)和式(6.35)代入式(6.30)，可以得到

$$g=C_1C_2|\boldsymbol{P}_0|^{-\frac{1}{2}}|\boldsymbol{Q}|^{-\frac{k+1}{2}}|\boldsymbol{R}|^{-\frac{k+1}{2}}P(\boldsymbol{q},\boldsymbol{Q},\boldsymbol{r},\boldsymbol{R})$$
$$\exp\left\{-\frac{1}{2}\left[\|\boldsymbol{x}_0-\hat{\boldsymbol{x}}_0\|^2_{P_0^{-1}}+\sum_{j=0}^{k}\|\boldsymbol{x}_{j+1}-f_j(x_j)-q\|^2_{Q^{-1}}+\right.\right.$$
$$\left.\left.\sum_{j=0}^{k}\|\boldsymbol{z}_{j+1}-h_{j+1}(\boldsymbol{x}_{j+1})-\boldsymbol{r}\|^2_{\boldsymbol{R}^{-1}}\right]\right\}$$
$$=C|Q|^{-\frac{k+1}{2}}|R|^{-\frac{k+1}{2}}\exp\left\{-\frac{1}{2}\left[\sum_{j=0}^{k}\|x_{j+1}-f_j(x_j)-q\|^2_{Q^{-1}}+\right.\right.$$
$$\left.\left.\sum_{j=0}^{k}\|z_{j+1}-h_{j+1}(x_{j+1})-r\|^2_{R^{-1}}\right]\right\} \tag{6.36}$$

式中：$C=C_1C_2|\boldsymbol{P}_0|^{-\frac{1}{2}}p[\boldsymbol{q},\boldsymbol{Q},\boldsymbol{r},\boldsymbol{R}]\exp\{-\frac{1}{2}\|\boldsymbol{x}_0-\hat{\boldsymbol{x}}_0\|^2_{p_0^{-1}}\}$。

式(6.36)两边同时取对数，有

$$\ln g=-\frac{k+1}{2}\ln|\boldsymbol{Q}|-\frac{k+1}{2}\ln|\boldsymbol{R}|-\frac{1}{2}\sum_{j=0}^{k}\|\boldsymbol{x}_{j+1}-f_j(\boldsymbol{x}_j)-\boldsymbol{q}\|^2_{\boldsymbol{Q}^{-1},\boldsymbol{q}=\hat{\boldsymbol{q}}_{k+1}}-$$
$$\sum_{j=0}^{k}\|\boldsymbol{z}_{j+1}-h_{j+1}(\boldsymbol{x}_{j+1})-\boldsymbol{r}\|^2_{\boldsymbol{R}^{-1},\boldsymbol{r}=\hat{\boldsymbol{r}}_{k+1}}+\ln C \tag{6.37}$$

式(6.37)两边同时求 $\boldsymbol{q}$ 的偏导数，有

$$\frac{\partial \ln g}{\partial \boldsymbol{q}}=-0-0+\frac{1}{2}\sum_{j=0}^{k}[\boldsymbol{Q}^{-1}+(\boldsymbol{Q}^{-1})^{\mathrm{T}}](\boldsymbol{x}_{j+1}-f_j(\boldsymbol{x}_j)-\boldsymbol{q})|_{\boldsymbol{q}=\hat{\boldsymbol{q}}_{k+1}}-0+0 \tag{6.38}$$

式(6.38)可以进一步表示为

$$\frac{\partial \ln g}{\partial \boldsymbol{q}}=\frac{1}{2}[\boldsymbol{Q}^{-1}+(\boldsymbol{Q}^{-1})^{\mathrm{T}}]\sum_{j=0}^{k}(\boldsymbol{x}_{j+1}-f_j(\boldsymbol{x}_j)-\boldsymbol{q})|_{\boldsymbol{q}=\hat{\boldsymbol{q}}_{k+1}}=0 \tag{6.39}$$

因为$\frac{1}{2}[\boldsymbol{Q}^{-1}+(\boldsymbol{Q}^{-1})^{\mathrm{T}}]\neq 0$，所以

$$\sum_{j=0}^{k}(\boldsymbol{x}_{j+1}-f_j(\boldsymbol{x}_j)-\boldsymbol{q})|=0 \tag{6.40}$$

即有

$$\sum_{j=0}^{k}[\boldsymbol{x}_{j+1}-f_j(\boldsymbol{x}_j)|_{\boldsymbol{x}_j\leftarrow\hat{\boldsymbol{x}}_{j|k+1}}]-(k+1)\boldsymbol{q}|_{\boldsymbol{q}=\hat{\boldsymbol{q}}_{k+1}}=0 \tag{6.41}$$

由式(6.41)可以得到

$$\hat{\boldsymbol{q}}_{k+1}=\frac{1}{k+1}\sum_{j=0}^{k}[\hat{\boldsymbol{x}}_{j+1|k+1}-f_j(\boldsymbol{x})|_{\boldsymbol{x}_j\leftarrow\hat{\boldsymbol{x}}_{j|k+1}}] \tag{6.42}$$

式(6.31a)证毕。

(2)式(6.31b)的证明：

假设

1)$\boldsymbol{Q}$ 和 $\boldsymbol{R}$ 是对称矩阵,即 $\boldsymbol{Q}^{\mathrm{T}}=\boldsymbol{Q},\boldsymbol{R}^{\mathrm{T}}=\boldsymbol{R}$。

2)$|\boldsymbol{A}|$是 $\boldsymbol{A}$ 的行列式。

3)$\dfrac{\partial \ln|\boldsymbol{A}|}{\partial \boldsymbol{A}}=\dfrac{1}{|\boldsymbol{A}|}\cdot \boldsymbol{A}^{*}=\boldsymbol{A}^{-1}\left(\dfrac{\partial|\boldsymbol{A}|}{\partial \boldsymbol{A}}=\boldsymbol{A}^{*}\right)$。

4)$\dfrac{\partial\parallel \boldsymbol{u}\parallel^{2}\boldsymbol{A}}{\partial \boldsymbol{A}}=\dfrac{\partial u^{\mathrm{T}}A\boldsymbol{u}}{\partial \boldsymbol{A}}=\boldsymbol{u}\boldsymbol{u}^{\mathrm{T}}\ \dfrac{\partial \boldsymbol{A}^{-1}}{\partial \boldsymbol{A}}=\boldsymbol{u}\boldsymbol{u}^{\mathrm{T}}(-\boldsymbol{A}^{-\mathrm{T}}\boldsymbol{A}^{-1})$。

5)$\dfrac{\partial \boldsymbol{A}^{-1}}{\partial \boldsymbol{A}}=-\boldsymbol{A}^{-\mathrm{T}}\boldsymbol{A}^{-1}$。

式(6.36)两边同时求 $\boldsymbol{Q}$ 的偏导数

$$
\begin{aligned}
&\frac{\partial \ln g}{\partial \boldsymbol{Q}}\Big|_{\substack{\boldsymbol{x}_j=\hat{\boldsymbol{x}}_{j|k+1},\boldsymbol{x}_{j+1}=\hat{\boldsymbol{x}}_{j+1|k+1}\\ \boldsymbol{Q}=\hat{\boldsymbol{Q}}_{k+1}}}\\
&=\left[-\frac{k+1}{2}\cdot\frac{\partial \ln|\boldsymbol{Q}|}{\partial \boldsymbol{Q}}-\frac{1}{2}\sum_{j=0}^{k}\parallel \boldsymbol{x}_{i+1}-f_j(\boldsymbol{x}_j)-q\parallel^{2}\frac{\boldsymbol{Q}-1}{\partial \boldsymbol{Q}}\right]\Bigg|_{\substack{\boldsymbol{x}_j=\hat{\boldsymbol{x}}_{j|k+1},x_{j+1}=\hat{\boldsymbol{x}}_{j+1|k+1}\\ \boldsymbol{Q}=\hat{\boldsymbol{Q}}_{k+1}}}\\
&=\Bigg\{-\frac{k+1}{2}\boldsymbol{A}^{-1}-\frac{1}{2}\sum_{j=0}^{k}[x_{i+1}-f_j(x_j)-q][\boldsymbol{x}_{i+1}-f_j(\boldsymbol{x}_j)-\boldsymbol{q}]^{\mathrm{T}}\\
&\quad(-\boldsymbol{A}^{-\mathrm{T}}\times\boldsymbol{A}^{-1})\Bigg\}\Bigg|_{\substack{\boldsymbol{x}_j=\hat{\boldsymbol{x}}_{j|k+1},\boldsymbol{x}_{j+1}=\hat{\boldsymbol{x}}_{j+1|k+1}\\ \boldsymbol{Q}=\hat{\boldsymbol{Q}}_{k+1}}}\\
&=0
\end{aligned}
\tag{6.43}
$$

式(6.43)可以进一步表示为

$$
\begin{aligned}
\frac{k+1}{2}\hat{\boldsymbol{Q}}_{k+1}^{-1}=\frac{1}{2}\sum_{j=0}^{k}&[\boldsymbol{x}_{i+1}-f_j(\boldsymbol{x}_j)|_{\boldsymbol{x}_j\leftarrow\hat{\boldsymbol{x}}_{j|k+1}}-\boldsymbol{q}]\\
&[\boldsymbol{x}_{i+1}-f_j(\boldsymbol{x}_j)|_{\boldsymbol{x}_j\leftarrow\hat{\boldsymbol{x}}_{j|k+1}}-\boldsymbol{q}]^{\mathrm{T}}(\hat{\boldsymbol{Q}}_{k+1}^{-\mathrm{T}}\hat{\boldsymbol{Q}}_{k+1}^{-1})
\end{aligned}
\tag{6.44}
$$

式(6.44)两边同乘 $\hat{\boldsymbol{Q}}_{k+1}$,有

$$
\frac{k+1}{2}I=\frac{1}{2}\sum_{j=0}^{k}[\boldsymbol{x}_{i+1}-f_j(\boldsymbol{x}_j)|_{\boldsymbol{x}_j\leftarrow\hat{\boldsymbol{x}}_{j|k+1}}-\boldsymbol{q}][\boldsymbol{x}_{i+1}-f_j(\boldsymbol{x}_j)|_{\boldsymbol{x}_j\leftarrow\hat{\boldsymbol{x}}_{j|k+1}}-\boldsymbol{q}]^{\mathrm{T}}\hat{\boldsymbol{Q}}_{k+1}^{-\mathrm{T}}
\tag{6.45}
$$

将 $\hat{\boldsymbol{Q}}_{k+1}^{-\mathrm{T}}=\hat{\boldsymbol{Q}}_{k+1}^{-1}$ 代入式(6.45),有

$$
\hat{\boldsymbol{Q}}_{k+1}=\frac{1}{k+1}\sum_{j=0}^{k}\{[\hat{\boldsymbol{x}}_{j+1|k+1}-f_j(\boldsymbol{x}_j)|_{\boldsymbol{x}_j\leftarrow\hat{\boldsymbol{x}}_{j|k+1}}-\boldsymbol{q}][\hat{\boldsymbol{x}}_{j+1|k+1}-f_j(\boldsymbol{x}_j)|_{\boldsymbol{x}_j\leftarrow\hat{\boldsymbol{x}}_{j|k+1}}-\boldsymbol{q}]^{\mathrm{T}}\}
\tag{6.46}
$$

式(6～31b)证毕。

(3)式(6.31c)的证明:

式(6.37)两边同时求 $\boldsymbol{r}$ 的偏导数,有

$$
\frac{\partial \ln g}{\partial r}=-0-0+\sum_{j=0}^{k}[\boldsymbol{R}^{-1}+(\boldsymbol{R}^{-1})^{\mathrm{T}}](\boldsymbol{z}_{j+1}-h_{j+1}(\boldsymbol{x}_{j+1})-\boldsymbol{r})|_{\boldsymbol{r}=\hat{\boldsymbol{r}}_{k+1}}-0+0 \tag{6.47}
$$

式(6.47)可以进一步表示为

$$\frac{\partial \ln g}{\partial r}=[\boldsymbol{R}^{-1}+(\boldsymbol{R}^{-1})^{\mathrm{T}}]\sum_{j=0}^{k}(\boldsymbol{z}_{j+1}-h_{j+1}(\boldsymbol{x}_{j+1})-\boldsymbol{r})\mid_{\boldsymbol{r}=\hat{\boldsymbol{r}}_{k+1}}=0 \tag{6.48}$$

由于 $\boldsymbol{R}^{-1}+(\boldsymbol{R}^{-1})^{\mathrm{T}}\neq 0$,所以有

$$\sum_{j=0}^{k}(\boldsymbol{z}_{j+1}-h_{j+1}(\boldsymbol{x}_{j+1})-\boldsymbol{r})\Big|_{\substack{\boldsymbol{x}_{j+1}\leftarrow\hat{\boldsymbol{x}}_{j+1|k+1}\\ \boldsymbol{r}=\hat{\boldsymbol{r}}_{k+1}}}=0 \tag{6.49}$$

即有

$$\sum_{j=0}^{k}[z_{j+1}-h_{j+1}(x_{j+1})\mid_{x_{j+1}\leftarrow\hat{x}_{j+1|k+1}}]-(k+1)r\mid_{r=\hat{r}_{k+1}}=0 \tag{6.50}$$

公式(6.50)可以得到

$$\hat{\boldsymbol{r}}_{k+1}=\frac{1}{k+1}\sum_{j=0}^{k}[\hat{\boldsymbol{z}}_{j+1}-h_{j+1}(\boldsymbol{x}_{j+1})\mid_{\boldsymbol{x}_{j+1}\leftarrow\hat{\boldsymbol{x}}_{j+1|k+1}}] \tag{6.51}$$

式(6.31c)证毕。

(4)式(6.31d)的证明:

式(6.37)两边同时求 $\boldsymbol{R}$ 的偏导数,有

$$\frac{\partial \ln g}{\partial \boldsymbol{R}}\mid_{\substack{\boldsymbol{z}_{j+1}=\hat{\boldsymbol{z}}_{j+1|j+1},\boldsymbol{x}_{j+1}=\hat{\boldsymbol{x}}_{j+1|j+1}\\ \boldsymbol{R}=\hat{\boldsymbol{R}}_{k+1}}}$$

$$=\left[-\frac{k+1}{2}\frac{\partial \ln\mid R\mid}{\partial R}-\sum_{j=0}^{k}\parallel z_{j+1}-h_{j+1}(\boldsymbol{x}_{j+1})-r\parallel^{2}\frac{R^{-1}}{\partial R}\right]\mid_{\substack{z_{j+1}=\hat{z}_{j+1|j+1},x_{j+1}=\hat{x}_{j+1|j+1}\\ \boldsymbol{R}=\hat{\boldsymbol{R}}_{k+1}}}$$

$$=\left\{-\frac{k+1}{2}A^{-1}-\frac{1}{2}\sum_{j=0}^{k}[\boldsymbol{z}_{j+1}-h_{j+1}(\boldsymbol{x}_{j+1})-\boldsymbol{r}][\boldsymbol{z}_{j+1}-h_{j+1}(\boldsymbol{x}_{j+1})-\boldsymbol{r}]^{\mathrm{T}}(-\boldsymbol{A}^{-\mathrm{T}}\boldsymbol{A}^{-1})\right\}\boldsymbol{z}_{j+1}$$

$$=\hat{\boldsymbol{z}}_{j+1|j+1},x_{j+1}=\hat{\boldsymbol{x}}_{j+1|j+1\,R=\hat{R}_{k+1}}=0 \tag{6.52}$$

式(6.52)可以进一步表示为

$$\frac{k+1}{2}\hat{\boldsymbol{R}}_{k+1}^{-1}=\frac{1}{2}\sum_{j=0}^{k}[\boldsymbol{z}_{j+1}-h_{j+1}(\boldsymbol{x}_{j+1})\mid_{\boldsymbol{x}_{j+1}\leftarrow\hat{\boldsymbol{x}}_{j+1|k+1}}-\boldsymbol{r}][\boldsymbol{z}_{j+1}-h_{j+1}(\boldsymbol{x}_{j+1})\mid_{\boldsymbol{x}_{j+1}\leftarrow\hat{\boldsymbol{x}}_{j+1|k+1}}-\boldsymbol{r}]^{\mathrm{T}}$$
$$(\hat{\boldsymbol{R}}_{k+1}^{-\mathrm{T}}\hat{\boldsymbol{R}}_{k+1}^{-1}) \tag{6.53}$$

式(6.53)两边同乘以 $\hat{\boldsymbol{R}}_{k+1}$,有

$$\frac{k+1}{2}I=\frac{1}{2}\sum_{j=0}^{k}[\boldsymbol{z}_{j+1}-h_{j+1}(\boldsymbol{x}_{j+1})\mid_{\boldsymbol{x}_{j+1}\leftarrow\hat{\boldsymbol{x}}_{j+1|k+1}}-r]$$
$$[\boldsymbol{z}_{j+1}-h_{j+1}(\boldsymbol{x}_{j+1})\mid_{\boldsymbol{x}_{j+1}\leftarrow\hat{\boldsymbol{x}}_{j+1|k+1}}-r]^{\mathrm{T}}\hat{R}_{k+1}^{-\mathrm{T}} \tag{6.54}$$

将 $\hat{\boldsymbol{R}}_{k+1}^{-\mathrm{T}}=\hat{\boldsymbol{R}}_{k+1}^{-1}$ 代入式(6.54),有

$$\hat{\boldsymbol{R}}_{k+1}=\frac{1}{k+1}\sum_{j=0}^{k}\{[\boldsymbol{z}_{j+1}-h_{j+1}(\boldsymbol{x}_{j+1})\mid_{\boldsymbol{x}_{j+1}\leftarrow\hat{\boldsymbol{x}}_{j|k+1}}-\boldsymbol{r}][\boldsymbol{z}_{j+1}-h_{j+1}(\boldsymbol{x}_{j+1})\mid_{\boldsymbol{x}_{j+1}\leftarrow\hat{\boldsymbol{x}}_{j|k+1}}-\boldsymbol{r}]^{\mathrm{T}}\} \tag{6.55}$$

式(6.31d)证毕。

到此,定理6.1证毕。

在式(6.31)中,用$\hat{\boldsymbol{x}}_j$ 和$\hat{\boldsymbol{x}}_{j+1}$ 代替$\hat{\boldsymbol{x}}_{j|k+1}$ 和 $\hat{\boldsymbol{x}}_{j+1|k+1}$,有

$$\left.\begin{aligned}
\hat{\boldsymbol{q}}_{k+1} &= \frac{1}{k+1}\sum_{j=0}^{k}[\hat{\boldsymbol{x}}_{j+1} - f_j(\boldsymbol{x}_j)|_{x_j \leftarrow \hat{x}_j}] \\
\hat{\boldsymbol{Q}}_{k+1} &= \frac{1}{k+1}\sum_{j=0}^{k}\{[\hat{\boldsymbol{x}}_{j+1} - f_j(\boldsymbol{x}_j)|_{x_j \leftarrow \hat{x}_j} - \boldsymbol{q}][\hat{\boldsymbol{x}}_{j+1} - f_j(\boldsymbol{x}_j)|_{x_j \leftarrow \hat{x}_j} - \boldsymbol{q}]^{\mathrm{T}}\} \\
&= \frac{1}{k+1}\sum_{j=0}^{k}\{[\hat{\boldsymbol{x}}_{j+1} - \hat{\boldsymbol{x}}_{j+1|j}][\hat{\boldsymbol{x}}_{j+1} - \hat{\boldsymbol{x}}_{j+1|j}]^{\mathrm{T}}\} \\
\hat{\boldsymbol{r}}_{k+1} &= \frac{1}{k+1}\sum_{j=0}^{k}[\boldsymbol{z}_{j+1} - h_{j+1}(\boldsymbol{x}_{j+1})|_{x_{j+1} \leftarrow \hat{x}_{j+1}}] \\
\hat{\boldsymbol{R}}_{k+1} &= \frac{1}{k+1}\sum_{j=0}^{k}\{[\boldsymbol{z}_{j+1} - h_{j+1}(\boldsymbol{x}_{j+1})|_{x_{j+1} \leftarrow \hat{x}_{j+1}} - \boldsymbol{r}][\boldsymbol{z}_{j+1} - h_{j+1}(\boldsymbol{x}_{j+1})|_{x_{j+1} \leftarrow \hat{x}_{j+1}} - r]^{\mathrm{T}}\} \\
&= \frac{1}{k+1}\sum_{j}^{k}\{[\boldsymbol{z}_{j+1} - \hat{\boldsymbol{z}}_{j+1|j}][\boldsymbol{z}_{j+1} - \hat{z}_{j+1|j}]^{\mathrm{T}}\}
\end{aligned}\right\} \tag{6.56}$$

相应地,式(6.56)的随机加权估计为

$$\left.\begin{aligned}
\hat{\boldsymbol{q}}^*_{k+1} &= \sum_{j=0}^{k}\lambda_j[\hat{\boldsymbol{x}}_{j+1} - f_j(\boldsymbol{x}_j)|_{x_j \leftarrow \hat{x}_j}] \\
\hat{\boldsymbol{Q}}^*_{k+1} &= \sum_{j=0}^{k}\lambda_j\{[\hat{\boldsymbol{x}}_{j+1} - f_j(\boldsymbol{x}_j)|_{x_j \leftarrow \hat{x}_j} - \boldsymbol{q}][\hat{\boldsymbol{x}}_{j+1} - f_j(\boldsymbol{x}_j)|_{x_j \leftarrow \hat{x}_j} - \boldsymbol{q}]^{\mathrm{T}}\} \\
&= \sum_{j=0}^{k}\lambda_j\{[\hat{\boldsymbol{x}}_{j+1} - \hat{\boldsymbol{x}}_{j+1|j}][\hat{\boldsymbol{x}}_{j+1} - \hat{\boldsymbol{x}}_{j+1|j}]^{\mathrm{T}}\} \\
\hat{\boldsymbol{r}}^*_{k+1} &= \sum_{j=0}^{k}\lambda_j[\boldsymbol{z}_{j+1} - h_{j+1}(\boldsymbol{x}_{j+1})|_{x_{j+1} \leftarrow \hat{x}_{j+1}}] \\
\hat{R}^*_{k+1} &= \sum_{j=0}^{k}\lambda_j\{[\boldsymbol{z}_{j+1} - h_{j+1}(\boldsymbol{x}_{j+1})|_{x_{j+1} \leftarrow \hat{x}_{j+1}} - \boldsymbol{r}][\boldsymbol{z}_{j+1} - h_{j+1}(\boldsymbol{x}_{j+1})|_{x_{j+1} \leftarrow \hat{x}_{j+1}} - \boldsymbol{r}]^{\mathrm{T}}\} \\
&= \sum_{j=0}^{k}\lambda_j\{[\boldsymbol{z}_{j+1} - \hat{\boldsymbol{z}}_{j+1|j}][\boldsymbol{z}_{j+1} - \hat{\boldsymbol{z}}_{j+1|j}]^{\mathrm{T}}\}
\end{aligned}\right\} \tag{6.57}$$

式中:$(\lambda_1, \lambda_2, \cdots, \lambda_n)$是随机加权因子,而且$(\lambda_1, \lambda_2, \cdots, \lambda_n)$服从 Dirichlet$D(1,1,\cdots,1)$分布。

**定理 6.2**　式(6.57)中,随机加权估计 $\hat{\boldsymbol{q}}^*_{k+1}$ 和 $\hat{\boldsymbol{r}}^*_{k+1}$ 是系统过程噪声均值 $\boldsymbol{q}_{k+1}$ 和量测噪声均值 $\boldsymbol{r}_{k+1}$ 的无偏估计,而随机加权估计 $\hat{\boldsymbol{Q}}^*_{k+1}$ 和 $\hat{\boldsymbol{R}}^*_{k+1}$ 是噪声 $\boldsymbol{Q}_{k+1}$ 和 $\boldsymbol{R}_{k+1}$ 的有偏估计。

**定理 6.2 的证明:**

由新息向量的定义,知

$$\boldsymbol{\varepsilon}_{j+1} = \boldsymbol{z}_{j+1} - \hat{\boldsymbol{z}}_{j+1|j} \tag{6.58}$$

并且有

$$\left.\begin{aligned}&E(\boldsymbol{\varepsilon}_{j+1})=E(\boldsymbol{z}_{j+1}-\hat{\boldsymbol{z}}_{j+1|j})=0\\&E(\boldsymbol{\varepsilon}_{j+1}\boldsymbol{\varepsilon}_{j+1}^{\mathrm{T}})=E[(\boldsymbol{z}_{j+1}-\hat{\boldsymbol{z}}_{j+1|j})(\boldsymbol{z}_{j+1}-\hat{\boldsymbol{z}}_{j+1|j})^{\mathrm{T}}]=\boldsymbol{P}_{\tilde{z}_{j+1|j}}\end{aligned}\right\}\tag{6.59}$$

由式(6.6)，有 $f_j(\boldsymbol{x}_j)|_{\boldsymbol{x}_j\leftarrow\hat{\boldsymbol{x}}_j}=\hat{\boldsymbol{x}}_{j+1|j}-q$，并且有

$$\begin{aligned}E(\hat{\boldsymbol{q}}_{k+1}^{*})&=\sum_{j=0}^{k}\lambda_jE\{[\hat{\boldsymbol{x}}_{j+1}-f_j(\boldsymbol{x}_j)|_{\boldsymbol{x}_j\leftarrow\hat{\boldsymbol{x}}_j}]\}\\&=\sum_{j=0}^{k}\lambda_jE(\hat{\boldsymbol{x}}_{j+1}-\hat{\boldsymbol{x}}_{j+1|j}+\boldsymbol{q}_{k+1})\\&=\sum_{j=0}^{k}\lambda_jE[\boldsymbol{K}_{j+1}(\hat{\boldsymbol{z}}_{j+1}-\hat{\boldsymbol{z}}_{j+1|j})+\boldsymbol{q}_{k+1}]\\&=\sum_{j=0}^{k}\lambda_jE(\boldsymbol{K}_{j+1}\boldsymbol{\varepsilon}_{j+1}+\boldsymbol{q}_{k+1})\\&=\sum_{j=0}^{k}\lambda_j\boldsymbol{q}_{k+1}\\&=\boldsymbol{q}_{k+1}\end{aligned}\tag{6.60}$$

式中：$\sum_{j=0}^{k}\lambda_j=1$。

式(6.60)表示 $\hat{\boldsymbol{q}}_{k+1}^{*}$ 是 $\boldsymbol{q}_{k+1}$ 的无偏估计。

由式(6.13)和式(6.9)分别有

$\hat{\boldsymbol{x}}_{j+1}=\hat{\boldsymbol{x}}_{j+1|j}+\boldsymbol{K}_{j+1}(\boldsymbol{z}_{j+1}-\hat{\boldsymbol{z}}_{j+1|j}),h_{j+1}(\boldsymbol{x}_{j+1})|_{\boldsymbol{x}_{j+1}\leftarrow\hat{\boldsymbol{x}}_{j+1|j}}=\hat{\boldsymbol{z}}_{j+1|j}-\boldsymbol{r}$

所以有

$$\begin{aligned}E(\hat{\boldsymbol{r}}_{k+1}^{*})&=\sum_{j=0}^{k}\lambda_jE[\boldsymbol{z}_{j+1}-h_{j+1}(\boldsymbol{x}_{j+1})|_{\boldsymbol{x}_{j+1}\leftarrow\hat{\boldsymbol{x}}_{j+1|j}}]\\&=\sum_{j=0}^{k}\boldsymbol{v}_j\lambda E(\boldsymbol{z}_{j+1}-\hat{\boldsymbol{z}}_{j+1|j}+\boldsymbol{r}_{k+1})\\&=\sum_{j=0}^{k}\lambda_jE(\boldsymbol{\varepsilon}_{j+1}+\boldsymbol{r}_{k+1})\\&=\sum_{j=0}^{k}\lambda_j\boldsymbol{r}_{k+1}\\&=\boldsymbol{r}_{k+1}\end{aligned}\tag{6.61}$$

式(6.61)表明了 $\hat{\boldsymbol{r}}_{k+1}^{*}$ 是 $\boldsymbol{r}_{k+1}$ 的无偏估计。

由式(6.57)，有

$$\begin{aligned}E(\hat{\boldsymbol{Q}}_{k+1}^{*})&=\sum_{j=0}^{k}\lambda_jE\{[\hat{\boldsymbol{x}}_{j+1}-f_j(\boldsymbol{x}_j)|_{\boldsymbol{x}_j\leftarrow\hat{\boldsymbol{x}}_j}-\boldsymbol{q}][\hat{\boldsymbol{x}}_{j+1}-f_j(\boldsymbol{x}_j)|_{\boldsymbol{x}_j\leftarrow\hat{\boldsymbol{x}}_j}-\boldsymbol{q}]^{\mathrm{T}}\}\\&=\sum_{j=0}^{k}\lambda_jE[(\hat{\boldsymbol{x}}_{j+1}-\hat{\boldsymbol{x}}_{j+1|j})(\hat{\boldsymbol{x}}_{j+1}-\hat{\boldsymbol{x}}_{j+1|j})^{\mathrm{T}}]\\&=\sum_{j=0}^{k}\lambda_jE\{[\boldsymbol{K}_{j+1}(\boldsymbol{z}_{j+1}-\hat{\boldsymbol{z}}_{j+1|j})][\boldsymbol{K}_{j+1}(\boldsymbol{z}_{j+1}-\hat{\boldsymbol{z}}_{j+1|j})]^{\mathrm{T}}\}\end{aligned}$$

$$
\begin{aligned}
&= \sum_{j=0}^{k} \lambda_j E(\boldsymbol{K}_{j+1} \boldsymbol{\varepsilon}_{j+1} \boldsymbol{\varepsilon}_{j+1}^{\mathrm{T}} \boldsymbol{K}_{j+1}^{\mathrm{T}}) \\
&= \sum_{j=0}^{k} \lambda_j E(\boldsymbol{K}_{j+1} \boldsymbol{P}_{\hat{z}_{j+1|j}} \boldsymbol{K}_{j+1}^{\mathrm{T}}) \\
&\neq \boldsymbol{Q}_{k+1}
\end{aligned} \tag{6.62}
$$

式(6.62)表明 $\hat{\boldsymbol{Q}}_{k+1}^{*}$ 是 $\boldsymbol{Q}_{k+1}$ 的有偏估计。

类似地，由式(6.57)，有

$$
\begin{aligned}
E(\hat{R}_{k+1}^{*}) &= \sum_{j=0}^{k} \lambda_j E\{[\boldsymbol{z}_{j+1} - h_j(\boldsymbol{x}_{j+1})|_{\boldsymbol{x}_{j+1} \leftarrow \hat{\boldsymbol{x}}_{j+1}} - \boldsymbol{r}][\boldsymbol{z}_{j+1} - h_j(\boldsymbol{x}_{j+1})|_{\boldsymbol{x}_{j+1} \leftarrow \hat{\boldsymbol{x}}_{j+1}} - \boldsymbol{r}]^{\mathrm{T}}\} \\
&= \sum_{j=0}^{k} \lambda_j E[(\boldsymbol{z}_{j+1} - \hat{\boldsymbol{z}}_{j+1|j})(\boldsymbol{z}_{j+1} - \hat{\boldsymbol{z}}_{j+1|j})^{\mathrm{T}}] \\
&= \sum_{j=0}^{k} \lambda_j E(\boldsymbol{\varepsilon}_{j+1} \boldsymbol{\varepsilon}_{j+1}^{\mathrm{T}}) \\
&= \sum_{j=0}^{k} \lambda_j E(\boldsymbol{P}_{\hat{z}_{j+1|j}}) \\
&\neq \boldsymbol{R}_{k+1}
\end{aligned} \tag{6.63}
$$

式(6.63)表示 $\hat{\boldsymbol{R}}_{k+1}^{*}$ 是 $\boldsymbol{R}_{k+1}$ 的有偏估计。

定理 6.2 证毕。

综合上述讨论，含有常值噪声的随机加权 CKF 的滤波算法可以归纳如下：

$$
\begin{aligned}
&\hat{\boldsymbol{x}}_{k|k-1}^{*} = \sum_{i=1}^{m} \lambda_i \boldsymbol{x}_{i,k|k-1}^{*} + \hat{\boldsymbol{q}}_{k-1}^{*} \\
&\boldsymbol{P}_{k|k-1}^{*} = \sum_{i=1}^{m} \lambda_i \boldsymbol{x}_{i,k|k-1}^{*} \boldsymbol{x}_{i,k|k-1}^{*\mathrm{T}} - \hat{\boldsymbol{x}}_{k|k-1} \hat{\boldsymbol{x}}_{k|k-1}^{\mathrm{T}} + \hat{\boldsymbol{Q}}_{k-1}^{*} \\
&\hat{\boldsymbol{z}}_{k|k-1}^{*} = \sum_{i=1}^{m} \lambda_i \boldsymbol{z}_{i,k|k-1}^{*} + \hat{\boldsymbol{r}}_{k}^{*} \\
&\boldsymbol{P}_{zz,k|k-1}^{*} = \sum_{i=1}^{m} \lambda_i (\boldsymbol{z}_{i,k|k-1}^{*} \boldsymbol{z}_{i,k|k-1}^{*\mathrm{T}}) - \hat{\boldsymbol{z}}_{k|k-1} \hat{\boldsymbol{z}}_{k|k-1}^{\mathrm{T}} + \hat{\boldsymbol{R}}_{k-1}^{*} \\
&\boldsymbol{P}_{xz,k|k-1}^{*} = \sum_{i=1}^{m} \lambda_i (\boldsymbol{x}_{i,k|k-1}^{*} z_{i,k|k-1}^{*\mathrm{T}}) - \hat{\boldsymbol{x}}_{k|k-1} \hat{\boldsymbol{z}}_{k|k-1}^{\mathrm{T}} \\
&\hat{\boldsymbol{x}}_{k|k} = \hat{\boldsymbol{x}}_{k|k-1}^{*} + K_k (z_k - \hat{z}_{k|k-1}^{*}) \\
&\boldsymbol{K}_k = \boldsymbol{P}_{xz,k|k-1}^{*} (\boldsymbol{P}_{zz,k|k-1}^{*})^{-1} \\
&\boldsymbol{P}_{k|k}^{*} = \boldsymbol{P}_{k|k-1}^{*} - \boldsymbol{K}_k \boldsymbol{P}_{zz,k|k}^{*} \boldsymbol{K}_k^{\mathrm{T}}
\end{aligned} \tag{6.64}
$$

从上面讨论和式(6.64)可以看出，本书所研究的随机加权自适应 CKF 算法是在标准 CKF 中插入随机加权因子，抑制系统过程噪声、量测噪声及其协方差阵所造成的干扰，从而提高含有常值噪声的非线性系统的滤波计算精度。

含有常值噪声的非线性系统的 ARWCKF 算法流程如图 6.1 所示。

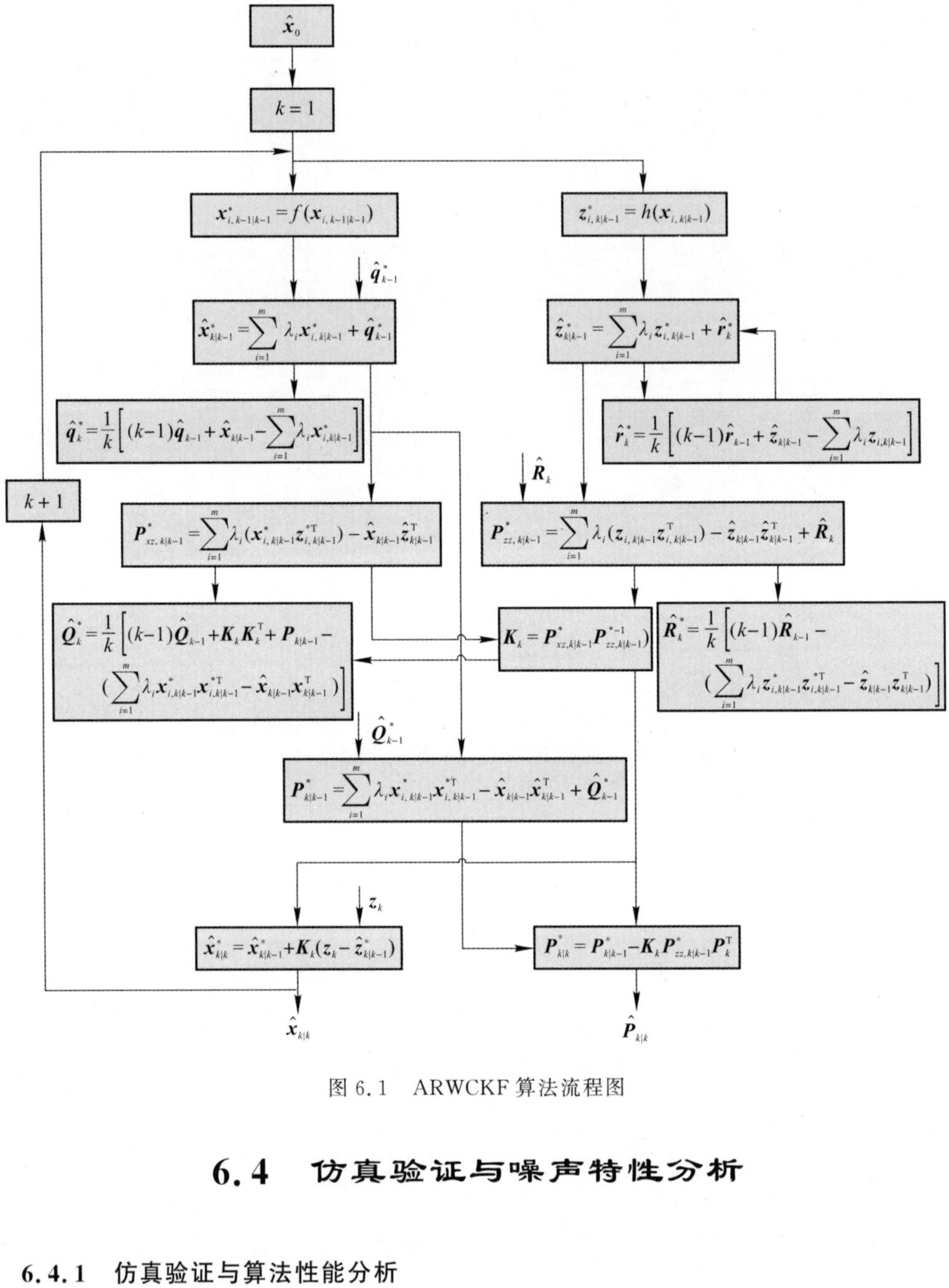

图 6.1　ARWCKF 算法流程图

## 6.4　仿真验证与噪声特性分析

### 6.4.1　仿真验证与算法性能分析

为了验证随机加权自适应 CKF 算法的有效性和滤波计算精度，将该算法应用于捷联惯导（SINS）/光谱红移（SRS）组合导航系统中进行仿真验证，并与现有的容积卡尔曼滤波（CKF）算法进行比较。

1. SINS/SRS 组合导航非线性系统模型

光谱红移系统可以提供飞行器高精度的速度信息，SRS 输出的速度误差要比 SINS 小得多。因此，为了减小 SINS/SRS 组合导航系统的计算维数，可将 SRS 的速度误差假设为 Gaussian 白噪声过程。

选择东、北、天(E,N,U)地理坐标系，建立 SINS/SRS 组合导航非线性系统模型。SINS/SRS 组合导航系统的状态量可选择由 SINS 的误差量、陀螺常值漂移和加速度零偏构成。

$$\boldsymbol{X}(t)=[\delta v_x \quad \delta v_y \quad \delta v_z \quad \delta P_x \quad \delta P_y \quad \delta P_z \quad \varphi_x \quad \varphi_y \quad \varphi_z \quad \varepsilon_x \quad \varepsilon_y \quad \varepsilon_z \quad \nabla_x \quad \nabla_y \quad \nabla_z]^{\mathrm{T}}_{15\times 1} \tag{6.65}$$

式中：$\delta v_x,\delta v_y,\delta v_z$ 为某航天器在 $x$ 轴、$y$ 轴和 $z$ 轴三个方向的速度误差；$\delta P_x,\delta P_y,\delta P_z$ 为某航天器在 $x$ 轴、$y$ 轴和 $z$ 轴三个方向的位置误差；$\varphi_x,\varphi_y,\varphi_z$ 是航天器的姿态误差；$\varepsilon_x,\varepsilon_y,\varepsilon_z$ 是加速度计零偏(常值)；$\nabla_X,\nabla_Y,\nabla_Z$ 是陀螺仪常值漂移。

SINS/SRS 组合导航系统的状态方程为

$$\dot{\boldsymbol{X}}(t)=f(\boldsymbol{X}(t))+\boldsymbol{G}(t)\boldsymbol{w}(t) \tag{6.66}$$

式中：$f(\cdot)$ 是非线性函数；$\boldsymbol{X}(t)$ 是组合导航系统状态向量；$\boldsymbol{G}(t)$ 是噪声矩阵；$\boldsymbol{w}(t)$ 是系统过程噪声。

非线性函数 $f(\cdot)$ 的表达式如下：

$$f[X(t)]=\begin{bmatrix} \boldsymbol{C}_{\omega}^{-1}[(\boldsymbol{I}-\boldsymbol{C}_n^c)\hat{\boldsymbol{\omega}}_{in}^n+\boldsymbol{C}_n^c\delta\boldsymbol{\omega}_{in}^n-\boldsymbol{C}_b^c\delta\boldsymbol{\omega}_{ib}^b] \\ [\boldsymbol{I}-(\boldsymbol{C}_n^c)^{\mathrm{T}}]\boldsymbol{C}_b^c\hat{\boldsymbol{f}}_{sf}^b+(\boldsymbol{C}_n^c)^{\mathrm{T}}\boldsymbol{C}_b^c\delta\boldsymbol{f}_{sf}^b- \\ (2\delta\omega_{ie}^n+\delta\omega_{en}^n)\boldsymbol{V}-(2\hat{\omega}_{ie}^n+\hat{\omega}_{en}^n)\delta\boldsymbol{V}+ \\ (2\omega_{ie}^n+\omega_{en}^n)\delta\boldsymbol{V}+\delta\boldsymbol{g} \\ \dfrac{v_y}{R_M+h}-\dfrac{(v_y-\delta v_y)}{(R_M-\delta R_M)+(h-\delta h)} \\ \dfrac{v_x\sec\varphi}{R_N+h}-\dfrac{(v_x-\delta v_x)\sec(\varphi-\delta\varphi)}{(R_N-\delta R_N)+(h-\delta h)} \\ \delta v_z \\ \boldsymbol{0}_{1\times 7} \end{bmatrix} \tag{6.67}$$

式中：$\boldsymbol{C}^{\omega}$ 是计算数学平台误差角矩阵，$\boldsymbol{C}_n^c$ 是从导航坐标系($n$)到计算坐标系($c$)姿态转换矩阵；$\boldsymbol{C}_b^c$ 是从载体坐标系($b$)到计算坐标系($c$)姿态转换矩阵；$\hat{\omega}_{ie}^n$ 和 $\omega_{ie}^n$ 分别是地球坐标系($e$)相对惯性坐标系($i$)的真实角速度和估计角速度；$\delta\omega_{in}^n$ 和 $\delta\omega_{ib}^b$ 分别是 $\omega_{in}^n$ 和 $\omega_{ib}^n$ 的计算误差；$\hat{f}_{sf}^b$ 和 $\delta f_{sf}^b$ 分别是加速度计输出的真实比力和比力误差；$\boldsymbol{V}$ 和 $\delta\boldsymbol{V}$ 分别是航天器实际速度和速度误差；$\delta\boldsymbol{g}$ 是引力加速度误差；$\varphi$ 和 $h$ 分别是经纬度；$R_M$ 和 $R_N$ 分别为子午圈的主曲率半径和卯圈的主曲率半径。

系统噪声系数阵为

$$\boldsymbol{G}(t)=\begin{bmatrix} \boldsymbol{C}_{b(3\times 3)}^c & \boldsymbol{0}_{(3\times 3)} \\ \boldsymbol{0}_{(3\times 3)} & \boldsymbol{C}_{b(3\times 3)}^c \\ \boldsymbol{0}_{(9\times 3)} & \boldsymbol{0}_{(9\times 3)} \end{bmatrix}_{(15\times 6)} \tag{6.68}$$

系统噪声为

$$\boldsymbol{w}(t)=[w_{\varepsilon_x} \quad w_{\varepsilon_y} \quad w_{\varepsilon_z} \quad w_{\nabla_x} \quad w_{\nabla_y} \quad w_{\nabla_z}]^{\mathrm{T}}_{(6\times 1)} \tag{6.69}$$

式中：$(w_{\varepsilon_x}, w_{\varepsilon_y}, w_{\varepsilon_z})$和$(w_{\nabla_x}, w_{\nabla_y}, w_{\nabla_z})$分别表示陀螺和加速度计的随机噪声。

2. SINS/SRS 组合导航系统量测模型

为了克服 SINS 速度误差随时间累积和高度通道发散的缺陷，在仿真验证中，利用 SINS/SRS 组合导航系统中 SRS 提供的高精度速度信息，修正 SINS 随时间累积的速度误差。引入高度表，利用高度表提供的精确的高度信息阻尼 SINS 高度通道的发散，修正高度信息。

SINS/SRS 组合导航系统的量测量，可以选择 SINS 与 SRS 的速度之差，雷达高度计与 SINS 高度之差作为量测量。

假设利用 SRS 获得的速度信息为$\boldsymbol{V}_{\mathrm{SRS}}=(\boldsymbol{v}_{\mathrm{S}x}, \boldsymbol{v}_{\mathrm{S}y}, \boldsymbol{v}_{\mathrm{S}z})$，利用 SINS 获得的速度信息为$\boldsymbol{V}_{\mathrm{SINS}}=(\boldsymbol{v}_x, \boldsymbol{v}_y, \boldsymbol{v}_z)$，则由 SRS 和 SINS 得到的速度之差为

$$\boldsymbol{Z}_v=\begin{bmatrix}\Delta Z_{\mathrm{S1}}\\ \Delta Z_{\mathrm{S2}}\\ \Delta Z_{\mathrm{S3}}\end{bmatrix}=\begin{bmatrix}v_x-v_{\mathrm{S}x}\\ v_y-v_{\mathrm{S}y}\\ v_z-v_{\mathrm{S}z}\end{bmatrix}=\boldsymbol{H}_v\boldsymbol{X}(t)+\boldsymbol{v}_v(t) \tag{6.70}$$

式中：$\boldsymbol{v}_v$是速度量测噪声阵；$\boldsymbol{H}_v$是速度量测矩阵，其表达式为

$$\boldsymbol{H}_v=[\boldsymbol{I}_{3\times3}\quad \boldsymbol{0}_{3\times12}]^{\mathrm{T}} \tag{6.71}$$

SINS 和雷达高度表得到的高度信息之差为

$$\boldsymbol{Z}_h=[h_{\mathrm{SINS}}-h_H]=\boldsymbol{H}_h\boldsymbol{X}(t)+\boldsymbol{v}_h(t) \tag{6.72}$$

式中：$h_{\mathrm{SINS}}$和$h_H$分别是由 SINS 和雷达高度表得到的高度信息；$\boldsymbol{v}_h(t)$为高度量测噪声阵；$\boldsymbol{H}_h$是高度量测矩阵，其表达式为

$$\boldsymbol{H}_h=[\boldsymbol{0}_{1\times5}\quad I\quad \boldsymbol{0}_{1\times9}]^{\mathrm{T}} \tag{6.73}$$

综合式(6.70)和式(6.72)，可以得到 SINS/SRS 组合导航系统的量测方程为

$$\boldsymbol{Z}(t)=\begin{bmatrix}\boldsymbol{H}_v\\ \boldsymbol{H}_h\end{bmatrix}\boldsymbol{X}(t)+\begin{bmatrix}\boldsymbol{V}_v(t)\\ \boldsymbol{V}_h(t)\end{bmatrix}=\boldsymbol{H}(t)\boldsymbol{X}(t)+\boldsymbol{v}(t) \tag{6.74}$$

3. 计算仿真与算法性能分析

假设航天器绕地球运行，仿真试验中，航天器的飞行时间为 4000 s，初始位置为(6 359 800 m，3 076 100 m，−6 268 900 m)，最终位置为(4 550 800 m，5 222 600 m，−4 356 700)。轨道参数如表 6.1 所示，飞行路径(轨迹)如图 6.2 所示。

**表 6.1　航天器轨道参数表**

| 轨道参数 | 参数值 |
|---|---|
| 轨道半长轴 | 6 865.112 418 km |
| 偏心率 | 0.001 248 |
| 轨道倾角 | 29.059° |
| 升交点赤经 | 338.82° |
| 近地点幅角 | 351.167° |
| 真近点角 | 229.46° |
| 轨道运行周期 | 50 076 s |

在仿真计算中，捷联惯导系统的陀螺漂移是 0.05(°)/h，陀螺随机游走是 0.005(°)/$\sqrt{\mathrm{h}}$；加速度计的零偏和随机漂移分别是 $1\times10^{-3}\ g$ 和 $1\times10^{-4}\ g/\sqrt{\mathrm{s}}$；捷联惯导初始对准误差是 0′；航天器初始位置误差是(10 m，10 m，10 m)，初始速度误差是(0.2 m/s，0.2 m/s，0.2 m/s)，初始姿态误差是(0.4°，0.4°，0.4°)。捷联惯导采样周期是 0.01 s，SRS 的数据量测频率为 1 Hz，SRS 速度误差为 0.05 m/s，系统状态模型和测量模型的噪声设置分别为 0.01 和 0.02，无迹变换参数 $\alpha=0.5$，$\beta=2$。

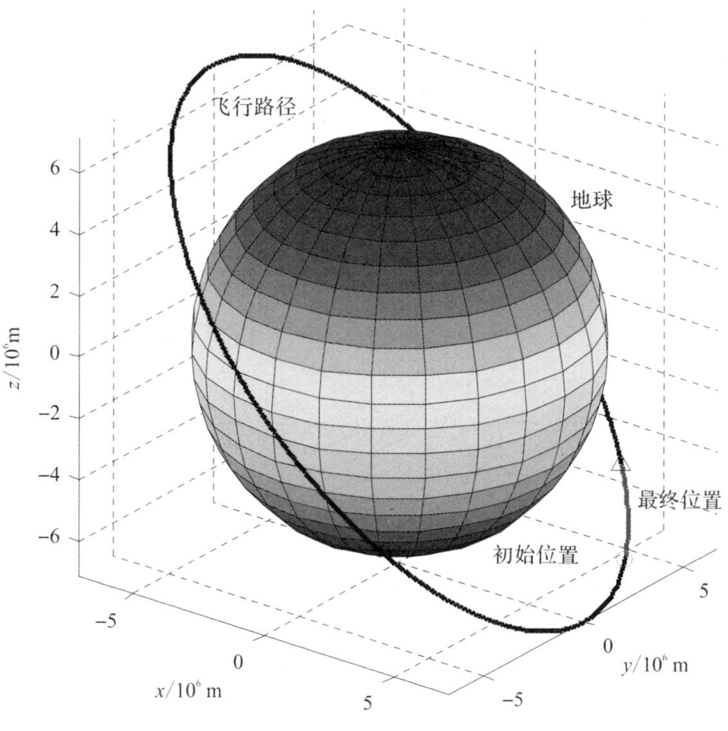


图 6.2　航天器飞行轨迹图

位置误差定义为

$$\delta P=\sqrt{(\delta P_x)^2+(\delta P_y)^2+(\delta P_z)^2} \tag{6.75}$$

速度误差定义为

$$\delta \boldsymbol{v}=\sqrt{(\delta \boldsymbol{v}_x)^2+(\delta \boldsymbol{v}_y)^2+(\delta \boldsymbol{v}_z)^2} \tag{6.76}$$

为了比较分析随机加权自适应 CKF(RWACKF)和 CKF 的滤波性能，在相同条件下分别进行了 100 次 Monte Carlo 模拟试验。

图 6.3 为采用 CKF 和 RWACKF 计算得到的某航天器位置和速度误差曲线。可以看出，采用 CKF 计算得到的位置误差和速度误差分别在(−165 m，145 m)和(−1.72 m/s，1.68 m/s)范围内。CKF 其所以估计精度较差，是因为 CKF 抑制系统噪声和干扰的能力差；而采用 RWACKF 计算得到的位置误差和速度误差分别在(−30 m，32 m)和(−0.31 m/s，0.35 m/s)范围内，其精度明显高于 CKF。

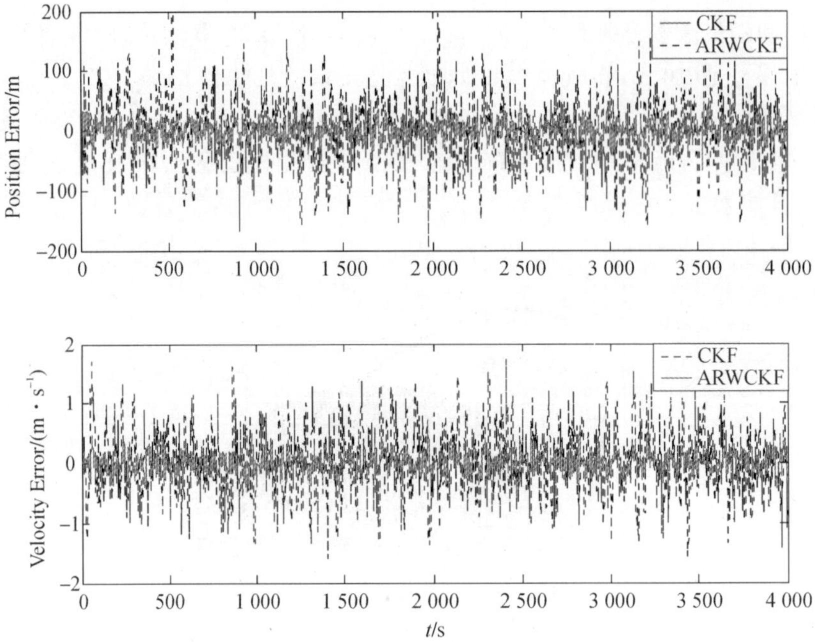


图 6.3 采用 CKF 和 RWACK 计算得到位置和速度误差曲线图

图 6.4 是采用 RWACKF 计算得到的系统噪声统计估计误差曲线图。RWACKF 可以抑制系统噪声的干扰,从而提高滤波计算精度。

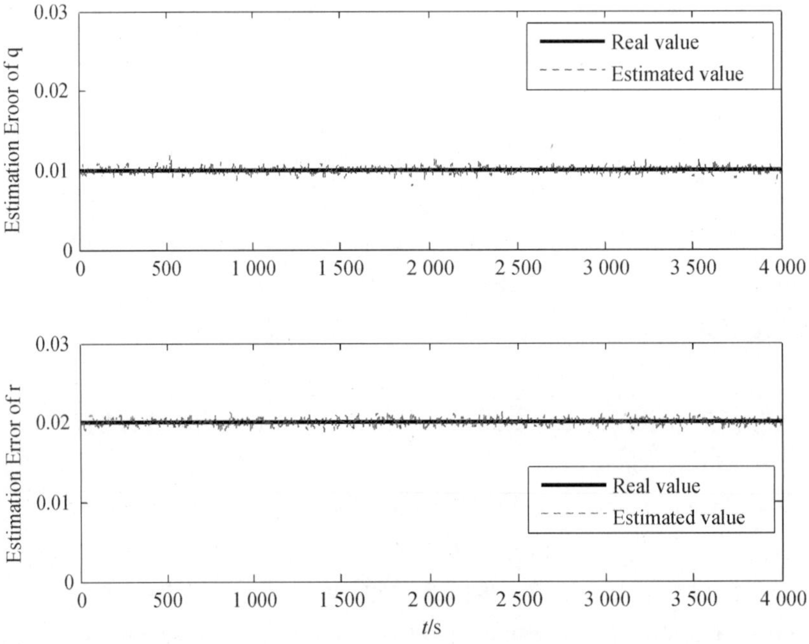


图 6.4 采用 RWACKF 计算得到的系统噪声统计估计误差曲线图

表 6.2 给出了 CKF 和 RWACK 两种方法计算得到的某航天器位置和速度的均方根误差(rmse)的平均值，以及采用提出的 RWACKF 算法估计得到的 SINS/SRS 组合导航系统噪声的均方根误差(rmse)的平均值。

为了进一步评估 CKF 和 RWACKF 这两种算法的滤波性能，图 6.5 分别为采用 CKF 和 RWACKF 计算得到的某航天器位置和速度误差的平均归一化估计误差平方(ANEES)的值。从图 6.5 可以看出，CKF 的 ANEES 曲线中存在明显的振荡。这意味着由 CKF 得到的误差协方差矩阵中，由于系统噪声的存在而导致计算精度下降。而在整个仿真试验中，RWACKF 的 ANEES 值较小，说明 ARWCKF 估计的一致性几乎不受系统噪声的影响。

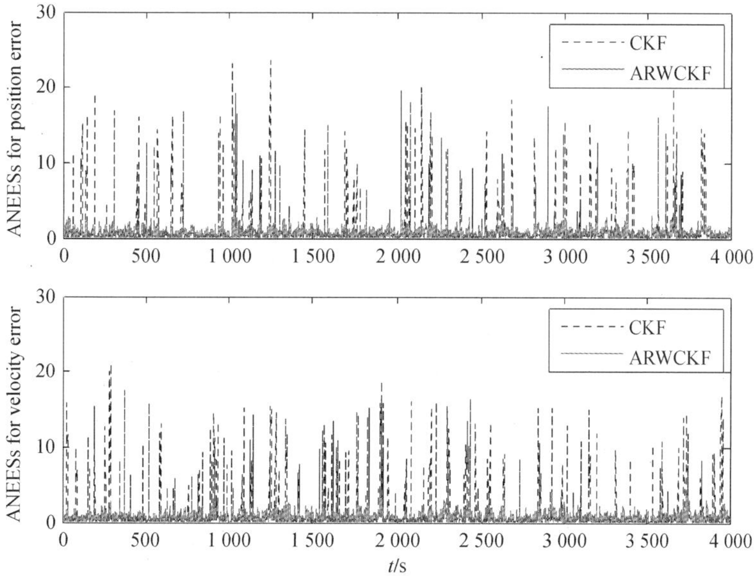


图 6.5　采用 CKF 和 RWACKF 计算得到的 ANEES 曲线图

表 6.3 总结了 CKF 和 RWACKF 的 ANEES 值。从表 6.3 可以看出，由 RWACKF 计算得到的协方差矩阵比 CKF 得到的协方差矩阵更可靠。

仿真计算和算法性能分析表明，在 RWACKF 滤波计算中，由于采用了随机加权估计方法，根据各容积点估计误差的不同大小调节估计权值，将不同的权值分配到各容积点，估计状态预测和量测预测以及误差协方差，有效抑制了状态预测误差、量测预测误差及其误差协方差对滤波精度的影响，从而提高了滤波精度。然而，由于在 *CKF* 滤波计算中，没有考虑系统误差对滤波估计精度的影响，不能阻止系统噪声的影响，因而滤波计算精度受到限制，滤波结果很不理想。

**表 6.2　CKF 和 RWACKF 计算得到的位置和速度的均方根误差比较**

| Filtering algorithms | Position RMSEs/m | Velocity RMSEs/($m \cdot s^{-1}$) | Estimation RMSEs | |
|---|---|---|---|---|
| | | | ***q*** | ***r*** |
| CKF | 39.629 | 0.357 | — | — |
| RWACKF | 11.289 | 0.068 | $3.811\times10^{-4}$ | $3.782\times10^{-4}$ |

**Table 6.3　采用 CKF 和 ARWCKF 计算得到的位置和速度平均归一化误差平方比较**

| Filtering algorithm | Position ANEESs | Velocity ANEESs |
|---|---|---|
| CKF | 0～22 | 0～20 |
| RWACKF | 0～1.12 | 0～1.08 |

### 6.4.2　噪声估计精度分析

为了进一步验证所提出的 RWACKF 算法自适应估计系统噪声统计的性能，选用单变量非静态增长模型(Univariate Nonstationary Growth Model, UNGM)[35]进行数值模拟，并将所提出的 RWACKF 算法与标准 CKF 算法的滤波性能进行比较。

1. 数值模拟

考虑单变量非静态增长模型(UNGM)，采用 Monte Carlo 方法对提出的 RWACKF 算法的性能进行验证和评估，Monte Carlo 仿真次数为 150。

选用的单变量非静态增长模型(UNGM)为

$$\left.\begin{aligned} x_k &= 0.5x_{k-1} + 25x_{k-1}/(1+x_{k-1}^2) + 8\cos[1.2(k-1)] + w_k \\ z_k &= x_k^2/20 + v_k \end{aligned}\right\} \tag{6.77}$$

式中：系统过程噪声 $w_k$ 和量测噪声 $v_k$ 均为高斯白噪声序列。

假设系统初始状态及其估计值分别为

$$x_0 = 0.1,\quad \hat{\boldsymbol{x}}_0 = 0.1 \tag{6.78}$$

初始误差的协方差矩阵为

$$\hat{\boldsymbol{P}}_0 = \boldsymbol{I}_1 \tag{6.79}$$

(1)系统过程噪声及其协方差估计。

为了验证和评估提出的 RWACKF 对系统过程噪声统计的估计性能，假设量测噪声的统计特性准确已知。不失一般性，选择

$$r_k = 0,\ \hat{r}_k = 0,\quad R_k = 1,\quad \hat{R}_k = 1 \tag{6.80}$$

系统过程噪声均值和方差的真值均为常数，分别设置为

$$q_k = 0.1,\quad Q_k = 20 \tag{6.81}$$

在滤波计算中，系统过程噪声统计的初值设置为

$$\hat{q}_0 = 0.03,\quad \hat{Q}_0 = 5 \tag{6.82}$$

图 6.6 给出了系统过程噪声统计的自适应随机加权 CKF 估计结果。为了比较和分析传统的 CKF 和提出的随机加权 CKF 的比率计算效果，表 6.4 给出了 CKF 和自适应随机加权 CKF 估计误差的数值比较。图 6.7 分别为采用标准 CKF 和提出的 RWACKF 算法计算得到的关于状态 $x_k$ 的估计误差曲线。

从图 6.6 可以看到出，提出的随机加权自适应 CKF 可以有效估计系统的过程噪声，虽然在滤波计算过程中设置的过程噪声统计的初始值有偏差，但经过大约 25 个时间步后，提出的随机加权自适应 CKF 得到的系统过程噪声的均值与其真实值比较接近。

图 6.7 为由提出的自适应随机加权 CKF 和传统 CKF 得到的关于状态 $x_k$ 的估计误差

曲线。大约 25 个时间步后，CKF 计算得到的 $x_k$ 的估计误差大约在（−3，3），而由提出的随机加权自适应 CKF 计算得到的 $x_k$ 的估计误差大约在（−2，2）之间，比 CKF 的估计误差要小约三分之一。

如表 6.4 所示，因为设置的过程噪声统计有偏，传统 CKF 得到的估计误差最大，其 Mean 和 RMSE 分别为 1.350 6 和 1.632 1；而由自适应随机加权 CKF 可以在滤波过程中在线地估计系统噪声统计，对应于自适应随机加权 CKF 的 Mean 和 RMSE 分别为 0.025 1 和 0.132 5，明显小于传统 CKF 计算得到的估计误差。

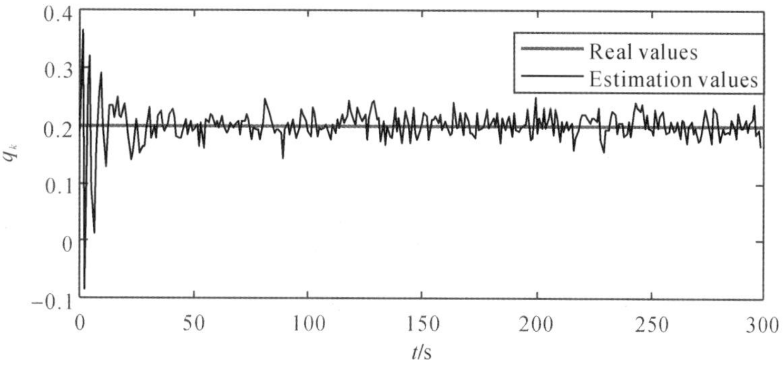


(a)

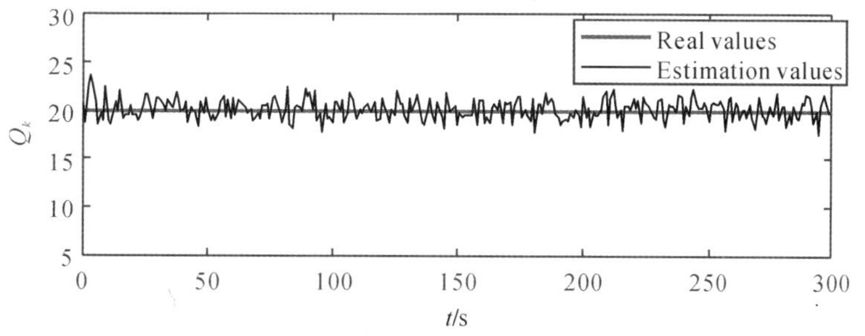


(b)

图 6.6　采用 *RWACKF* 对过程噪声 $\boldsymbol{q}_k$ 及协方差 $\boldsymbol{Q}_k$ 的估计误差曲线图

(a)系统过程噪声均值 $r_k$ 的估计误差曲线；（b)系统过程噪声协方差 $R_k$ 的估计误差曲线

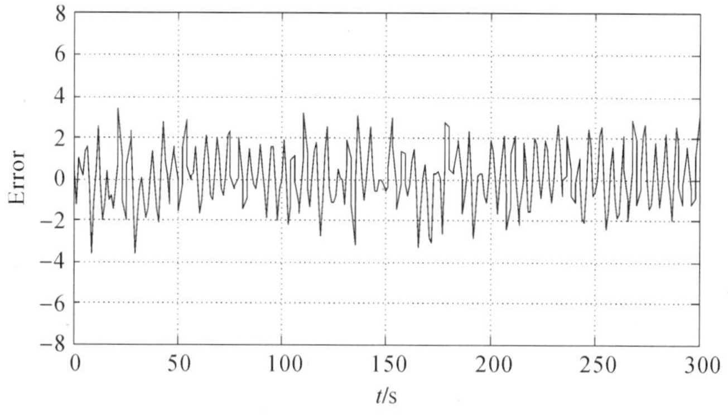


(a)

图 6.7　采用 CKF 和 RWACKF 计算得到的 $x_k$ 的估计误差曲线图

(a)采用 CKF 计算得到的 $x_k$ 的估计误差曲线图

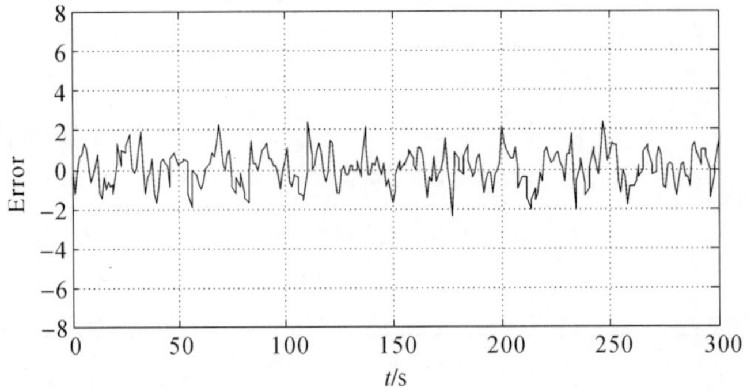

(b)

续图 6.7 采用 CKF 和 RWACKF 计算得到的 $x_k$ 的估计误差曲线图

(b)RWACKF 计算得到的 $x_k$ 的估计误差曲线图

**表 6.4 CKF 和 RWACKF 的估计误差比较**

| Filtering Methods | Mean Error | Root Mean Square Error |
|---|---|---|
| Conventional CKF | 1.350 6 | 1.632 1 |
| Proposed adaptive random weighting CKF | 0.025 1 | 0.132 5 |

(2) 量测噪声及其协方差估计。

为验证和评估提出的随机加权自适应 *CKF* 算法对量测噪声统计特性的估计性能，假设系统过程噪声的统计特性准确已知。

不失一般性，选择量测噪声的均值、方差及其估计值分别为

$$q_k = 0,\quad \hat{q}_k = 0,\quad \boldsymbol{Q}_k = 3,\quad \hat{\boldsymbol{Q}}_k = 0 \tag{6.83}$$

量测噪声均值的真值为常数 $\mathrm{r_k}=0.1$，其方差为分段函数，设置为

$$R_k = \begin{cases} 0.4, & 2k \leqslant 100 \\ 6, & 100 < k \leqslant 200 \\ 2, & 200 < k \leqslant 300 \end{cases} \tag{6.84}$$

滤波计算过程中，量测噪声统计的初始值设置为

$$\hat{r}_0 = 0.03, \hat{\boldsymbol{R}}_0 = 10 \tag{6.83}$$

图 6.8 给出了量测噪声统计的随机加权自适应 CKF 估计结果。为了比较和分析传统的 CKF 和提出的随机加权自适应 CKF 的计算效果，表 6.5 给出了 CKF 和随机加权自适应 CKF 估计误差的数值比较。图 6.8 分别为采用标准 CKF 和提出的 RWACKF 算法计算得到的关于状态 $x_k$ 的估计误差曲线。

从图 6.8 可以看出，即便在滤波计算过程中设置的过程噪声统计的初始值有偏差，但经过大约 25 个时间步后，提出的随机加权自适应 CKF 得到的系统过程噪声的均值与其真实值比较接近。

图 6.9 为由提出的随机加权自适应 CKF 和传统 CKF 得到的关于状态 $x_k$ 的估计误差曲线。在大约 25 个时间步后，由 CKF 计算得到的 $x_k$ 的估计误差大约在(−3.2, 3.2)之

间，而由提出的随机加权自适应 CKF 计算得到的 $x_k$ 的估计误差大约在(－2,2)之间，比 CKF 的估计误差要小得多。

如表 6.5 所示，因为设置的过程噪声统计有偏，传统 CKF 得到的估计误差最大，其 Mean 和 RMSE 分别为 1.361 2 和 1.851 7；而由随机加权自适应 CKF 可以在滤波过程中在线地估计系统噪声统计，对应于随机加权自适应 CKF 的 Mean 和 RMSE 分别为 0.231 6 和 1.174 2，明显小于传统 CKF 计算得到的估计误差。

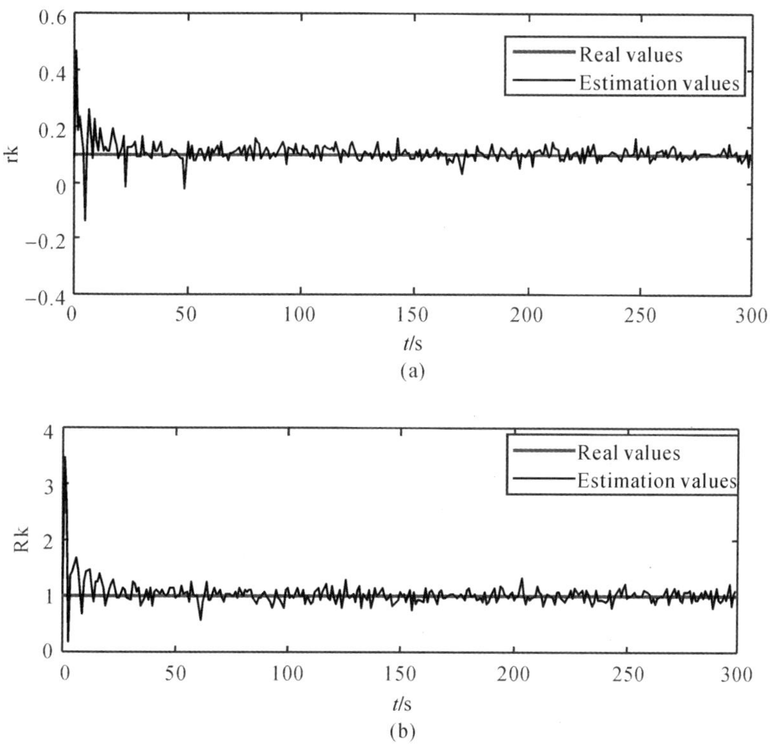


图 6.8　采用 *RWACKF* 对量测噪声 $r_k$ 及其协方差 $R_k$ 的估计曲线图

(*a*)量测噪声均值 $r_k$ 的估计误差曲线图；　(*b*)量测噪声协方差 $R_k$ 的估计误差曲线图

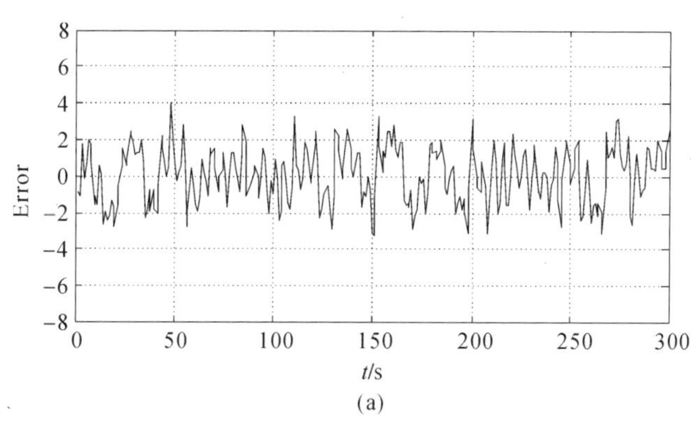


图 6.9　采用 *CKF* 和 *RWACKF* 计算得到的 $\boldsymbol{x}_k$ 的估计误差曲线图

(a)CKF 计算得到的 $x_k$ 的估计误差曲线图

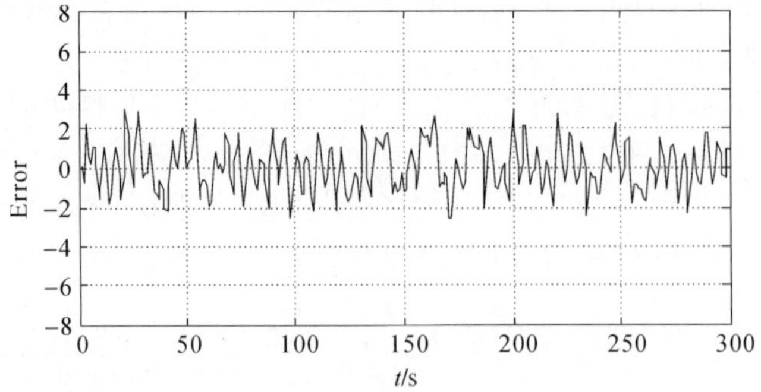


(b)

续图 6.9　采用 CKF 和 RWACKF 计算得到的 $\boldsymbol{x}_k$ 的估计误差曲线图

(b)采用 RWACKF 计算得到的 $x_k$ 的估计误差曲线图

**表 6.5　CKF 和 ARWCKF 误差比较**

| 滤波方法 | 均值误差 | 均方根误差 |
|---|---|---|
| 传统的 CKF | 1.361 2 | 1.851 7 |
| 提出的随机加权自适应 CKF | 0.231 6 | 1.174 2 |

上述的数值模拟与分析结果表明:提出的随机加权自适应 CKF 可以有效地实现系统噪声统计的在线估计,克服了现有 CKF 需要准确已知系统过程噪声与量测噪声统计的缺陷。在系统过程噪声统计具有不确定性条件下,提出的随机加权自适应 CKF 的滤波精度明显优于现有 CKF。

## 6.5　小　　结

本章针对第五章所研究的随机加权容积卡尔曼滤波算法(RWCKF),没有顾及非线系统误差估计与补偿的问题,提出了一种含有常值噪声的非线性系统自适应随机加权容积卡尔曼滤波(RWACKF)算法,建立了非线性系统状态预报、量测预报及其相应的协方差阵的随机加权估计模型。该方法将自适应滤波原理与随机加权估计相结合,自适应地调节容积点的权因子,抑制系统噪声和量测噪声对状态估计的影响,提高了非线性系统滤波计算的精度。

其次,建立了非线性系统常值噪声的随机加权估计模型,证明了系统过程噪声均值 $\boldsymbol{q}_k$ 和量测噪声均值 $\boldsymbol{r}_k$ 的随机加权估计是无偏估计,而系统过程噪声的方差强度 $\boldsymbol{Q}_k$ 和量测噪声的方差强度 $\boldsymbol{R}_k$ 的随机加权估计是有偏估计,并分别对系统过程噪声及其协方差和量测噪声及其协方差进行了估计。

最后,通过仿真实验,对现有的 CKF 和提出的 RWCKF 以及本章提出的 RWACKF 进行了仿真计算和算法性能分析,证明了提出的 RWCKF 的估计精度明显优于 CKF 和 AWRCKF。这是因为 RWACKF 算法具有自适应地估计和抑制系统过程噪声和量测噪声统计特性的能力,而 CKF 和 RWCKF 不具备估计系统噪声统计特性的能力,因而导致了较大的估计误差。

# 参 考 文 献

[1] ALSPACH D L, SORENSON H W. Nonlinear Bayesian estimation using Gaussian sum approximations[J]. IEEE Trans on Automatic Control, 1972, 17(4): 439 - 447.

[2] MANSOURI M, DUMONT B, DESTAIN M F. Modelingand prediction of nonlinear environmental system using Bayesian methods [J]. Computers and Electronics in Agriculture, 2013, 92: 16 - 31.

[3] JULIER S J, UHLMANN J K. A new approach for filtering nonlinear system[C]// Proc of the 1995 American Control Conf. Seattle: IEEE, 1995: 1628 - 1632.

[4] GOBBO D D, NAPOLITANO M, FAMOURI P, et al. Experimental application of extended Kalman filtering for sensor validation[J]. IEEE Transactions on Control System Technology,2001,9(2):376 - 380.

[5] LJUNG L. Asymptotic behavior of the extended Kalman filter as a parameter estimator for linear systems[J]. IEEE Transactions on Automatic Control,1979,AC - 24:36 - 50.

[6] HU Z, BARRY G. Extended Kalman filtering based parameter estimation and drift compensation for MEMS rate integrating gyroscope[J]. Sensors and Actuators A, 2016, 250:96 - 105.

[7] LJUNG L. Asymptotic behavior of the extended Kalman filter as a parameter estimator for linear systems[J]. IEEE Transactions on Automatic Control,1979,24:36 - 50.

[8] GAUTIER M, POIGNET P H. Extended Kalman filtering and weighting least squares dynamic identification of robot[J]. Control Engineering Practice,2001,9: 1361 - 1372.

[9] SOKEN H E, HAJIYEV C. Adaptive fading UKF with Q - adaptation: application to picosatellite attitude estimation[J]. Journal of Aerospace Engineering, 2011, 26 (3):628 - 636.

[10] JULIER S J, UHLMANN J K. Unscented filtering and nonlinear estimation[J]. Proceedings of the IEEE, 2004, 92(3):401 - 422.

[11] WANG Q T, XIAO D, PANG W Y. The research and application of adaptive robust UKF on GPS/SINS integrated system [J]. Journal of Convergence Information Technology, 2013, 8(6):1169 - 1177.

[12] ZHANG, Y G, HUANG Y L, Li N. SINS initial alignment based on fifth - degree cubature Kalman filter[C]//In Proceedings of the 2013 IEEE International Conference on Mechatronics and Automation(ICMA), Takamatsu, Japan, 4 - 7 August, 2013:401 - 406.

[13] XU B, ZHANG P, WEN H, et al. Stochastic stability and performance analysis of Cubature Kalman filter[J]. Neurocomputing,2016, 186:218 - 227.

[14] 王思思. 自适应容积卡尔曼滤波器及其在雷达目标跟踪中的应用[D]. 大连:大连海事大学,2015.

[15] ZHANG Y G, HUANG Y L,ZHAO L. Interpolatory cubature Kalman filters[J]. 2015, 9(11):1731 - 1739.

[16] SAGE A P, HUSA G W. Adaptive filtering with unknown prior statistics[C]// Joint Automatic Control Conference. Colombia City,1969:760 - 769.

[17] MEHAR R K. Approaches to adaptive filtering [J]. IEEE Transactions on. Automatic Contro1,1972,17(5):693—698.

[18] LOEBIS D, SUTTON R, CHUDLEY J, et a1. Adaptive tuning of a Kalman filter via fuzzy logic for all intelligent AUV navigation system[J]. Control engineering practice,2004,12(12):1531—1539.

[19] 夏启军. 渐消卡尔曼滤波器的最佳自适应算法及其应用[J]. 自动化学报. 1990, 16(3): 210～216.

[20] KWON B. Adaptive fading - memory receding - horizon filters and smoother for linear discrete time - varying system [J]. Applied Sciences - Basel, 2022, 12(13):6692.

[21] LIU Y C, LIU Y B. Adaptive fading - memory unscented Kalman filter algorithm for passive target tracking [J]. Sensor Letter, 2013, 11(11): 2110 - 2113.

[22] DUAN Z H, SONG X M, QIN M L. Limited memory optimal filter for discrete - time systems with measurement delay [J]. Aerospace science and technology, 2017, 68:422 - 430.

[23] DENG M, CHENG Z H. Limited - memory receive filter design for massive MIMO radar in signal - dependenti nterference[J]. IEEE Signal processing letters, 2022, 29:1536 - 1540.

[24] GRIMBL M J, MAJECKI P. Non - linear predictive generalised minimum variance state - dependent control [J]. IET Control Theory and Applications,2015,(9): 2438 - 2450.

[25] VULLINGS R, DE VRIES B, BERGMANS J W M. An adaptive Kalman filter for ECG signal enhancement [J]. IEEE Transactions on Biomedical Engineering, 2011, 58(4): 1094 - 1103.

[26] ALMAGBILE A, WANG J, DING W. Evaluating the performances of adaptive Kalman filter methods in GPS/INS integration [J]. Journal of Global Positioning Systems, 2010, 9(1): 33 - 40.

[27] GAO B B, HU G G, GAO S S, et al. Multi - sensor Optimal Data Fusion Based on the Adaptive Fading Unscented Kalman Filter[J]. Sensors, 2018, 18(2): 488.

[28] GRIMBLE M J, MAJEECKIajecki P. Non - linear predictive generalised minimum

variance state - dependent control[J]. IET Control Theory and Applications,2015,(9): 2438 - 2450.

[29] XIA Y Q, LI L, MAHMOUD M S, et al. $H_\infty$ filtering for nonlinear singular Markovian jumping systems with interval time - varying delays[J]. International Journal of Systems Science,2012,43(2): 272 - 284.

[30] YANG Y X, WEN Y L. Synthetically adaptive robust filtering for satellite orbit determination[J]. Science in China - Earth Sciences,2004,47(7):585 - 592.

[31] 李秋荣. 改进容积卡尔曼滤波及其导航应用研究[D]. 哈尔滨:哈尔滨工程大学,2015.

[32] 高朝晖. SINS/SRS/CNS 自主导航系统设计与 CKF 算法拓展研究[D]. 西安:西北工业大学,2019.

[33] GAO N H, MU D J, GAO S S, et al. Adaptive unscented Kalman filter based on maximum posterior and random weighting[J]. Aerospace Science and Technology, 2017, 71:12 - 24.

[34] COLLINS J T, CONGER R E. Autonomous Navigation and Orbit Control for Communication Satellites [J]. AIAA 94 - 1127 - CP, 1994(4):52 - 54.

[35] GORDON N J, SALMOND D J, SMITH A F. Novel approach to nonlinear/non - Gaussian Bayesian state estimation [J]. IEEE Proceedings, 1993, 140(2): 107 - 113.

# 第七章　非线性随机加权自适应 $FH_\infty F$

## 7.1　$H_\infty$卡尔曼滤波性能分析

在一般情况下，Kalman 滤波(KF)技术应用非常广泛。然而，在系统模型和噪声统计特性存在不确定性的条件下，Kalman 滤波的应用受到了一定的限制，而 $H_\infty$ 滤波可有效地解决 Kalman 滤波所遇到的问题，不仅估计精度高，而且还具有鲁棒性。传统的卡尔曼滤波算法需要精确的系统模型来最小化状态估计误差的方差[1-3]。与传统的卡尔曼滤波不同，$H_\infty$ 滤波($H_\infty$F)使峰值估计误差最小，它不需要系统噪声的先验知识，只需要有界的能量[4-7]。$H_\infty$F 算法具有较强的抗干扰能力，特别是在系统中存在有色噪声、噪声统计未知或不确定的情况下，$H_\infty$F 算法具有较强的抗噪声干扰能力。此外，对于不能进行精确建模的动力学系统，$H_\infty$F 算法具有更强的鲁棒性。

当噪声统计特性为已知的白噪声时，Kalman 滤波器的滤波效果很好。当噪声为统计特性未知的有色噪声或系统具有不确定性时，Kalman 滤波的结果不太令人满意，而 $H_\infty$ 滤波器的滤波结果比较稳定，滤波效果很好，这表明 $H_\infty$ 滤波具有良好的鲁棒性，并且其性能明显优于 Kalman 滤波。

与卡尔曼滤波器相比，$H_\infty$ 滤波器是为了处理含有模型不确定、模型参数和系统噪声不确定条件下的状态估计问题而提出的。$H_\infty$ 滤波有两个主要特点：一是不需要关于扰动和不确定性的任何假设；二是 $H_\infty$ 滤波可使最坏情况下的状态估计误差的方差最小。

然而，$H_\infty$ 滤波仅适用于线性系统的滤波计算，不适用于非线性系统[8-9]。为了将 $H_\infty$ 滤波应用于非线性系统的滤波计算，一些学者提出了扩展 $H_\infty$ 滤波方法($EH_\infty F$)，即在 $H_\infty$ 滤波算法中，采用类似于扩展卡尔曼滤波(EKF)中的 Taylor 展开的线性方法，得到 $EH_\infty F$ 算法[10]。为了克服 $EH_\infty F$ 与 EKF 类似的局限性(即线性化截断误差)，一些学者将 $H_\infty$ 滤波与无迹变换、球面径向容积规则和拟合变换相结合，研究并提出了无迹 $H_\infty$ 滤波($UH_\infty F$)、容积 $H_\infty$ 滤波($CH_\infty F$)和拟合 $H_\infty$ 滤波($FH_\infty F$)。

无迹 $H_\infty$ 滤波和容积 $H_\infty$ 滤波相比较，拟合 $H_\infty$ 滤波($FH_\infty F$)利用拟合变换对非线性系统进行动态线性化，采用动态数值雅可比矩阵近似非线性系统，从而具有计算上的优势。然而，在拟合 $H_\infty$ 滤波算法中，由于使用有界能量，因此，只能部分补偿估计误差，当系统存在粗差时滤波性能会迅速下降。为了克服拟合 $H_\infty$ 滤波的这个缺点，Xia 等人进一步研究并提出了自适应拟合 $H_\infty$ 滤波($AFH_\infty F$)方法[11]，即在拟合 $H_\infty$ 滤波过程中，利用开窗在线自适应估计系统噪声的统计特性。然而，由于 Xia 等人所提出的自适应拟合 $H_\infty$ 滤波方法，在每个时间窗口内，采用算术平均法进行系统过程噪声和量测噪声及其统计特性的估计，不能准确地表征系统噪声的实际统计特性，因而估计精度较差，导致滤波性能下降，甚至发散。

为了克服现有的自适应拟合 $H_\infty$ 滤波（$AFH_\infty F$）方法所存在的缺点，本章在研究扩展 $H_\infty$ 滤波（$EH_\infty F$）和自适应拟合 $H_\infty$ 滤波的基础上，提出一种新的随机加权拟合 $H_\infty$ 滤波（$RWFH_\infty F$）算法。该方法不仅克服了现有的 $H_\infty$ 滤波不适用于非线性系统滤波计算的局限性，而且克服了 $AFH_\infty F$ 算法中，过程噪声和测量噪声的统计特征及其协方差矩阵采用具有共同权重的算术平均值来计算，不能准确表征动力学系统实际噪声统计特征，从而导致滤波计算精度变差的局限性。该方法中，通过自适应调整系统噪声统计的权重，在线估计系统过程噪声和测量噪声的均值和协方差，抑制系统过程噪声和量测噪声对状态估计的影响，从而提高了动力学系统滤波计算的精度。

## 7.2　扩展 $H_\infty$ 卡尔曼滤波

### 7.2.1　约束最优化问题的求解

约束最优化问题分为静态约束问题、动态约束问题和不等式约束问题等，其求解的一般方法是拉格朗日数乘法。本节只研究动态约束下的最优化问题，考虑如下离散非线性动力学系统

$$\left.\begin{aligned} \boldsymbol{x}_{k+1} &= f(\boldsymbol{x}_k) + \boldsymbol{w}_k \\ \boldsymbol{z}_k &= h(\boldsymbol{x}_k) + \boldsymbol{v}_k \end{aligned}\right\} \tag{7.1}$$

式中：$\boldsymbol{x}_k \in \mathbf{R}^n$ 是 $n$ 维系统状态向量；$\boldsymbol{y}_k \in \mathbf{R}^m$ 是 $m$ 维量测向量；$f(\cdot)$和 $g(\cdot)$分别是系统状态函数和量测函数，$\boldsymbol{w}_k \in \mathbf{R}^n$ 是具有未知或确定性协方差 $\boldsymbol{Q}$ 的非零均值过程噪声，并且 $\boldsymbol{w}_k$ 具有有界能量，即 $\sum\limits_{k=0}^{\infty} \boldsymbol{w}_k^{\mathrm{T}} \boldsymbol{w}_k < \infty$。$\boldsymbol{v}_k \in \mathbf{R}^m$ 是具有未知或确定性协方差 $R$ 的非零均值量测噪声，并且 $\boldsymbol{v}_k$ 具有有界能量，即 $\sum\limits_{k=0}^{\infty} \boldsymbol{v}_k^{\mathrm{T}} \boldsymbol{v}_k < \infty$，假设 $\boldsymbol{w}_k$ 和 $\boldsymbol{v}_k$ 互不相关。

对于上述系统的最优化问题是在 $N$ 个约束条件下，最小化标量约束函数，即

$$J = \varphi(\boldsymbol{x}_0) + \sum_{k=0}^{N-1} \vartheta_k \tag{7.2}$$

式中：$\boldsymbol{x}_0$ 为初始状态；$\varphi(\boldsymbol{x}_0)$为已知函数；$\vartheta_k$ 是与 $\boldsymbol{x}_k$ 和 $\boldsymbol{w}_k$ 相关的已知函数。

首先，引入拉格朗日乘子 $\boldsymbol{\lambda}^1, \cdots, \boldsymbol{\lambda}^N$，并定义代价函数为

$$J_x = J + \sum_{k=0}^{N-1} \boldsymbol{\lambda}_{k+1}^{\mathrm{T}} [f(\boldsymbol{x}_k) + \boldsymbol{w}_k - \boldsymbol{x}_{k+1}] \tag{7.3}$$

将式(7.2)代入式(7.3)，可得

$$\begin{aligned} J_x &= \varphi(\boldsymbol{x}_0) + \sum_{k=0}^{N-1} [\vartheta_k + \boldsymbol{\lambda}_{k+1}^{\mathrm{T}} (f(\boldsymbol{x}_k) + \boldsymbol{w}_k)] - \sum_{k=0}^{N-1} \boldsymbol{\lambda}_{k+1}^{\mathrm{T}} \boldsymbol{x}_{k+1} \\ &= \varphi(\boldsymbol{x}_0) + \sum_{k=0}^{N-1} \Omega_k - \sum_{k=0}^{N} \boldsymbol{\lambda}_k^{\mathrm{T}} \boldsymbol{x}_k + \boldsymbol{\lambda}_0^{\mathrm{T}} \boldsymbol{x}_0 \end{aligned}$$

$$=\varphi(\boldsymbol{x}_0)+\sum_{k=0}^{N}(\Omega_k-\boldsymbol{\lambda}_k^{\mathrm{T}}\boldsymbol{x}_k)+\boldsymbol{\lambda}_0^{\mathrm{T}}\boldsymbol{x}_0-\boldsymbol{\lambda}_N^{\mathrm{T}}\boldsymbol{x}_N \tag{7.4}$$

式中：$\Omega_k$ 为哈密顿函数，其表达式为

$$\Omega_k=\vartheta_k+\boldsymbol{\lambda}_{k+1}^{\mathrm{T}}(f(\boldsymbol{x}_k)+\boldsymbol{w}_k)$$

其次，为求在约束条件下的极值点，在式(7.4)中分别对 $\boldsymbol{x}_k$、$\boldsymbol{w}_k$ 和 $\boldsymbol{\lambda}_{k+1}$ 求微分，有

$$\left.\begin{aligned}&\frac{\partial J_x}{\partial \boldsymbol{x}_0}=0\\&\frac{\partial J_x}{\partial \boldsymbol{x}_N}=0\\&\frac{\partial J_x}{\partial \boldsymbol{x}_k}=0(k=1,\cdots,N-1)\\&\frac{\partial J_x}{\partial \boldsymbol{w}_k}=0(k=0,\cdots,N-1)\\&\frac{\partial J_x}{\partial \boldsymbol{\lambda}_k}=0(k=0,\cdots,N)\end{aligned}\right\} \tag{7.5}$$

其中的第五个条件可以保证约束条件 $\boldsymbol{x}_{k+1}=f(\boldsymbol{x}_k)+\boldsymbol{w}_k$ 得以满足。

由式(7.4)可得式(7.5)中前四个式子的计算结果如下：[12]

$$\left.\begin{aligned}&\frac{\partial\varphi(\boldsymbol{x}_0)}{\partial \boldsymbol{x}_0}+\boldsymbol{\lambda}_0^{\mathrm{T}}=0\\&-\boldsymbol{\lambda}_N^{\mathrm{T}}=0\\&\frac{\partial\Omega_k}{\partial \boldsymbol{x}_k}-\boldsymbol{\lambda}_k^{\mathrm{T}}=0(k=1,\cdots,N-1)\\&\frac{\partial\Omega_k}{\partial \boldsymbol{w}_k}=0(k=0,\cdots,N-1)\end{aligned}\right\} \tag{7.6}$$

式(7.6)给出了动态最优问题存在极值点的必要条件，为下面解决 $H_\infty$ 滤波问题提供了理论基础。

### 7.2.2 扩展 $H_\infty$ 卡尔曼滤波

考虑式(7.1)所描述的非线性动力学系统，由于是在已知$(N-1)$时刻及$(N-1)$以前时刻的量测信息的条件下来估计状态向量 $\boldsymbol{x}_k$，则关于估计误差的 $H_\infty$ 约束函数定义为

$$J_N=\frac{\sum_{k=0}^{N-1}\|\boldsymbol{x}_k-\hat{\boldsymbol{x}}_k\|_2^2}{\|\boldsymbol{x}_0-\hat{\boldsymbol{x}}_0\|_{\boldsymbol{P}_0^{-1}}^2+\sum_{k=0}^{N-1}(\|\boldsymbol{w}_k\|_{\boldsymbol{Q}_k^{-1}}^2+\|\boldsymbol{v}_k\|_{\boldsymbol{R}_k^{-1}}^2)} \tag{7.7}$$

式中：正定对称矩阵 $\boldsymbol{P}_0$、$\boldsymbol{Q}_{k-1}$ 和 $\boldsymbol{R}_k$ 需要根据具体问题进行确定，其大小反映了对应变量的重要程度；$\hat{\boldsymbol{x}}_0$ 是初始状态向量 $\boldsymbol{x}_0$ 的先验估计。由于直接将 $J_N$ 最小化是困难的，因此可以选择一个性能边界，并使得代价函数对应的估计策略满足该边界的约束，即需要找到一个 $\hat{\boldsymbol{x}}_k$ 使得 $J_N<\gamma^2$，有

$$J=-\|\boldsymbol{x}_0-\hat{\boldsymbol{x}}_0\|_{\boldsymbol{P}_0^{-1}}^2+\sum_{k=0}^{N-1}(\gamma^{-2}\|\boldsymbol{x}_k-\hat{\boldsymbol{x}}_k\|_2^2-\|\boldsymbol{w}_k\|_{Q_k^{-1}}^2-\|\boldsymbol{v}_k\|_{R_k^{-1}}^2)<0 \tag{7.8}$$

为了得到式(7.8)中的状态估计量 $\hat{\boldsymbol{x}}_k$,将其转化为一个极小极大化问题,即

$$J^*=\min_{\hat{\boldsymbol{x}}_k}\max_{\boldsymbol{x}_0,\boldsymbol{w}_k,\boldsymbol{v}_k}J_1=\min_{\hat{\boldsymbol{x}}_k}\max_{\boldsymbol{x}_0,\boldsymbol{w}_k,\boldsymbol{z}_k}J_1 \tag{7.9}$$

根据式(7.2)和式(7.1)中的第二个公式,得到式(7.9)的等价形式为

$$J=\varphi(\boldsymbol{x}_0)+\sum_{k=0}^{N-1}\Xi_k \tag{7.10}$$

式中:

$$\varphi(\boldsymbol{x}_0)=-\|\boldsymbol{x}_0-\hat{\boldsymbol{x}}_0\|_{\boldsymbol{P}_0^{-1}}^2 \tag{7.11}$$

$$\Xi_k=\gamma^{-2}\|\boldsymbol{x}_k-\hat{\boldsymbol{x}}_k\|_2^2-\|\boldsymbol{w}_k\|_{\boldsymbol{Q}_k^{-1}}^2-\|\boldsymbol{z}_k-h(\boldsymbol{x}_k)\|_{\boldsymbol{R}_k^{-1}}^2 \tag{7.12}$$

因此,式(7.8)描述的估计问题可转化为约束条件下的极值求解问题。利用7.2.1节所介绍的约束最优化问题求解方法,分别对 $\boldsymbol{x}_0$ 和 $\boldsymbol{w}_k$ 及 $\hat{\boldsymbol{x}}_k$ 和 $\boldsymbol{z}_k$ 求导,得到扩展 $H_\infty$ 卡尔曼滤波器(EH∞KF)的结构为[13-14]

$$\boldsymbol{K}_k=\boldsymbol{M}_k^{-1}\boldsymbol{H}_k^{\mathrm{T}}\boldsymbol{R}_k^{-1} \tag{7.13}$$

$$\boldsymbol{P}_{k+1}=\boldsymbol{\Phi}_k\boldsymbol{M}_k^{-1}\boldsymbol{\Phi}_k^{\mathrm{T}}+\boldsymbol{Q}_k \tag{7.14}$$

$$\hat{\boldsymbol{x}}_{k+1}=\boldsymbol{\Phi}_k\hat{\boldsymbol{x}}_k+\boldsymbol{\Phi}_k\boldsymbol{K}_k(\boldsymbol{z}_k-\boldsymbol{H}_k\hat{\boldsymbol{x}}_k) \tag{7.15}$$

这里,

$$\boldsymbol{M}_k=\boldsymbol{P}_k^{-1}+\boldsymbol{H}_k^{\mathrm{T}}\boldsymbol{R}_k^{-1}\boldsymbol{H}_k-\gamma_o^{-2}\boldsymbol{I}_n>0 \tag{7.16}$$

## 7.3　拟合 $H_\infty$ 卡尔曼滤波

$H_\infty$ 滤波是针对系统模型存在不确定性而提出的一种鲁棒滤波算法[15-16],以 $H_\infty$ 范数约束作为性能标准。该算法将系统模型误差或不确定性视为未知但有界的噪声,它比传统的卡尔曼滤波算法更加灵活,但不同的是前者可使最坏情况下对系统状态估计的影响最小,后者可使状态估计误差的方差最小。所以,将 $H_\infty$ 范数约束和卡尔曼滤波的思想相结合,一些学者提出了基于卡尔曼滤波的非线性 $H_\infty$ 滤波算法[17-18],以解决当系统模型存在不确定性时,传统非线性滤波算法鲁棒性差的问题。然而,现有基于卡尔曼滤波的非线性 $H_\infty$ 滤波算法主要有如下四个方面的缺陷:

(1)需要计算复杂的 Jacobian 矩阵。

(2)需要选取适当的参数,若选取的参数不匹配,可能引起较差的滤波性能。

(3)未设置最优的自适应衰减因子,其中固定模式的衰减因子可能导致滤波不稳定或无效。

(4)此类滤波算法的估计误差收敛性的验证是困难的。

本节研究了一种基于拟合变换(FT)的拟合 $H_\infty$ 卡尔曼滤波(FH∞KF),并将其用于解决具有模型不确定性的非线性系统鲁棒状态估计问题,其 FT 是一种基于最小加权二乘

(WLS)获得系统拟合矩阵的数值逼近方式。拟合 $H_\infty$ 卡尔曼滤波算法，是通过将系统拟合矩阵引入到 扩展 $H_\infty$KF 算法结构中，并且其衰减因子设计为渐进自适应调节，以提高状态估计的鲁棒性和灵活性。此外，基于随机稳定性引理，对提出算法进行了随机稳定性分析，证明拟合 $H_\infty$ 卡尔曼滤波算法的估计误差具有收敛性。最后，通过对再入飞行器跟踪系统进行 Monte Carlo 仿真，验证拟合 $H_\infty$ 卡尔曼滤波算法在估计性能和计算性能方面的有效性和优越性。

### 7.3.1 拟合变换

假设状态向量 $\boldsymbol{x}$ 是一个 $n\times 1$ 维列向量，非线性函数 $g(\boldsymbol{x})$ 可以表示为

$$\boldsymbol{y}_x = g(\boldsymbol{x}) = \boldsymbol{A}\boldsymbol{x} + \boldsymbol{b} + \boldsymbol{e} = \overline{\boldsymbol{A}}\bar{\boldsymbol{x}} + \boldsymbol{e} \tag{7.17}$$

式中：$\boldsymbol{y}_x$ 是 $m\times 1$ 维的列向量；$\boldsymbol{A}$ 是 $m\times n$ 维的参数拟合矩阵；$\boldsymbol{b}$ 是 $m\times 1$ 维的常向量；$\boldsymbol{e}$ 表示线性化误差向量；$\overline{\boldsymbol{A}}$ 和 $\bar{\boldsymbol{x}}$ 分别表示 $m\times(n+1)$维的矩阵和$(n+1)\times 1$ 维的列向量，即

$$\overline{\boldsymbol{A}} = [\boldsymbol{A} \quad \boldsymbol{b}]_{m\times(n+1)} = [\bar{\boldsymbol{a}}_1^{\mathrm{T}}, \bar{\boldsymbol{a}}_2^{\mathrm{T}}, \cdots, \bar{\boldsymbol{a}}_m^{\mathrm{T}}]^{\mathrm{T}} \tag{7.18}$$

$$\bar{\boldsymbol{x}} = [\boldsymbol{x}^{\mathrm{T}} \quad 1]^{\mathrm{T}} \tag{7.19}$$

根据加权最小二乘(WLS)理论，$g(x)$的线性参数拟合准则定义为

$$\overline{\boldsymbol{A}} = \underset{\tilde{A}}{\operatorname{argmin}}[g(\boldsymbol{x}) - \overline{\boldsymbol{A}}\bar{\boldsymbol{x}}]^{\mathrm{T}}\widehat{\boldsymbol{W}}[g(x) - \overline{A}\bar{\boldsymbol{x}}] \tag{7.20}$$

式中：$\widehat{\boldsymbol{W}}$ 是正定加权对角矩阵。

众所周知，式(7.20)的解析解是非常难获取的，为解决该问题这里研究了一种数值近似方法，即拟合变换(FT)，具体设计步骤如下：

首先，选取一组均值为 $\boldsymbol{x}_{00}$ 和误差协方差为 $\boldsymbol{P}_{00}$ 的加权采样点来表示向量 $x$ 的概率分布，则采样矩阵及其加权矩阵可依据如下规则生成：

$$[\overline{\boldsymbol{X}}, \widehat{\boldsymbol{W}}] = \boldsymbol{sp}[\boldsymbol{x}_{00}, \boldsymbol{P}_{00}] \tag{7.21}$$

式中：**sp**[ · ]表示生成矩阵点及其加权矩阵的函数。

将采样矩阵 $\overline{\boldsymbol{X}}$ 代入式(7.17)中，可得

$$\boldsymbol{Y}^{\mathrm{T}} = \overline{\boldsymbol{X}}^{\mathrm{T}}\overline{\boldsymbol{A}}_{+}^{\mathrm{T}} \boldsymbol{E}^{\mathrm{T}} \tag{7.22}$$

式中：

$$\overline{\boldsymbol{X}} = [\bar{\boldsymbol{x}}_1 \quad \bar{\boldsymbol{x}}_2 \quad \cdots \quad \bar{\boldsymbol{x}}_{2n}] \tag{7.23}$$

$$\boldsymbol{E} = [\boldsymbol{e}^1, \boldsymbol{e}^2, \cdots, \boldsymbol{e}_{2n}] = [\tilde{\boldsymbol{e}}_1^{\mathrm{T}}, \tilde{\boldsymbol{e}}_2^{\mathrm{T}}, \cdots, \tilde{\boldsymbol{e}}_m^{\mathrm{T}}]^{\mathrm{T}} \tag{7.24}$$

$$\boldsymbol{Y} = [g(\bar{\boldsymbol{x}}_1), g(\bar{\boldsymbol{x}}_2), \cdots, g(\bar{\boldsymbol{x}}_{2n})] = [\bar{\boldsymbol{y}}_{x,1}^{\mathrm{T}}, \bar{\boldsymbol{y}}_{x,2}^{\mathrm{T}}, \cdots, \bar{\boldsymbol{y}}_{x,m}^{\mathrm{T}}]^{\mathrm{T}} \tag{7.25}$$

式中：$\boldsymbol{E}\in\mathbb{R}^{m\times 2n}$ 表示所有采样点的线性化误差矩阵，$\boldsymbol{Y}^{\mathrm{T}}$ 的第 $j$ 列可写为

$$\bar{\boldsymbol{y}}_{x,j}^{\mathrm{T}} = \overline{\boldsymbol{X}}_j^{\mathrm{T}}\bar{\boldsymbol{a}}_j^{\mathrm{T}} + \bar{\boldsymbol{e}}_j^{\mathrm{T}} \tag{7.26}$$

然后，依据 WLS 理论，将基于最小化拟合误差 $\tilde{\boldsymbol{e}}^j$ 的参数 $\tilde{\boldsymbol{a}}^j$ 估计问题，转化为式(7.20)的最小化求解问题，即

$$\bar{\boldsymbol{a}}_j^{\mathrm{T}} = (\overline{\boldsymbol{X}}\widehat{\boldsymbol{W}}\overline{\boldsymbol{X}}^{\mathrm{T}})^{-1}\overline{\boldsymbol{X}}\widehat{\boldsymbol{W}}\bar{\boldsymbol{y}}_j^{\mathrm{T}} \tag{7.27}$$

因此，参数拟合矩阵 $\tilde{\boldsymbol{A}}$ 及其对应的拟合误差协方差 $\boldsymbol{P}_{ee}$ 可表示为

$$\overline{\boldsymbol{A}}=[(\overline{\boldsymbol{X}}\widehat{\boldsymbol{W}}\overline{\boldsymbol{X}}^{\mathrm{T}})^{-1}\overline{\boldsymbol{X}}\widehat{\boldsymbol{W}}\boldsymbol{Y}^{\mathrm{T}}]^{\mathrm{T}} \tag{7.28}$$

$$\boldsymbol{P}_{ee}=(\boldsymbol{Y}-\overline{\boldsymbol{A}\boldsymbol{X}_i})\widehat{\boldsymbol{W}}(\cdot)^{\mathrm{T}} \tag{7.29}$$

### 7.3.2 拟合 $H_\infty$ 卡尔曼滤波算法

1. 非线性系统模型及其近似

对于式(7.1)所描述的离散非线性动力学系统，其 $H_\infty$ 约束不等式定义如下[12]：

$$J_{\mathrm{EHKF}}=\sup_{x_0,w,v\in l_2}\frac{\sum_{k=1}^{N}\|\boldsymbol{e}_k\|_2^2}{\|\boldsymbol{x}_0-\hat{\boldsymbol{x}}_0\|_{\boldsymbol{P}_0^{-1}}^2+\sum_{k=1}^{N}(\|\boldsymbol{w}_{k-1}\|_{\boldsymbol{Q}_{k-1}^{-1}}^2+\|\boldsymbol{v}_k\|_{\mathbf{R}_k^{-1}}^2)}<\gamma^2 \tag{7.30}$$

式中：下标 EHKF 表示扩展 $H_\infty$ 卡尔曼滤波。

据拟合变换(FT)，可将式(7.1)所描述的离散非线性动力学系统改写为

$$\left.\begin{aligned}\boldsymbol{x}_{k+1}&=\hat{\boldsymbol{\Phi}}_k\hat{\boldsymbol{x}}_k+\boldsymbol{u}_{x,k}+\boldsymbol{e}_{x,k}+\boldsymbol{w}_k=\hat{\bar{\boldsymbol{\Phi}}}_k\hat{\bar{\boldsymbol{x}}}^k+\boldsymbol{e}_{x,k}+\boldsymbol{w}_k\\ \boldsymbol{z}_k&=\hat{H}_k\hat{\boldsymbol{x}}_{k/k-1}+\boldsymbol{u}_{z,k}+\boldsymbol{e}_{z,k}+\boldsymbol{v}_k=\hat{\bar{\boldsymbol{H}}}_k\hat{\bar{\boldsymbol{x}}}_{k/k-1}+\boldsymbol{e}_{z,k}+\boldsymbol{v}_k\end{aligned}\right\} \tag{7.31}$$

式中：$\hat{\bar{\boldsymbol{x}}}_k=[\hat{\bar{\boldsymbol{\Phi}}}_k^{\mathrm{T}},1]^{\mathrm{T}}$，$\hat{\bar{\boldsymbol{x}}}''_{k|k-1}=[\hat{\boldsymbol{x}}_{k|k-1}^{\mathrm{T}},1]^{\mathrm{T}}$，$\boldsymbol{u}_{x,k}$ 和 $\boldsymbol{u}_{z,k}$ 分别是状态向量和量测函数的拟合常值项，$\boldsymbol{e}_{x,k}$ 和 $\boldsymbol{e}_{z,k}$ 分别是状态和量测函数的拟合误差，$\hat{\bar{\boldsymbol{\Phi}}}_k$ 和 $\hat{\bar{\boldsymbol{H}}}_k$ 分别是函数 $f(\cdot)$ 和 $h(\cdot)$ 的扩维拟合矩阵，其表达式如下：

$$\left.\begin{aligned}\hat{\bar{\boldsymbol{\Phi}}}_k&=\underset{\tilde{A}}{\operatorname{argmin}}\boldsymbol{e}_{x,k}^{\mathrm{T}}\widehat{\boldsymbol{W}}_{x,k}\boldsymbol{e}_{x,k}=\underset{\tilde{\boldsymbol{\Phi}}_k}{\operatorname{argmin}}[f(x^k)-\hat{\bar{\boldsymbol{\Phi}}}_k\hat{\bar{\boldsymbol{x}}}_k]^{\mathrm{T}}\widehat{\boldsymbol{W}}_{x,k}[\cdot]\\ \hat{\bar{\boldsymbol{H}}}_k&=\underset{\tilde{A}}{\operatorname{argmin}}\boldsymbol{e}_{z,k}^{\mathrm{T}}\widehat{\boldsymbol{W}}_{z,k}\boldsymbol{e}_{z,k}=\underset{\tilde{\boldsymbol{H}}_k}{\operatorname{argmin}}[h(\boldsymbol{x}_{k/k-1})-\hat{\bar{\boldsymbol{H}}}_k\hat{\bar{\boldsymbol{x}}}_{k/k-1}]^{\mathrm{T}}\widehat{\boldsymbol{W}}_{z,k}[\cdot]\end{aligned}\right\} \tag{7.32}$$

2. 拟合 $H_\infty$ 卡尔曼滤波器设计

用拟合变换(FT)与扩展 $H_\infty$ 卡尔曼滤波($EH_\infty KF$)理论，可设计拟合 $H_\infty$ 卡尔曼滤波器($FH_\infty KF$)如下：

$$\hat{\bar{\boldsymbol{x}}}_{k-1}=[\hat{\bar{\boldsymbol{\Phi}}}_{k-1}^{\mathrm{T}}1]^{\mathrm{T}} \tag{7.33}$$

$$[\hat{\bar{\Phi}}_{k-1},\boldsymbol{P}_{k-1,xe}]\leftarrow \mathrm{FT}(f(\cdot),\hat{\bar{\boldsymbol{x}}}_{k-1},\boldsymbol{P}_{k-1}) \tag{7.34}$$

$$\hat{\bar{\boldsymbol{x}}}_{k/k-1}=\hat{\bar{\boldsymbol{\Phi}}}_{k-1}\hat{\bar{\boldsymbol{x}}}_{k-1} \tag{7.35}$$

$$\boldsymbol{P}_{k/k-1}=\hat{\boldsymbol{\Phi}}_{k-1}\boldsymbol{P}_{k-1}\hat{\boldsymbol{\Phi}}_{k-1}^{\mathrm{T}}+\boldsymbol{Q}_{k,0} \tag{7.36}$$

$$[\hat{\bar{\boldsymbol{H}}}_k,\boldsymbol{P}_{k/k-1,ze}]\leftarrow FT(h(\cdot),\hat{\bar{\boldsymbol{x}}}_{k/k-1},\boldsymbol{P}_{k/k-1}) \tag{7.37}$$

$$\boldsymbol{K}_k=\boldsymbol{P}_{k/k-1}\hat{\boldsymbol{H}}_k^{\mathrm{T}}(\boldsymbol{R}_{k,o}+\hat{\boldsymbol{H}}^k\boldsymbol{P}_{k/k-1}\hat{\boldsymbol{H}}_k^{\mathrm{T}})^{-1} \tag{7.38}$$

$$\hat{\boldsymbol{x}}_k=\hat{\bar{\boldsymbol{x}}}_{k/k-1}+\boldsymbol{K}_k(\boldsymbol{z}_k-\hat{\bar{\boldsymbol{H}}}_k\hat{\bar{\boldsymbol{x}}}_{k/k-1}) \tag{7.39}$$

$$\boldsymbol{P}_k=\boldsymbol{P}_{k/k-1}-\boldsymbol{P}_{k/k-1}[-\boldsymbol{I}_n^{\mathrm{T}}\hat{\boldsymbol{H}}_k^{\mathrm{T}}]\boldsymbol{M}^{-1}{}_k[-I_k^{\mathrm{T}}\hat{\boldsymbol{H}}_k^{\mathrm{T}}]_{\boldsymbol{P}k/k-1}^{\mathrm{T}} \tag{7.40}$$

$$\boldsymbol{P}_k=\boldsymbol{P}_{k/k-1}-\boldsymbol{P}_{k/k-1}[-\boldsymbol{I}_n^{\mathrm{T}}\hat{\boldsymbol{H}}_k^{\mathrm{T}}]\boldsymbol{M}-1_k[-\boldsymbol{I}_k^{\mathrm{T}}\hat{\boldsymbol{H}}_k^{\mathrm{T}}]_{\boldsymbol{P}k/k-1}^{\mathrm{T}} \tag{7.41}$$

式中：$\hat{\boldsymbol{\Phi}}_{k-1}$ 是函数 $f(\cdot)$的状态拟合矩阵，即除去状态扩维拟合矩阵 $\hat{\bar{\boldsymbol{\Phi}}}_{k-1}$ 的最后一列；$\boldsymbol{P}_{k-1,xe}$ 和 $\boldsymbol{P}_{k-1,ze}$ 分别为 $\boldsymbol{e}_{x,k-1}$ 和 $\boldsymbol{e}_{z,k}$ 的协方差矩阵；$\boldsymbol{K}_k$ 是增益矩阵；$\boldsymbol{Q}_{k,o}=\boldsymbol{P}_{k-1,xe}+\boldsymbol{Q}_k$，$\boldsymbol{R}_{k,o}=\boldsymbol{R}_k+\boldsymbol{P}_{k/k-1,ze}$。

依据矩阵求逆引理，式(7.40)可进一步表示为

$$\boldsymbol{P}^{-1}{}_{k}=\boldsymbol{P}_{k/k-1}^{-1}+\hat{\boldsymbol{H}}_k^{\mathrm{T}}\boldsymbol{R}-1_{k,o}\hat{\boldsymbol{H}}^k-\gamma_k^{-2}\boldsymbol{I}_n>0 \tag{7.42}$$

式中：衰减因子 $\gamma^k$ 用于调节滤波器的鲁棒性和灵活性；$\hat{\boldsymbol{H}}_k$ 是函数 $h(\cdot)$的量测拟合矩阵；衰减因子 $\gamma^k$ 是一个标量，可根据经验选取，$\gamma^k$ 通常对滤波算法的估计性能有重要的影响。为了提高算法的鲁棒性，可为 FH$_\infty$KF 设计一种渐进自适应衰减因子。

首先，假设式(7.42)成立的条件为

$$\gamma_k^2>\lambda[(\boldsymbol{P}_{k/k-1}^{-1}+\hat{\boldsymbol{H}}_k^{\mathrm{T}}\boldsymbol{R}-1_{k,o}\hat{\boldsymbol{H}}_k)^{-1}] \tag{7.43}$$

式中：$\lambda(\boldsymbol{A})$表示矩阵 $\boldsymbol{A}$ 的最大特征值。

其次，由式(7.43)，可知可将衰减因子 $\gamma_k$ 定义为

$$\hat{\gamma}_k=\eta_k\sqrt{\lambda[(\boldsymbol{P}_{k/k-1}^{-1}+\hat{\boldsymbol{H}}_k^{\mathrm{T}}\boldsymbol{R}_{k,o}^{-1}\hat{\boldsymbol{H}}_k)^{-1}]} \tag{7.44}$$

式中：$\hat{\gamma}_k$ 是衰减因子 $\gamma_k$ 的局部估计值，且 $\eta_k=1+\eta_{k-1}^{-1}(\eta_0>0)$。

## 7.4 随机加权拟合 $H_\infty$ 卡尔曼滤波

为了方便研究随机加权拟合 $H_\infty$ 卡尔曼滤波(RWFH$_\infty$KF)算法，先研究随机加权拟合 $H_\infty$ 卡尔曼滤波算法的噪声统计特性。为了简单起见，将随机加权拟合 $H_\infty$ 卡尔曼滤波简称为随机加权拟合 $H_\infty$ 滤波(RWFHF).

### 7.4.1 随机加权拟合 $H_\infty$ 滤波噪声统计特性

式(7.1)所描述的非线性系统在 $k$ 时刻的离散化拟合形式可描述如下：

$$\left.\begin{aligned}\boldsymbol{x}_{k+1}&=\bar{\boldsymbol{\Phi}}_k\bar{\boldsymbol{x}}_k+\boldsymbol{w}_k\\ \boldsymbol{z}_k&=\bar{\boldsymbol{H}}_k\bar{\boldsymbol{x}}_k+\boldsymbol{v}_k\end{aligned}\right\} \tag{7.45}$$

式中：

$$\left.\begin{aligned}\boldsymbol{w}_k&\sim N(\boldsymbol{q}_k,\boldsymbol{Q}_k)\\ \boldsymbol{v}_k&\sim N(\boldsymbol{r}_k,\boldsymbol{R}_k)\end{aligned}\right\} \tag{7.46}$$

式(7.46)表明，系统过程噪声 $\boldsymbol{w}_k$ 服从均值为$\boldsymbol{q}_k$、方差为 $\boldsymbol{Q}_k$ 的高斯分布，而量测噪声 $\boldsymbol{v}_k$ 服从均值为 $\boldsymbol{r}_k$、方差为 $\boldsymbol{R}_k$ 的高斯分布。

考虑到系统状态模型误差和量测模型误差，将式(7.31)改写如下：

$$\left.\begin{aligned}\boldsymbol{x}_{k+1}&=\hat{\bar{\boldsymbol{\Phi}}}_k\hat{\bar{\boldsymbol{x}}}_k+\boldsymbol{e}_{x,k}+\boldsymbol{w}_k=\bar{\boldsymbol{\Phi}}_k\bar{\boldsymbol{x}}_k+\boldsymbol{w}''_k\\ \boldsymbol{z}_k&=\hat{\bar{\boldsymbol{\Phi}}}_k\hat{\bar{\boldsymbol{x}}}_{k/k-1}+\boldsymbol{e}_{z,k}+\boldsymbol{v}_k=\bar{\boldsymbol{H}}\bar{\boldsymbol{x}}_k+\boldsymbol{v}''_k\end{aligned}\right\} \tag{7.47}$$

式中：$\boldsymbol{e}_{x,k}$ 和 $\boldsymbol{e}_{z,k}$ 分别是系统状态模型误差向量和量测模型误差向量，$\bar{\boldsymbol{\Phi}}_k=\hat{\bar{\boldsymbol{\Phi}}}_k$，$\bar{\boldsymbol{H}}_k=\hat{\bar{\boldsymbol{H}}}_k$，并且有

$$\left.\begin{aligned} w''_k &= e_{x,k} + w_k \\ v''_k &= e_{y,k-1} + v_k \end{aligned}\right\} \tag{7.48}$$

假设系统过程噪声和量测噪声服从正态分布,有

$$\left.\begin{aligned} w''_k &\sim N(\bar{q}_k, \bar{Q}_k) \\ v''_k &\sim N(\bar{r}_k, \bar{R}_k) \end{aligned}\right\} \tag{7.49}$$

式中:$\bar{q}_k$ 和 $\bar{Q}_k$ 表示考虑系统状态模型误差条件下的系统过程噪声的均值和方差;$\bar{r}_k$ 和 $\bar{R}_k$ 表示考虑量测噪声模型误差条件下的量测噪声的均值和方差,并且系统过程和测量噪声都是有界的[11]。由于状态向量 $x_{k+1}$ 和 $\bar{x}_k$ 未知(均是待估计的状态向量),因此,通过式(7.47)中的 $w''_k = x_{k+1} - \bar{\Phi}_k \bar{x}_k$ 和 $v''_k = z_k - \bar{H}_k \bar{x}_k$,不能得到 $w''_k$ 和 $v''_k$。

下面,利用移动开窗随机加权方法,研究并获得系统过程噪声和量测噪声统计的近似估计值。

**定理 7.1**　假设非线性系统噪声统计量在时间窗内是恒定或者有微小变化的,噪声均值的随机加权最优无偏估计和噪声协方差的随机加权次优无偏估计可描述如下:

$$\left.\begin{aligned} \hat{\bar{r}}_k^* &= \sum_{j=1}^{N} \lambda_j r_{k-j} \\ \hat{\bar{q}}_k^* &= \sum_{j=1}^{N} \lambda_j q_{k-j} \\ \hat{\bar{R}}_k^* &= \sum_{j=1}^{N} \lambda_j \left[ (r_{k-j} - \hat{\bar{r}}_k^*)(r_{k-j} - \hat{\bar{r}}_k^*)^{\mathrm{T}} - H_{k-j} P_{k-j}^* H_{k-j}^{\mathrm{T}} \right] \\ \hat{\bar{Q}}_k^* &= \sum_{j=1}^{N} \lambda_j \left[ (q_{k-j} - \hat{\bar{q}}_k^*)(q_{k-j} - \hat{\bar{q}}_k^*)^{\mathrm{T}} - (P_{k-j+1} + \Phi_{k-j} P_{k-j}^* \Phi_{k-j}^{\mathrm{T}}) \right] \end{aligned}\right\} \tag{7.50}$$

式中:$\lambda_j (j = 1, 2, \cdots, N)$ 是随机加权因子,满足 $\sum_{j=1}^{N} \lambda_j = 1$,$N$ 是时间窗口中的历元个数,$q_k = \hat{x}_{k+1} - \bar{\Phi}_k \hat{\bar{x}}_k$ 和 $r_k = z_k - \bar{H}_k \hat{\bar{x}}_k$ 分别是系统过程噪声和量测噪声的均值。那么,$\hat{\bar{q}}_k^*$ 和 $\hat{\bar{r}}_k^*$ 分别是 $\bar{q}_k^*$ 和 $\bar{r}_k^*$ 的最优随机加权无偏估计量,$\hat{\bar{Q}}_k^*$ 和 $\hat{\bar{R}}_k^*$ 分别是 $\bar{Q}_k^*$ 和 $\bar{R}_k^*$ 的次优随机加权无偏估计量。

**定理** 7.1 **的证明:**

根据式(7.45)和式(7.46),量测噪声均值和系统过程噪声均值可描述如下:

$$\begin{aligned} r_k &= \hat{z}_k - \bar{H}_k \hat{\bar{x}}_k \\ q_k &= \hat{x}_{k+1} - \bar{\Phi}_k \hat{\bar{x}}_k \end{aligned} \tag{7.51}$$

根据式(7.51)中的第一个公式和式(7.47)中的第二个公式,测量噪声可以描述如下:

$$\begin{aligned} r_k &= \hat{z}_k - \bar{H}_k \hat{\bar{x}}_k \\ &= (\bar{H}_k \bar{x}_k + v''_k) - \bar{H}_k \hat{\bar{x}}_k \\ &= \bar{H}_k (\bar{x}_k - \hat{\bar{x}}_k) + v''_k \\ &= \bar{H}_k \tilde{\bar{x}}_k + v''_k \end{aligned} \tag{7.52}$$

式中：$\overline{\boldsymbol{H}}_k=[\boldsymbol{H}_k \quad \boldsymbol{b}_{m\times 1}]$是量测矩阵，$\tilde{\boldsymbol{x}}_k=\boldsymbol{x}_k-\hat{\boldsymbol{x}}_k$ 是状态估计向量误差，由式(7.19)可知，$\bar{\boldsymbol{x}}_k=[\boldsymbol{x}_k^{\mathrm{T}} \quad 1]^{\mathrm{T}}$，$\hat{\bar{\boldsymbol{x}}}_k$ 是 $\bar{\boldsymbol{x}}_k$ 的估计量。

类似地，根据式(7.51)中的第二个公式和式(7.47)中的第一个公式，系统过程噪声可以描述为

$$\begin{aligned}\boldsymbol{q}_k&=\boldsymbol{x}_{k+1}-\overline{\boldsymbol{\Phi}}_k\hat{\bar{\boldsymbol{x}}}_k\\&=(\overline{\boldsymbol{\Phi}}_k\bar{\boldsymbol{x}}_k+\boldsymbol{w}''_k)-\overline{\boldsymbol{\Phi}}_{\hat{x}_k}\\&=\overline{\boldsymbol{\Phi}}_k(\bar{\boldsymbol{x}}_k-\hat{\bar{\boldsymbol{x}}}_k)+\boldsymbol{w}''_k\\&=\overline{\boldsymbol{\Phi}}_k\tilde{\boldsymbol{x}}+\boldsymbol{w}''_k\end{aligned}\tag{7.53}$$

式中：$\overline{\boldsymbol{\Phi}}_{k+1}=[\boldsymbol{\Phi}_{k+1} \quad \boldsymbol{a}_{n\times 1}]$。

根据式(7.47)中的第一个方程，$\boldsymbol{w}''_k$ 可以描述如下：

$$\boldsymbol{w}''_k=\boldsymbol{x}_{k+1}-\overline{\boldsymbol{\Phi}}_k\bar{\boldsymbol{x}}_k\tag{7.54}$$

用 $N$ 表示窗口宽度，即在时间间隔内有 $N$ 个测量值$(t_{k-N},t_k)$。假设 $\boldsymbol{w}''_{k-j}$ 和 $\boldsymbol{v}''_{k-j}$ 相互独立$(j=1,2,\cdots,N)$，$\boldsymbol{w}''_{k-j}$ 的均值和方差分别是 $\bar{\boldsymbol{q}}_k$ 和 $\overline{\boldsymbol{Q}}_k$，$\boldsymbol{v}''_{k-j}$ 的均值和方差分别是 $\bar{\boldsymbol{r}}_k$ 和 $\overline{\boldsymbol{R}}_k$。过程噪声 $\boldsymbol{w}''_{k-j}$ 和量测噪声 $\boldsymbol{v}''_{k-j}$ 可分别用 $\bar{\boldsymbol{q}}_k$ 和 $\bar{\boldsymbol{r}}_k$ 来逼近。

假设

$$\left.\begin{aligned}\boldsymbol{q}_{k-j}&\sim N(\bar{\boldsymbol{q}}_k,\boldsymbol{Q}'_k)\\\boldsymbol{r}_{k-j}&\sim N(\bar{\boldsymbol{r}}_k,\boldsymbol{R}'_k)\end{aligned}\right\}\tag{7.55}$$

向量 $\boldsymbol{q}_{k-j}$ 和 $\boldsymbol{r}_{k-j}$ 可以分别从式(7.53)和式(7.52)得到。那么，$\bar{\boldsymbol{q}}_k$ 和 $\bar{\boldsymbol{r}}_k$ 算术平均无偏估计分别为

$$\begin{aligned}E[\hat{\bar{\boldsymbol{q}}}_k]&=E(\frac{1}{N}\sum_{j=1}^{N}\boldsymbol{q}_{k-j})\\&=\frac{1}{N}\sum_{j=1}^{N}E(\hat{\boldsymbol{x}}_{k+1-j}-\overline{\boldsymbol{\Phi}}_{k-j}\hat{\bar{\boldsymbol{x}}}_{k-j})\\&=\frac{1}{N}\sum_{j=1}^{N}E(\hat{\boldsymbol{x}}_{k+1-j}-\boldsymbol{q}_{k-j}-\hat{\bar{\boldsymbol{x}}}_{k+1-j})\\&=\frac{1}{N}\sum_{j=1}^{N}\boldsymbol{q}_{k-j}\\&=\bar{\boldsymbol{q}}_k\end{aligned}\tag{7.56}$$

和

$$\begin{aligned}E(\hat{\bar{\boldsymbol{r}}}_k)&=E\left(\frac{1}{N}\sum_{j=1}^{N}\boldsymbol{r}_{k-j}\right)\\&=\frac{1}{N}E\sum_{j=1}^{N}(\overline{\boldsymbol{H}}_{k-j}\tilde{\boldsymbol{x}}_{k-j}+\boldsymbol{v}''_{k-j})\\&=\frac{1}{N}E\sum_{j=1}^{N}(\overline{\boldsymbol{H}}_{k-j}\tilde{\boldsymbol{x}}_{k-j}+\boldsymbol{r}_{k-j}-\overline{\boldsymbol{H}}_{k-j}\tilde{\boldsymbol{x}}_{k-j})\end{aligned}$$

$$=\frac{1}{N}\sum_{j=1}^{N}\boldsymbol{r}_{k-j}$$
$$=\bar{\boldsymbol{r}}_k \tag{7.57}$$

相应地，$\bar{\boldsymbol{q}}_k$ 和 $\bar{\boldsymbol{r}}_k$ 随机加权无偏估计可分为

$$\hat{\bar{\boldsymbol{q}}}_k^* = \sum_{j=1}^{N}\lambda_j\boldsymbol{q}_{k-j} \tag{7.58}$$

和

$$\hat{\bar{\boldsymbol{r}}}_k^* = \sum_{j=1}^{N}\lambda_j\boldsymbol{r}_{k-j} \tag{7.59}$$

因为

$$\begin{aligned}E(\hat{\bar{\boldsymbol{q}}}_k^*) &= E(\sum_{j=1}^{N}\lambda_j\boldsymbol{q}_{k-j})\\ &= \sum_{j=1}^{N}\lambda_j E(\boldsymbol{q}_{k-j})\\ &= \bar{\boldsymbol{q}}_k^*\end{aligned} \tag{7.60}$$

和

$$\begin{aligned}E(\hat{\bar{\boldsymbol{r}}}_k^*) &= E(\sum_{j=1}^{N}\lambda_j\boldsymbol{r}_{k-j})\\ &= \sum_{j=1}^{N}\lambda_j E(r_{k-j})\\ &= \bar{\boldsymbol{r}}_k^*\end{aligned} \tag{7.61}$$

式(7.60)和式(7.61)中的最后一步，用到了 $\sum_{j=1}^{N}\lambda_j=1$。

由无偏估计的定义和式(7.60)、式(7.61)，可知 $\hat{\bar{\boldsymbol{r}}}_k^*$ 和 $\hat{\bar{\boldsymbol{q}}}_k^*$ 分别是 $\bar{\boldsymbol{r}}_k^*$ 和 $\bar{q}_k^*$ 的最优随机加权无偏估计量。于是式(7.50)中的第一个和第二个公式得证。

下面，证明式(7.50)中的第三个和第四个公式。

由式(7.55)，可知 $\boldsymbol{Q}'_k$ 是过程噪声协方差，$\boldsymbol{R}'_k$ 是量测噪声协方差，并且 $\boldsymbol{Q}'_k$ 和 $\boldsymbol{R}'_k$ 的算术平均值估计分别为

$$\bar{\boldsymbol{Q}}'_k = \frac{1}{N}\sum_{j=1}^{N}(\boldsymbol{q}_{k-j}-\hat{\bar{\boldsymbol{q}}}_k)(\boldsymbol{q}_{k-j}-\hat{\bar{\boldsymbol{q}}}_k)^{\mathrm{T}} \tag{7.62}$$

$$\bar{\boldsymbol{R}}'_k = \frac{1}{N}\sum_{j=1}^{N}(\boldsymbol{r}_{k-j}-\hat{\bar{\boldsymbol{r}}}_k)(\boldsymbol{r}_{k-j}-\hat{\bar{\boldsymbol{r}}}_k)^{\mathrm{T}} \tag{7.63}$$

相应地，过程噪声统计 $\boldsymbol{Q}'_k$ 和量测噪声统计 $\boldsymbol{R}'_k$ 的随机加权估计可分别描述为

$$\hat{\bar{\boldsymbol{Q}}}_k^* = \sum_{j=1}^{N}\lambda_j(\boldsymbol{q}_{k-j}-\hat{\bar{\boldsymbol{q}}}_k^*)(\boldsymbol{q}_{k-j}-\hat{\bar{\boldsymbol{q}}}_k^*)^{\mathrm{T}} \tag{7.64}$$

和

$$\hat{\bar{\boldsymbol{R}}}_k^* = \sum_{j=1}^{N}\lambda_j(\boldsymbol{r}_{k-j}-\hat{\bar{\boldsymbol{r}}}_k^*)(\boldsymbol{r}_{k-j}-\hat{\bar{\boldsymbol{r}}}_k^*)^{\mathrm{T}} \tag{7.65}$$

根据式(7.52),有

$$
\begin{aligned}
& E[(\boldsymbol{r}_{k-j}-\hat{\bar{\boldsymbol{r}}}_k)(\boldsymbol{r}_{k-j}-\hat{\bar{\boldsymbol{r}}}_k)^{\mathrm{T}}] \\
&= E(\boldsymbol{r}_{k-j}\boldsymbol{r}_{k-j}^{\mathrm{T}}-\boldsymbol{r}_{k-j}\hat{\bar{\boldsymbol{r}}}_k^{\mathrm{T}}-\hat{\bar{\boldsymbol{r}}}_k\boldsymbol{r}_{k-j}^{\mathrm{T}}+\hat{\bar{\boldsymbol{r}}}_k\hat{\bar{\boldsymbol{r}}}_k^{\mathrm{T}}) \\
&= E[(\boldsymbol{H}_{k-j}\tilde{\boldsymbol{x}}_{k-j}+\boldsymbol{v}''_{k-j})(\boldsymbol{H}_{k-j}\tilde{\boldsymbol{x}}_{k-j}+\boldsymbol{v}''_{k-j})^{\mathrm{T}}-(\boldsymbol{H}_{k-j}\tilde{\boldsymbol{x}}_{k-j}+\boldsymbol{v}''_{k-j})\hat{\bar{\boldsymbol{r}}}_k^{\mathrm{T}}- \\
&\quad \hat{\bar{\boldsymbol{r}}}_k(\boldsymbol{H}_{k-j}\tilde{\boldsymbol{x}}_{k-j}+\boldsymbol{v}''_{k-j})^{\mathrm{T}}+\hat{\bar{\boldsymbol{r}}}_k\hat{\bar{\boldsymbol{r}}}_k^{\mathrm{T}}] \\
&= E[(\boldsymbol{H}_{k-j}\tilde{\boldsymbol{x}}_{k-j})(\boldsymbol{H}_{k-j}\tilde{\boldsymbol{x}}_{k-j})^{\mathrm{T}}+\boldsymbol{H}_{k-j}\tilde{\boldsymbol{x}}_{k-j}\boldsymbol{v}''^{\mathrm{T}}_{k-j}+\boldsymbol{v}''_{k-j}\tilde{\boldsymbol{x}}_{k-j}^{\mathrm{T}}\boldsymbol{H}_{k-j}^{\mathrm{T}}+\boldsymbol{v}''_{k-j}\boldsymbol{v}''^{\mathrm{T}}_{k-j}- \\
&\qquad \boldsymbol{H}_{k-j}\tilde{\boldsymbol{x}}_{k-j}\hat{\bar{\boldsymbol{r}}}_k^{\mathrm{T}}-\boldsymbol{v}''_{k-j}\hat{\bar{\boldsymbol{r}}}_k^{\mathrm{T}}-\hat{\bar{\boldsymbol{r}}}_k\tilde{\boldsymbol{x}}_{k-j}^{\mathrm{T}}\boldsymbol{H}_{k-j}^{\mathrm{T}}-\hat{\bar{\boldsymbol{r}}}_k\boldsymbol{v}''^{\mathrm{T}}_{k-j}+\hat{\bar{\boldsymbol{r}}}_k\hat{\bar{\boldsymbol{r}}}_k^{\mathrm{T}}] \\
&= E[\boldsymbol{H}_{k-j}\tilde{\boldsymbol{x}}_{k-j}\tilde{\boldsymbol{x}}_{k-j}^{\mathrm{T}}\boldsymbol{H}_{k-j}^{\mathrm{T}}+(\boldsymbol{v}''_{k-j}-\hat{\bar{\boldsymbol{r}}}_k)(\boldsymbol{v}''_{k-j}-\hat{\bar{\boldsymbol{r}}}_k)^{\mathrm{T}}] \\
&= \boldsymbol{H}_{k-j}\boldsymbol{P}_{k-j}\boldsymbol{H}_{k-j}^{\mathrm{T}}+(\boldsymbol{v}''_{k-j}-\bar{\boldsymbol{r}}_k)(\boldsymbol{v}''_{k-j}-\bar{\boldsymbol{r}}_k)^{\mathrm{T}} \\
&= \boldsymbol{H}_{k-j}\boldsymbol{P}_{k-j}\boldsymbol{H}_{k-j}^{\mathrm{T}}+\boldsymbol{R}_{k-j}
\end{aligned}
\tag{7.66}
$$

式中：$\boldsymbol{P}_{k-j}=E[\tilde{\boldsymbol{x}}_{k-j}\tilde{\boldsymbol{x}}_{k-j}^{\mathrm{T}}]$是$(k-j)$时刻的噪声协方差,其表示式如下：

$$
\boldsymbol{R}_{k-j}=E[(\boldsymbol{v}''_{k-j}-\bar{\boldsymbol{r}}_k)(\boldsymbol{v}''_{k-j}-\bar{\boldsymbol{r}}_k)^{\mathrm{T}}] \tag{7.67}
$$

根据 $\boldsymbol{v}''_k\sim N(\bar{\boldsymbol{r}}_k,\bar{\boldsymbol{R}}_k)$和式(7.47),有 $E(\boldsymbol{v}''_{k-j})=\bar{\boldsymbol{r}}_k$,由式(7.57),有 $E[\hat{\bar{\boldsymbol{r}}}_k]=\bar{\boldsymbol{r}}_k$。因此,在式(7.66)中的第三个等号用到了 $\hat{\bar{\boldsymbol{r}}}_k=\boldsymbol{v}''_{k-j}$。

量测噪声统计 $\boldsymbol{R}'_k$ 的算术平均值估计可描述如下：

$$
\begin{aligned}
E(\hat{\boldsymbol{R}}'_k) &= \frac{1}{N}E[\sum_{j=1}^{N}(\boldsymbol{r}_{k-j}-\hat{\bar{\boldsymbol{r}}}_k)(\boldsymbol{r}_{k-j},-\hat{\bar{\boldsymbol{r}}}_k)^{\mathrm{T}}] \\
&= \frac{1}{N}\sum_{j=1}^{N}(\overline{\boldsymbol{H}}_{k-j}\boldsymbol{P}_{k-j}\overline{H}_{k-j}^{\mathrm{T}}+\boldsymbol{R}_{k-j}) \\
&= \frac{1}{N}\sum_{j=1}^{N}\overline{\boldsymbol{H}}_{k-j}\boldsymbol{P}_{k-j}\overline{\boldsymbol{H}}_{k-j}^{\mathrm{T}}+\boldsymbol{R}'_k \\
&\neq \boldsymbol{R}'_k
\end{aligned}
\tag{7.68}
$$

式中：$\boldsymbol{R}'_k=\frac{1}{N}\sum_{j=1}^{N}\boldsymbol{R}_{k-j}$。

由式(7.68),可知 $\hat{\boldsymbol{R}}'_k$ 不是 $\boldsymbol{R}'_k$ 的最优无偏估计。

相应地,量测噪声统计 $\boldsymbol{R}'_k$ 的随机加权估计表述为

$$
\begin{aligned}
E[\hat{\bar{\boldsymbol{R}}}_k^*] &= E[\sum_{j=1}^{N}\lambda_j(\boldsymbol{r}_{k-j}-\hat{\bar{\boldsymbol{r}}}_k^*)(\boldsymbol{r}_{k-j}-\hat{\bar{\boldsymbol{r}}}_k^*)^{\mathrm{T}}] \\
&= \sum_{j=1}^{N}\lambda_j(\overline{\boldsymbol{H}}_{k-j}\boldsymbol{P}_{k-j}^*\overline{\boldsymbol{H}}_{k-j}^{\mathrm{T}}+\boldsymbol{R}_{k-j}^*) \\
&= \sum_{j=1}^{N}\lambda_j(\overline{\boldsymbol{H}}_{k-j}\boldsymbol{P}_{k-j}^*\overline{\boldsymbol{H}}_{k-j}^{\mathrm{T}})+\bar{\boldsymbol{R}}_k^* \\
&\neq \bar{\boldsymbol{R}}_k^*
\end{aligned}
\tag{7.69}
$$

式中：$\bar{\boldsymbol{R}}_k^*=\lambda_j\sum_{j=1}^{N}\boldsymbol{R}_{k-j}^*$。

在式(7.69)中,令

$$\hat{\bar{\boldsymbol{R}}}_{k}^{*}=\sum_{j=1}^{N}\lambda_{j}[(\boldsymbol{r}_{k-j}-\hat{\bar{\boldsymbol{r}}}_{k}^{*})(\boldsymbol{r}_{k-j}-\hat{\bar{\boldsymbol{r}}}_{k}^{*})^{\mathrm{T}}-\overline{\boldsymbol{H}}_{k-j}\boldsymbol{P}_{k-j}^{*}\overline{\boldsymbol{H}}_{k-j}^{\mathrm{T}}] \tag{7-70}$$

有

$$E[\hat{\bar{\boldsymbol{R}}}_{k}^{*}]=\bar{\boldsymbol{R}}_{k}^{*} \tag{7.71}$$

由式(7.69)~式(7.71),可知量测噪声统计 $\hat{\bar{\boldsymbol{R}}}_{k}^{*}$ 是 $\bar{\boldsymbol{R}}_{k}^{*}$ 的随机加权次优无偏估计量。

类似地,也可以推导出系统过程噪声统计 $\bar{\boldsymbol{Q}}_{k}^{*}$ 的随机加权次优无偏估计量。从式(7.54)中减去式(7.51)中的第二个公式,有

$$\begin{aligned}&\boldsymbol{w}''_{k-j}-\boldsymbol{q}_{k-j}\\&=(\boldsymbol{x}_{k-j+1}-\overline{\boldsymbol{\Phi}}_{k-j}\boldsymbol{x}_{k-j})-(\hat{\boldsymbol{x}}_{k-j+1}-\overline{\boldsymbol{\Phi}}_{k-j}\hat{\boldsymbol{x}}_{k-j})\\&=(\boldsymbol{x}_{k-j+1}-\hat{\boldsymbol{x}}_{k-j+1})-(\overline{\boldsymbol{\Phi}}_{k-j}\boldsymbol{x}_{k-j}-\overline{\boldsymbol{\Phi}}_{k-j}\hat{\boldsymbol{x}}_{k-j})\\&=\tilde{\boldsymbol{x}}_{k-j+1}-\overline{\boldsymbol{\Phi}}_{k-j}\tilde{\boldsymbol{x}}_{k-j}\end{aligned} \tag{7.72}$$

因此,有

$$\begin{aligned}&\boldsymbol{E}[(\boldsymbol{w}''_{k-j}-\boldsymbol{q}_{k-j})(\boldsymbol{w}''_{k-j}-q_{k-j})^{\mathrm{T}}]\\&=E[(\tilde{\boldsymbol{x}}_{k-j+1}-\overline{\boldsymbol{\Phi}}_{k-j}\tilde{\boldsymbol{x}}_{k-j})(\tilde{\boldsymbol{x}}_{k-j+1}-\overline{\boldsymbol{\Phi}}_{k-j}\tilde{\boldsymbol{x}}_{k-j})^{\mathrm{T}}]\\&=E[\tilde{\boldsymbol{x}}_{k-j+1}\tilde{\boldsymbol{x}}_{k-j+1}^{\mathrm{T}}-\tilde{\boldsymbol{x}}_{k-j+1}\tilde{\boldsymbol{x}}_{k-j}^{\mathrm{T}}\overline{\boldsymbol{\Phi}}_{k-j}^{\mathrm{T}}-\overline{\boldsymbol{\Phi}}_{k-j}\tilde{\boldsymbol{x}}_{k-j}\tilde{\boldsymbol{x}}_{k-j+1}^{\mathrm{T}}+\\&\quad\overline{\boldsymbol{\Phi}}_{k-j}\tilde{\boldsymbol{x}}_{k-j}\tilde{\boldsymbol{x}}_{k-j}^{\mathrm{T}}\overline{\boldsymbol{\Phi}}_{k-j}^{\mathrm{T}}]\\&=E[\tilde{\boldsymbol{x}}_{k-j+1}\tilde{\boldsymbol{x}}_{k-j+1}^{\mathrm{T}}+\overline{\boldsymbol{\Phi}}_{k-j}\tilde{\boldsymbol{x}}_{k-j}\tilde{\boldsymbol{x}}_{k-j}^{\mathrm{T}}\overline{\boldsymbol{\Phi}}_{k-j}^{\mathrm{T}}]\\&=\boldsymbol{P}_{k-j+1}+\overline{\boldsymbol{\Phi}}_{k-j}P_{k-j}\overline{\boldsymbol{\Phi}}_{k-j}^{\mathrm{T}}\end{aligned} \tag{7.73}$$

式中:$\tilde{\boldsymbol{x}}_{k-j}$ 和 $\tilde{\boldsymbol{x}}_{k-j+1}$ 相互独立,即 $E(\tilde{\boldsymbol{x}}_{k-j+1}\tilde{\boldsymbol{x}}_{k-j}^{\mathrm{T}})=E(\tilde{\boldsymbol{x}}_{k-j}\tilde{\boldsymbol{x}}_{k-j+1}^{\mathrm{T}})=0$,$\boldsymbol{P}_{k-j+1}=E(\tilde{\boldsymbol{x}}_{k-j+1}\tilde{\boldsymbol{x}}_{k-j+1}^{\mathrm{T}})$ 和 $\boldsymbol{P}_{k-j}=E(\tilde{\boldsymbol{x}}_{k-j}\tilde{\boldsymbol{x}}_{k-j}^{\mathrm{T}})$。

假设 $\boldsymbol{w}''_{k-j}$ 和 $\boldsymbol{q}_{k-j}$ 相互独立,根据 $\boldsymbol{w}''_{k}\sim N(\bar{\boldsymbol{q}}_{k},\bar{\boldsymbol{Q}}_{k})$,有 $E(\boldsymbol{w}''_{k-j})=\bar{\boldsymbol{q}}_{k}$。再由式(7.55),可知 $\boldsymbol{q}_{k-j}\sim N(\bar{\boldsymbol{q}}_{k},\boldsymbol{Q}'_{k})$。因此有 $E(\boldsymbol{q}_{k-j})=\bar{\boldsymbol{q}}_{k}$。所以 $E(\boldsymbol{w}''_{k-j})$ 和 $E(\boldsymbol{q}_{k-j})$ 是相等的,即 $E(\boldsymbol{w}''_{k-j})=E(\boldsymbol{q}_{k-j})$。

上述研究说明,可以用系统过程噪声统计 $\boldsymbol{q}_{k}$ 去逼近含有系统模型误差的过程噪声 $\boldsymbol{w}''_{k}$,类似地,也可以用量测噪声统计 $\boldsymbol{r}_{k}$ 去逼近含有量测模型误差的量测噪声 $\boldsymbol{v}''_{k}$。

进一步,有

$$\begin{aligned}&E[(\boldsymbol{w}''_{k-j}-\boldsymbol{q}_{k-j})(\boldsymbol{w}''_{k-j}-\boldsymbol{q}_{k-j})^{\mathrm{T}}]\\&=E\{[(\boldsymbol{w}''_{k-j}-\hat{\bar{\boldsymbol{q}}}_{k})-(\boldsymbol{q}_{k-j}-\hat{\bar{\boldsymbol{q}}}_{k})][(\boldsymbol{w}''_{k-j}-\hat{\bar{\boldsymbol{q}}}_{k})-(\boldsymbol{q}_{k-j}-\hat{\bar{\boldsymbol{q}}}_{k})]^{\mathrm{T}}\}\\&=E[(\boldsymbol{w}''_{k-j}-\hat{\bar{\boldsymbol{q}}}_{k})(\boldsymbol{w}''_{k-j}-\hat{\bar{\boldsymbol{q}}}_{k})^{\mathrm{T}}+(\boldsymbol{q}_{k-j}-\hat{\bar{\boldsymbol{q}}}_{k})(\boldsymbol{q}_{k-j}-\hat{\bar{\boldsymbol{q}}}_{k})^{\mathrm{T}}-\\&\quad(\boldsymbol{w}''_{k-j}-\hat{\bar{\boldsymbol{q}}}_{k})(\boldsymbol{q}_{k-j}-\hat{\bar{\boldsymbol{q}}}_{k})^{\mathrm{T}}-(\boldsymbol{q}_{k-j}-\hat{\bar{\boldsymbol{q}}}_{k})(\boldsymbol{w}''_{k-j}-\hat{\bar{\boldsymbol{q}}}_{k})^{\mathrm{T}}]\\&=\hat{\boldsymbol{Q}}''_{k-j}+\hat{\boldsymbol{Q}}'_{k}-\boldsymbol{M}_{k}\end{aligned} \tag{7.74}$$

式中：

$$\hat{\boldsymbol{Q}}''_k=\sum_{j=1}^{N}E[(\boldsymbol{w}''_{k-j}-\hat{\bar{\boldsymbol{q}}})(\boldsymbol{w}''_{k-j}-\hat{\bar{\boldsymbol{q}}})^{\mathrm{T}}] \tag{7.75}$$

$$\hat{\boldsymbol{Q}}'_k=\sum_{j=1}^{N}E[(\boldsymbol{q}_{k-j}-\hat{\bar{\boldsymbol{q}}})(\boldsymbol{q}_{k-j}-\hat{\bar{\boldsymbol{q}}})^{\mathrm{T}}] \tag{7-76}$$

并且

$$\begin{aligned}M_k&=E[(\boldsymbol{w}''_{k-j}-\hat{\bar{\boldsymbol{q}}}_k)(\boldsymbol{q}_{k-j}-\hat{\bar{\boldsymbol{q}}}_k)^{\mathrm{T}}+(\boldsymbol{q}_{k-j}-\hat{\bar{\boldsymbol{q}}}_k)(\boldsymbol{w}''_{k-j}-\hat{\bar{\boldsymbol{q}}}_k)^{\mathrm{T}}]\\&=[E(\boldsymbol{w}''_{k-j}\hat{\bar{\boldsymbol{q}}}_{k-j}^{\mathrm{T}})-E(\boldsymbol{w}''_{k-j}\hat{\bar{\boldsymbol{q}}}_k^{\mathrm{T}})-E(\hat{\bar{\boldsymbol{q}}}_k\hat{\bar{\boldsymbol{q}}}_{k-j}^{\mathrm{T}})+E(\hat{\bar{\boldsymbol{q}}}_k\hat{\bar{\boldsymbol{q}}}_k^{\mathrm{T}})]+\\&\quad[E(\boldsymbol{q}_{k-j}w''^{\mathrm{T}}_{k-j})-E(\hat{\bar{\boldsymbol{q}}}_k^{\mathrm{T}}w''^{\mathrm{T}}_{k-j})-E(\hat{\bar{\boldsymbol{q}}}_{k-j}\hat{\bar{\boldsymbol{q}}}_k^{\mathrm{T}})+E(\hat{\bar{\boldsymbol{q}}}_k\hat{\bar{\boldsymbol{q}}}_k^{\mathrm{T}})]\\&=E(\boldsymbol{w}''_{k-j})\bar{\boldsymbol{q}}_k-\bar{q}_kE(\boldsymbol{w}''^{\mathrm{T}}_{k-j})-\bar{q}_k\bar{q}_k+\bar{q}_k\bar{q}_k+\\&\quad\bar{\boldsymbol{q}}_kE(\boldsymbol{w}''^{\mathrm{T}}_{k-j})-E(\boldsymbol{w}''^{\mathrm{T}}_{k-j})\bar{\boldsymbol{q}}_k-\bar{\boldsymbol{q}}_k\bar{\boldsymbol{q}}_k+\bar{\boldsymbol{q}}_k\bar{\boldsymbol{q}}_k\\&=0\end{aligned} \tag{7.77}$$

式中：$E(\boldsymbol{q}_{k-j})=\bar{\boldsymbol{q}}_k$，$E(\hat{\bar{\boldsymbol{q}}}_k)=\bar{\boldsymbol{q}}_k$。

根据式(7.73)和式(7.77)，有

$$\begin{aligned}E(\hat{\boldsymbol{Q}}'_k)&=\frac{1}{N}\sum_{i=1}^{N}E[(\boldsymbol{q}_{k-j}-\hat{\bar{\boldsymbol{q}}})(\boldsymbol{q}_{k-j}-\hat{\bar{\boldsymbol{q}}})^{\mathrm{T}}]\\&=\frac{1}{N}\sum_{i=1}^{N}(P_{k-j-1}+\bar{\boldsymbol{\Phi}}_{k-j}P_{k-j}\bar{\boldsymbol{\Phi}}_{k-j}^{\mathrm{T}}-\hat{\boldsymbol{Q}}''_{k-j})\\&=\frac{1}{N}\sum_{i=1}^{N}(P_{k-j-1}+\bar{\boldsymbol{\Phi}}_{k-j}P_{k-j}\bar{\boldsymbol{\Phi}}_{k-j}^{\mathrm{T}})+\boldsymbol{Q}'_k\\&\neq\boldsymbol{Q}'_k\end{aligned} \tag{7.78}$$

式中：$\boldsymbol{Q}'_k=-\dfrac{1}{N}\sum\limits_{j=1}^{N}\hat{\boldsymbol{Q}}''_{k-j}$。

由式(7.78)可知，过程噪声协方差估计量 $\hat{\boldsymbol{Q}}'_k$ 不是噪声协方差 $\boldsymbol{Q}'_k$ 的最优无偏估计量。

根据式(7.64)，有

$$\begin{aligned}E(\hat{\bar{\boldsymbol{Q}}}_k^*)&=\sum_{j=1}^{N}\lambda_jE[(\boldsymbol{q}_{k-j}-\hat{\bar{\boldsymbol{q}}}_k)(\boldsymbol{q}_{k-j}-\hat{\bar{\boldsymbol{q}}}_k)^{\mathrm{T}}]\\&=\sum_{j=1}^{N}\lambda_j(\boldsymbol{P}_{k-j+1}+\boldsymbol{\Phi}_{k-j}\boldsymbol{P}_{k-j}^*\boldsymbol{\Phi}_{k-j}^{\mathrm{T}}-\boldsymbol{Q}_{k-j}^*)\\&=\sum_{j=1}^{N}\lambda_j(\boldsymbol{P}_{k-j+1}+\boldsymbol{\Phi}_{k-j}\boldsymbol{P}_{k-j}^*\boldsymbol{\Phi}_{k-j}^{\mathrm{T}})+\bar{\boldsymbol{Q}}_k^*\\&\neq\bar{\boldsymbol{Q}}_k^*\end{aligned} \tag{7.79}$$

式中：$\bar{\boldsymbol{Q}}_k^*=-\sum\limits_{j=1}^{N}\lambda_j\boldsymbol{Q}_{k-j}^*$。

从式(7.79)可以看出，过程噪声协方差的随机加权估计量 $\hat{\bar{\boldsymbol{Q}}}_k^*$ 不是 $\bar{\boldsymbol{Q}}_k^*$ 的最优无偏估计量。

在式(7.79)中,令

$$\bar{\boldsymbol{Q}}_k^* = \sum_{j=1}^{N} \lambda_j [(\boldsymbol{q}_{k-j} - \hat{\bar{\boldsymbol{q}}}_k^*)(\boldsymbol{q}_{k-j} - \hat{\bar{\boldsymbol{q}}}_k^*)^{\mathrm{T}} - (\boldsymbol{P}_{k-j+1} + \boldsymbol{\Phi}_{k-j}\boldsymbol{P}_{k-j}^*\boldsymbol{\Phi}_{k-j}^{\mathrm{T}})] \tag{7.80}$$

则有

$$E(\hat{\bar{\boldsymbol{Q}}}_k^*) = \bar{\boldsymbol{Q}}_k^* \tag{7.81}$$

由式(7.79)～式(7.81),可知过程噪声协方差的随机加权估计量 $\hat{\bar{\boldsymbol{Q}}}_k^*$ 是 $\bar{\boldsymbol{Q}}_k^*$ 的次优无偏估计量。

定理 7.1 证毕。

从上面关于对系统过程噪声均值的随机加权估计 $\hat{\bar{\boldsymbol{q}}}_k^*$、系统过程噪声协方差的随机加权估计 $\hat{\bar{\boldsymbol{Q}}}_k^*$、量测噪声均值的随机加权估计 $\hat{\bar{\boldsymbol{r}}}_k^*$ 和量测噪声协方差的随机加权估计 $\hat{\bar{\boldsymbol{R}}}_k^*$ 的研究,可以得出如下结论:

系统过程噪声均值的随机加权估计 $\hat{\bar{\boldsymbol{q}}}_k^*$ 和量测噪声均值的随机加权估计 $\hat{\bar{\boldsymbol{r}}}_k^*$ 是无偏估计量,即

$$\left.\begin{aligned} E(\hat{\bar{\boldsymbol{q}}}_k^*) &= \bar{\boldsymbol{q}}_k^* \\ E(\hat{\bar{\boldsymbol{r}}}_k^*) &= \bar{\boldsymbol{r}}_k^* \end{aligned}\right\} \tag{7.82}$$

进一步,由式(7.69)～式(7.71)可知,量测噪声协方差的随机加权估计量 $\hat{\bar{\boldsymbol{R}}}_k^*$ 是 $\bar{\boldsymbol{R}}_k^*$ 的次优无偏估计量,由式(7.79)～式(7.81)可知,过程噪声协方差的随机加权估计量 $\hat{\bar{\boldsymbol{Q}}}_k^*$ 是 $\bar{\boldsymbol{Q}}_k^*$ 的次优无偏估计量。

### 7.4.2　随机加权拟合 $\boldsymbol{H}_\infty$ 滤波算法

根据上面对动力学系统过程噪声统计和量测噪声统计的研究和分析,可以归纳出随机加权拟合 $H_\infty$ 滤波(Random Weighted FittingH$_\infty$ Filtering,RWFH$_\infty$F)算法的步骤如下:

(1)给定 $k$ 时刻系统状态估计值 $\hat{\boldsymbol{x}}_k$ 及其协方差矩阵 $P_k^*$。

(2)利用拟合变换进行状态更新和量测更新。

$$\left.\begin{aligned} \hat{\bar{\boldsymbol{x}}}_k &= [\hat{\boldsymbol{x}}_k^{\mathrm{T}} \quad I_{1\times n}] \\ \bar{\boldsymbol{\Phi}}_k^* &\leftarrow FT(f(\cdot), \hat{\bar{\boldsymbol{q}}}_k, P_k^*) \\ \bar{H}_k^* &\leftarrow FT(h(\cdot), \hat{\bar{\boldsymbol{q}}}_k, P_k^*) \end{aligned}\right\} \tag{7.83}$$

式中:矩阵 $\bar{\boldsymbol{\Phi}}_k$ 和 $\bar{\boldsymbol{H}}_k$ 分别是系统状态函数 $f(\cdot)$和量测函数 $h(\cdot)$的数字拟合矩阵。

(3)计算衰减水平因子 $\boldsymbol{\alpha}_k^*$。

$$\boldsymbol{\alpha}_k^* = \eta_k \sqrt{\rho\{[(\boldsymbol{P}_k^*)^{-1} + \boldsymbol{H}_k^{\mathrm{T}}(\boldsymbol{P}_k^*)^{-1}\boldsymbol{H}_k]^{-1}\}} \tag{7.84}$$

式中:$\boldsymbol{\alpha}_k^*$ 是正实数矩阵,是 $\boldsymbol{\alpha}_0$ 的局部最小衰减水平;$\rho(\boldsymbol{A})$是矩阵 $\boldsymbol{A}$ 的最大特征值;$\eta_k$ 是系数,其解析式为

$$\eta_k = 1 + \eta_{k-1}\sqrt{\mathrm{tr}(\boldsymbol{e}_k^{\mathrm{T}}\boldsymbol{e}_k)} \tag{7.85}$$

式中：$\boldsymbol{e}_k = \boldsymbol{y}_k - \overline{\boldsymbol{H}}_k\hat{\hat{\boldsymbol{x}}}_k - \hat{\boldsymbol{r}}_k$。

(4)更新增益矩阵 $\boldsymbol{K}_k^*$。

$$\boldsymbol{K}_k^* = ((\boldsymbol{P}_k^*)^{-1} - (\alpha_k^*) - 2\overline{\boldsymbol{M}}_k + \boldsymbol{H}_k^{\mathrm{T}}(\hat{\boldsymbol{R}}_k^*)^{-1}\boldsymbol{H}_k)^{-1}H_k^{\mathrm{T}}(\hat{\boldsymbol{R}}_k^*)^{-1} \tag{7.86}$$

(5)更新 $k+1$ 时刻的状态 $\hat{\boldsymbol{x}}_{k+1}$ 量及其协方差 $\boldsymbol{P}_{k+1}^*$。

$$\left.\begin{aligned}
&\hat{\boldsymbol{x}}_{k+1} = \overline{\boldsymbol{\Phi}}_k\hat{\bar{x}}_k + \boldsymbol{\Phi}_k\boldsymbol{K}_k^* e_k + \hat{\boldsymbol{q}}_k^* \\
&\hat{\boldsymbol{P}}_{k+1}^* = \boldsymbol{\Phi}_k((\boldsymbol{P}_k^*)^{-1}) - (\boldsymbol{\alpha}_k^*)^{-2}\boldsymbol{I}_n + \boldsymbol{H}_k^{\mathrm{T}}(\overline{\boldsymbol{P}}_k^*)^{-1}\boldsymbol{H}^k
\end{aligned}\right\} \tag{7.87}$$

式中：$\Phi_k$ 和 $H_k$ 分别是由 $\overline{\boldsymbol{\Phi}}_k$ 和 $\overline{\boldsymbol{H}}_k$ 去掉最后一列得到的数字矩阵。

(6)过程噪声和量测噪声统计的随机加权估计。

$$\left.\begin{aligned}
&\hat{\hat{\boldsymbol{r}}}_k^* = \sum_{j=1}^{N}\lambda_j\boldsymbol{r}_{k-j} \\
&\hat{\hat{\boldsymbol{q}}}_k^* = \sum_{j=1}^{N}\lambda_j\boldsymbol{q}_{k-j} \\
&\hat{\hat{\boldsymbol{R}}}_k^* = \sum_{j=1}^{N}\lambda_j[(\boldsymbol{r}_{k-j} - \hat{\hat{\boldsymbol{r}}}_k^*)(\boldsymbol{r}_{k-j} - \hat{\hat{\boldsymbol{r}}}_k^*)^{\mathrm{T}} - H_{k-j}\boldsymbol{P}_{k-j}^*\boldsymbol{H}_{k-j}^{\mathrm{T}}] \\
&\hat{\hat{\boldsymbol{Q}}}_k^* = \sum_{j=1}^{N}\lambda_j[(\boldsymbol{q}_{k-j} - \hat{q}_k^*)(\boldsymbol{q}_{k-j} - \hat{q}_k^*)^{\mathrm{T}} - (\boldsymbol{P}_{k-j+1} + \Phi_{k-j}\boldsymbol{P}_{k-j}^*\boldsymbol{\Phi}_{k-j}^{\mathrm{T}})]
\end{aligned}\right\} \tag{7.88}$$

需要说明的是，窗宽 $N$ 是基于开窗随机加权估计的一个重要因素。$N$ 的值越大，估计精度越高，但计算量越大。在实际应用中，一般通过计算测试来选择窗宽 $N$，以兼顾滤波计算量和估计精度。

## 7.5 实验验证及算法性能分析

下面分别通过仿真实验和实际实验，对所提出的随机加权拟合 $H_\infty$ 滤波(RWFH$_\infty$F)算法的性能进行综合评价和分析。并与传统的滤波方法进行比较与分析，以验证所提出的 RWFH$_\infty$F 算法性能。

### 7.5.1 仿真实验与算法性能分析

假设载体沿着 $x$ 轴、$y$ 轴和 $z$ 轴的运动方程如下：

$$\left.\begin{aligned}
P_x &= 10t + \frac{1}{2}a_x t^2 \\
P_y &= 10t + \frac{1}{2}a_y t^2 \\
P_z &= 10t + \frac{1}{2}a_z t^2
\end{aligned}\right\} \tag{7.89}$$

式中：$t$ 表示时间；$P_x$，$P_y$ 和 $P_z$ 分别表示载体沿三个坐标轴的位移；$a_x$，$a_y$ 和 $a_z$ 分别表示载体沿三个坐标轴上的运动加速度，并且它们服从正态分布，即 $a_x \sim N(0,0.2)$，$a_y \sim N(0,$

0.15)，$a_z \sim N(0,0.2)$。

载体在 $x$ 轴、$y$ 轴和 $z$ 轴的量测方程为

$$\left.\begin{array}{ll} L_x = P_x + v_x & v_x \sim N(0,3) \\ L_y = P_y + v_y & v_y \sim N(0,5) \\ L_z = P_z + v_z & v_z \sim N(0,6) \end{array}\right\} \tag{7.90}$$

式中：$v_x$，$v_y$ 和 $v_z$ 分别表示三个坐标轴的观测噪声向量。

观测向量的初始协方差阵为

$$\sum\nolimits_{Z_0} = \mathrm{diag}[3 \quad 5 \quad 6] \tag{7.91}$$

观测噪声向量的协方差阵为

$$\sum\nolimits_{e_k} = \begin{bmatrix} \frac{1}{3}Q_2\Delta t^3 & \frac{1}{2}Q_2\Delta t^2 \\ \frac{1}{2}Q_2\Delta t^2 & Q_2\Delta t \end{bmatrix} \tag{7.92}$$

式中：$\Delta t$ 是采样周期，设置为 1$s$；$Q_2$ 是速度谱密度，设置为 0.2 $m^2/s^2$。

假设位置和速度的初始协方差分别为 0.2 $m^2$ 和 $9.0 \times 10^{-6}$ $m^2/s^2$，仿真试验时间为 1 000 s，载体运动轨迹如图 7.1 所示。

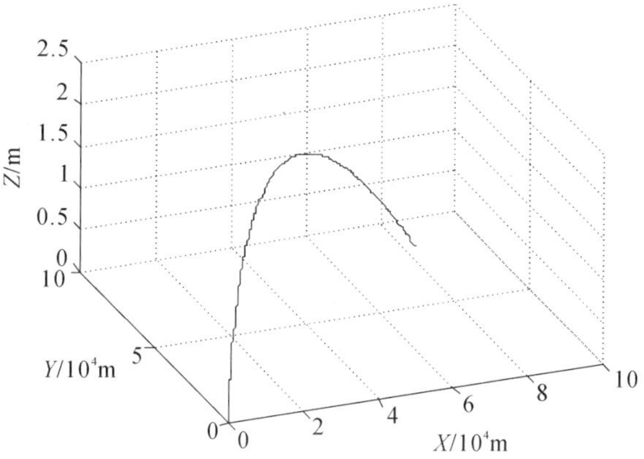


图 7.1　载体运动轨迹示意图

为了比较和分析，在相同条件下，对拟合 $H_\infty$ 滤波（FH∞F）、自适应拟合 $H_\infty$ 滤波（AFH∞F）和提出的随机加权 $H_\infty$ 拟合滤波（RWFH∞F）进行仿真计算。

(1)系统过程噪声估计。

为了验证提出的 RWFH∞F 算法对系统过程噪声的滤波估计性能，假设量测噪声统计已知如下：

$$\boldsymbol{r}_k = 0, \hat{\boldsymbol{r}}_k = 0, \boldsymbol{R}_k = 1, \hat{\boldsymbol{R}}_k = 1.2$$

系统过程噪声均值和协方差的真值（理想值）为 $\boldsymbol{q}_k = 1$，$\boldsymbol{Q}_k = 20$，系统过程噪声均值和协方差的初始估计值为 $\hat{\boldsymbol{q}}_0 = 0.2$，$\hat{\boldsymbol{Q}}_0 = 0.5$。

图 7.2 给出了自适应拟合 H∞F（AFH∞F）对过程噪声的均值和协方差的估计误差曲线。

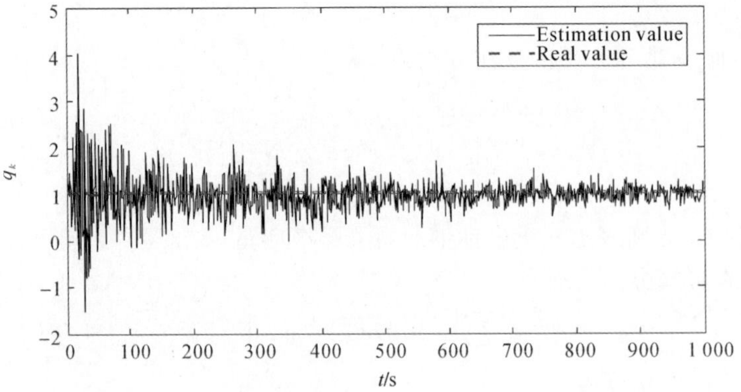


(a)

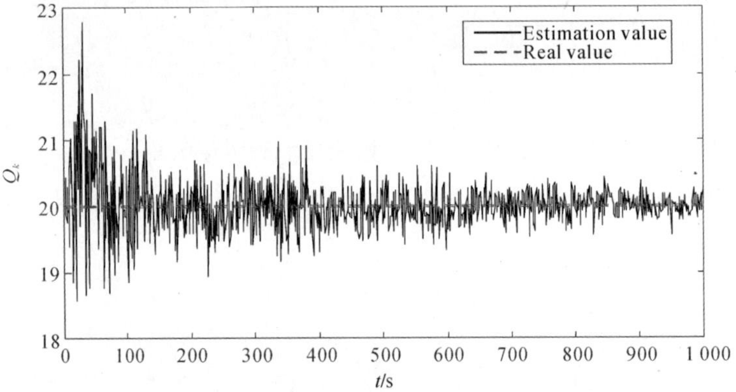


(b)

图 7.2　采用 AFH$_\infty$F 算法得到的过程噪声估计误差曲线图

(a)过程噪声均值 $\boldsymbol{q}_k$ 的估计误差曲线图；（b)过程噪声协方差 $\boldsymbol{Q}_k$ 的估计误差曲线图

从图 7.2 可以看出，在大约 400 s 左右的初始振荡后，过程噪声统计量的估计误差曲线逐渐收敛，但估计误差曲线仍然与真实值存在较大的偏离。

图 7.3 给出了提出的随机加权拟合 H$_\infty$F(RWFH$_\infty$F)对过程噪声的均值和协方差的估计误差曲线。

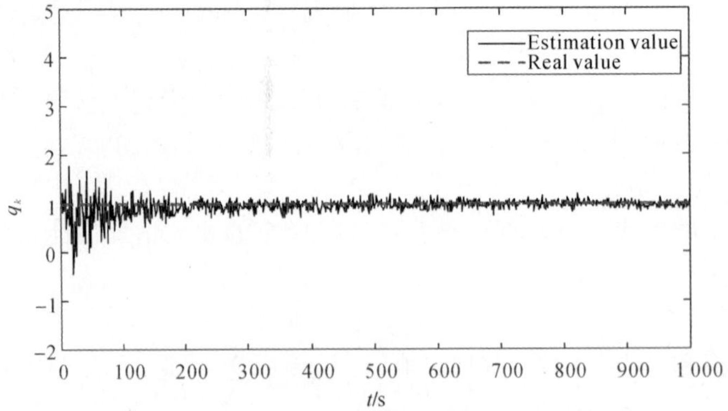


(a)

图 7.3　采用 RWFH$_\infty$F 算法得到的过程噪声估计误差曲线图

(a)过程噪声均值 $q_k$ 的估计误差曲线图

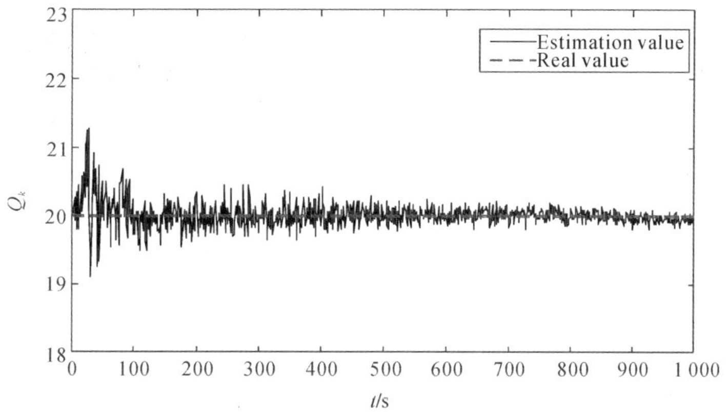


(b)

续图 7.3　采用 RWFH∞F 算法得到的过程噪声估计误差曲线图

(b)过程噪声协方差 $Q_k$ 的估计误差曲线图

从图 7.3 可以看出,采用所提出的随机加权拟合 H∞F(RWFH∞F)算法得到误差曲线,其振荡幅度比自适应拟合 H∞F(AFH∞F) 算法得到的误差曲线的振荡幅度小得多,并且经过大约 200 s 的初始振荡后,过程噪声统计的估计误差曲线分别逐渐收敛到其真实值。这表明所提出的 RWFH∞F 比 AFH∞F 具有更好的收敛速度。

(2)量测噪声估计。

为了验证提出的 RWFH∞F 算法对量测噪声的滤波估计性能,假设系统过程噪声统计已知如下:

$$\boldsymbol{q}_k=0,\hat{\boldsymbol{q}}_k=0,\boldsymbol{Q}_k=5.5,\hat{\boldsymbol{Q}}_k=5.5$$

量测噪声均值和协方差的真值(理想值)为 $\boldsymbol{r}_k=0.5,\boldsymbol{R}_k=9$,量测噪声均值和协方差的初始估计值为 $\hat{\boldsymbol{r}}_0=0.1$, $\hat{\boldsymbol{R}}_0=0.1$。

图 7.4 和图 7.5 给出了自适应拟合 H∞F(AFH∞F)算法和提出的 RWFH∞F 算法对量测噪声的均值和协方差的估计误差曲线。

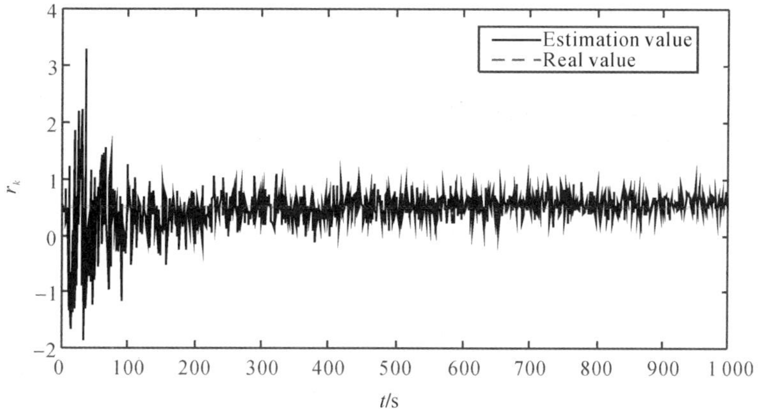


(a)

图 7.4　采用 AFH∞F 算法得到的量测噪声估计误差曲线图

(a)量测噪声均值 $r_k$ 的估计误差曲线图

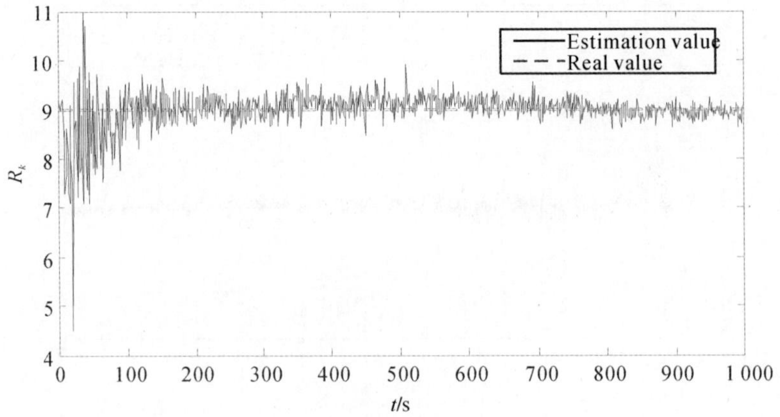


(b)

续图 7.4 采用 AFH$_\infty$F 算法得到的量测噪声估计误差曲线图

(b)量测噪声协方差 $R_k$ 的估计误差曲线图

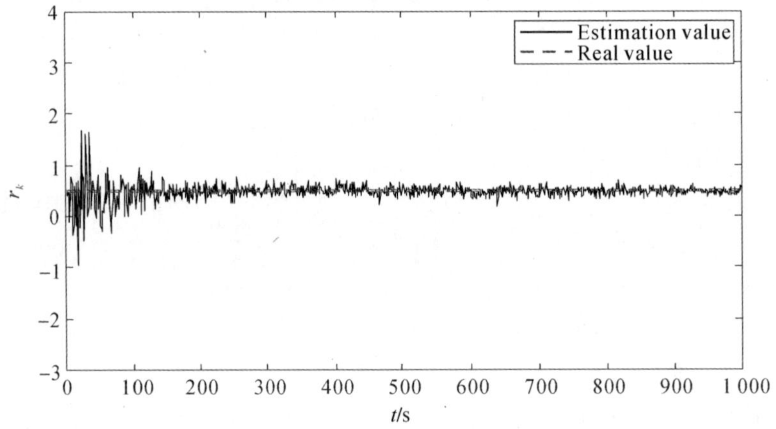


(a)

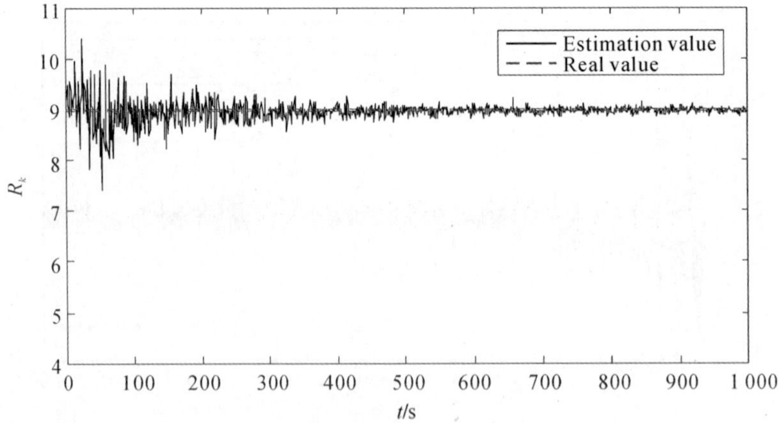


(b)

图 7.5 采用提出的 RWFH$_\infty$F 算法得到的量测噪声估计误差曲线图

(a)量测噪声均值 $r_k$ 的估计误差曲线图； (b)量测噪声协方差 $R_k$ 的估计误差曲线图

如图 7.4 所示，采用 $AFH_\infty F$ 算法，虽然在 200 s 左右的初始振荡后，测量噪声统计的估计误差曲线逐渐收敛，但估计曲线仍存在较大的误差。如图 7.5 所示，利用本章所提出的 $RWFH_\infty F$ 算法得到的量测噪声的均值和协方差的估计误差曲线的振荡幅度，比 $AFH_\infty F$ 算法的估计误差曲线的振荡幅度小得多。进一步，测量噪声统计量的估计误差曲线，在初始振荡约 100 s 后逐渐收敛到其真实值。这表明所提出的 $RWFH_\infty F$ 算法比 $AFH_\infty F$ 算法具有更快的收敛速度。

以上研究表明，提出的 $RWFH_\infty F$ 算法能有效估计系统过程噪声和量测噪声，并且估计精度比现有的 $AFH_\infty F$ 算法精度高。

图 7.6～图 7.8 为采用 $FH_\infty F$ 算法、$AFH_\infty F$ 算法和提出的 $RWFH_\infty F$ 算法估计的载体运动的位置误差曲线图。

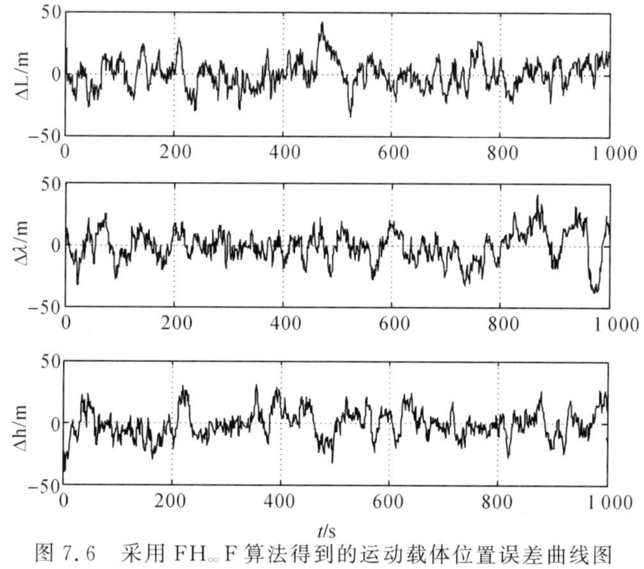


图 7.6　采用 $FH_\infty F$ 算法得到的运动载体位置误差曲线图

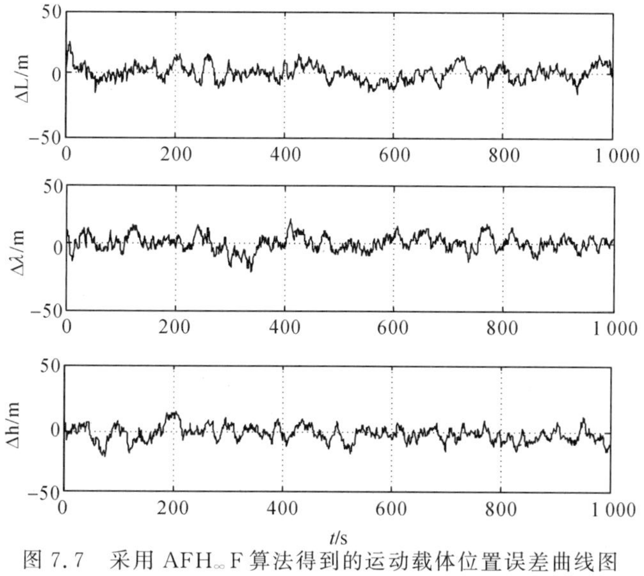


图 7.7　采用 $AFH_\infty F$ 算法得到的运动载体位置误差曲线图

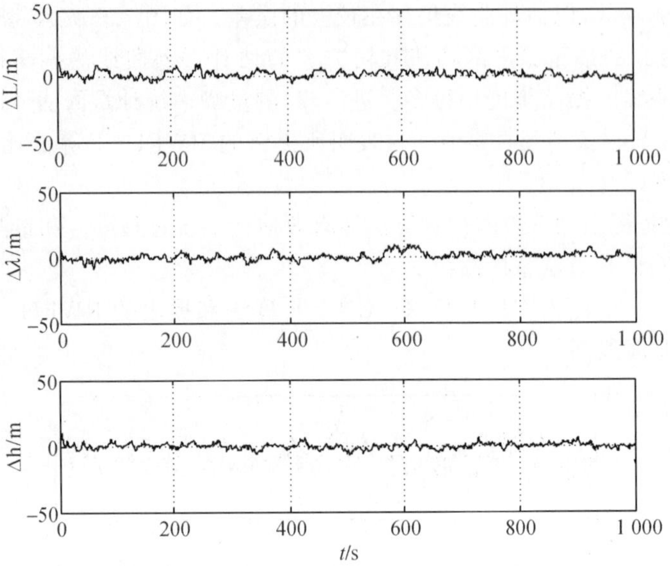


图 7.8　采用提出的 RWFH$_\infty$F 算法得到的运动载体位置误差曲线图

如图 7.6 所示，采用 FH$_\infty$F 算法得到的运动载体的位置误差曲线具有较大的幅值振荡，其位置误差在(−25 m，+20 m)以内；从图 7.7 可以看出，采用 AFH$_\infty$F 算法得到的运动载体的位置误差曲线的振荡幅度有所减小，其位置误差在(−10 m，+8 m)以内，滤波曲线仍有明显的振荡；图 7.8 给出了利用所提出的 RWFH$_\infty$F 方法得到的运动载体位置误差曲线，可以看出，滤波曲线有很小的振荡幅度，其位置误差在(−0.5 m，+0.5 m)以内，振荡幅度比其他两种方法小得多。

表 7.1 给出了 FH$_\infty$F、AFH$_\infty$F 和所提出的 RWFH$_\infty$F 这三种方法的误差比较，可以看出，所提出的 RWFH$_\infty$F 方法具有最小的均值误差、标准差和位置误差。

**表 7.1　FH$_\infty$F，AFH$_\infty$F 和 RWFH$_\infty$F 误差比较**

| Filtering Method | Mean Error/m | Standard Deviation/m | Position error/m |
|---|---|---|---|
| FH$_\infty$F | 7.231 | 6.673 | (−25，+20) |
| AFH$_\infty$F | 2.768 | 2.868 | (−10，+8) |
| RWFH$_\infty$F | 0.128 | 0.185 | (−0.5，+0.5) |

### 7.5.2　实际实验验证与算法性能分析

下面，将所提出的随机加权拟合 H$_\infty$ 滤波(RWFH$_\infty$F)算法，应用于捷联惯导(SINS)/天文(CNS)组合导航系统中进行实际跑车试验，并与现有的拟合 H$_\infty$ 滤波(FH$_\infty$F)算法和自适应拟合 H$_\infty$ 滤波(AFH$_\infty$F)算法进行比较与分析，以验证所提出的 RWFH$_\infty$F 算法性能。

1. SINS/CNS 组合导航非线性系统模型[19]

(1)SINS/CNS 组合导航系统状态方程。

选用东、北、天(E－N－U)地理坐标系作为导航坐标系，根据 SINS 的误差方程，SINS/CNS 组合导航系统状态方程为

$$\dot{\boldsymbol{x}}(t)=f(x,t)+\boldsymbol{G}(t)\boldsymbol{w}(t) \tag{7.93}$$

式中：$\boldsymbol{x}(t)$为系统状态变量；$f(\cdot)$为系统非线性函数；$\boldsymbol{G}(t)$为系统噪声矩阵；$\boldsymbol{w}(t)$为系统噪声。

状态变量 $\boldsymbol{x}(t)$为

$$\boldsymbol{x}(t)=[\boldsymbol{\Phi}^{\mathrm{T}} \quad \delta\boldsymbol{v}^{\mathrm{T}} \quad \delta L \quad \delta\lambda \quad \delta h \quad \boldsymbol{\varepsilon}_b^{\mathrm{T}} \quad \nabla_b^{\mathrm{T}} \quad \delta\boldsymbol{p}_c] \tag{7.94}$$

式中：$\boldsymbol{\Phi}=[\Phi_e \quad \Phi_n \quad \Phi_u]^{\mathrm{T}}$，$\delta\boldsymbol{v}=[\delta v_e \quad \delta v_n \quad \delta v_u]^{\mathrm{T}}$，$\varepsilon_b=[\varepsilon_{bx} \quad \boldsymbol{\varepsilon}_{by} \quad \varepsilon_{bz}]^{\mathrm{T}}$ $\nabla_b=[\nabla_{bx} \quad \nabla_{by} \quad \nabla_{bz}]^{\mathrm{T}}$，$\delta p_c=[\delta p_{cx} \quad \delta p_{cy} \quad \delta p_{cz}]^{\mathrm{T}}$。

这里 $\boldsymbol{\Phi}$ 为姿态误差角矩阵，$\delta\boldsymbol{v}$ 为速度误差向量，$\delta L$，$\delta\lambda$，$\delta h$ 为精度、纬度和高度方向的位置误差向量，$\boldsymbol{\varepsilon}_b$ 为陀螺漂移，$\nabla_b$为加速度零偏，$\delta\boldsymbol{p}$ 为最小二乘算法校正天文定位方法的位置误差[19－20]。陀螺漂移由常值漂移与白噪声组成，加速度计零偏为随机常值。

(2)SINS/CNS 组合导航系统量测方程。

SINS 与 CNS 均能输出载体的姿态角，在导航坐标系下，将 SINS 输出的姿态角与 CNS 输出的姿态角之差作为 SINS/CNS 组合导航系统的量测量。

量测量 $\boldsymbol{z}(t)$为

$$\boldsymbol{z}(t)=[\theta_i-\theta_c \quad \gamma_i-\gamma_c \quad \eta_i-\mu_c]^{\mathrm{T}} \tag{7.95}$$

式中：$\theta_i$，$\gamma_i$ 和 $\eta_i$ 分别为 SINS 输出的俯仰角、横滚角和航向角，$\theta_c$，$\gamma_c$ 和 $\eta_c$ 分别为 CNS 输出的俯仰角、横滚角和航向角。

SINS/CNS 组合导航系统量测方程为

式中：$\boldsymbol{z}(t)$为量测量，$\boldsymbol{H}(t)$为量测矩阵，$\boldsymbol{H}(t)=[I_{3\times3} \quad 0_{3\times3} \quad 0_{3\times9}]_{9\times15}$，$\boldsymbol{v}(t)$为量测噪声，$\boldsymbol{v}(t)=[\Delta x_s \quad \Delta y_s \quad \Delta z_s]^{\mathrm{T}}$，$\Delta x_s$、$\Delta y_s$ 和 $\Delta z_s$ 分别为星敏感器在三个坐标轴上的量测噪声。

2. 实际实验与分析

(1)试验目的。

为了验证本章所提出的随机加权拟合 $H_\infty$ 滤波($RWFH_\infty F$)算法，课题组进行了实际跑车试验，并与现有的拟合 $H_\infty$ 滤波($FH_\infty F$)算法和自适应拟合 $H_\infty$ 滤波($AFH_\infty F$)算法进行比较与分析，以证明所提出的 $RWFH_\infty F$ 算法的有效性和优越性。

(2)试验仪器及参数。

试验仪器包括试验用车、车载 SINS/CNS 组合导航系统、工控机、SINS/CNS 组合导航系统、设备固定板等，试验仪器设备的具体安装如图 7.9 所示。

(3)试验用车。

试验车为灰色马自达手动挡越野车(车牌号:陕 A562HF)，如图 7.10 所示。

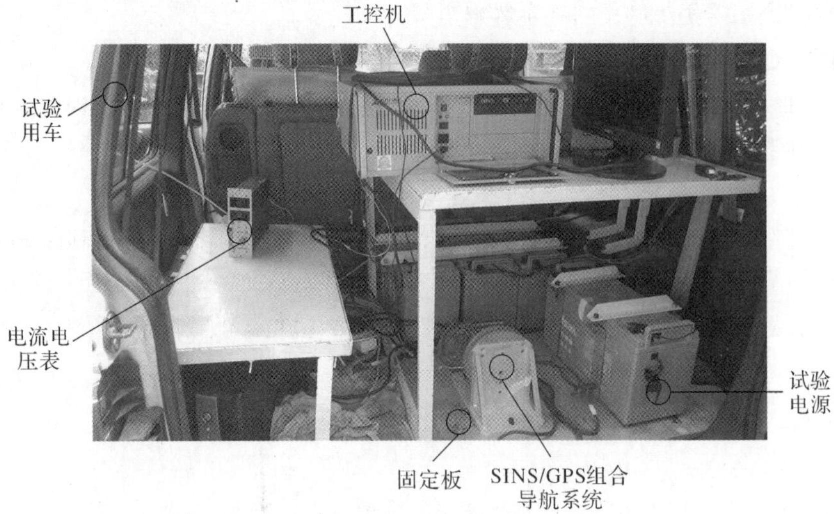


图 7.9　试验车及装载设备

图 7.10　试验用车(马自达)

(4)SINS/CNS 组合导航系统原理及传感器参数。

SINS/CNS 组合导航系统原理:在 SINS/CNS 组合导航系统设计中,惯性器件可以输出载体角运动信息和线运动信息,对这些导航信息进行计算可以获得载体实时三维姿态、速度和位置信息。利用 CNS 中的星敏感器可以得到载体的姿态信息,用来校正 SINS 随时间积累的姿态误差。SINS/CNS 组合系统原理如图 7.11 所示。

由于 CNS 的星敏感器固连在载体上,在安装误差已经被标定的条件下,认为星敏感器坐标系与载体坐标重合。在图 7.11 中,星敏感器观测到的天体高度角和方位角,通过计算可以获得天体的星光单位方向矢量,利用姿态解算算法可以计算出载体系相对于惯性系的姿态矩阵 $\boldsymbol{C}_b^i$,再根据 $\boldsymbol{C}_{b\,\mathrm{CNS}}^n=\boldsymbol{C}_e^n\boldsymbol{C}_i^e\boldsymbol{C}_b^i$ 可求得载体系到导航系的姿态转换矩阵,从而获得 *CNS* 计算得到的载体系 b 到导航系 n 的姿态四元数。将惯性导航系统输出的导航信息 $\boldsymbol{q}_{sins}$ 和 CNS 输出的 $\boldsymbol{q}_{\mathrm{cns}}$ 信息作差,送到 SINS/CNS 滤波器中进行滤波计算,可以获得状态的最优估计值。最后,用状态的最优估计值对 SINS 的导航参数误差进行校正,使 SINS 能够为 CNS 提供更加精确的数学平台基准。

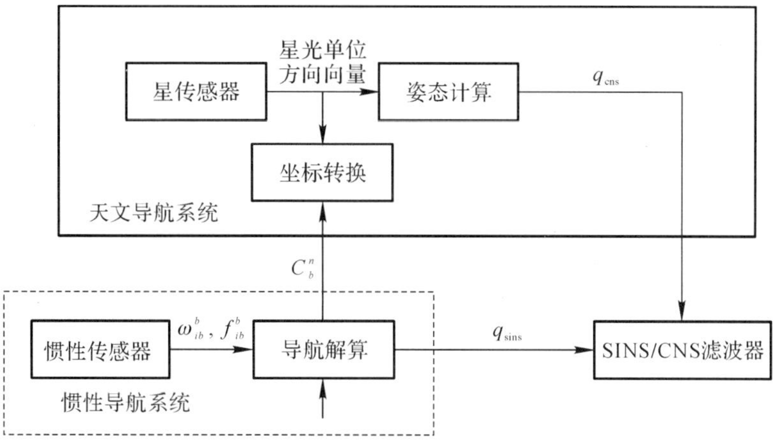


图 7.11　SINS/CNS 组合导航系统原理图

SINS/CNS 组合导航系统传感器参数如表 7.2 所示。

**表 7.2　SINS/CNS 组合导航系统传感器参数**

| 参数类型 | | 指　标 |
|---|---|---|
| 更新率 | | SINS 125 Hz，GPS 5 Hz |
| 启动时间 | | <1 s |
| 工作温度 | | −30～+60 ℃ |
| SINS 角速度测量 | 测量范围 | ±200°/s |
| | 零偏稳定性 | 0.5°/h(常温) |
| | 比例因子精度 | 2% |
| | 分辨率 | 0.12°/h |
| | 带　宽 | 100 Hz |
| | 随机游走 | $0.15°/\mathrm{h}^{1/2}$ |
| SINS 加速度测量 | 测量范围 | ±12 g |
| | 零偏稳定性 | 0.05 mg(常温) |
| | 比例因子精度 | 1% |
| | 分辨率 | 1.9 ug |
| | 带　宽 | 75 Hz |
| | 随机游走 | $0.06\ \mathrm{m}(\mathrm{s}\cdot\mathrm{h}^{-\frac{1}{2}})$ |
| CCD 星敏感器测量精度 | $x$ 轴 | 20" |
| | $y$ 轴 | 20" |
| | $z$ 轴 | 20" |
| | CCD 观测误差 | 5" |

(5)数据传输。

SINS/CNS 组合导航系统通过固定板和支架固联到跑车底座，在试验车行驶过程中实时测量和输出 SINS 测量数据、CNS 测量数据以及组合导航定位信息。这些导航数据通过 RS-232 接口存储在 LCW-S02 串口数据存储器中，存储格式为 *.txt。试验结束后，数据存储器中导航数据可以通过 USB 接口下载到工控机中，用于导航解算和数据后处理。此外，工控机通过 CNS Status Toolbox 软件实时监控 CNS 测量环境及 CNS 工作状态，并通过导航系统接口将监控数据反馈回工控机。

试验系统数据处理如图 7.12 所示。

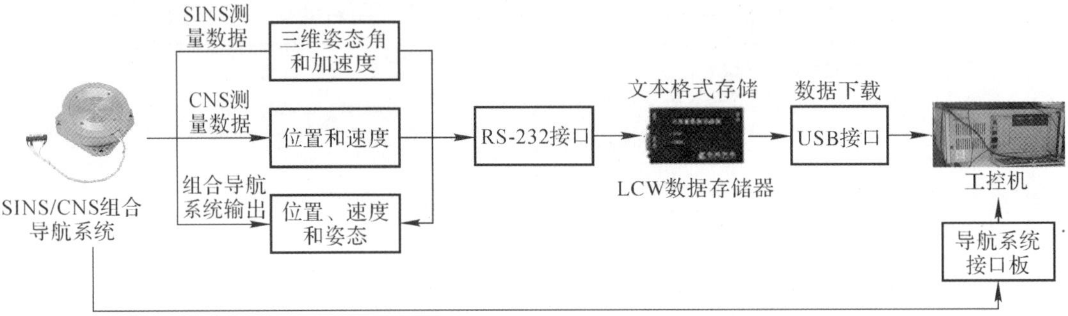


图 7.12　试验系统的数据传输示意图

(6)试验过程。

试验开始时，对 SINS/CNS 组合系统经过 1 min 初始化，然后沿环山路向东行驶，经过沣峪口转盘掉头回到初始位置，行车时间约 32 min，总里程约 35 km，平均行驶速度 60 km/h，车辆行驶稳定，行车轨迹如图 7.13 所示，对应的位置坐标如图 7.14 所示，其中起始点纬度 N34°01′41.24″，经度 E108°46′05.89″，掉头点纬度 N34°03′10.28″，经度 E108°49′04.61″。试验过程中，CNS 观测环境良好。试验中采用高精度广域差分系统作为位置参考系统，试验数据由数据存储器采集获得，后处理过程中用于滤波解算和验证滤波算法的性能。

图 7.13　试验车运行轨迹图

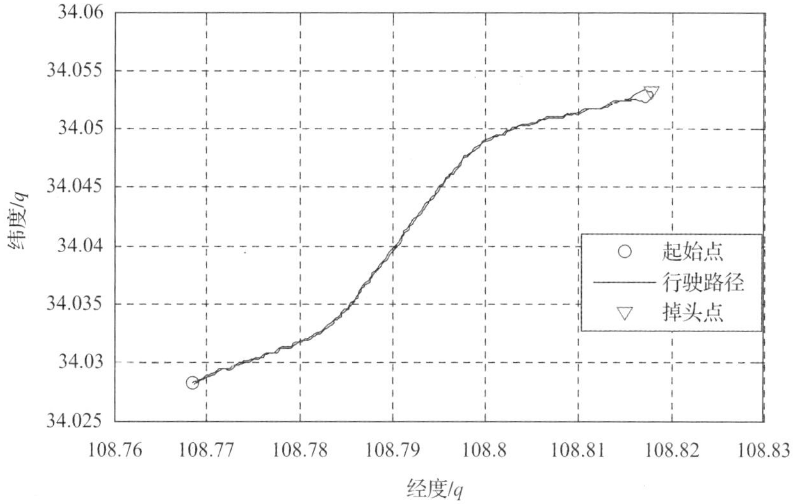


图 7.14　试验车运行轨迹位置坐标图

试验车采用组合导航系统模型，截取车辆运行 1 800 s 所获得的数据，用来对拟合 $H_\infty$ 滤波（$FH_\infty F$）、自适应拟合 $H_\infty$ 滤波（$AFH_\infty F$）和所提出的随机加权拟合 $H_\infty$ 滤波（$RWFH_\infty F$）进行滤波计算。将所得到的组合导航系统输出值与位置参考值作差，得到的结果如图 7.15～图 7.17 所示。

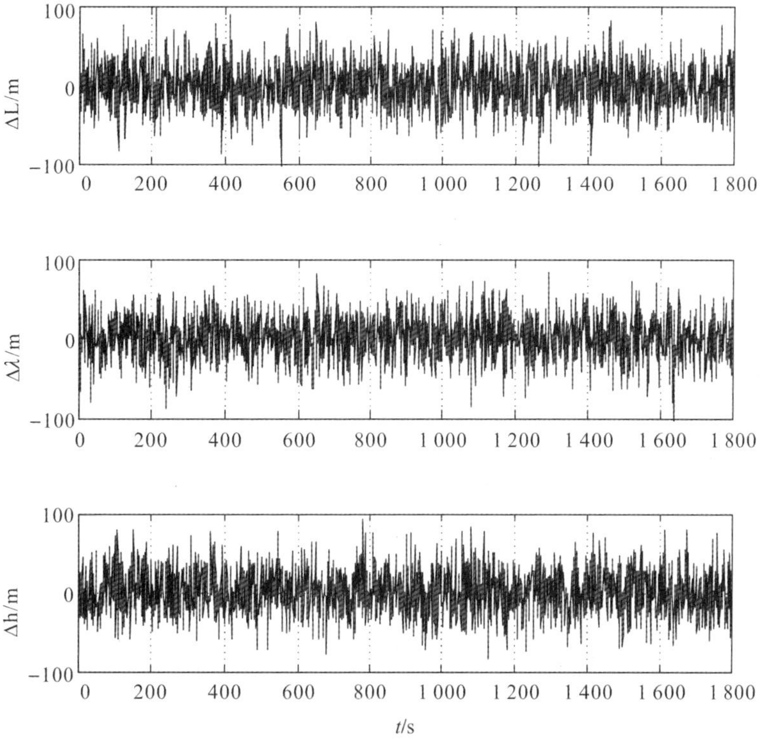


图 7.15　采用 $FH_\infty F$ 算法得到的位值误差曲线图

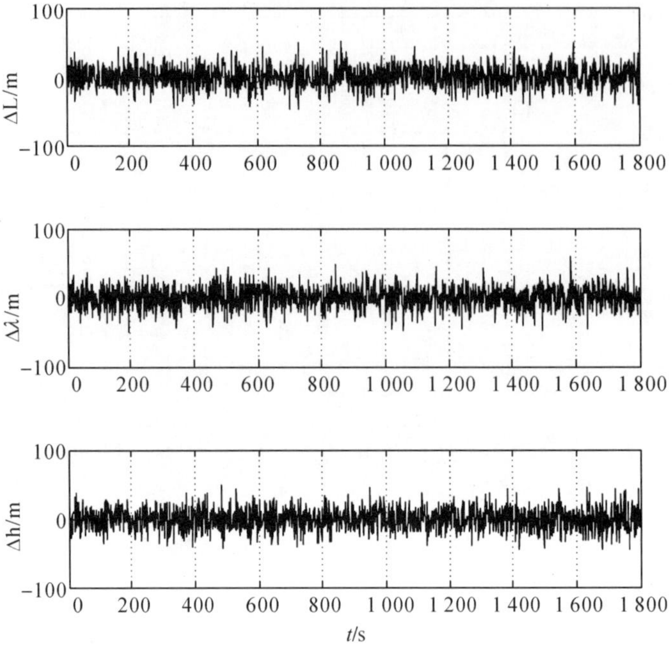


图 7.16　采用 $\mathrm{AFH}_{\infty}\mathrm{F}$ 算法得到的位值误差曲线图

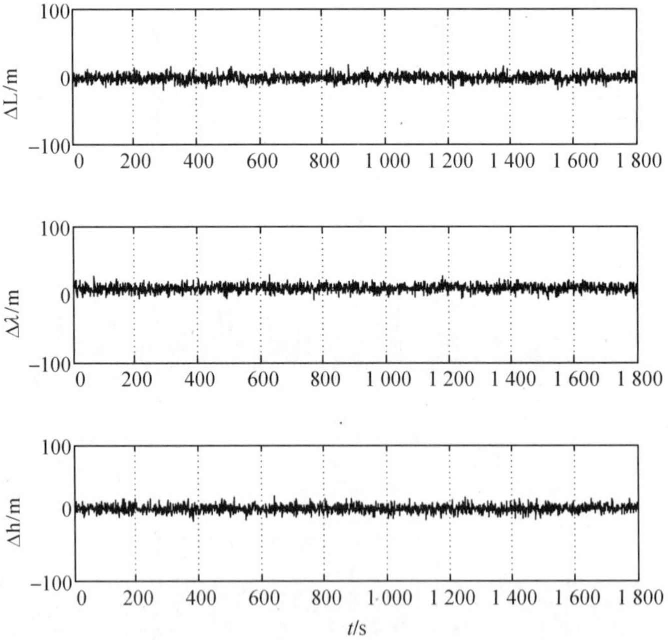


图 7.17　采用提出的 $\mathrm{RWFH}_{\infty}\mathrm{F}$ 算法得到的位值误差曲线图

如图 7.15 所示，采用 $\mathrm{FH}_{\infty}\mathrm{F}$ 算法计算得到的滤波曲线有明显振荡，其经度、纬度和高度误差分别在(−50 m，+50 m)，(−48 m，+48 m)和(−52 m，+52 m)范围内；而图7.16

表明，采用 $AFH_\infty F$ 算法计算得到的滤波曲线的振荡幅度虽然有所减小，但仍有明显振荡，其经度、纬度和高度误差分别在(−22 m，+22 m)、(−20 m，+20 m)、(−20 m，+20 m)范围内；相反，如图 7.17 所示，采用本章所提出的 $RWFH_\infty F$ 算法其经度、纬度和高度误差都在(−1.5 m，+1.5 m)范围内，其滤波曲线振荡幅度远小于其他两种算法。

这是因为所提出的 $RWFH_\infty F$ 算法具有在线估计噪声统计的能力，抑制系统过程噪声和量测噪声对状态估计的影响，提高组合导航系统滤波计算的精度，而 $FH_\infty F$ 算法不具有这个能力，$AFH_\infty F$ 算法抑制噪声影响的能力较差。表 7.3 表明，采用 $RWFH_\infty F$ 计算得到的位置和速度的均值误差也比 CKF 小得多。

**表 7.3　$FH_\infty F$、$AFH_\infty F$ 和 $RWFH_\infty F$ 算法计算误差比较**

| Filtering Method | Mean Error/m | Standard Deviation/m | Position error/m |
|---|---|---|---|
| $FH_\infty F$ | 13.231 | 12.673 | (−50，+50) |
| $AFH_\infty F$ | 6.668 | 5.768 | (−20，+20) |
| $RWFH_\infty F$ | 0.328 | 0.385 | (−1.5，+1.5) |

实际实验结果与仿真试验结果类似，证明了所提出的 $RWFH_\infty F$ 算法的性能优于 $FH_\infty F$ 和 $AFH_\infty F$ 算法，能显著提高组合导航系统的滤波计算定位精度。

## 7.6　小　结

本章首先对自适应拟合 $H_\infty$ 滤波($AFH_\infty F$)方法做了较深入的研究。在此基础上，指出了自适应 $AFH_\infty F$ 算法的缺陷，即在每个时间窗口内，采用算术平均法进行系统过程噪声和量测噪声及其统计特性的估计，不能准确地表征系统噪声的实际统计特性，因而噪声估计的精度较差，导致滤波算法的性能下降、甚至发散。

为了克服现有的自适应拟合 $H_\infty$ 滤波($AFH_\infty F$)算法的缺点，提出了一种新的随机加权拟合 $H_\infty$ 滤波($RWFH_\infty F$)算法。该方法不仅克服了现有的 $H_\infty$ 滤波不适用于非线性系统滤波计算的局限性，而且克服了 $AFH_\infty F$ 算法中，过程噪声和测量噪声的统计特征及其协方差矩阵，采用具有共同权重的算术平均值来计算，不能准确表征动力学系统实际噪声统计特征，从而导致滤波计算精度下降的局限性。在所提出的随机加权拟合 $H_\infty$ 滤波($RWFH_\infty F$)算法中，通过自适应调整系统噪声统计的权重，在线估计系统过程噪声和测量噪声的均值和协方差，抑制系统过程噪声和量测噪声对状态估计的影响，从而提高了动力学系统滤波计算的精度。

最后，为验证所提出的随机加权拟合 $H_\infty$ 滤波($RWFH_\infty F$)算法的性能，进行了仿真实验和实际跑车试验，并将提出的随机加权拟合 $H_\infty$ 滤波($RWFH_\infty F$)与现有的拟合 $H_\infty$ 滤波($FH_\infty F$)算法和自适应拟合 $H_\infty$ 滤波($AFH_\infty F$)算法的性能进行比较与分析，证明了所提出的 $RWFH_\infty F$ 算法的有效性和优越性。

# 参考文献


[1] 秦永元,张洪钺,王淑华. 卡尔曼滤波与组合导航原理[M]. 西安:西北工业大学出版社,2003.

[2] 付梦印. Kalman 滤波理论及其在导航系统中的应用[M]. 北京:科学出版社,2003.

[3] WANG Q T, HU X L. Improved Kalman fifiltering algorithm for passive BD/SINS integrated navigation system based on UKF [J]. Journal of Systems Engineering and Electronics,2010, 32(2):376 - 379.

[4] 王朝尘,杨涛. 基于鲁棒 H 无穷滤波的步进电机转子状态估计[J]. 电气工程,2014,(2):8 - 10.

[5] CAI F H, WANG W, LI Y R. H - Infinity filtering for networked switched systems with random communication time - delays [J]. Control Theory & Applications, 2011, 28(32):309 - 314.

[6] CHANG X H, YANG G H. Nonfragile $H_\infty$ filtering of continuous - time fuzzy systems [J]. IEEE Transactions on Signal Processing, 2011, 59(42):1528 - 1538.

[7] ZHANG J H, XIA Y Q, SHI P. Parameter - dependent robust $H_\infty$ filtering for uncertain discrete - time systems [J]. Automatica, 2009, 45(2):560 - 565.

[8] ZHOU P D, YU L, SONG H B, et al. H - infinity filtering for network - based systems with stochastic protocols [J]. Control Theory & Applications, 2010, 27(12): 1711 - 1716.

[9] ZHAO, J B. Dynamic state estimation with model uncertainties using H infinity extended Kalman filter [J]. IEEE Transactions on Power Systems, 2018, 33(1): 1099 - 1100.

[10] XIA J, GAO S S, ZHONG Y M, et al. A novel fitting H - infinity Kalman filter for nonlinear uncertain discrete - time systems based on fitting transformation [J]. IEEE Access, 2020,8:10554 - 10568.

[11] XIA J, GAO S S, ZHONG Y M,et al. Moving - window based adaptive fitting H - infinity filter for the nonlinear system disturbance [J]. IEEE Access, 2020,8: 76143 - 76157.

[12] 夏娟. 非线性 $H_\infty$ 滤波与分布式信息融合算法研究及其应用[D]. 西安:西北工业大学,2021.

[13] JULIER S, UHLMANN J. Unscented filtering and nonlinear estimation [J]. Proceedings of the IEEE, 2004, 92(3): 401 - 422.

[14] OLFATI S R. Kalman - consensus filter: optimality, stability, and performance [C]. //IEEE Conference on Decision & Control, 2010: 7036 - 7042.

[15] MORGAARD M, POULSEN N K, RAVN O. New developments in state estima-

tion for nonlinear systems [J]. Automatica, 2000, 36(11): 1627 - 1638.

[16] SHEN B, WANG Z D, LIU X H. A stochastic sampled - data approach to distributed $H_\infty$ filtering in sensor networks [J]. IEEE Transactions on Circuits and Systems I - Regular Papers, 2011, 58(9):2237 - 2246.

[17] SHEN B, WANG Z D, HUNG Y S. Distributed $H_\infty$ - consensus filtering in sensor networks with multiple missing measurements: The finite - horizon case [J]. Automatica, 2010, 46(10): 1682 - 1688.

[18] DING D R, WANG Z D,SHEN B. $H_\infty$ state estimation for discrete - time complex networks with randomly occurring sensor saturations and randomly varying sensor delays [J]. IEEE Transactions on Neural Networks & Learning Systems, 2012, 23(5): 725 - 736.

[19] 王颖,李岁劳,张梦妮,等. 长航时无人机惯性/天文组合导航算法研究[J]. 计算机仿真,2012, 29(5):47 - 50.

[20] 李家齐. 惯性/天文组合导航系统中信息处理的研究[D]. 武汉:华中科技大学,2005.

# 第八章　移动开窗随机加权自适应 UKF 算法及其应用

## 8.1 引　言

如前所述，标准 UKF 要求精确已知系统噪声的先验统计信息。若系统噪声的先验统计未知或不准确，标准 UKF 的滤波精度将明显下降甚至发散。

移动开窗方法是利用历史时刻的残差向量或预测残差向量的统计特性，近似计算当前时刻的系统噪声统计[1-4]。该方法易于操作且可以实现系统噪声统计的在线估计。然而，由于对不同时刻的残差向量不加区分，移动开窗方法得到的系统噪声统计有时不能准确描述当前时刻系统噪声的真实情况，进而导致次优的滤波结果[5-6]。此外，因为非线性系统的复杂性，当前对移动开窗估计的研究主要集中在线性系统，还没有学者将移动开窗方法应用于非线性系统。

本章将移动开窗法与随机加权估计的概念相结合，提出了一种基于移动开窗与随机加权估计的自适应 UKF（Adaptive Unscented Kalman Filter，AUKF），以克服标准 UKF 在系统噪声统计未知或噪声统计不准确的情况下，滤波精度下降、甚至发散的缺陷。所提出的基于移动开窗与随机加权估计的自适应 UKF，将移动开窗的概念由线性的 KF 扩展到非线性的 UKF 中，用来估计非线性系统的噪声统计，充分利用了滤波过程中的有用信息，动态地调整系统噪声统计的权值，能有效抑制系统噪声统计不确定性对滤波精度的影响。

## 8.2 移动开窗随机加权自适应 UKF 算法

### 8.2.1 标准 UKF 中的非重采样技术

为了方便研究基于移动开窗与随机加权估计的自适应 UKF 算法的推导，先给出标准 UKF 的非重采样形式[6-8]。

考虑如下非线性离散时间系统：

$$\left.\begin{aligned} \boldsymbol{x}_k &= f(\boldsymbol{x}_{k-1}) + \boldsymbol{w}_k \\ \boldsymbol{z}_k &= h(\boldsymbol{x}_k) + \boldsymbol{v}_k \end{aligned}\right\} \tag{8.1}$$

式中：$\boldsymbol{x}_k \in \mathbf{R}^n$ 和 $\boldsymbol{z}_k \in \mathbf{R}^m$ 为 $k$ 时刻系统的状态向量和量测向量；$\boldsymbol{w}_k \in \mathbf{R}^n$ 和 $\boldsymbol{v}_k \in \mathbf{R}^m$ 为加性的过程噪声和量测噪声；$f(\cdot)$ 和 $h(\cdot)$ 为描述过程模型和量测模型的非线性函数。式(8.1)中的过程噪声 $\boldsymbol{w}_k$ 和量测噪声 $\boldsymbol{v}_k$ 为互不相关的时变高斯白噪声，其统计特性满足

$$\left.\begin{array}{ll} E[\boldsymbol{w}_k]=\boldsymbol{q}_k & \operatorname{cov}(\boldsymbol{w}_k,\boldsymbol{w}^j)=Q_k\delta_{kj} \\ E[\boldsymbol{v}_k]=\boldsymbol{r}_k & \operatorname{cov}(\boldsymbol{v}_k,\boldsymbol{v}^j)=\mathbf{R}_k\delta_{kj} \\ \operatorname{cov}(\boldsymbol{w}_k,\boldsymbol{v}^j)=0 & \end{array}\right\} \tag{8.2}$$

式中：$\boldsymbol{Q}_k$ 为非负定矩阵；$\boldsymbol{R}_k$ 为正定矩阵；$\delta_{kj}$ 为 Kronecker－δ 函数。

对于由式(8.1)所描述的非线性系统，标准 UKF 算法步骤如下：

(1)给定状态估计值 $\hat{\boldsymbol{x}}_{k-1}$ 及其协方差 $\hat{\boldsymbol{P}}_{k-1}$，选取 Sigma 点为

$$\left.\begin{array}{l} \xi_{i,k-1}=\hat{\boldsymbol{x}}_{k-1},i=0 \\ \xi_{i,k-1}=\hat{\boldsymbol{x}}_{k-1}+a(\sqrt{n\hat{\boldsymbol{P}}_{k-1}})_i,i=1,2,\cdots,n \\ \xi_{i,k-1}=\hat{\boldsymbol{x}}_{k-1}-a(\sqrt{n\hat{\boldsymbol{P}}_{k-1}})_i,i=n+1,n+2,\cdots,2n \end{array}\right\} \tag{8.3}$$

式中：$a\in\mathbf{R}$ 为调节参数，控制 Sigma 点在 $\hat{\boldsymbol{x}}_{k-1}$ 周围的分布；$(\sqrt{n\hat{\boldsymbol{P}}_{k-1}})_i$ 为矩阵 $n\hat{\boldsymbol{P}}_{k-1}$ 均方根的第 $i$ 列。

(2)时间更新。

经过程模型 $f(\cdot)$变换后的 *Sigma* 点为

$$\xi_{i,k/k-1}=f(\xi_{i,k-1})+\boldsymbol{q}_k \quad (i=0,1,\cdots,2n) \tag{8.4}$$

状态预测及其协方差更新值为

$$\hat{\boldsymbol{x}}_{k/k-1}=\sum_{i=0}^{2n}\omega_i\xi_{i,k/k-1}+\boldsymbol{q}_k \tag{8.5}$$

$$\hat{\boldsymbol{P}}_{k/k-1}=\sum_{i=0}^{2n}\omega_i(\xi_{i,k/k-1}-\hat{\boldsymbol{x}}_{k/k-1})(\xi_{i,k/k-1}-\hat{\boldsymbol{x}}_{k/k-1})^{\mathrm{T}}+\boldsymbol{Q}_k \tag{8.6}$$

其中

$$\begin{cases} \omega_i=1-\dfrac{1}{a^2} & i=0 \\ \omega_i=\dfrac{1}{2na^2} & i=1,2,\cdots,2n \end{cases}$$

(3)量测更新。

经过量测模型 $h(\cdot)$再次变换后的 Sigma 点为

$$\gamma_{i,k/k-1}=h(\xi_{i,k/k-1})+r_k \tag{8.7}$$

计算量测预测值及其协方差

$$\hat{\boldsymbol{z}}_{k/k-1}=\sum_{i=0}^{2n}\omega_i\gamma_{i,k/k-1}+\boldsymbol{r}_k \tag{8.8}$$

$$\hat{\boldsymbol{P}}_{\hat{z}_{k/k-1}}=\sum_{i=0}^{2n}\omega_i(\boldsymbol{\gamma}_{i,k/k-1}-\hat{\boldsymbol{z}}_{k/k-1})(\boldsymbol{\gamma}_{i,k/k-1}-\hat{\boldsymbol{z}}_{k/k-1})^{\mathrm{T}}+\boldsymbol{R}_k \tag{8.9}$$

计算状态预测值与量测预测值间的互协方差

$$\hat{\boldsymbol{P}}_{\hat{x}_{k/k-1}\hat{z}_{k/k-1}} = \sum_{i=0}^{2n} \omega_i (\xi_{i,k/k-1} - \hat{\boldsymbol{x}}_{k/k-1})(\boldsymbol{\gamma}_{i,k/k-1} - \hat{z}_{k/k-1})^{\mathrm{T}} \tag{8.10}$$

计算卡尔曼滤波增益矩阵

$$\boldsymbol{K}_k = \hat{\boldsymbol{P}}_{\hat{x}_{k/k-1}\hat{z}_{k/k-1}} \hat{P}_{\hat{z}_{k/k-1}}^{-1} \tag{8.11}$$

更新状态估计值 $\hat{\boldsymbol{x}}_k$ 及其协方差 $\hat{\boldsymbol{P}}_k$

$$\hat{\boldsymbol{x}}_k = \hat{\boldsymbol{x}}_{k/k-1} + \boldsymbol{K}_k (\boldsymbol{z}_k - \hat{\boldsymbol{z}}_{k/k-1}) \tag{8.12}$$

$$\hat{\boldsymbol{P}}_k = \hat{\boldsymbol{P}}_{k/k-1} - \boldsymbol{K}_k \hat{\boldsymbol{P}}_{\hat{z}_{k/k-1}} K_k^{\mathrm{T}} \tag{8.13}$$

(4)重复 Step1 至 Step3,进行下一时刻滤波解算。

### 8.2.2 基于移动开窗的噪声统计估计器设计

根据式(8.1)所描述的非线性系统,有

$$\left.\begin{aligned}
\boldsymbol{q}_k &= E(\boldsymbol{w}_k) = E[\boldsymbol{x}_k - f(\boldsymbol{x}_{k-1})] \\
\boldsymbol{r}_k &= E(\boldsymbol{v}_k) = E[\boldsymbol{z}_k - h(\boldsymbol{x}_k)] \\
\boldsymbol{Q}_k &= \mathrm{cov}(\boldsymbol{w}_k \boldsymbol{w}_k^{\mathrm{T}}) = E[(\boldsymbol{x}_k - f(\boldsymbol{x}_{k-1}) - \boldsymbol{q}_k)(\boldsymbol{x}_k - f(\boldsymbol{x}_{k-1}) - \boldsymbol{q}_k)^{\mathrm{T}}] \\
\boldsymbol{R}_k &= \mathrm{cov}(\boldsymbol{v}_k \boldsymbol{v}_k^{\mathrm{T}}) = E[(\boldsymbol{z}_k - h(x_k) - r_k)(\boldsymbol{z}_k - h(\boldsymbol{x}_k) - \boldsymbol{r}_k)^{\mathrm{T}}]
\end{aligned}\right\} \tag{8.14}$$

然而,由于真实状态 $\boldsymbol{x}_k$ 在滤波过程中不可观测,因此,无法直接应用式(8.14)估计系统噪声统计。考虑宽度为 $N$ 的时间窗口,并假设系统噪声统计在该窗口内为常数或变化非常小。在式(8.14)中,用 $\boldsymbol{x}_k$ 的估计值 $\hat{\boldsymbol{x}}_k$ 或预测值 $\hat{\boldsymbol{x}}_{k/k-1}$ 代替 $\boldsymbol{x}_k$,并借助开窗近似的方法计算期望值,可得如下的次优估计器:

$$\left.\begin{aligned}
\hat{\boldsymbol{q}}_k &= \frac{1}{N}\sum_{j=1}^{N}[\hat{\boldsymbol{x}}_{k-j} - f(\hat{\boldsymbol{x}}_{k-1-j})] \\
\hat{\boldsymbol{r}}_k &= \frac{1}{N}\sum_{j=1}^{N}[z_{k-j} - h(\hat{\boldsymbol{x}}_{k-j/k-1-j})] \\
\hat{\boldsymbol{Q}}_k &= \frac{1}{N}\sum_{j=1}^{N}[(\hat{\boldsymbol{x}}_{k-j} - f(\hat{\boldsymbol{x}}_{k-1-j}) - \hat{\boldsymbol{q}}_{k-j})(\hat{\boldsymbol{x}}_{k-j} - f(\hat{\boldsymbol{x}}_{k-1-j}) - \hat{\boldsymbol{q}}_{k-j})^{\mathrm{T}}] \\
\hat{\boldsymbol{R}}_k &= \frac{1}{N}\sum_{j=1}^{N}[(\boldsymbol{z}_{k-j} - h(\hat{\boldsymbol{x}}_{k-j/k-1-j}) - \hat{\boldsymbol{r}}_{k-j})(\boldsymbol{z}_{k-j} - h(\hat{\boldsymbol{x}}_{k-j/k-1-j}) - \hat{\boldsymbol{r}}_{k-j})^{\mathrm{T}}]
\end{aligned}\right\} \tag{8.15}$$

式中:$f(\hat{\boldsymbol{x}}_{k-1-j})$表示状态估计值 $\hat{\boldsymbol{x}}_{k-1-j}$ 经非线性函数 $f(\cdot)$变换得到的后验均值。对于 KF 而言,$f(\hat{\boldsymbol{x}}_{k-1-j})$的精确值可利用状态转移矩阵变换得到;然而,对于非线性的 UKF,$f(\hat{\boldsymbol{x}}_{k-1-j})$仅可通过 UT 变换以三阶 Taylor 精度近似获得,即

$$f(\hat{\boldsymbol{x}}_{k-1-j}) = \sum_{i=0}^{2n} \omega_i f(\xi_{i,k-1-j}) \tag{8.16}$$

类似地,$h(\hat{\boldsymbol{x}}_{k-j/k-1-j})$能以三阶 Taylor 精度近似得到,即

$$h(\hat{\boldsymbol{x}}_{k-j/k-j-1})=\sum_{i=0}^{2n}\omega_i h(\xi_{i,k-j/k-1-j}) \tag{8.17}$$

**定理 8.1**　次优噪声统计估计器式(8.15)对 $\boldsymbol{q}_k$ 和 $\boldsymbol{r}_k$ 的估计无偏,但对 $\boldsymbol{Q}_k$ 和 $\boldsymbol{R}_k$ 的估计有偏。

**证明**:定义新息向量

$$\tilde{\boldsymbol{z}}_k=\boldsymbol{z}_k-\hat{\boldsymbol{z}}_{k/k-1} \tag{8.18}$$

由式(8.18)可得

$$\left.\begin{aligned}&E(\tilde{\boldsymbol{z}}_k)=E(\boldsymbol{z}_k-\hat{\boldsymbol{z}}_{k/k-1})=0\\&E(\tilde{\boldsymbol{z}}_k\tilde{\boldsymbol{z}}_k^{\mathrm{T}})=E[(\boldsymbol{z}_k-\hat{\boldsymbol{z}}_{k/k-1})(\boldsymbol{z}_k-\hat{\boldsymbol{z}}_{k/k-1})^{\mathrm{T}}]=\hat{\boldsymbol{P}}_{\tilde{z}_{k/k-1}}\end{aligned}\right\} \tag{8.19}$$

假设窗口宽度为 $N$,即在时间区间($t_{k-N}\sim t_k$)内有 $N$ 个量测量。由于系统噪声统计在窗口($t_{k-N}\sim t_k$)内为常数或变化非常小,则有

$$\left.\begin{aligned}&\boldsymbol{q}_k=\boldsymbol{q}_{k-j}\\&\boldsymbol{r}_k=\boldsymbol{r}_{k-j}\\&\boldsymbol{Q}_k=\boldsymbol{Q}_{k-j}\\&\boldsymbol{R}_k=\boldsymbol{R}_{k-j}\quad(j=1,2,\cdots,N)\end{aligned}\right\} \tag{8.20}$$

由式(8.12)可得

$$\begin{aligned}&\hat{\boldsymbol{x}}_{k-j}-\hat{\boldsymbol{x}}_{k-j/k-1-j}\\&=\boldsymbol{K}_{k-j}(z_{k-j}-\hat{z}_{k-j/k-1-j})\\&=\boldsymbol{K}_{k-j}\tilde{\boldsymbol{z}}_{k-j}\quad(j=1,2,\cdots,N)\end{aligned} \tag{8.21}$$

对式(8.17)求期望,并考虑到式(8.18)~式(8.21),我们有

$$\begin{aligned}E(\hat{\boldsymbol{q}}_k)&=\frac{1}{N}\sum_{j=1}^{N}E\left[\hat{\boldsymbol{x}}_{k-j}-\sum_{i=0}^{2n}\omega_i f(\xi_{i,k-1-j})\right]\\&=\frac{1}{N}\sum_{j=1}^{N}E(\hat{\boldsymbol{x}}_{k-j}-\hat{\boldsymbol{x}}_{k-j/k-1-j}+\boldsymbol{q}_k)\\&=\frac{1}{N}\sum_{j=1}^{N}E(\boldsymbol{K}_{k-j}\tilde{\boldsymbol{z}}_{k-j}+\boldsymbol{q}_k)\\&=\frac{1}{N}\sum_{j=1}^{N}\boldsymbol{q}_k\\&=\boldsymbol{q}_k\end{aligned} \tag{8.22}$$

$$\begin{aligned}E(\hat{\boldsymbol{r}}_k)&=\frac{1}{N}\sum_{j=1}^{N}E\left[\boldsymbol{z}_{k-j}-\sum_{i=0}^{2n}\omega_i h(\xi_{i,k-j/k-1-j})\right]\\&=\frac{1}{N}\sum_{j=1}^{N}E(\boldsymbol{z}_{k-j}-\hat{\boldsymbol{z}}_{k-j/k-1-j}+r_k)\\&=\frac{1}{N}\sum_{j=1}^{N}E(\tilde{\boldsymbol{z}}_{k-j}+r_k)\\&=\frac{1}{N}\sum_{j=1}^{N}\boldsymbol{r}_k\\&=\boldsymbol{r}_k\end{aligned} \tag{8.23}$$

$$
\begin{aligned}
E(\hat{\boldsymbol{Q}}_k) &= \frac{1}{N}\sum_{j=1}^{N} E[(\hat{\boldsymbol{x}}_{k-j} - f(\hat{\boldsymbol{x}}_{k-1-j}) - \hat{\boldsymbol{q}}_k)(\hat{\boldsymbol{x}}_{k-j} - f(\hat{\boldsymbol{x}}_{k-1-j}) - \hat{\boldsymbol{q}}_k)^{\mathrm{T}}] \\
&= \frac{1}{N}\sum_{j=1}^{N} E(\boldsymbol{K}_{k-j}\tilde{\boldsymbol{z}}_{k-j}\tilde{\boldsymbol{z}}_{k-j}^{\mathrm{T}}\boldsymbol{K}_{k-j}^{\mathrm{T}}) = \frac{1}{N}\sum_{j=1}^{N}\boldsymbol{K}_{k-j}\hat{\boldsymbol{P}}_{\hat{z}_{k-j/k-1-j}}\boldsymbol{K}_{k-j}^{\mathrm{T}} \\
&= \frac{1}{N}\sum_{j=1}^{N}(\hat{\boldsymbol{P}}_{k-j/k-j-1} - \hat{\boldsymbol{P}}_{k-j}) \\
&= \frac{1}{N}\sum_{j=1}^{N}\left[\sum_{i=0}^{2n}\omega_i(\xi_{i,k-j/k-1-j} - \hat{\boldsymbol{x}}_{k-j/k-1-j})(\xi_{i,k-j/k-1-j} - \hat{\boldsymbol{x}}_{k-j/k-1-j})^{\mathrm{T}} - \hat{\boldsymbol{P}}_{k-j} + \boldsymbol{Q}_{k-j}\right] \\
&= \frac{1}{N}\sum_{j=1}^{N}\left[\sum_{i=0}^{2n}\omega_i(\xi_{i,k-j/k-1-j} - \hat{\boldsymbol{x}}_{k-j/k-1-j})(\xi_{i,k-j/k-1-j} - \hat{\boldsymbol{x}}_{k-j/k-1-j})^{\mathrm{T}} - \hat{\boldsymbol{P}}_{k-j}\right] + \boldsymbol{Q}_k \\
&\neq \boldsymbol{Q}_k
\end{aligned} \tag{8.24}
$$

以及

$$
\begin{aligned}
E(\hat{\boldsymbol{R}}_k) &= \frac{1}{N}\sum_{j=1}^{N} E[(\boldsymbol{z}_{k-j} - h(\hat{\boldsymbol{x}}_{k-j/k-1-j}) - \hat{\boldsymbol{r}}_{k-j})(\boldsymbol{z}_{k-j} - h(\hat{\boldsymbol{x}}_{k-j/k-1-j}) - \hat{\boldsymbol{r}}_{k-j})^{\mathrm{T}}] \\
&= \frac{1}{N}\sum_{j=1}^{N} E(\tilde{\boldsymbol{z}}_{k-j}\tilde{\boldsymbol{z}}_{k-j}^{\mathrm{T}}) = \frac{1}{N}\sum_{j=0}^{N-1}\hat{\boldsymbol{P}}_{\hat{z}_{k-j/k-1-j}} \\
&= \frac{1}{N}\sum_{j=1}^{N}\left[\sum_{i=0}^{2n}\omega_i(\gamma_{i,k-j/k-1-j} - \hat{\boldsymbol{z}}_{k-j/k-1-j})(\gamma_{i,k-j/k-1-j} - \hat{\boldsymbol{z}}_{k-j/k-1-j})^{\mathrm{T}} + \boldsymbol{R}_{k-j}\right] \\
&= \frac{1}{N}\sum_{j=1}^{N}\sum_{i=0}^{2n}\omega_i(\gamma_{i,k-j/k-1-j} - \hat{\boldsymbol{z}}_{k-j/k-1-j})(\gamma_{i,k-j/k-1-j} - \hat{\boldsymbol{z}}_{k-j/k-1-j})^{\mathrm{T}} + \boldsymbol{R}_k \\
&\neq \boldsymbol{R}_k
\end{aligned} \tag{8.25}
$$

定理 8.1 证毕。

由定理 8.1 可知，式(8.15)所描述的估计器是次优的。因此，用该估计器对系统噪声 $\boldsymbol{Q}_k$ 和 $\boldsymbol{R}_k$ 进行估计，所得到的估计是有偏的。若利用该估计器构建自适应 UKF，得到的滤波算法将产生退化的状态估计。然而，定理 8.1 的证明过程给出了寻求系统噪声方差无偏估计的思路。

式(8.24)可改写为

$$
\begin{aligned}
E(\hat{\boldsymbol{Q}}_k) &= \frac{1}{N}\sum_{j=1}^{N} E(\boldsymbol{K}_{k-j}\tilde{\boldsymbol{z}}_{k-j}\tilde{\boldsymbol{z}}_{k-j}^{\mathrm{T}}\boldsymbol{K}_{k-j}^{\mathrm{T}}) \\
&= \frac{1}{N}\sum_{j=1}^{N}[\sum_{i=0}^{2n}\omega_i(\xi_{i,k-j/k-1-j} - \hat{\boldsymbol{x}}_{k-j/k-1-j})(\xi_{i,k-j/k-1-j} - \hat{\boldsymbol{x}}_{k-j/k-1-j})^{\mathrm{T}} - \hat{P}_{k-j}] + \boldsymbol{Q}_k
\end{aligned} \tag{8.26}
$$

因此，$\boldsymbol{Q}_k$ 的无偏估计可表示为

$$
\hat{\boldsymbol{Q}}_k = \frac{1}{N}\sum_{j=1}^{N}[\hat{\boldsymbol{P}}_{k-j} + K_{k-j}\tilde{\boldsymbol{z}}_{k-j}\tilde{\boldsymbol{z}}_{k-j}^{\mathrm{T}}\boldsymbol{K}_{k-j}^{\mathrm{T}} - \sum_{i=0}^{2n}\omega_i(\xi_{i,k-j/k-1-j} - \hat{\boldsymbol{x}}_{k-j/k-1-j})(\xi_{i,k-j/k-1-j} - \hat{\boldsymbol{x}}_{k-j/k-1-j})^{\mathrm{T}}] \tag{8.27}
$$

相应地，式(8.25)可写为

$$
\begin{aligned}
E(\hat{\boldsymbol{R}}_k) &= \frac{1}{N}\sum_{j=1}^{N} E(\tilde{\boldsymbol{z}}_{k-j}\tilde{\boldsymbol{z}}_{k-j}^{\mathrm{T}}) \\
&= \frac{1}{N}\sum_{j=1}^{N}\sum_{i=0}^{2n}\omega_i(\boldsymbol{\gamma}_{i,k-j/k-1-j} - \hat{\boldsymbol{z}}_{k-j/k-1-j})(\gamma_{i,k-j/k-1-j} - \hat{\boldsymbol{z}}_{k-j/k-1-j})^{\mathrm{T}} + \boldsymbol{R}_k
\end{aligned} \tag{8.28}
$$

类似地，$\boldsymbol{R}_k$ 的无偏估计可表示为

$$\hat{\boldsymbol{R}}_k=\frac{1}{N}\sum_{j=1}^{N}[\tilde{\boldsymbol{z}}_{k-j}\tilde{\boldsymbol{z}}_{k-j}^{\mathrm{T}}-\sum_{i=0}^{2n}\omega_i(\gamma_{i,k-j/k-1-j}-\hat{\boldsymbol{z}}_{k-j/k-1-j})(\gamma_{i,k-j/k-1-j}-\hat{\boldsymbol{z}}_{k-j/k-1-j})^{\mathrm{T}}] \tag{8.29}$$

而由下面定理 8.2 所描述的估计器是系统噪声统计的无偏计。

**定理 8.2**　假设窗口宽度为 $N$，若在该窗口内系统噪声统计为常数或变化非常小，则无偏的系统噪声统计估计器可表述为

$$\begin{aligned}
\hat{\boldsymbol{q}}_k&=\frac{1}{N}\sum_{j=1}^{N}\left[\hat{\boldsymbol{x}}_{k-j}-\sum_{i=0}^{2n}\omega_i f(\xi_{i,k-1-j})\right]\\
\hat{\boldsymbol{r}}_k&=\frac{1}{N}\sum_{j=1}^{N}\left[\boldsymbol{z}_{k-j}-\sum_{i=0}^{2n}\omega_i h(\xi_{i,k-j/k-1-j})\right]\\
\hat{\boldsymbol{Q}}_k&=\frac{1}{N}\sum_{j=1}^{N}[\hat{\boldsymbol{P}}_{k-j}+\boldsymbol{K}_{k-j}\tilde{\boldsymbol{z}}_{k-j}\tilde{\boldsymbol{z}}_{k-j}^{\mathrm{T}}\boldsymbol{K}_{k-j}^{\mathrm{T}}-\sum_{i=0}^{2n}\omega_i(\xi_{i,k-j/k-1-j}-\hat{\boldsymbol{x}}_{k-j/k-1-j})(\xi_{i,k-j/k-1-j}-\hat{\boldsymbol{x}}_{k-j/k-1-j})^{\mathrm{T}}]\\
\hat{\boldsymbol{R}}_k&=\frac{1}{N}\sum_{j=1}^{N}[\tilde{\boldsymbol{z}}_{k-j}\tilde{\boldsymbol{z}}_{k-j}^{\mathrm{T}}-\sum_{i=0}^{2n}\omega_i(\gamma_{i,k-j/k-1-j}-\hat{\boldsymbol{z}}_{k-j/k-1-j})(\gamma_{i,k-j/k-1-j}-\hat{\boldsymbol{z}}_{k-j/k-1-j})^{\mathrm{T}}]
\end{aligned} \tag{8.30}$$

式中：$\tilde{\boldsymbol{z}}_{k-j}(j=1,2,\cdots,N)$为新息向量。

对式(8.30)求期望，定理 8.2 可证。

### 8.2.3　移动开窗随机加权噪声统计估计器

定理 8.2 给出了基于移动开窗的无偏噪声统计估计器。然而，移动开窗方法建立在窗口宽度内系统噪声统计为常数或变化很小的假设之上，当此假设不成立时，基于移动开窗的噪声统计估计器得到的系统噪声统计并不能反映当前时刻系统噪声的真实情况。这是由于式(4.32)对不同时刻的残差向量不加区分，即每个时刻的残差向量具有相同的权值。此外，由于异常量测与正常量测对系统噪声统计的估计具有相同贡献，该估计器得到的系统噪声统计可能受到异常量测的影响，进而导致发散的滤波结果。本节采用随机加权的概念动态地调整不同时刻残差向量的权值，进而解决了上述问题。

1. 基于移动开窗与随机加权的噪声统计估计

**定理 8.3**　在定理 8.2 的基础上，可以推导出基于移动开窗与随机加权估计的系统噪声统计估计器如下：

$$\left.\begin{aligned}
\hat{\boldsymbol{q}}_k^*&=\sum_{j=1}^{N}\lambda_j\left[\hat{\boldsymbol{x}}_{k-j}-\sum_{i=0}^{2n}\omega_i f(\xi_{i,k-1-j})\right]\\
\hat{\boldsymbol{r}}_k^*&=\sum_{j=1}^{N}\lambda_j\left[\boldsymbol{z}_{k-j}-\sum_{i=0}^{2n}\omega_i h(\xi_{i,k-j/k-1-j})\right]\\
\hat{\boldsymbol{Q}}_k^*&=\sum_{j=1}^{N}\lambda_j[\hat{\boldsymbol{P}}_{k-j}+\boldsymbol{K}_{k-j}\tilde{\boldsymbol{z}}_{k-j}\tilde{\boldsymbol{z}}_{k-j}^{\mathrm{T}}\boldsymbol{K}_{k-j}^{\mathrm{T}}-\sum_{i=0}^{2n}\omega_i(\xi_{i,k-j/k-1-j}-\hat{\boldsymbol{x}}_{k-j/k-1-j})(\xi_{i,k-j/k-1-j}-\hat{\boldsymbol{x}}_{k-j/k-1-j})^{\mathrm{T}}]\\
\hat{\boldsymbol{R}}_k^*&=\sum_{j=1}^{N}\lambda_j[\tilde{\boldsymbol{z}}_{k-j}\tilde{\boldsymbol{z}}_{k-j}^{\mathrm{T}}-\sum_{i=0}^{2n}\omega_i(\gamma_{i,k-j/k-1-j}-\hat{\boldsymbol{z}}_{k-j/k-1-j})(\gamma_{i,k-j/k-1-j}-\hat{\boldsymbol{z}}_{k-j/k-1-j})^{\mathrm{T}}]
\end{aligned}\right\} \tag{8.31}$$

这里，$\lambda_1,\lambda_2,\cdots,\lambda_N$ 为服从 Dirichlet 分布 $D(1,1,\cdots,1)$ 的随机加权因子。在窗口宽度内，若系统噪声统计为常数或变化非常小，即满足式(8.20)，则基于移动开窗与随机加权估计的系统噪声统计估计器也具有无偏性。

**证明**：由式(8.30)可得到噪声统计的随机加权估计式(8.31)。

下面证明基于移动开窗与随机加权估计的系统噪声统计估计器，在式(8.20)的条件下具有无偏性。

与定理 8.2 的证明类似，对式(8.31)求期望，有

$$\begin{aligned} E(\hat{\boldsymbol{q}}_k^*) &= \sum_{j=1}^{N}\lambda_j E\left[\hat{\boldsymbol{x}}_{k-j}-\sum_{i=0}^{2n}\omega_i f(\xi_{i,k-1-j})\right] \\ &= \sum_{j=1}^{N}\lambda_j E(\hat{\boldsymbol{x}}_{k-j}-\hat{\boldsymbol{x}}_{k-j/k-1-j}+\boldsymbol{q}_k) \\ &= \sum_{j=1}^{N}\lambda_j E(\boldsymbol{K}_{k-j}\tilde{\boldsymbol{z}}_{k-j}+\boldsymbol{q}_k) \\ &= \sum_{j=1}^{N}\lambda_j \boldsymbol{q}_k \end{aligned} \tag{8.32}$$

$$\begin{aligned} E(\hat{\boldsymbol{r}}_k^*) &= \sum_{j=1}^{N}\lambda_j E\left[\boldsymbol{z}_{k-j}-\sum_{i=0}^{2n}\omega_i h(\xi_{i,k-j/k-1-j})\right] \\ &= \sum_{j=1}^{N}\lambda_j\sum_{j=1}^{N}E(\boldsymbol{z}_{k-j}-\hat{\boldsymbol{z}}_{k-j/k-1-j}+\boldsymbol{r}_k) \\ &= \sum_{j=1}^{N}\lambda_j E(\tilde{z}_{k-j}+\boldsymbol{r}_k) \\ &= \sum_{j=1}^{N}\lambda_j \boldsymbol{r}_k \end{aligned} \tag{8.33}$$

$$\begin{aligned} E(\hat{\boldsymbol{Q}}_k^*) &= \sum_{j=1}^{N}\lambda_j E[\hat{\boldsymbol{P}}_{k-j}+\boldsymbol{K}_{k-j}\tilde{\boldsymbol{z}}_{k-j}\tilde{\boldsymbol{z}}_{k-j}^{\mathrm{T}}\boldsymbol{K}_{k-j}^{\mathrm{T}}-\sum_{i=0}^{2n}\omega_i(\xi_{i,k-j/k-1-j}-\hat{\boldsymbol{x}}_{k-j/k-1-j})(\xi_{i,k-j/k-1-j}-\hat{\boldsymbol{x}}_{k-j/k-1-j})^{\mathrm{T}}] \\ &= \sum_{j=1}^{N}\lambda_j\Big\{\hat{\boldsymbol{P}}_{k-j}+\boldsymbol{K}_{k-j}E(\tilde{\boldsymbol{z}}_{k-j}\tilde{\boldsymbol{z}}_{k-j}^{\mathrm{T}})\boldsymbol{K}_{k-j}^{\mathrm{T}}+\boldsymbol{Q}_{k-j}- \\ &\quad \Big[\sum_{i=0}^{2n}\omega_i(\xi_{i,k-j/k-1-j}-\hat{\boldsymbol{x}}_{k-j/k-1-j})(\xi_{i,k-j/k-1-j}-\hat{\boldsymbol{x}}_{k-j/k-1-j})^{\mathrm{T}}+\boldsymbol{Q}_{k-j}\Big]\Big\} \\ &= \sum_{j=1}^{N}\lambda_j(\hat{\boldsymbol{P}}_{k-j}+\mathrm{K}_{k-j}\hat{\boldsymbol{P}}_{\hat{z}_{k-j/k-1-j}}\boldsymbol{K}_{k-j}^{\mathrm{T}}-\hat{\boldsymbol{P}}_{k-j/k-1-j}+\mathrm{Q}_{k-j}) \\ &= \sum_{j=1}^{N}\lambda_j\boldsymbol{Q}_{k-j} \\ &= \boldsymbol{Q}_k \end{aligned} \tag{8.34}$$

及

$$\begin{aligned} E(\hat{\boldsymbol{R}}_k^*) &= \sum_{j=1}^{N}\lambda_j E[\tilde{\boldsymbol{z}}_{k-j}\tilde{\boldsymbol{z}}_{k-j}^{\mathrm{T}}-\sum_{i=0}^{2n}\omega_i(\gamma_{i,k-j/k-1-j}-\tilde{\boldsymbol{z}}_{k-j/k-1-j})(\gamma_{i,k-j/k-1-j}-\hat{\boldsymbol{z}}_{k-j/k-1-j})^{\mathrm{T}}] \\ &= \sum_{j=1}^{N}\lambda_j\Big\{E(\tilde{\boldsymbol{z}}_{k-j}\tilde{\boldsymbol{z}}_{k-j}^{\mathrm{T}})-\Big[\sum_{i=0}^{2n}\omega_i(\gamma_{i,k-j/k-1-j}-\hat{\boldsymbol{z}}_{k-j/k-1-j})(\gamma_{i,k-j/k-1-j}-\hat{\boldsymbol{z}}_{k-j/k-1-j})^{\mathrm{T}}+\boldsymbol{R}_{k-j}\Big]+\boldsymbol{R}_{k-j}\Big\} \end{aligned}$$

$$
\begin{aligned}
&=\sum_{j=1}^{N}\lambda_j(\hat{\boldsymbol{P}}_{\hat{z}_{k-j/k-1-j}}-\hat{\boldsymbol{P}}_{\hat{z}_{k-j/k-1-j}}+\boldsymbol{R}_{k-j})\\
&=\sum_{j=1}^{N}\lambda_j\boldsymbol{R}_{k-j}\\
&=\boldsymbol{R}_k
\end{aligned}
\tag{8.35}
$$

式(8.32)～式(8.35)中应用了 $\sum_{j=1}^{N}\lambda_j=1$。

定理 4.3 证毕。

2.移动开窗随机加权因子的确定

假设$(k-j)(j=1,2,\cdots,N)$时刻，系统状态的估计值和预测值分别为 $\hat{\boldsymbol{x}}_{k-j}$ 和 $\hat{\boldsymbol{x}}_{k-j/k-1-j}$，记状态预测残差向量为 $\Delta\boldsymbol{x}_{k-j}$，则有

$$\Delta\boldsymbol{x}_{k-j}=\hat{\boldsymbol{x}}_{k-j}-\hat{\boldsymbol{x}}_{k-j/k-1-j}\tag{8.36}$$

记量测残差向量为 $\Delta\boldsymbol{z}_{k-j}$，有

$$\Delta\boldsymbol{z}_{k-j}=\hat{z}_{k-j}-z_{k-j}\tag{8.37}$$

式中：$\hat{\boldsymbol{z}}_{k-j}=h(\hat{\boldsymbol{x}}_{k-j})$。

当过程噪声的统计特性发生变化时，状态预测值 $\hat{\boldsymbol{x}}_{k-j/k-1-j}$ 会有偏且其对状态估计值的贡献减小，因而状态预测值的残差向量 $\Delta\boldsymbol{x}_{k-j}$ 的值将增大；相应的，当量测噪声的统计特性发生变化时，量测的残差向量 $\Delta\boldsymbol{z}_{k-j}$ 的值将增大[9-11]。

为捕获系统噪声统计的变化，随机加权因子须满足

$$\boldsymbol{v}_j\propto\|\Delta\boldsymbol{x}_{k-j}\|\ \|\Delta\boldsymbol{z}_{k-j}\|(j=1,2,\cdots,N)\tag{8.38}$$

式中：

$$\|\Delta\boldsymbol{x}_{k-j}\|=\sqrt{\Delta\boldsymbol{x}_{k-j}^{\mathrm{T}}\Delta\boldsymbol{x}_{k-j}}\tag{8.39}$$

$$\|\Delta\boldsymbol{z}_{k-j}\|=\sqrt{\Delta\boldsymbol{z}_{k-j}^{\mathrm{T}}\Delta\boldsymbol{z}_{k-j}}\tag{8.40}$$

从式(8.40)可以看出，$\|\Delta\boldsymbol{x}_{k-j}\|\ \|\Delta\boldsymbol{z}_{k-j}\|$ 的值越大，随机加权因子越大。

协方差匹配方法为消除异常量测对滤波解的影响提供了有效途径[12,13]。可利用下面不等式进行异常量测检测：

$$
\begin{aligned}
\tilde{\boldsymbol{z}}_{k-j}^{\mathrm{T}}\tilde{\boldsymbol{z}}_{k-j}&\leqslant S\mathrm{tr}[E(\tilde{\boldsymbol{z}}_{k-j}\tilde{\boldsymbol{z}}_{k-j}^{\mathrm{T}})]\\
&=S\mathrm{tr}[\sum_{i=0}^{2n}\omega_i(\boldsymbol{\gamma}_{i,k-j/k-1-j}-\hat{\boldsymbol{z}}_{k-j/k-1-j})(\gamma_{i,k-j/k-1-j}-\hat{\boldsymbol{z}}_{k-j/k-1-j})^{\mathrm{T}}+\boldsymbol{R}_{k-j}]
\end{aligned}
\tag{8.41}
$$

式中：$\tilde{z}_{k-j}$ 为新息向量，$S\geqslant1$ 为调节因子。

由于 $\boldsymbol{R}_{k-j}$ 未知，用 $\boldsymbol{R}_{k-j}$ 的估计值 $\hat{\boldsymbol{R}}_{k-j}^{*}$ 代替 $\boldsymbol{R}_{k-j}$，式(8.41)可改写如下：

$$\tilde{\boldsymbol{z}}_{k-j}^{\mathrm{T}}\tilde{\boldsymbol{z}}_{k-j}\leqslant S\mathrm{tr}[\sum_{i=0}^{2n}\omega_i(\gamma_{i,k-j/k-1-j}-\hat{\boldsymbol{z}}_{k-j/k-1-j})(\boldsymbol{\gamma}_{i,k-j/k-1-j}-\hat{\boldsymbol{z}}_{k-j/k-1-j})^{\mathrm{T}}+\hat{R}_{k-j}^{*}]\tag{8.42}$$

若式(8.42)中的不等号不成立，则对应于异常量测的第$(k-j)$个残差的权值应取小量值。这时，使式(8.42)成立的随机加权因子应满足[12-13]

$$v_j \propto \frac{\mathrm{Str}[\sum_{i=0}^{2n}\omega_i(\boldsymbol{\gamma}_{i,k-j/k-1-j}-\hat{\boldsymbol{z}}_{k-j/k-1-j})(\boldsymbol{\gamma}_{i,k-j/k-1-j}-\hat{\boldsymbol{z}}_{k-j/k-1-j})^{\mathrm{T}}+\hat{\boldsymbol{R}}_{k-j}^{*}]}{\tilde{\boldsymbol{z}}_{k-j}^{\mathrm{T}}\tilde{\boldsymbol{z}}_{k-j}} \triangleq \Delta S(j) \tag{8.43}$$

由式(8.40)和式(8.43),可知

$$\boldsymbol{v}_j \propto \|\Delta\boldsymbol{x}_{k-j}\|\|\Delta\boldsymbol{z}_{k-j}\|\Delta S(j) \tag{8.44}$$

记

$$\boldsymbol{w}_j = \|\Delta\boldsymbol{x}_{k-j}\|\|\Delta\boldsymbol{z}_{k-j}\|\Delta S(j) \quad (j=1,2,\cdots,N) \tag{8.45}$$

对 $\boldsymbol{w}_j$ 正则化,可得随机加权因子为

$$\lambda_j = w_j / \sum_{j=1}^{N} w_j \quad (j=1,2,\cdots,N) \tag{8.46}$$

这里 $\lambda_1,\lambda_2,\cdots,\lambda_N$ 服从 Dirichlet 分布 $D(1,1,\cdots,1)$。

### 8.2.4 移动开窗随机加权自适应 UKF 算法

根据定理 8.3,提出的移动开窗随机加权自适应 UKF 算法的步骤可描述如下:

$$\hat{\boldsymbol{x}}_{k/k-1} = \sum_{i=0}^{2n}\omega_i\xi_{i,k/k-1} = \sum_{i=0}^{2n}\omega_i f(\xi_{i,k-1}) + \hat{\boldsymbol{q}}_k^{*} \tag{8.47}$$

$$\hat{\boldsymbol{P}}_{k/k-1} = \sum_{i=0}^{2n}\omega_i(\xi_{i,k/k-1}-\hat{\boldsymbol{x}}_{k/k-1})(\xi_{i,k/k-1}-\hat{\boldsymbol{x}}_{k/k-1})^{\mathrm{T}} + \hat{Q}_k^{*} \tag{8.48}$$

$$\hat{\boldsymbol{z}}_{k/k-1} = \sum_{i=0}^{2n}\omega_i\gamma_{i,k/k-1} = \sum_{i=0}^{2n}\omega_i h(\xi_{i,k/k-1}) + \hat{\boldsymbol{r}}_k^{*} \tag{8.49}$$

$$\hat{\boldsymbol{P}}_{\hat{z}_{k/k-1}} = \sum_{i=0}^{2n}\omega_i(\boldsymbol{\gamma}_{i,k/k-1}-\hat{\boldsymbol{z}}_{k/k-1})(\gamma_{i,k/k-1}-\hat{\boldsymbol{z}}_{k/k-1})^{\mathrm{T}} + \hat{R}_k^{*} \tag{8.50}$$

$$\hat{P}_{\hat{\boldsymbol{x}}_{k/k-1}\hat{z}_{k/k-1}} = \sum_{i=0}^{2n}\omega_i(\xi_{i,k/k-1}-\hat{\boldsymbol{x}}_{k/k-1})(\boldsymbol{\gamma}_{i,k/k-1}-\hat{z}_{k/k-1})^{\mathrm{T}} \tag{8.51}$$

$$\boldsymbol{K}_k = \hat{\boldsymbol{P}}_{\hat{x}_{k/k-1}\hat{z}_{k/k-1}}\hat{\boldsymbol{P}}_{\hat{z}_{k/k-1}}^{-1} \tag{8.52}$$

$$\hat{\boldsymbol{x}}_k = \hat{\boldsymbol{x}}_{k/k-1} + \boldsymbol{K}_k(\boldsymbol{z}_k - \hat{z}_{k/k-1}) \tag{8.53}$$

$$\hat{\boldsymbol{P}}_k = \hat{\boldsymbol{P}}_{k/k-1} - \boldsymbol{K}_k\hat{\boldsymbol{P}}_{\hat{z}_{k/k-1}}\boldsymbol{K}_k^{\mathrm{T}} \tag{8.54}$$

上面公式中的 $\hat{\boldsymbol{q}}_k^{*}$,$\hat{\boldsymbol{r}}_k^{*}$,$\hat{\boldsymbol{Q}}_k^{*}$ 和 $\hat{\boldsymbol{R}}_k^{*}$ 由式(8.31)得到。

## 8.3 实验验证与算法性能分析

本节将所提出的移动开窗随机加权自适应 UKF,用于单变量非静态增长模型(Univariate Nonstationary Growth Model, UNGM)[14]进行数值模拟计算,验证所提出的算法性能。将提出的移动开窗随机加权自适应 UKF 应用于 INS/GNSS 组合系统,利用直接法滤波方法,验证该算法在系统噪声统计不确定性的条件下,对提高组合系统导航精度的有效性。在数值模拟和实际实验中,将提出的移动开窗随机加权自适应 UKF 与标准 UKF 以及自适应 RUKF[15]的性能进行了比较。

### 8.3.1 数值模拟

考虑 UNGM，采用 Monte Carlo 仿真对提出的移动开窗随机加权自适应 UKF 的性能进行评估。Monte Carlo 仿真次数为 150。在移动开窗随机加权自适应 UKF 算法中，窗口宽度选取为 N=18。

考虑下面单变量非静态增长模型

$$\left.\begin{aligned} x_k &= 0.5x_{k-1} + 25x_{k-1}/(1+x_{k-1}^2) + 8\cos[1.2(k-1)] + w_k \\ z_k &= x_k^2/20 + v_k \end{aligned}\right\} \tag{8.55}$$

式中：$w_k$ 和 $v_k$ 为高斯白噪声序列。

系统初始状态值与其估计值选取为

$$x_0 = 0.1 \quad x_0 = 0.1 \tag{8.56}$$

初始误差协方差阵设置为

$$\hat{P}_0 = I_1 \tag{8.57}$$

1. 过程噪声估计

为研究和分析移动开窗随机加权自适应 *UKF* 对过程噪声统计的估计性能，假设量测噪声的统计特性准确已知。不失一般性，选择

$$r_k = 0, \hat{r}_k = 0, R_k = 1, \hat{R}_k = 1 \tag{8.58}$$

过程噪声均值和方差的真实值设置为下面常数：

$$q_k = 0.2, Q_k = 20 \tag{8.59}$$

滤波器中，过程噪声统计的初始值设置为

$$\hat{q}_0 = 0.05, \hat{Q}_0 = 4 \tag{8.60}$$

图 8.1 给出了移动开窗随机加权自适应 UKF 对过程噪声统计的估计结果。可以看到，即便设置的过程噪声统计的初始值有偏，经过约 20 个时间步后，提出的移动开窗随机加权自适应 UKF 得到的过程噪声均值和方差与其真实值仍十分接近。其中，$q_k$ 的最大估计误差为 0.014 1，$Q_k$ 的最大估计误差为 0.423 2。

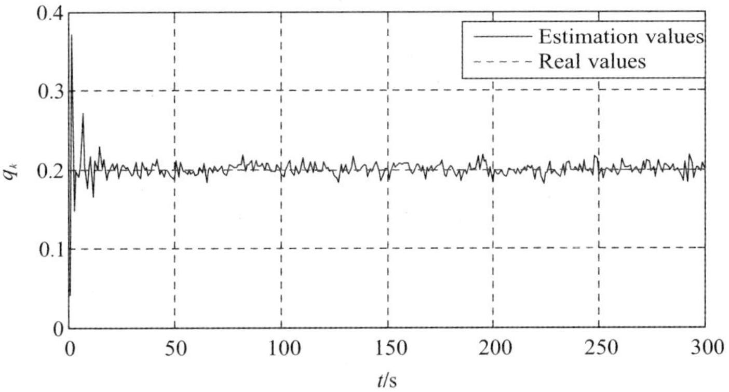

(a)

图 8.1　RWAUKF 对过程噪声统计的估计曲线图

(a)过程噪声均值

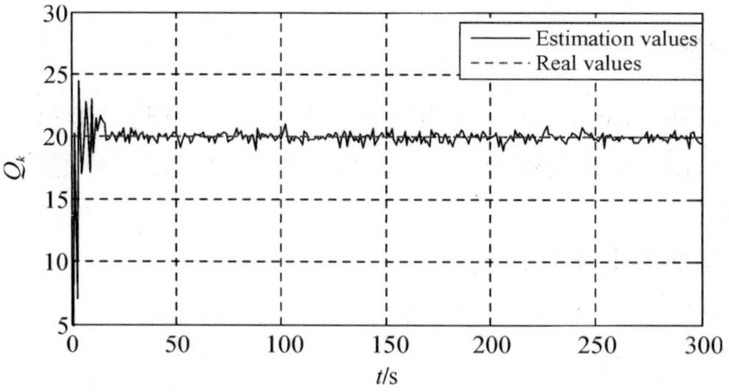


(b)

续图 8.1 RWAUKF 对过程噪声统计的估计曲线图

(b)过程噪声方差

图 8.2 为标准 UKF、自适应 RUKF 和移动开窗随机加权自适应 UKF 得到的关于状态 $x_k$ 的估计误差曲线。可以看到，移动开窗随机加权自适应 UKF 的估计误差约为标准 UKF 的一半，比自适应 RUKF 的估计误差也要小约三分之一。如表 8.1 所示，因为设置的过程噪声统计有偏，标准 UKF 得到的估计误差最大，其 MAE 和 RMSE 分别为 1.334 0 和 1.650 8；ARUKF 在一定程度上提高了标准 UKF 的估计精度，但仍存在较大的估计误差，其 MAE 和 RMSE 分别为 1.121 4 和 1.209 3。相反地，由于可以在滤波过程中在线地估计系统噪声统计，对应于移动开窗随机加权自适应 UKF 的 MAE 和 RMSE 分别为 0.703 7 和 0.881 0，明显小于标准 UKF 与自适应 RUKF。

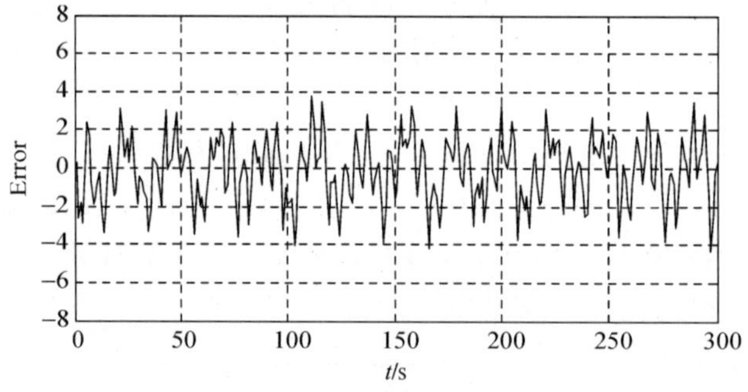


(a)

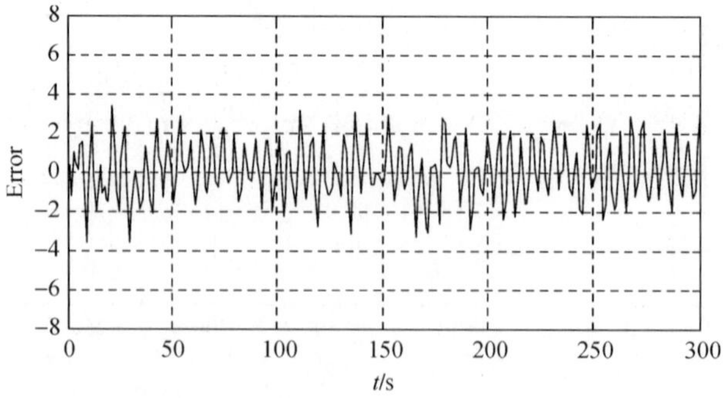


(b)

图 8.2 标准 UKF、自适应 RUKF 和 WRWAUKF 得到的关于 $x_k$ 的估计误差曲线图

(a)标准 UKF 的估计误差；(b)自适应 RUKF 的估计误差

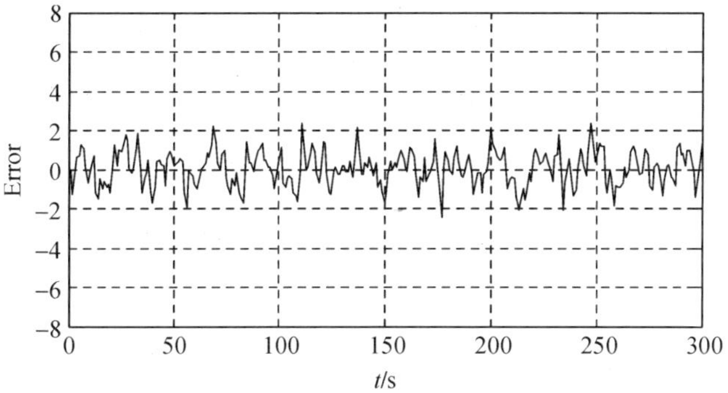

(c)

续图 8.2　标准 UKF、自适应 RUKF 和 WRWAUKF 得到的关于 $x_k$ 的估计误差曲线图

(c)RWAUKF 的估计误差

2. 量测噪声估计

为研究移动开窗随机加权自适应 UKF 对量测噪声统计的估计性能，假设过程噪声的统计特性准确已知。不失一般性，选择

$$q_k=0,\hat{q}_k=0,Q_k=5,\hat{Q}_k=5 \tag{8.61}$$

量测噪声均值的真实值为常数 $r_k=0.1$，其方差为分段函数，设置为

$$R_k=\begin{cases}0.5, & k\leqslant 100\\ 7, & 100<k\leqslant 200\\ 2, & 200<k\leqslant 300\end{cases} \tag{8.62}$$

滤波计算中，量测噪声统计的初始值设置为

$$\hat{r}_0=0.05,\hat{R}_0=12 \tag{8.63}$$

图 8.3 给出了移动开窗随机加权自适应 UKF 算法对量测噪声统计的估计结果。可以看到，经过约 25 个时间步后，移动开窗随机加权自适应 UKF 算法得到的量测噪声均值非常接近其真实值，且对量测噪声方差的估计也可有效地跟踪真实方差的变化。$r_k$ 和 $R_k$ 的最大估计误差分别为 0.014 7 和 0.401 6。

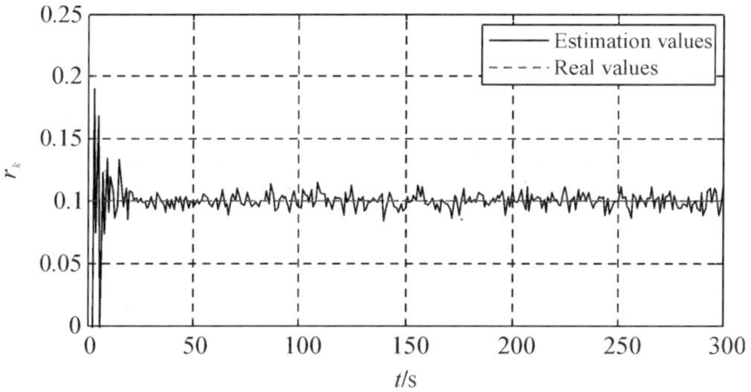

(a)

图 8.3　RWAUKF 对量测噪声统计估计曲线图

(a)量测噪声均值

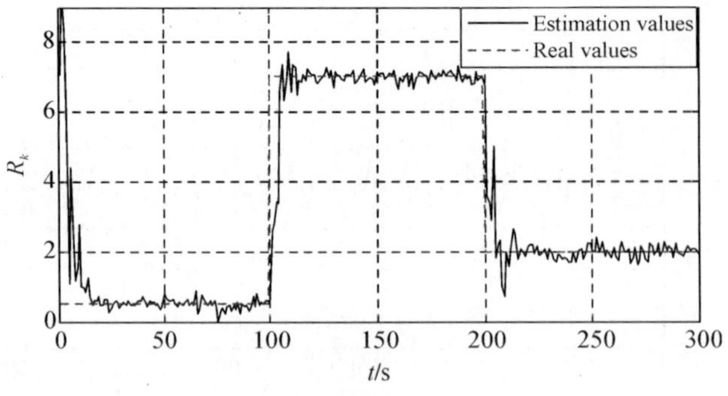


(b)

续图 8.3 RWAUKF 对量测噪声统计估计曲线图

(b)量测噪声方差

图 8.4 为标准 UKF、自适应 RUKF 和移动开窗随机加权自适应 UKF 得到的关于状态 $x_k$ 的估计误差曲线。可以看到，移动开窗随机加权自适应 UKF 的估计误差明显小于标准 UKF 和自适应抗差 UKF。由表 4.1 可知，对应于移动开窗随机加权自适应 UKF 的 MAE 和 RMSE 分别为 1.146 8 和 1.413 4；然而，因为不具备估计系统噪声统计的能力，标准 UKF 导致了大的估计误差，其 MAE 和 RMSE 比移动开窗随机加权自适应 UKF 的两倍还要大，分别为 3.014 8 和 3.327 1；自适应抗差 UKF 的估计精度相比标准 UKF 有所改善，对应的 MAE 和 RMSE 分别为 1.953 6 和 2.123 2，但依然大于移动开窗随机加权自适应 UKF。

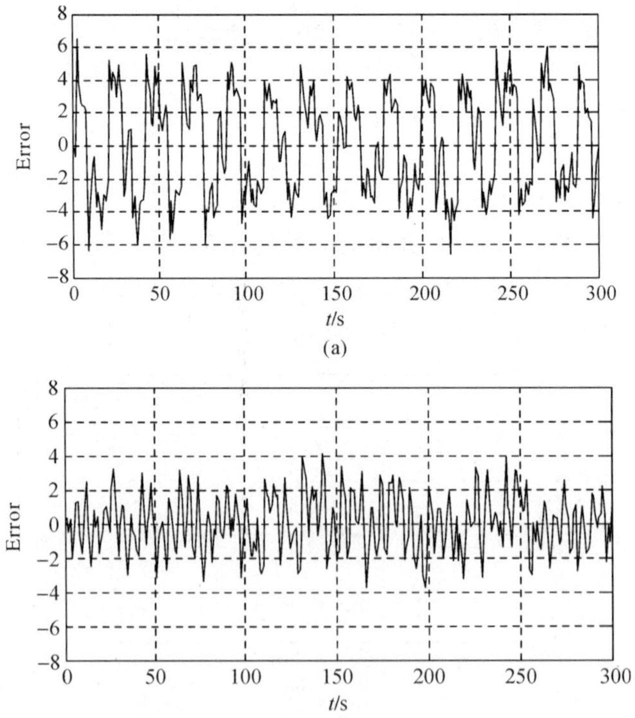


(a)

(b)

图 8.4 标准 UKF、自适应 RUKF 和 RWAUKF 得到的关于 $x_k$ 的估计误差曲线图

(a)标准 UKF 的估计误差； (b)自适应 RUKF 的估计误差

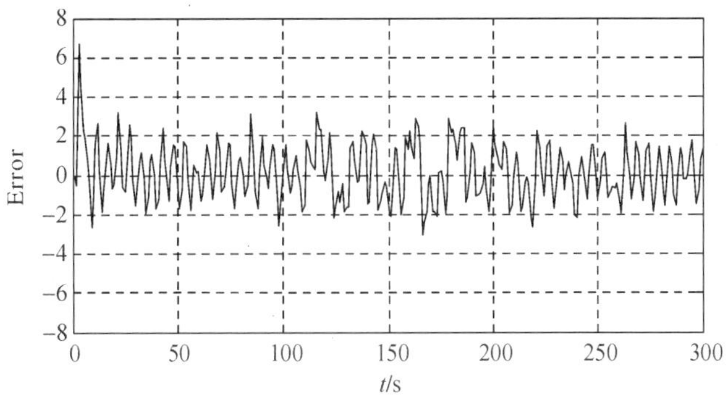


(c)

续图 8.4　标准 UKF、自适应 RUKF 和 RWAUKF 得到的关于 $x_k$ 的估计误差曲线图

(c) RWAUKF 的估计误差

3. 系统噪声方差估计

假设过程噪声和量测噪声的均值准确已知。不失一般性，选择

$$q_k = 0, \hat{q}_k = 0,$$

$$r_k = 0, \hat{r}_k = 0 \tag{8.64}$$

过程噪声和量测噪声方差的真实值具有时变特征，设置为

$$Q_k = 8 + 5\sin(0.05k),$$

$$R_k = 1 + 3\cos(0.02k)^2 \tag{8.65}$$

滤波器中，过程噪声和量测噪声方差的初始值设置为

$$\hat{Q}_0 = 10, \hat{R}_0 = 3 \tag{8.66}$$

图 8.5 为采用移动开窗随机加权自适应 UKF 计算得到的系统噪声方差的估计值。可以看到，即便系统噪声方差具有时变特征，移动开窗随机加权自适应 UKF 也可在 20 个时间步后实现对其的有效跟踪。$Q_k$ 和 $R_k$ 的最大估计误差分别为 0.4331 和 0.3860。

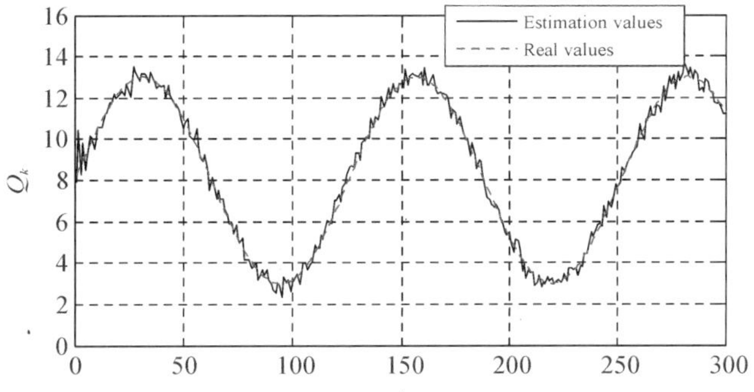


(a)

图 8.5　RWAUKF 对系统噪声方差的估计结果

(a)过程噪声方差

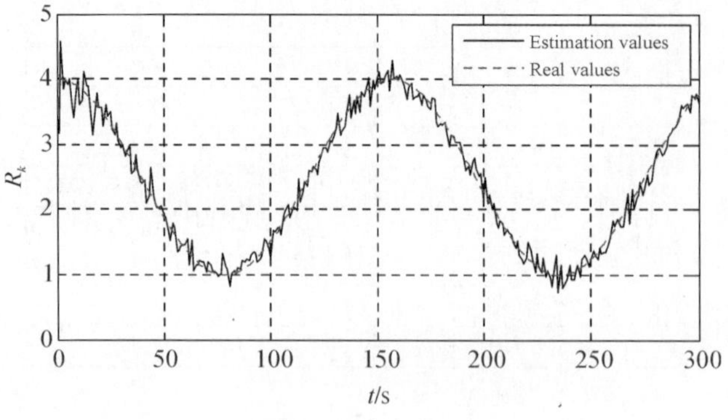


(b)

续图 8.5　RWAUKF 对系统噪声方差的估计结果

(b)量测噪声方差

图 8.6 呈现了同图 8.2 和图 8.4 类似的结果。可以看到,移动开窗随机加权自适应 UKF 的估计误差比标准 UKF 小约三分之一。对应于标准 UKF 的 MAE 和 RMSE 分别为 1.564 5 和 1.860 4,而移动开窗随机加权自适应 UKF 的 MAE 和 RMSE 仅为 0.978 8 和 1.199 6。即便自适应抗差 UKF 提高了标准 UKF 的估计精度,但其估计误差仍大于移动开窗随机加权自适应 UKF;自适应抗差 UKF 的 MAE 和 RMSE 分别为 1.256 7 和 1.388 9。三种算法的估计误差对比见表 8.1。

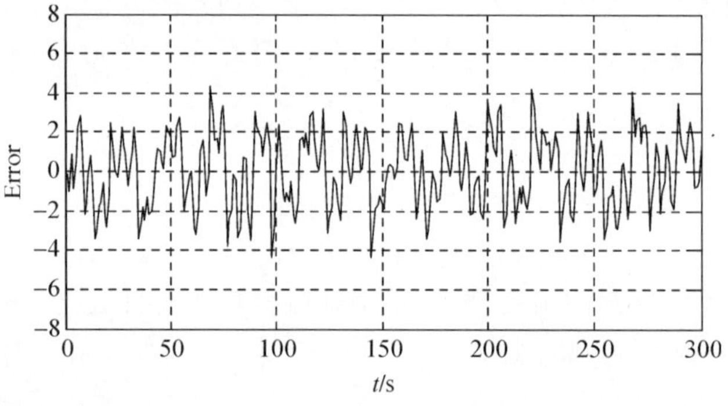


(a)

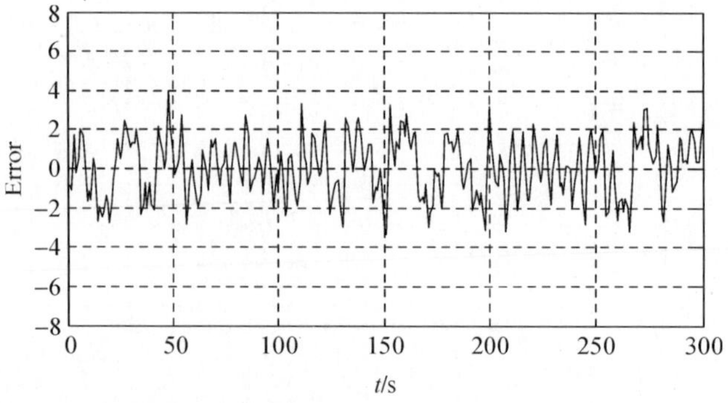


(b)

图 8.6　标准 UKF、自适应 RUKF 和 RWAUKF 得到的关于 $x_k$ 的估计误差曲线图

(a)标准 UKF 的估计误差;　(b)自适应 RUKF 的估计误差

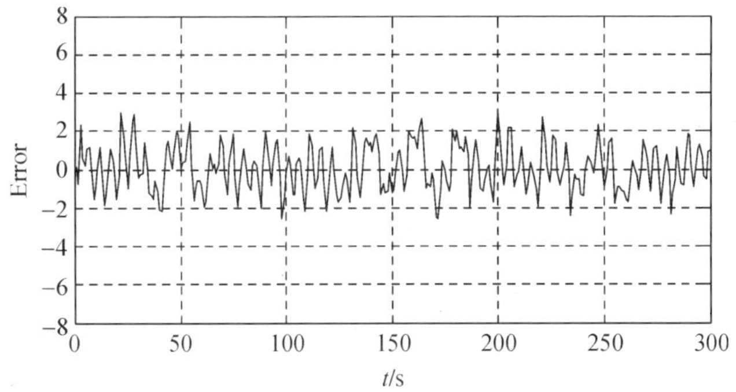


(c)

续图 8.6　标准 UKF、自适应 RUKF 和 RWAUKF 得到的关于 $x_k$ 的估计误差曲线图

(c)RWAUKF 的估计误差

**表 8.1　UKF、自适应 RUKF 和移动开窗随机加权自适应 UKF 得到的 $x_k$ 估值的平均绝对误差与均方根误差**

| | 过程噪声估计 | | 量测噪声估计 | | 系统噪声方差估计 | |
|---|---|---|---|---|---|---|
| | MAE | RMSE | MAE | RMSE | MAE | RMSE |
| 标准 UKF | 1.334 0 | 1.650 8 | 3.014 8 | 3.327 1 | 1.564 5 | 1.860 4 |
| 自适应 RUKF | 1.121 4 | 1.209 3 | 1.953 6 | 2.123 2 | 1.256 7 | 1.388 9 |
| WRWAUKF | 0.703 7 | 0.881 0 | 1.146 8 | 1.413 4 | 0.978 8 | 1.199 6 |

上述分析表明：提出的移动开窗随机加权自适应 UKF 可以有效地实现系统噪声统计的在线估计，克服了标准 UKF 需要准确已知系统噪声统计的缺陷。在系统噪声统计具有不确定性条件下，移动开窗随机加权自适应 UKF(RWAUKF)的滤波精度明显优于标准 UKF 和自适应 RUKF。

### 8.3.2　直接法滤波法在 INS/GNSS 组合系统中的应用

采用仿真计算和实验验证的方法对提出的移动开窗随机加权自适应 UKF(RWAUKF)在 INS/GNSS 组合系统直接法滤波中的性能进行了评估。

选取导航坐标系为 $g$ 系，设载体坐标系 $b$ 相对 $g$ 系的角速度为 $\boldsymbol{\omega}_{gb}=(\omega_{gbx},\omega_{gby},\omega_{gbz})^{\mathrm{T}}$，$\boldsymbol{\omega}_{gb}$ 在 $b$ 系内的投影为 $\boldsymbol{\omega}_{gb}^{b}=(\omega_{gbx}^{b},\omega_{gby}^{b},\boldsymbol{\omega}_{gbz}^{b})^{\mathrm{T}}$，则基于 Euler 角法的 INS 姿态解算方程为[16]

$$\begin{bmatrix}\dot{\psi}\\ \dot{\theta}\\ \dot{\gamma}\end{bmatrix}=\boldsymbol{M}\left(\begin{bmatrix}\omega_{gbx}^{b}\\ \omega_{gby}^{b}\\ \omega_{gbz}^{b}\end{bmatrix}+\begin{bmatrix}\varepsilon_{x}\\ \varepsilon_{y}\\ \varepsilon_{z}\end{bmatrix}\right)+\boldsymbol{M}\begin{bmatrix}w_{\varepsilon_x}\\ w_{\varepsilon_y}\\ w_{\varepsilon_z}\end{bmatrix}\tag{8.67}$$

式中：$\boldsymbol{M}=\begin{bmatrix}\dfrac{\sin\gamma}{\cos\theta} & 0 & -\dfrac{\cos\gamma}{\cos\theta}\\ \cos\gamma & 0 & \sin\gamma\\ \sin\gamma\tan\theta & 1 & -\cos\gamma\tan\theta\end{bmatrix}$，$\psi$ 为载体的航向角，$\theta$ 为俯仰角，$\gamma$ 为横滚角；$\varepsilon_b=(\varepsilon_x,\varepsilon_y,\varepsilon_z)^{\mathrm{T}}$ 为陀螺常值漂移，$(w_{\varepsilon_x},w_{\varepsilon_y},w_{\varepsilon_z})^{\mathrm{T}}$ 为陀螺白噪声。

假定地球为旋转椭球体，INS 的速度解算方程和位置解算方程分别为[1,23]

$$\begin{bmatrix}\dot{v}_E\\ \dot{v}_N\\ \dot{v}_U\end{bmatrix}=\begin{bmatrix}f_E\\ f_N\\ f_U\end{bmatrix}-\begin{bmatrix}0 & -\left(2\omega_{ie}\sin L+\dfrac{v_E}{R_N+h}\tan L\right) & 2\omega_{ie}\cos L+\dfrac{v_E}{R_N+h}\\ 2\omega_{ie}\sin L+\dfrac{v_E}{R_N+h}\tan L & 0 & \dfrac{v_N}{R_M+h}\\ -\left(2\omega_{ie}\cos L+\dfrac{v_E}{R_N+h}\right) & -\dfrac{v_N}{R_M+h} & 0\end{bmatrix}$$

$$\begin{bmatrix}v_E\\ v_N\\ v_U\end{bmatrix}+\begin{bmatrix}0\\ 0\\ -g\end{bmatrix}+\boldsymbol{C}_b^g\begin{bmatrix}\nabla_x\\ \nabla_y\\ \nabla_z\end{bmatrix}+\boldsymbol{C}_b^g\begin{bmatrix}w_{\nabla_x}\\ w_{\nabla_y}\\ w_{\nabla_z}\end{bmatrix} \tag{8.68}$$

$$\begin{bmatrix}\dot{L}\\ \dot{\lambda}\\ \dot{h}\end{bmatrix}=\begin{bmatrix}0 & \dfrac{1}{R_M+h} & 0\\ \dfrac{1}{(R_N+h)\cos L} & 0 & 0\\ 0 & 0 & 1\end{bmatrix}\begin{bmatrix}v_E\\ v_N\\ v_U\end{bmatrix} \tag{8.69}$$

式中：$(v_E,v_N,v_U)$为载体沿东向、北向和天向的速度；$(L,\lambda,h)$为载体位置；$(f_E,f_N,f_U)$为加速度计输出的东向、北向和天向比力量测；$\omega_{ie}$ 为地球自转角速率；$g$ 为当地重力加速度；$R_M$ 和 $R_N$ 分别为沿地球子午圈和卯酉圈的主曲率半径；$\nabla_b=(\nabla_x,\nabla_y,\nabla_z)^{\mathrm{T}}$ 为加速度计常值偏置；$(w_{\nabla_x},w_{\nabla_y},w_{\nabla_z})^{\mathrm{T}}$ 为加速度计白噪声；$\boldsymbol{C}_b^g$ 为由 $b$ 系到 $g$ 系的姿态变换矩阵。

通常情况下，陀螺常值漂移 $\varepsilon_b$ 和加速度计常值偏置 $\nabla_b$ 可用随机常数来描述[16-18]，即

$$\dot{\varepsilon}_i=0\quad(i=x,y,z) \tag{8.70}$$

$$\dot{\nabla}_i=0\quad(i=x,y,z) \tag{8.71}$$

定义系统状态量为

$$\boldsymbol{x}(t)=[\psi,\theta,\gamma,v_E,v_N,v_U,L,\lambda,h,\varepsilon_x,\varepsilon_y,\varepsilon_z,\nabla_x,\nabla_y,\nabla_z]^{\mathrm{T}} \tag{8.72}$$

根据所选取的系统状态量，结合式(8.67)～式(8.72)，建立组合导航系统直接法滤波的系统状态方程如下：

$$\dot{\boldsymbol{x}}(t)=f(\boldsymbol{x}(t))+\boldsymbol{w}(t) \tag{8.73}$$

式中：$f(\cdot)$为非线性函数，$\boldsymbol{w}(t)=[(\boldsymbol{M}(w_{\varepsilon_x},w_{\varepsilon_y},w_{\varepsilon_z})^{\mathrm{T}})^{\mathrm{T}},(\boldsymbol{C}_b^g(w_{\nabla_x},w_{\nabla_y},w_{\nabla_z})^{\mathrm{T}})^{\mathrm{T}},\boldsymbol{0}_{1\times 9}]^{\mathrm{T}}$ 为过程噪声向量。

需要注意的是，在基于 Euler 角法的姿态解算方程(8.67)中，当俯仰角 $\theta$ 趋于 90°时，$\cos\theta$ 趋于 0，$\tan\theta$ 趋于无穷，故方程(8.67)存在奇异性。因此，本节所建立的用于组合导航系统直接法滤波的系统状态方程(8.73)，不适用于全姿态运载体的姿态确定。

采用 GNSS 输出的速度和位置信息作为量测，即

$$z_k = [v_{E\_G} \quad v_{N\_G} \quad v_{U\_G} \quad L_G \quad \lambda_G \quad h_G]^T \tag{8.74}$$

则量测方程为

$$z_k = H_k x_k + v_k \tag{8.75}$$

式中：$H_k = [\mathbf{0}_{6\times3} \quad I_{6\times6} \quad \mathbf{0}_{6\times6}]$，$v_k = [v_v \quad v_p]^T$；$v_v$ 和 $v_p$ 为量测噪声，分别对应于 GNSS 接收机的速度误差和位置误差。

1. 模拟仿真计算

飞行器的飞行轨迹如图 8.7 所示，包括平飞、爬升、侧滚、转弯、加速、减速、下降等多种飞行状态。仿真参数设置见表 8.2。仿真时间为 1 000 s，滤波周期为 0.1 s。在移动开窗随机加权自适应 UKF 算法中，窗口宽度选取为 $N=20$。

为评估标准 UKF、自适应抗差 UKF 和提出的移动开窗随机加权自适应 UKF 在系统噪声统计不准确条件下的滤波性能，仿真计算中，分别对过程噪声方差与量测噪声方差加入变化。首先，在 400～500 s 时间段，将过程噪声的标准差增大为其初始值的 6 倍；其次，在 700～800 s 时间段，将量测噪声的标准差增大为其初始值的 5 倍。

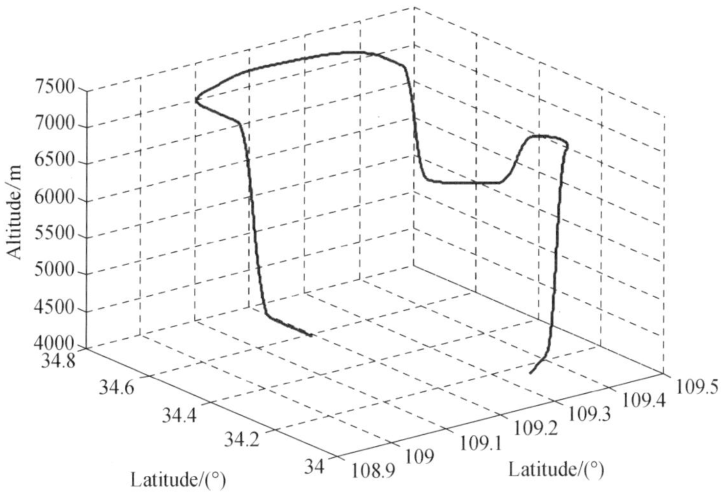


图 8.7　飞行器飞行轨迹曲线图

图 8.8 是采用标准 UKF、自适应抗差 UKF(ARUKF)和移动开窗随机加权自适应 UKF(RWAUKF)计算得到的姿态误差估计曲线。可以看到，因为受到不准确的过程噪声方差的影响，标准 UKF 的滤波解有明显偏差。在 400～500 s 的时间区间内，标准 UKF 得到的航向角、俯仰角和横滚角误差分别在区间(－1. 020 9′, 1. 1473′)，(－0. 624 0′, 0. 739 5′)和(－0. 682 9′, 0. 785 5′)。ARUKF 提高了标准 UKF 的估计精度，得到的航向角、俯仰角和横滚角误差分别在区间(－0. 742 6′, 0. 739 1′)，(－0. 492 9′, 0. 485 7′)和(－0. 495 7′, 0. 683 0′)内。然而，由于自适应抗差 UKF 中的等价权因子和自适应因子完全凭经验选取，该算法依然存在较大的估计误差。形成对比的是移动开窗随机加权自适应 UKF 得到的航向角、俯仰角和横滚角误差分别在(－0. 490 6′, 0. 417 7′)，(－0. 367 1′, 0. 248 8′)和(－0. 237 4, 0. 256 9 ′)内，其精度明显优于标准 UKF 与自适应抗差 UKF。这

是因为提出的 RWAUKF 具有在滤波过程中在线估计系统噪声统计的自适应能力。

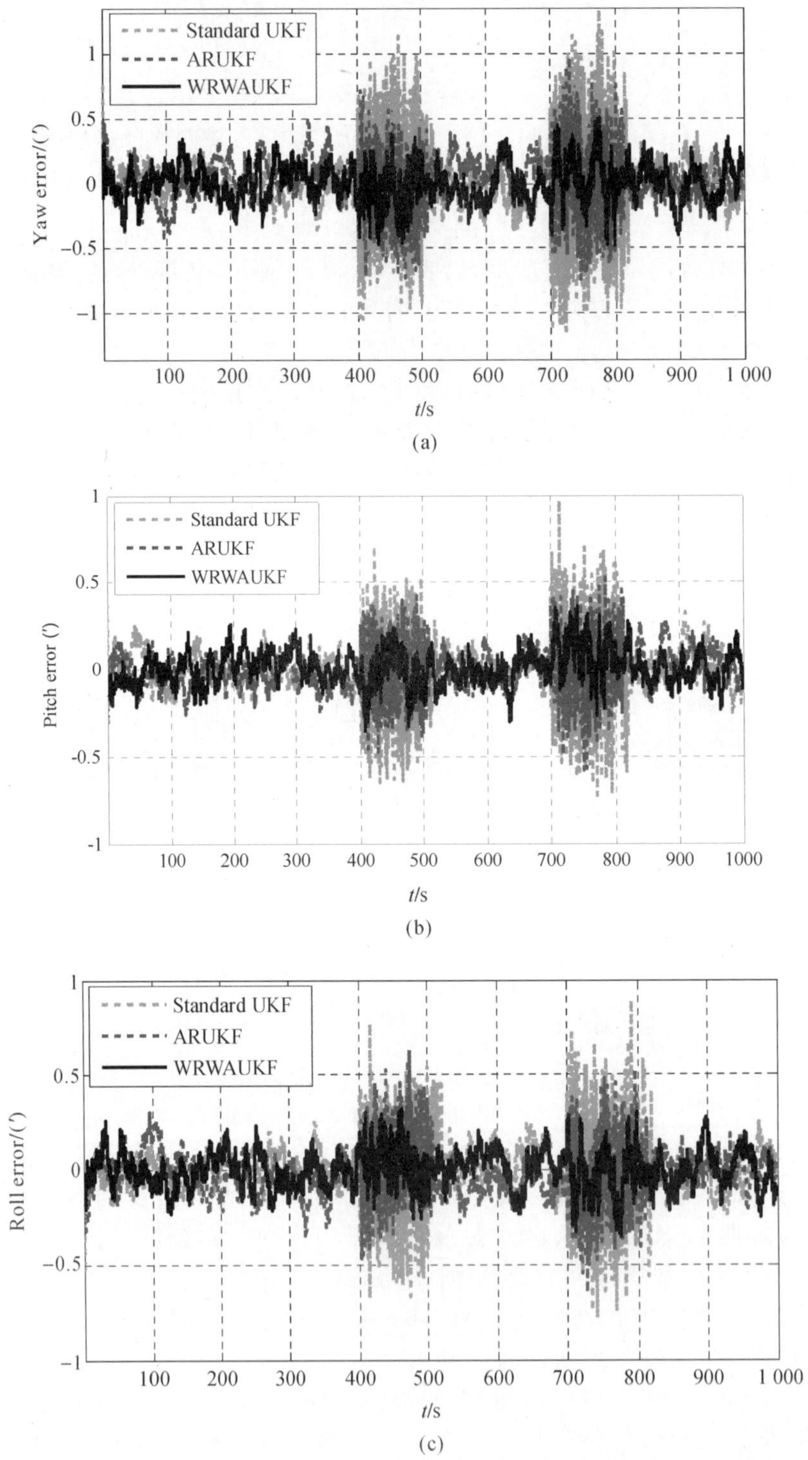


图 8.8　标准 UKF、ARUKF 和 WRWAUKF 计算得到的姿态误差曲线图

(a)航向角误差；(b)俯仰角误差；(c)横滚角误差曲线图

从图 8.8 还可看到，在 700～800 s 的时间区间内，因为受到量测噪声方差变化的影响，标准 UKF 对姿态角的估计精度明显降低，得到的航向角、俯仰角和横滚角误差分别在(−1.158 7′，1.390 4′)，(−0.695 1′，0.982 6′)和(−0.758 4′，0.913 3′)内。相反地，移动开窗随机加权自适应 UKF 得到的航向角、俯仰角和横滚角误差分别在(−0.491 2′，0.503 0′)，(−0.258 4′，0.362 9′)和(−0.331 5′，0.309 4′)。即使自适应抗差 UKF 对标准 UKF 的估计精度有所提高，得到的航向角、俯仰角和横滚角误差分别在(−0.746 8′，0.990 1′)，(−0.552 6′，0.510 8′)和(−0.646 2′，0.509 0′)内，但其误差仍大于移动开窗随机加权自适应 UKF。表 8.3 给出了标准 UKF、自适应抗差 UKF 以及移动开窗随机加权自适应 UKF 在 400～500 s 和 700～800 s 时间段，所得到的姿态误差的平均绝对误差(MAE)与标准差(STD)。

图 8.9 给出了三种算法得到的位置误差估计结果，其精度对比与姿态误差估计的对比结果类似。在 400～500 s 的时间区间，标准 UKF 得到的经度、纬度和高度误差分别在(−19.168 5 m，11.920 4 m)，(−12.149 1 m，17.792 5 m)和(−15.835 4 m，21.253 7 m)；自适应抗差 UKF 得到的经度、纬度和高度误差分别在(−11.165 9 m，11.108 8 m)，(−10.350 5 m，12.029 2 m)和(−14.634 8 m，11.137 5 m)内。正如所料，提出的移动开窗随机加权自适应 UKF 得到的定位精度最高，其经度、纬度和高度误差分别在(−9.224 1 m，6.526 3 m)，(−5.837 9 m，9.275 4 m)和(−9.638 0 m，9.303 2 m)内。在 700～800 s 的时间段，标准 UKF 得到的经度、纬度和高度误差分别在(−17.699 0 m，19.431 6 m)，(−19.129 4 m，17.7173 m)和(−22.440 0 m，24.508 3 m)内；ARUKF 得到的经度、纬度和高度误差分别在(−11.126 8 m，13.265 1 m)，(−12.739 0 m，11.036 8 m)和(−15.816 9 m，17.600 8 m)内；移动开窗随机加权自适应 UKF 得到的经度、纬度和高度误差分别在(−9.197 1 m，9.031 8 m)，(−7.239 6 m，8.251 8 m)和(−8.204 3 m，9.985 4 m)内。标准 UKF、自适应抗差 UKF 以及移动开窗随机加权自适应 UKF 在 400～500 s 和 700～800 s 时间段得到的定位误差的 MAE 与 STD 见表 8.4。

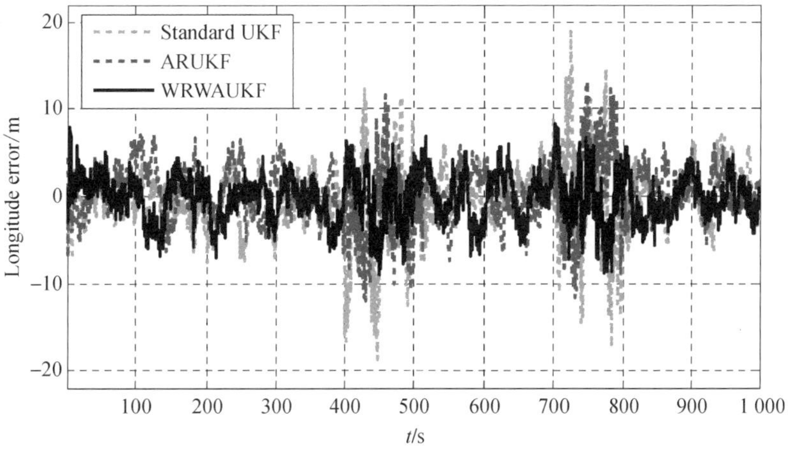


(a)

图 8.9　标准 UKF、ARUKF 和 RWAUKF 得到的位置误差曲线图

(a)经度曲线图

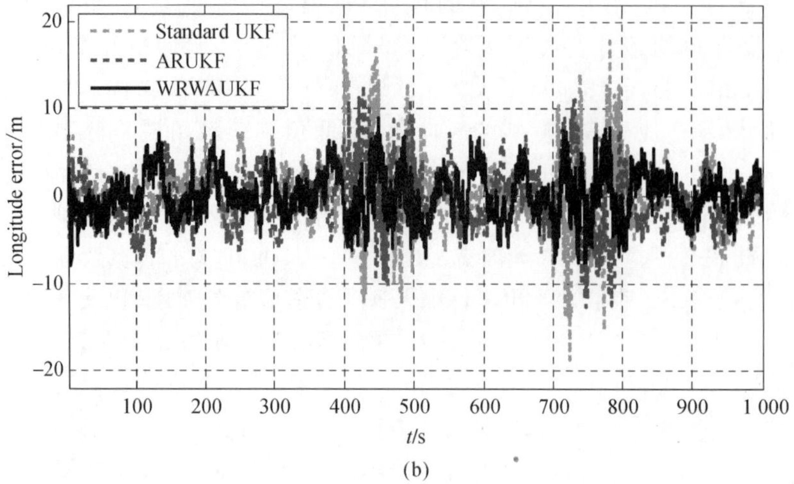


(b)

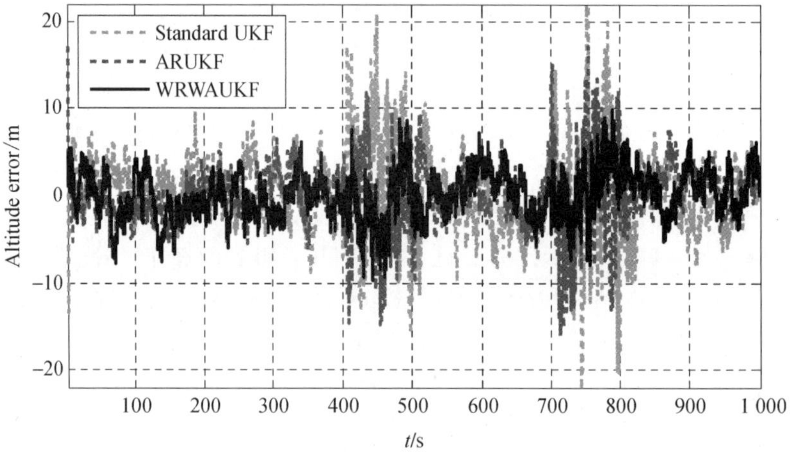


(c)

续图 8.9 标准 UKF、ARUKF 和 RWAUKF 得到的位置误差曲线图

(b)纬度误差曲线图； (c)高度误差曲线图

**表 8.2 仿真计算参数**

| | | |
|---|---|---|
| 初始位置 | 北 纬 | 34.246° |
| | 东 经 | 108.997° |
| | 高 度 | 5000 m |
| 初始速度 | 东 向 | 0 m/s |
| | 北 向 | 150 m/s |
| | 天 向 | 0 m/s |
| 初始姿态 | 航向角 | 0° |
| | 俯仰角 | 0° |
| | 横滚角 | 0° |

续表

| | | |
|---|---|---|
| 初始位置误差 | 北　纬 | 10 m |
| | 东　经 | 10 m |
| | 高　度 | 15 m |
| 初始速度误差 | 东　向 | 0.3 m/s |
| | 北　向 | 0.3 m/s |
| | 天　向 | 0.3 m/s |
| 初始姿态误差 | 航向角 | 1.5′ |
| | 俯仰角 | 1′ |
| | 横滚角 | 1′ |
| 陀螺仪参数 | 常值漂移 | 0.1°/h |
| | 白噪声 | 0.05°/h |
| 加速度计参数 | 常值偏置 | $10^{-3}$g |
| | 白噪声 | $10^{-4}$g |
| GNSS 接收机参数 | 水平位置误差均方根 | 5 m |
| | 高度误差均方根 | 8 m |
| | 速度误差均方根 | 0.05 m/s |
| | 数据更新率 | 10 Hz |

**表 8.3　标准 UKF、ARUKF 和 RWAUKF 计算得到的姿态误差的平均绝对误差和标准差**

| | 姿　态 | 400～500 s | | 700～800 s | |
|---|---|---|---|---|---|
| | | MAE(′) | STD(′) | MAE(′) | STD(′) |
| 标准 UKF | 航向角 | 0.264 5 | 0.303 6 | 0.332 0 | 0.412 9 |
| | 俯仰角 | 0.179 6 | 0.207 5 | 0.224 1 | 0.273 4 |
| | 横滚角 | 0.187 2 | 0.220 8 | 0.213 0 | 0.265 6 |
| ARUKF | 航向角 | 0.198 5 | 0.204 7 | 0.231 2 | 0.285 3 |
| | 俯仰角 | 0.141 8 | 0.143 6 | 0.158 4 | 0.198 6 |
| | 横滚角 | 0.134 6 | 0.138 2 | 0.132 2 | 0.164 0 |

续 表

| | 姿态 | 400～500 s | | 700～800 s | |
|---|---|---|---|---|---|
| | | MAE(′) | STD(′) | MAE(′) | STD(′) |
| RWAUKF | 航向角 | 0.111 6 | 0.139 3 | 0.147 1 | 0.154 8 |
| | 俯仰角 | 0.085 2 | 0.093 6 | 0.109 2 | 0.111 8 |
| | 横滚角 | 0.084 4 | 0.099 3 | 0.106 8 | 0.114 8 |

**表 8.4　标准 UKF、ARUKF 和 RWAUKF 计算得到的位置误差的平均绝对误差和标准差**

| | 姿　态 | 400～500 s | | 700～800 s | |
|---|---|---|---|---|---|
| | | MAE/m | STD/m | MAE/m | STD/m |
| 标准 UKF | 经　度 | 4.167 1 | 5.127 9 | 4.581 4 | 5.568 3 |
| | 纬　度 | 4.144 8 | 5.030 0 | 4.506 6 | 5.579 0 |
| | 高　度 | 5.634 2 | 6.395 3 | 6.584 9 | 8.359 3 |
| ARUKF | 经　度 | 2.817 9 | 3.501 6 | 4.387 8 | 5.157 0 |
| | 纬　度 | 2.773 6 | 3.528 6 | 4.234 3 | 5.019 2 |
| | 高　度 | 3.823 1 | 4.677 9 | 4.489 7 | 5.826 3 |
| RWAUKF | 经　度 | 2.037 9 | 2.373 4 | 2.102 6 | 2.534 3 |
| | 纬　度 | 2.069 5 | 2.403 1 | 2.088 4 | 2.568 7 |
| | 高　度 | 2.765 4 | 3.322 8 | 2.956 1 | 3.375 9 |

此外，由图 4.8 和 4.9 可以看到，在 400～500 s 和 700～800 s 时间段之后，随着系统噪声方差变化的消失，标准 UKF 与自适应抗差 UKF 分别存在约 25 s 和 15 s 的重新收敛过程。然而，在整个仿真周期内，移动开窗随机加权自适应 UKF 的估计误差始终很小。这说明提出的移动开窗随机加权自适应 UKF，可以自适应于过程噪声与量测噪声方差的变化，从而提供一种可靠的估计结果。

上述仿真计算分析表明，通过在滤波过程中动态地估计与调整系统噪声统计，提出的移动开窗随机加权自适应 UKF 可以有效地抑制系统噪声统计误差对状态估值的影响，获得了比标准 UKF 和自适应抗差 UKF 更高的导航精度。

2. 实验验证

通过车载导航实验对移动开窗随机加权自适应 UKF 算法的性能进行验证。实验车为猎豹 CJY6470E 型轻型越野车，其内部设备布局如图 4.10 所示。载于实验车的 INS/GNSS 组合导航系统包括一组型号为 NV－IMU300 的 IMU 和一台 JAVAD Lexon－GGD112T GPS 板卡接收机，该接收机以 1 Hz 的数据更新率输出C/A 码量测。实验车还载有一台

C－Nav3050 差分 GPS 接收机，该接收机以 20 Hz 的数据更新率输出差分 GPS 数据。将由差分 GPS 得到的实验车位置信息作为参考（定位误差小于 0.1 m），用以确定 INS/GPS 组合导航系统的定位误差。

图 8.10　实验车及导航设备图

车载导航实验在西北工业大学长安校区南侧环山路上进行。实验车行驶路线如图 8.11 所示，其中起点位置为北纬 34.030 4°，东经 108.775 1°，高度 419 m；终点位置为北纬 34.032 7°，东经 108.782 0°，高度 417m。实验时间约为 970 s，实验车在不同时间段的行驶状态如表 8.5 所描述。在实验过程中，记录了各传感器的原始采样数据，供事后处理和分析。

图 8.11　实验车行驶路线图

**表 8.5　实验车行驶状态**

| 实验时间 | 运动状态 | 持续时间 |
| --- | --- | --- |
| 0～150 s | 静止（起点） | 150 s |
| 151～490 s | 行驶至环山路转盘 | 340 s |
| 491～560 s | 沿环山路转盘掉头 | 70 s |
| 561～860 s | 从环山路转盘驶至终点 | 300 s |

续表

| 实验时间 | 运动状态 | 持续时间 |
| --- | --- | --- |
| 861～970 s | 静止(终点) | 110 s |

在整个实验过程中,GPS 接收机观测环境良好,平均可接收到 7 颗导航星的信号,说明车载 INS/GPS 组合系统的不确定性主要存在于过程模型中(详见文献[18])。因而,采用 WRWAUKF 进行滤波解算时,只需对系统过程噪声统计进行估计。在滤波解算过程中,陀螺仪常值漂移设置为 0.1°/h,白噪声为 0.05°/h;加速度计常值偏置设置为 $10^{-3}g$,白噪声为 $10^{-4}g$;GPS 接收机水平位置的误差均方根设置为 5 m,高度误差均方根为 8 m,速度误差均方根为 0.05 m/s。在移动开窗随机加权自适应 UKF 算法中,窗口宽度选取为 $N=20$。

图 8.12 为采用标准 UKF、ARUKF 和 WRWAUKF 计算得到的水平位置误差曲线。可以看到,在 0～150 s 和 861～970 s 时间段,由于实验车处于静止状态,三种算法得到的水平位置误差均非常小,定位精度优于 2.842 6 m。在 151～490 s 和 561～860 s 时间段,实验车沿环山路平稳行驶,受过程模型不确定性影响较小,三种算法得到的水平位置误差也大致相当,定位精度均优于 9.955 7 m。然而,在 491～560 s 时间段,实验车沿环山路转盘掉头,受到强烈的过程模型不确定性的干扰,导致标准 UKF 的滤波精度急剧下降,得到的经度和纬度误差分别在(−19.138 1 m, 17.727 2 m)和(−16.894 2 m, 18.852 3 m)内;相比于标准 UKF,ARUKF 在一定程度上弱化了模型不确定性对滤波解的影响,得到的水平位置误差有所减小,其经度和纬度误差分别在(−12.807 3 m, 10.990 7 m)和(−10.743 1 m, 14.698 6 m)内;因为能够在滤波过程中在线估计系统过程噪声统计,进而抑制过程模型不确定性的干扰,提出的移动开窗随机加权自适应 UKF 的滤波精度明显优于标准 UKF 和自适应抗差 UKF 的计算精度所,得到的经度和纬度误差分别在(−9.912 2 m, 9.754 7 m)和(−10.881 3 m, 9.843 1 m)内。

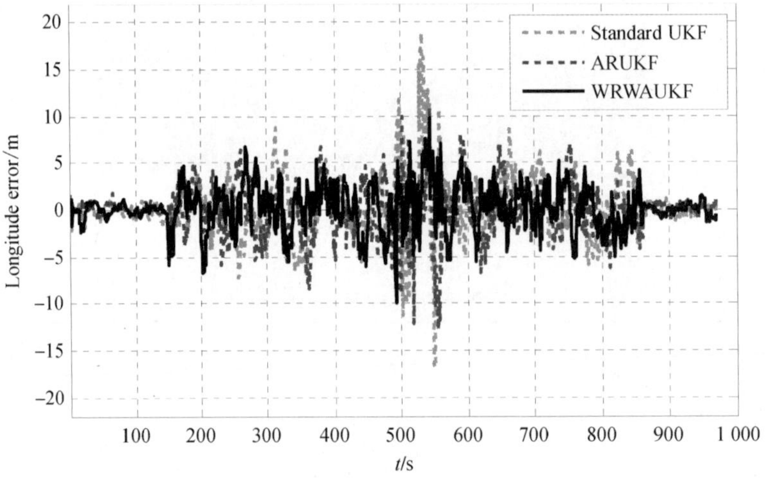


(a)

图 8.12　标准 UKF、ARUKF 和 RWAUKF 得到的水平位置误差曲线图

(a) 经度误差曲线图

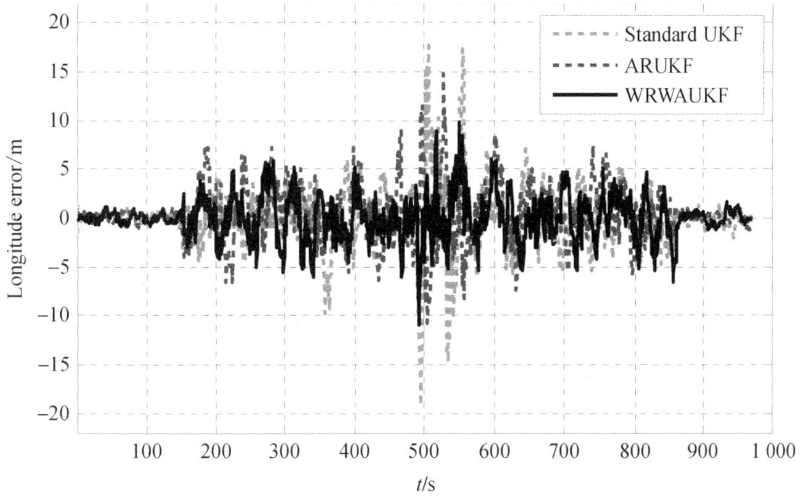


(b)

续图 8.12　标准 UKF、ARUKF 和 RWAUKF 得到的水平位置误差曲线图

(b)纬度误差

表 8.6 给出了标准 UKF、自适应抗差 UKF 以及移动开窗随机加权自适应 UKF 在 491～560 s 时间段得到的水平位置误差的 MAE 与 STD。可以看到，移动开窗随机加权自适应 UKF 得到的水平位置误差的统计结果小于标准 UKF 和自适应抗差 UKF，说明所提出的移动开窗随机加权自适应 UKF 具有较强的应对系统过程模型不确定性的自适应能力。

实验结果表明，即使系统过程模型具有不确定性，所提出的移动开窗随机加权自适应 UKF 仍具有很好的滤波性能，可以提高飞行器动态导航定位的精度。

**表 4.6　标准 UKF、ARUKF 和 RWAUKF 得到的水平位置误差的平均绝对误差和标准差(491～560 s)**

| | | 水平位置 | |
|---|---|---|---|
| | | 经　度 | 纬　度 |
| 标准 UKF 算法 | MAE/m | 6.766 8 | 7.593 0 |
| | STD/m | 7.948 5 | 9.074 9 |
| ARUKF 算法 | MAE/m | 4.666 6 | 4.924 7 |
| | STD/m | 5.452 0 | 5.987 0 |
| RWAUKF 算法 | MAE/m | 3.318 8 | 3.284 0 |
| | STD/m | 3.674 7 | 4.076 4 |

## 8.4 小　结

本章在结合移动开窗与随机加权概念的基础上，提出了一种移动开窗随机加权自适应UKF，该算法克服了标准 UKF 在系统噪声统计未知或不准确情况下滤波精度下降、甚至发散的缺陷。该算法是一种带有噪声统计估计器的自适应滤波算法。它将移动开窗的概念由线性的 KF 推广到了非线性的 UKF 中，用于系统噪声统计的估计；采用随机加权方法来调整每个窗口的权值，对得到的噪声统计的移动开窗估计进行优化，克服了移动开窗估计的不足。设计的噪声统计估计器具有无偏性，为该算法准确地在线估计与调整系统噪声的统计特性提供了保证。

基于 UNGM 模型的数值模拟验证了提出的移动开窗随机加权自适应 UKF 自适应估计系统噪声统计的能力。INS/GNSS 组合系统直接法滤波的应用实例表明，在系统噪声统计具有不确定性的条件下，提出的 WRWAUKF 可以有效提高组合系统的导航精度。

## 参 考 文 献

[1] MOHAMED A H, SCHWARZ K P. Adaptive Kalman filtering for INS/GPS [J]. Journal of geodesy, 1999, 73(4): 193 - 203.

[2] SAGE A P, HUSA G W. Adaptive filtering with unknown prior statistics[C]. Proceedings of Joint American Control Conference, Boulder, Colorado, 1969:769 - 774.

[3] YANG Y X, XU T H. An adaptive Kalman filter based on Sage windowing weights and variance components [J]. The Journal of Navigation, 2003, 56(2): 231 - 240.

[4] YANG Y X, WEN Y L. Synthetically adaptive robust filtering for satellite orbit determination[J]. Science in China - Earth Sciences, 2004, 47(7): 585 - 592.

[5] XU T H, JING N, SUN Z Z. An improved adaptive Sage filter with applications in GEO orbit determination and GPS kinematic positioning[J]. Science in China - Physics, Mechanics & Astronomy, 2012, 55(5): 892 - 898.

[6] LIU Y, YU A X, ZU J B, et al. Unscented Kalman filtering in the additive noise case[J]. Science China - Technological Sciences, 2010, 53(4): 929 - 941.

[7] JULIER S J, UHLMANN J K. Unscented filtering and nonlinear estimation[J]. Proceedings of the IEEE,2004, 92(3): 401 - 422.

[8] 秦永元，张洪钺，汪淑华. 卡尔曼滤波与组合导航原理[M]. 西安：西北工业大学出版社，2012.

[9] GAOS S, GAO Y, ZHONG Y M, et al. Random weighting estimation method for dynamic navigation positioning[J]. Chinese Journal of Aeronautics, 2011, 24(3): 318 - 323.

[10] YANG Y X, ZHANG S C. Adaptive fitting for systematic errors in navigation[J]. Journal of Geodesy, 2005, 79(1 - 3): 43 - 49.

[11] ARSHAL G. Error equations of inertial systems[J]. Journal of Guidance, Navigation and Dynamics, 1987, 10(4): 351 - 358.

[12] 张迎春，李璟璟，吴丽娜，等. 模糊自适应无迹卡尔曼滤波方法用于天文导航[J]. 哈尔滨工业大学学报，2009, 44(1): 12 - 16

[13] 石勇，韩崇昭. 自适应 UKF 算法在目标跟踪中的应用[J]. 自动化学报，2011, 37(6): 755 - 759.

[14] GORDON N J, SALMOND D J, SMKITH A F. Novel Approach to Nonlinear/Non - Gaussian Bayesian State Estimation[J]. IEE Proceedings - F, 1993, 140(2): 107 - 113.

[15] 汪秋婷. 自适应抗差 UKF 在卫星组合导航中的理论与应用研究[D]. 武汉：华中科技大学，2010

[16] HU G G, GAO S S, ZHONG Y M. A derivative UKF for tightly coupled INS/GPS integrated navigation[J]. ISA Transactions, 2015, 56:135 - 144.

[17] HU G G, GAO S S, ZHONG Y M, et al. Random weighting estimation of stable exponent[J]. Metrika, 2014, 77(4): 451 - 468.

[18] CHANG L B, LI K L, HU B Q. Huber's M - estimation based process uncertain robust filter for integrated INS/GPS[J]. IEEE Sensors Journal, 2015, 15(6): 3367 - 3374.